精彩范例欣赏

Chapter 01
Photoshop CS4
三个女孩

Chapter 01
Photoshop CS4
使用选框工具
合成图像

Chapter 02
Photoshop CS4
使用快速蒙版
合成图像

Chapter 02
Photoshop CS4
使用“色彩范围”
命令调整图像颜色

Chapter 03
Photoshop CS4
使用渐变工具
填充图像

Chapter 03
Photoshop CS4
使用画笔工具
绘制图像

Chapter 04
Photoshop CS4
使用“色彩平衡”命令调整图像

Chapter 04
Photoshop CS4
使用“阴影/高光”命令调整图像

Chapter 05
Photoshop CS4
调整色相/饱和度

Chapter 05
Photoshop CS4
使用图层样式创作图

Chapter 06
Photoshop CS4
使用快速蒙版制作特殊效果

Chapter 06
Photoshop CS4
使用蒙版合成图像

精彩范例欣赏

Chapter 07
Photoshop CS4
使用通道处理图像

Chapter 07
Photoshop CS4
使用通道扣取
黑底火焰

Chapter 08
Photoshop CS4
使用“纹理”滤镜
组制作石雕效果

Chapter 08
Photoshop CS4
使用“扭曲”滤镜
组编辑图像

Chapter 09
Photoshop CS4
巧用滤镜给照片
添加四射光芒

Chapter 09
Photoshop CS4
巧用滤镜打造照片
梦幻艺术效果

Chapter 10
Photoshop CS4
观赏瓷器招贴广告

Chapter 10
Photoshop CS4
房地产招贴广告

Chapter 11
Photoshop CS4
爱情的早晨
浪漫婚纱照

Chapter 11
Photoshop CS4
爱似繁花个性写真

Chapter 12
Photoshop CS4
Design个性字体设计

Chapter 12
Photoshop CS4
炫酷视点
个性创意合成

妙笔生花

PHOTOSHOP CS4完全精通

杨 文 徐志鹏 编著

中国铁道出版社
CHINA RAILWAY PUBLISHING HOUSE

内容简介

本书是针对初、中级读者编写的Photoshop图像处理实例型教程，可以完全满足读者熟练掌握Photoshop操作技能的需求。全书共分12章，主要内容包括：创建选区、创建选区的高级方法、绘图工具的巧妙运用、调整图像的色彩、图层的应用、使用图层蒙版、通道的应用、滤镜的应用、滤镜经典特效制作、商业广告设计、婚纱写真设计和特效合成设计等。

初、中级读者可以将本书作为一本Photoshop的自学手册，系统地学习软件的操作方法和使用技巧，突破“想得到、做不出”的设计瓶颈；已经掌握了一些Photoshop应用技术但还缺乏实战经验的读者，可以利用本书学习使用Photoshop进行平面设计的各种技法，不断积累设计经验，提高创意能力和设计水平。

图书在版编目（CIP）数据

妙笔生花Photoshop CS4完全精通/杨文，徐志鹏编著. --北京：中国铁道出版社，2010.10
ISBN 978-7-113-11433-6

Ⅰ. ①妙… Ⅱ. ①杨… ②徐… Ⅲ. ①图形软件，Photoshop CS4 Ⅳ. ①TP391.41

中国版本图书馆CIP数据核字（2010）第090035号

书　　名：妙笔生花Photoshop CS4完全精通
作　　者：杨　文　徐志鹏　编著

责任编辑：苏　茜　　　读者热线电话：400-668-0820
编辑助理：王　佩
封面设计：王晓武　　　封面制作：白　雪
责任印制：李　佳

出版发行：中国铁道出版社（北京市宣武区右安门西街8号　　邮政编码：100054）
印　　刷：北京米开朗优威印刷有限责任公司
版　　次：2010年10月第1版　　2010年10月第1次印刷
开　　本：880mm×1230mm　1/16　印张：19.5　插页：2　字数：473千
印　　数：3 500册
书　　号：ISBN 978-7-113-11433-6
定　　价：69.00元（附赠光盘）

Foreword 前言

Photoshop是一款专业的图像处理软件，具有功能强大、软件设计人性化、插件丰富、兼容性好等特点，因此被广泛应用于平面设计、数码照片处理、印前工艺、网页设计、三维效果图制作和影视多媒体开发等领域中。虽然，强大且复杂的功能确保了Photoshop的专业性，但同时也使得初级用户产生一定的畏惧心理。如何才能又快又好地学会Photoshop，掌握软件的应用精髓，进而转变为有实用价值的专业技能呢？《妙笔生花Photoshop CS4完全精通》正是针对初、中级读者编写的Photoshop图像处理实例型教程，可以完全满足读者掌握Photoshop软件操作技能的需求。

内容导读

本书采用“基本操作知识+实践应用案例”的教学方式，以通俗易懂的语言、精挑细选的实用技巧以及翔实生动的操作案例，全面讲解了Photoshop CS4的应用实战知识。初、中级读者可以将本书作为一本Photoshop的自学手册，系统地学习软件的操作方法和使用技巧，可以突破“想得到、做不出”的设计瓶颈；已经掌握了一些Photoshop应用技术但还缺乏实战经验的读者，可以利用本书学习使用Photoshop进行平面设计的各种技法，积累设计经验，不断提高创意能力和设计水平。

全书共分12章，主要内容包括：创建选区、创建选区的高级方法、绘图工具的巧妙运用、调整图像的色彩、图层的应用、使用图层蒙版、通道的应用、滤镜的应用、滤镜经典特效制作、商业广告设计、婚纱写真设计和特效合成设计等。

主要特色

深入剖析　专业讲解

本书针对Photoshop选区创建、色彩调整、图层应用、通道应用、滤镜特效以及综合商业案例等知识进行了深入剖析，让读者完全掌握Photoshop应用技术的精髓。

版式新颖　图文并茂

本书采用大开本全彩印制，大容量双栏排版，版式风格活泼、紧凑美观，让读者在赏心悦目的氛围中尽可能多地掌握技术知识，物超所值。

步骤翔实　按图索骥

本书所有实例均为编者精挑细选的典型案例，制作步骤翔实，保证每个读者都能顺利地进行参照学习，按图索骥，边学边练。

书盘结合　相得益彰

随书配有大容量DVD光盘，提供多媒体语音视频讲解，以及所有实例的素材、源文件和大量PSD模板文件。书中内容与配套光盘紧密结合，读者可以通过交互方式，循序渐进地进行学习。

光盘说明

本书配套交互式、36小时超长播放的多媒体视听教学光盘，既是与图书完美结合的视听课堂，又是一套具备完整教学功能的学习软件。

前言 Foreword

高清晰多媒体视听教程

对应书中章节，收录了书中全部操作实例以及综合商业实例的视频教学录像，视频直播，即学即会。

完整收录素材和源文件

书中所有实例的素材图片、PSD格式源文件全部收录在光盘中，方便读者查找学习。素材文件为书中所有小节和综合实例用到的原始文件，源文件为制作完成后的最终PSD效果。

超值PSD模板文件

PSD模板文件的内容共3GB，包含大量怀旧风格、浪漫风格、水墨风格等不同风格类型模板，读者可以直接使用这些模板文件制作华丽的图像，也可以灵活应用PSD文件中分层的素材作为设计元素，并加以创造和提高。

适用读者

本书适合以下读者群体学习使用：

（1）各类学习Photoshop软件应用知识的初、中级读者；

（2）从事平面广告设计、婚纱摄影设计以及其他艺术设计的专业人员；

（3）大中专院校相关专业的在校学生和社会电脑设计培训机构的学员；

（4）刚刚毕业希望从事平面设计工作的朋友及其他平面设计爱好者。

售后服务

如果读者在使用本书的过程中遇到什么问题或者有什么好的意见或建议，可以通过发送电子邮件（E-mail：jtbook@yahoo.cn）或者QQ：843688388联系我们，我们将及时予以回复，并尽最大努力提供学习上的指导与帮助。

希望本书能对广大读者朋友提高学习和工作效率有所帮助。由于编者水平有限，书中可能存在不足与疏漏之处，欢迎读者朋友提出宝贵意见，我们将加以改进，在此深表谢意！

编 者

2010年4月

目 录

Chapter 01 创建选区

Chapter 02 创建选区的高级方法

Chapter 03 绘图工具的巧妙运用

Chapter 04 调整图像的色彩

Chapter 05 图层的应用

Chapter06 使用图层蒙版

Chapter 07 通道的应用

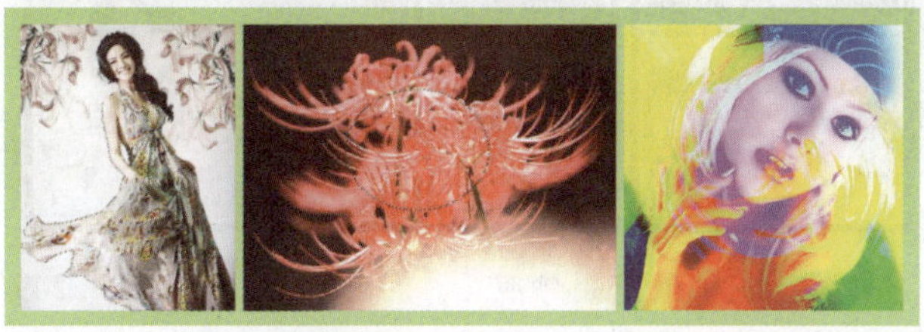

Chapter 08 滤镜的应用

Chapter 09 滤镜经典特效制作

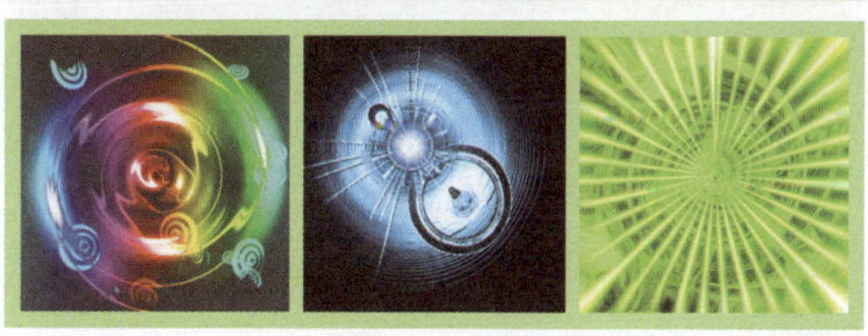

Chapter10 商业广告设计

Chapter11 婚纱写真设计

Chapter12 特效合成设计

Chapter 01

创建选区

在 Photoshop CS4 中，当用户需要对整幅图像中的某个部分进行调整时，就需要用选区将该部分图像与其他部分分隔开来，选区内的图像是允许处理的范围，而选区外的图像则不会受到任何影响。选区在处理图像的过程中起着非常重要的作用。

本章知识索引

实例效果展示

STUDY 01 认识选区

在处理图像时，能否精确地创建选区，在很大程度上体现了一名设计师的能力。使用选择工具创建选区后，将出现一个由黑白色浮动线条组成的区域，所有的操作将限定在这个范围内，起到定界的作用，如图 1-1 所示。

图1-1 创建选区并调整图像

STUDY 02 创建选区的工具

- Work1 选框工具的使用
- Work2 套索工具的使用
- Work3 魔棒工具的使用
- Work4 快速选择工具的使用

在 Photoshop 中，选区大部分是靠选择工具创建的，如图 1-2 所示。

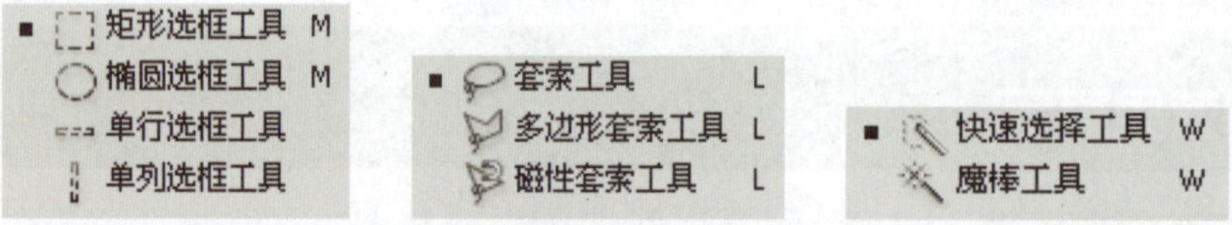

图1-2 选择工具

Work1 选框工具的使用

选框工具包括矩形选框工具、椭圆选框工具、单行选框工具和单列选框工具。使用矩形选框工具和椭圆选框工具可以创建规则选区，而使用单行选框工具和单列选框工具则可以选择单行或单列像素。

1. 认识选框工具属性栏

选择工具箱中的矩形选框工具，其属性栏如图 1-3 所示。

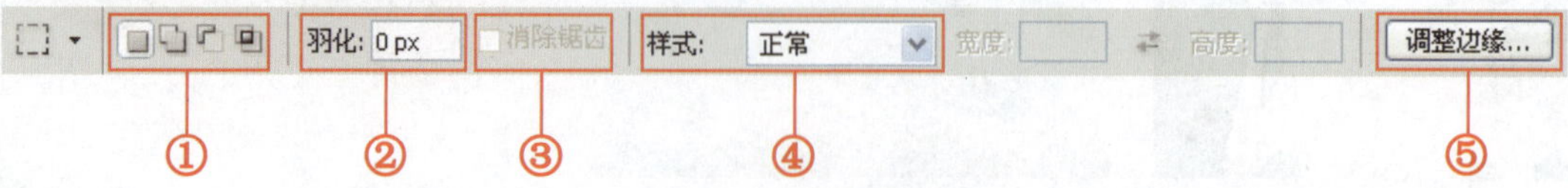

图1-3 矩形选框工具属性栏

其中各选项的含义如下：

①选区运算按钮	这 4 个选区运算按钮从左至右依次为“新选区”、“添加到选区”、“从选区减去”及“与选区交叉”按钮。使用它们，可以添加或删除选区，也可以把两个选区的交叉部分变为选区
②羽化	在该数值框中输入数值，可以设置所选区域边界的柔和程度
③消除锯齿	选中该复选框，可以将所选区域的边界的锯齿边缘消除，边缘更平滑
④样式	该下拉列表框中包括 3 个选项，分别是“正常”、“固定比例”和“固定大小”。若选择“正常”选项，可通过拖动鼠标确定选区大小；若选择“固定比例”选项，可在其右侧的“宽度”和“高度”数值框中输入所需要的数值，以决定选区宽度和高度的比值；若选择“固定大小”选项，则可创建固定大小的选区
⑤调整边缘	单击此按钮，将弹出“调整边缘”对话框，在该对话框中可以对“半径”、“对比度”、“平滑”、“羽化”、“收缩/扩展”参数进行设置

实例大本营：使用矩形选框工具创建选区

难度级别

01 打开“光盘\素材与源文件\素材\第 1 章\花.jpg”文件，选择工具箱中的矩形选框工具，在图像中拖动鼠标创建矩形选区，如图 1-4 所示。

图片素材

创建选区

图1-4 创建矩形选区

02 单击“新选区”按钮，在图像上重新拖动鼠标绘制选区，可以取消旧选区，创建新选区；若单击“添加到选区”按钮，可以将后创建的选区与前面创建的选区合并，如图 1-5 所示。

创建选区

合并两个选区

图1-5 合并选区

03 单击“从选区减去”按钮，可以从原选区中减去后创建的选区，如图 1-6 所示。

创建选区

减去后创建的选区

图1-6 减去选区

04 单击“与选区相交”按钮，可以从保留新选区与旧选区相交的部分作为最终选区，如图 1-7 所示。

创建选区

相交的选区

图1-7 相交选区

提示

椭圆选框工具的使用方法和矩形选框工具相似。

2．单行选框工具和单列选框工具

使用单行选框工具和单列选框工具可以选择单行或单列像素，方法是在图像上单击即可，如图 1-8 所示。

图1-8 创建单行和单列选区

妙笔生花：使用选框工具合成图像

难度级别

01 打开“光盘\素材与源文件\素材\第 1 章\信 .jpg”和“蝴蝶 .jpg”文件，如图 1-9 所示。

图1-9 打开素材文件

02 选择“蝴蝶 .jpg”文件，然后选择工具箱中的椭圆选框工具，在属性栏中设置好参数后按住鼠标并拖动，创建椭圆选区，如图 1-10 所示。

图1-10 创建椭圆选区

03 按【Ctrl+C】组合键复制选区内的图像，然后切换到“信 .jpg”文件，按【Ctrl+V】组合键粘贴图像，选择工具箱中的移动工具，移动“蝴蝶”的位置，如图 1-11 所示。

图1-11 复制并调整蝴蝶图像

04 打开“光盘\素材与源文件\素材\第 1 章\女孩 .jpg”文件，选择工具箱中的矩形选框工具，按住鼠标并拖动，创建矩形选区，如图 1-12 所示。

图1-12 创建矩形选区

05 按【Ctrl+C】组合键复制选区内的图像，然后切换到“信 .jpg”文件，按【Ctrl+V】组合键粘贴图像，如图 1-13 所示。

图1-13 粘贴图像

06 按【Ctrl+T】组合键调出变换控制框，调整图像的大小、位置和方向，然后双击确认变换，如图 1-14 所示。

图1-14 调整图像

提示

在使用矩形选框工具或椭圆选框工具定义选区的同时，若按住【Shift】键，可以定义正方形选区或圆选区；若按住【Alt】键，则可以定义一个以起点为中心的矩形或椭圆形选区；若按住【Alt+Shift】组合键，则可以定义一个以起点为中心的正方形或圆选区。

Work2 套索工具的使用

套索工具包括三种不同的类型，分别是套索工具、多边形套索工具和磁性套索工具。

1. 套索工具

使用套索工具可创建任意形状的选区。在工具箱中选择套索工具，然后在图像中沿图像的轮廓按住鼠标并拖动，当到达起始点时，释放鼠标即可创建选区，如图 1-15 所示。套索工具多用于创建精确度要求不高的选区。

图1-15 使用套索工具创建选区

提示

使用套索工具时，只要拖动鼠标即可沿着轨迹创建选区。如果在释放鼠标前按住【Esc】键，可取消此时的选区。

2. 多边形套索工具

使用多边形套索工具可以创建出不规则的多边形形状，因此，该工具一般用于选取一些复杂的、棱角分明的、边缘呈直线的选区。

实例大本营 难度级别

01 打开"光盘\素材与源文件\素材\第 1 章\love.jpg"文件，在工具箱中选择多边形套索工具，在要选取的图像的边缘处依次单击，当指针移至起始点附近时呈形状，如图 1-16 所示。

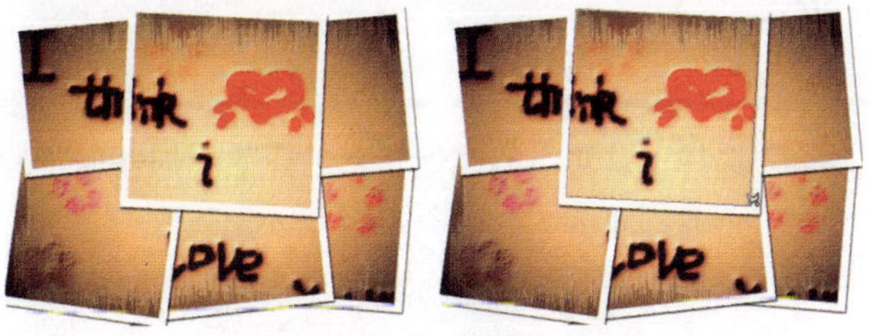

图1-16 打开素材文件

02 单击即可完成选区的创建，如图 1-17 所示。

图1-17 创建选区

提示

使用多边形套索工具创建选区时，如果按住【Shift】键，可按水平、垂直或45° 角方向定义边线；如果按住【Alt】键，则可切换为套索工具（即可定义曲线）；如果按【Delete】键，可取消最近定义的边线；如果按住【Delete】键不放，则可取消所有定义的边线，与按【Esc】键的功能相同。

3. 磁性套索工具

磁性套索工具在拖动鼠标的过程中可以自动捕捉物体的边缘以创建选区，它适合选取图形与背景颜色反差较大的图像，图形与背景颜色反差越大，选取的精确度就越高。

选择工具箱中的磁性套索工具，其工具属性栏如图 1-18 所示。

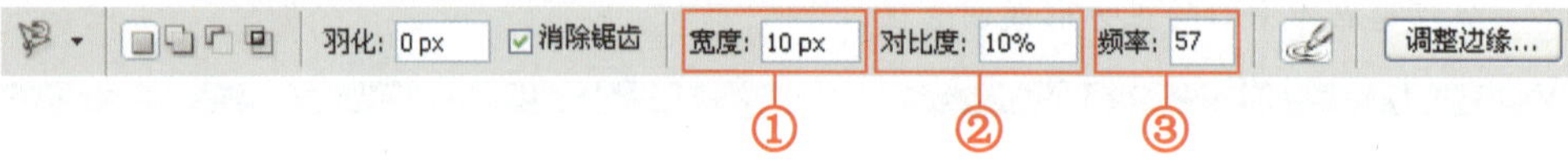

图1-18　磁性套索工具属性栏

其中部分参数含义如下：

①宽度	用于设置定义边界时系统能够检测的边缘宽度，取值范围为 1 ～ 40px，值越大，检测的范围就越大
②对比度	用于设置边缘对比度，取值范围为 1% ～ 100%，值越大对比度越大，边界定位也就越准确
③频率	用于设置定义边界时的锚点数，这些锚点起定位选择的作用，取值范围为 0 ～ 100。值越大产生的锚点数也就越多

实例大本营

难度级别

01 打开"光盘\素材与源文件\素材\第 1 章\卡漫.jpg"文件，在工具箱中选择磁性套索工具，在要选取的图像边缘单击确定起始点，然后沿图像的轮廓移动鼠标，此时可产生一条套索线并自动附着在图像的周围，且每隔一段距离产生一个锚点，如图 1-19 所示。

图1-19　打开素材文件

02 当指针到达起点时单击即可完成选区的创建，如图 1-20 所示。

图1-20　创建选区

提示

当所选区域的边界不太明显时，磁性套索工具无法精确分辨选区边界时，可以通过单击手工设置定位锚点。若所选取的边界不符合要求，可按【Delete】键删除已定位的锚点。

妙笔生花：使用套索工具合成图像

难度级别

01 打开"光盘\素材与源文件\素材\第 1 章\茶道.jpg"和"茶壶.jpg"文件，如图 1-21 所示。

图1-21 打开素材文件

02 选择工具箱中的磁性套索工具，对图像中的茶壶创建选区，如图 1-22 所示。

图1-22　创建选区

03 选择“选择”|“修改”|“扩展”命令，在弹出的“扩展选区”对话框中设置“扩展量”为6像素，单击“确定”按钮扩展选区。然后选择“选择”|“修改”|“羽化”命令，在弹出的“羽化选区”对话框中设置“羽化半径”为3像素，单击“确定”按钮，如图1-23所示。

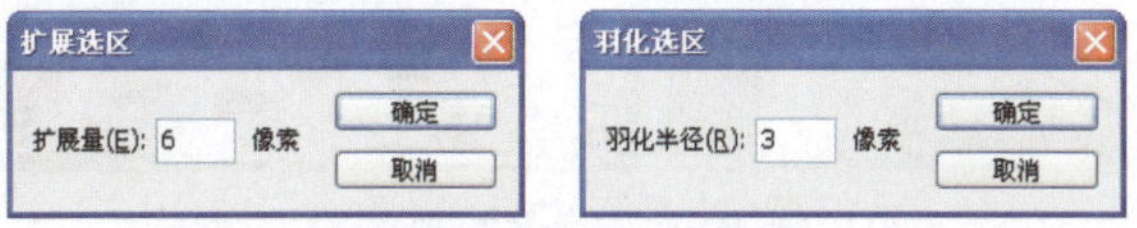

图1-23 扩展和羽化选区

04 按【Ctrl+C】组合键复制选区内的图像，切换到“茶道.jpg”文件，按【Ctrl+V】组合键粘贴图像，如图1-24所示。

图1-24 粘贴图像

05 按【Ctrl+T】组合键调出变换控制框，调整图像的大小和位置，然后双击确认变换，如图1-25所示。

图1-25 调整图像

06 打开“光盘\素材与源文件\素材\第1章\飘带.psd”文件，其中有两个图层，如图1-26所示。

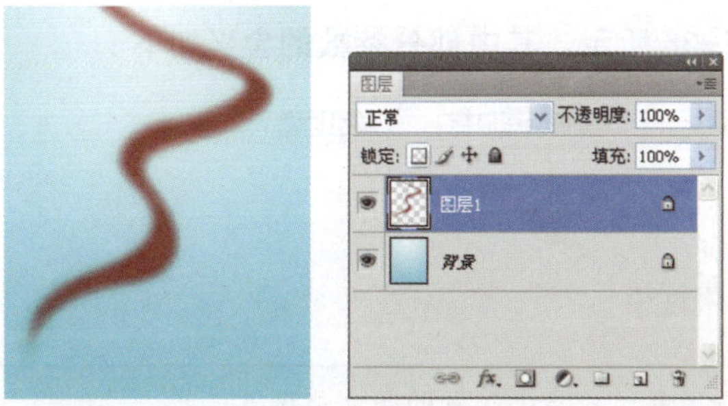

图1-26 打开素材文件

07 选择“图层1”图层，然后选择工具箱中的移动工具，在图像上按住鼠标，将其拖动到“茶道.jpg”文件中，并调整到合适大小和位置，如图1-27所示。

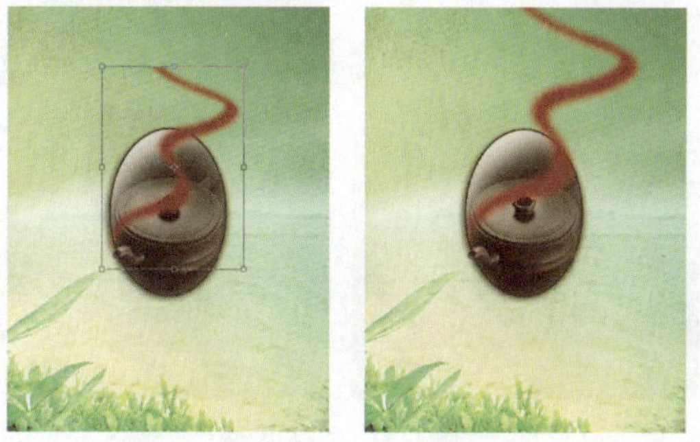
图1-27 拖入并调整素材文件

08 在“图层”面板中设置“图层2”图层的不透明度为50%，此时的图像效果如图1-28所示。

图1-28 设置图像不透明度的效果

09 打开“光盘\素材与源文件\素材\第1章\茶.jpg”文件，在工具箱中选择磁性套索工具，对图像中的茶叶创建选区，如图1-29所示。

图1-29 创建选区

10 在选区内右击，在弹出的快捷菜单中选择“羽化”命令，在弹出的“羽化选区”对话框中设置“羽化半径”为5像素，单击“确定”按钮即可。羽化效果如图1-30所示。

图1-30 进行羽化

11 按【Ctrl+C】组合键复制选区内的图像，切换到“茶道.jpg”文件，按【Ctrl+V】组合键粘贴图像，如图1-31所示。

图1-31 粘贴图像

12 选择“图像”|“调整”|“亮度/对比度”命令，在弹出的“亮度/对比度”对话框中设置“亮度”为102，单击“确定”按钮，得到的图像效果如图1-32所示。

图1-32 调整亮度后的效果

13 选择工具箱中的文字工具，在图像中输入文字，然后打开“光盘\素材与源文件\素材\第1章\茶碗.jpg”文件，如图1-33所示。

14 选择工具箱中的套索工具，在图像中拖动鼠标创建选区，按【Ctrl+C】组合键复制选区内的图像，切换到“茶道.jpg”文件，按【Ctrl+V】组合键粘贴图像，如图1-34所示。

图1-33 输入文字及打开素材文件

图1-34 创建选区

15 将复制的图像拖动到文字图层下方，在“图层”面板中设置“图层4”的图层混合模式为“变暗”，图像效果如图1-35所示。

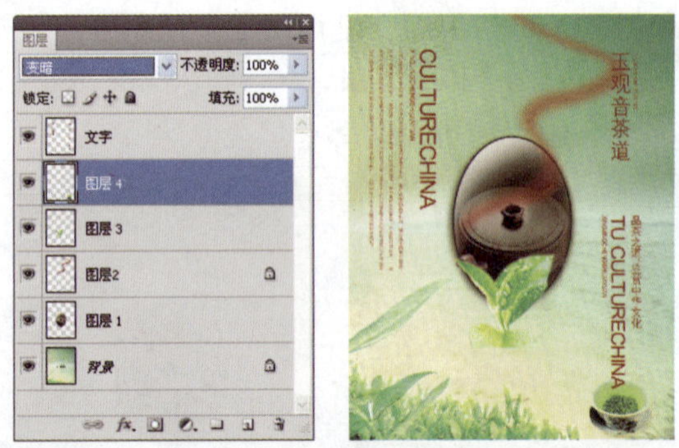

图1-35 更改图层混合模式

Work3 魔棒工具的使用

魔棒工具是一种常用的选择工具，在处理图像时，经常要对图像中颜色相近的区域进行处理，此时选用魔棒工具创建选区最合适。

选择工具箱中的魔棒工具后，其工具属性栏如图1-36所示。其中部分参数的含义如下：

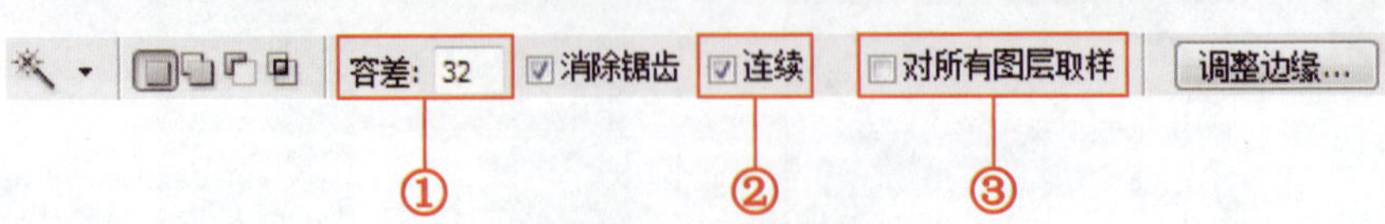

图1-36 魔棒工具属性栏

①容差	设置颜色的选取范围，其值可在0～255之间进行设置，值越小选取的颜色越接近

②连续	选中该复选框，可选择位置相邻且颜色相接近的区域。如果取消选择该复选框，则表示将选择所有颜色相近但位置不一定相邻的区域
③对所有图层取样	选中该复选框，表示将在所有可见图层中选取颜色相近的区域；若取消选择该复选框，则只能在当前图层中选取颜色相近的区域

实例大本营

难度级别

01 打开“光盘\素材与源文件\素材\第1章\爱.jpg”文件，如图1-37所示。

图1-37 打开素材文件

02 在工具箱中选择魔棒工具，在工具属性栏中设置“容差”为20，然后单击图像的背景进行范围的选取，效果如图1-38所示。

图1-38 创建选区

Work4 快速选择工具的使用

选择工具箱中的快速选择工具后，能够在拖动鼠标时，以单击点为基准，将颜色相似的图像区域指定为选区，从而快速绘制选区。快速选择工具的属性栏如图1-39所示。

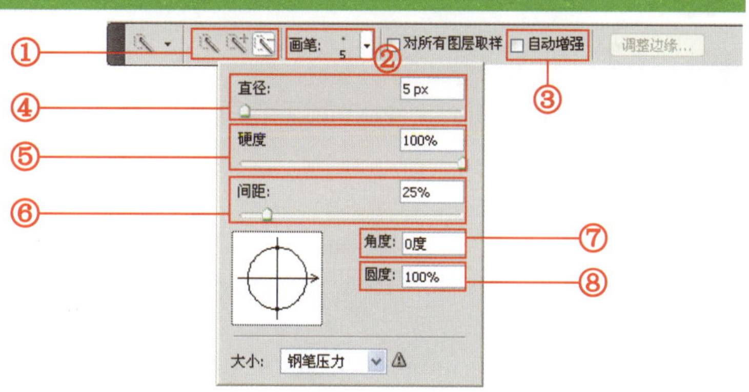

图1-39 快速选择工具的属性栏

其中部分选项的含义如下：

①选区运算按钮	该组按钮的功能与选框工具属性栏中的按钮功能相似，这里不再赘述。默认状态下按下的是“新选区”按钮；当创建选区后，将自动变为按下“添加到选区”按钮
②画笔	单击其右侧的下拉按钮，用户可以在弹出的下拉列表框中设置笔刷的大小、硬度、间距等属性
③自动增强	选中该复选框，可以使绘制的选区边缘更平滑
④直径	设置画笔大小
⑤硬度	设置笔刷边缘的柔和程度，值越小，笔刷边缘越柔和
⑥间距	设置绘制选区时，两个笔刷点间的距离
⑦角度	设置笔刷的旋转角度

⑧圆度	设置笔刷的长短轴比例

实例大本营

难度级别

01 打开“光盘\素材与源文件\素材\第1章\鞋.jpg”文件，如图1-40所示。

图1-40 打开素材文件

02 在工具箱中选择快速选择工具，在其工具属性栏中选中“自动增强”复选框，并设置画笔直径为16像素，将鼠标指针放置在花朵的适当位置，然后按住鼠标并拖动，创建选区，如图1-41所示。

图1-41 创建选区

妙笔生花：使用魔棒工具合成图像

难度级别

01 打开“光盘\素材与源文件\素材\第1章\天空.jpg”和“石头.jpg”文件，如图1-42所示。

图1-42 打开素材文件

02 选择工具箱中快速选择工具，将指针放置在“石头”的适当位置，按住鼠标并拖动，创建选区，如图1-43所示。

03 按【Ctrl+C】组合键复制选区内的图像，然后切换到“天空.jpg”文件，按【Ctrl+V】组合键粘贴图像。按【Ctrl+T】组合键调出变换控制框，调整图像的大小、位置和方向，然后双击确认变换，如图1-44所示。

图1-43 创建选区

图1-44 调整图像

04 打开“光盘\素材与源文件\素材\第1章\京剧人物.jpg”文件，选择工具箱中的魔棒工具，在工具属性栏中设置容差为20，然后多次在背景图像上单击，创建选区，如图1-45所示。

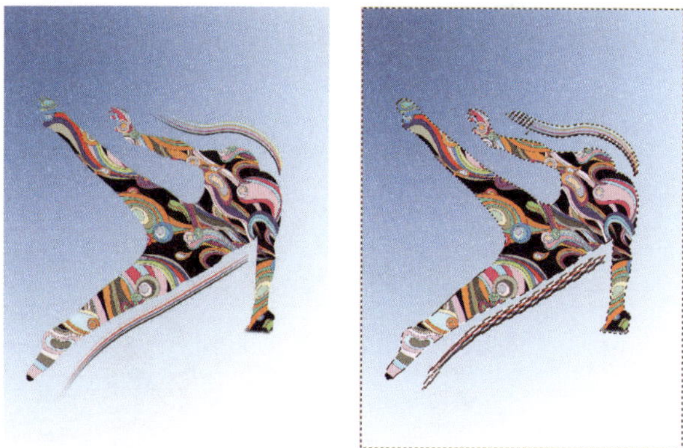

图1-45 创建选区

05 选择“选择”|“反向”命令，或按【Ctrl+Shift+I】组合键反选选区，按【Ctrl+C】组合键复制选区内的图像，然后切换到“天空.jpg”文件，按【Ctrl+V】组合键粘贴图像，如图1-46所示。

图1-46 粘贴图像

06 按【Ctrl+T】组合键调出变换控制框，调整图像的大小、位置和方向，然后双击确认变换，如图1-47所示。

图1-47 调整图像

07 打开“光盘\素材与源文件\素材\第1章\高度文字.psd”，移动文字如图1-48所示。

图1-48 输入文字

STUDY 03 选区的调整

- Work1 变换选区
- Work2 移动与隐藏选区
- Work3 反选选区
- Work4 修改选区
- Work5 扩大选区
- Work6 选取相似
- Work7 其他选区命令

在图像中创建选区后，可以对创建的选区进行编辑，如移动、变换、修改、反选选区等操作。这些操作相对简单，学好并灵活运用这方面的知识，可以制作出精彩的图像效果。

Work1 变换选区

变换选区是对选区进行移动、旋转、缩放等变形操作，其只影响选区大小，即更改浮动选择线的形状，而对图像没有任何影响。

创建选区后，选择“选择”|“变换选区”命令，在创建的选区中显示出变换控制框，如图 1-49 所示。

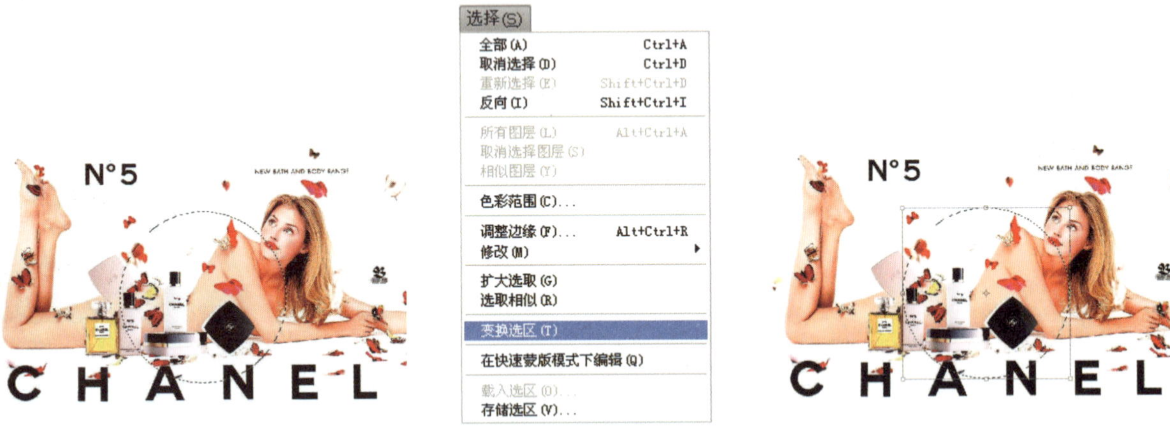

图1-49 显示变换控制框

提示

右击创建的选区，在弹出的快捷菜单中选择“变换选区”命令，也可调出变换控制框，如图 1-50 所示。

图1-50 选择“变换选区”命令

在变换控制框每条边的中间和四个角上都有一个正方形的小格，当将指针移动到某个小方格上时，指针将变成直箭头图标↕，此时拖动鼠标可以进行选区的缩放，如图 1-51 所示。

图1-51 缩放选区

提示

在缩放变换控制框时，按住【Shift】键，可以对其进行等比例缩放。按住【Alt+Shift】组合键，则沿中心点等比例缩放。

将指针放在控制点的外侧，当鼠标指针变成↻形状时，按住鼠标的同时并拖动，即可旋转选区，如图 1-52 所示。

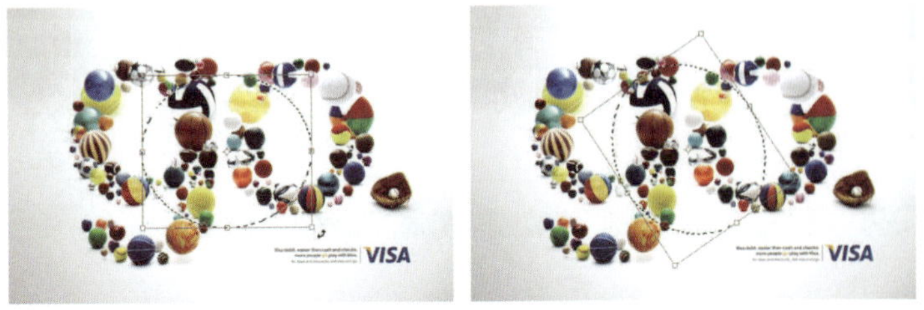

图1-52 旋转选区

提示

在旋转选区时，按住【Shift】键，可以将选区按 15° 的倍数进行旋转。

当显示出变换控制框后，选择“编辑”|“变换”子菜单中的命令，可以对选区进行其他变换，如图 1-53 所示。

在变换控制框中右击，在弹出的快捷菜单中选择相应的命令，也可对选区进行变换操作，如图 1-54 所示。

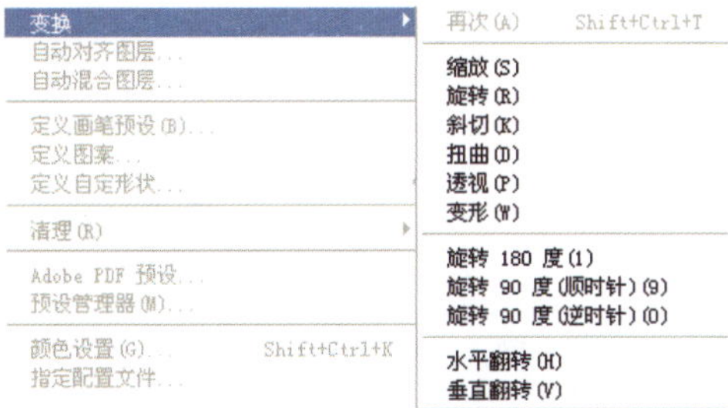

图1-53 “变换”子菜单

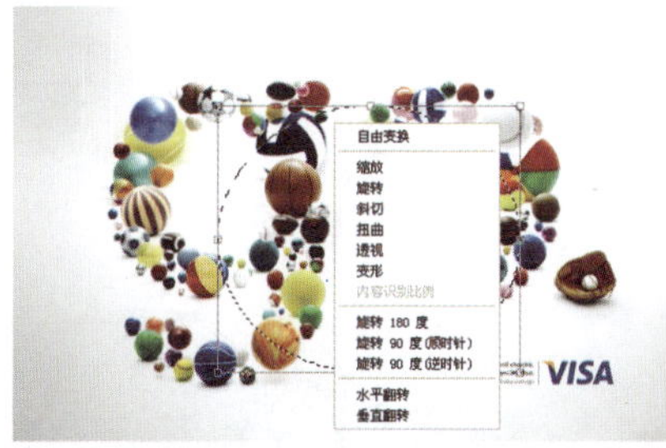

图1-54 右键快捷菜单

提示

如果用户想变换选区内的图像，则可以在创建选区后选择“编辑”|“自由变换”命令，或按【Ctrl+T】组合键调出变换控制框，此时拖动变换控制框即可对选区中的图像进行操作，如图 1-55 所示。

图1-55 变换图像

提示

变换完选区或图像后，双击或按【Enter】键即可取消变换控制框，得到变换的结果。

Work2 移动与隐藏选区

选择工具箱中的选框工具，在工具属性栏中单击“新选区”按钮，然后将指针移动到选区内，此时指针呈形状，如图 1-56 所示。

按住鼠标的同时拖动，即可移动选区的位置，如图 1-57 所示。

图1-56 移动鼠标

图1-57 移动选区

提示

移动的同时若按住【Shift】键，则可以将选区沿水平、垂直或 45° 角的方向移动；若同时按住【Ctrl】键，则可以移动选区中的图像（相当于选择了移动工具）；使用键盘上的【↑】、【↓】、【←】、【→】4 个方向键，可微调选区的位置。

创建选区后，选择“视图”|“显示”|“选区边缘”命令，可以将选区隐藏。隐藏选区后，在编辑窗口时看不到选区的虚线，但实际上选区是存在的。隐藏选区可以更方便用户观察图像调整效果。

实例大本营

难度级别

01 打开“光盘\素材与源文件\素材\第1章\高地.jpg”文件，选择工具箱中的快速选择工具，在图像中创建选区，如图1-58所示。

图1-58 创建选区

02 选择“视图”|“显示”|“选区边缘”命令，将选区隐藏，如图1-59所示。

图1-59 隐藏选区

03 选择“图像”|“调整”|“色彩平衡”命令，在弹出的“色彩平衡”对话框中设置参数为－100、+100、0，单击“确定”按钮，得到的图像效果如图1-60所示。

图1-60 调整色彩平衡效果

04 选择“图像”|“调整”|“色阶”命令，在弹出的“色阶”对话框中设置参数为20、1.34、233，单击“确定”按钮，得到的图像效果如图1-61所示。

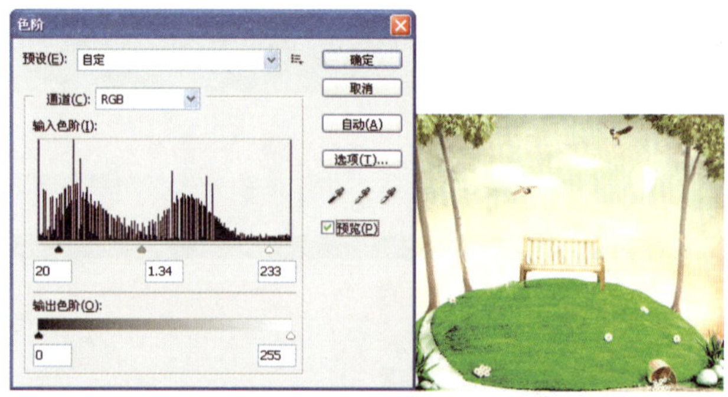

图1-61 图像调整效果

> **提示**
>
> 按【Ctrl+H】组合键可以隐藏选区；按【Ctrl+H】组合键，可以再次显示选区。

Work3 反选选区

当需要选择图像复杂、而背景简单的图像时，可以使用反选命令。

实例大本营

难度级别

01 打开“光盘\素材与源文件\素材\第1章\绿花.jpg”文件，选择工具箱中的魔棒工具，在工具属性栏中设置“容差”值为30，选中“连续”复选框，然后多次单击图像的白色背景选取范围，效果如图1-62所示。

图1-62 创建选区

02 选择“选择”|“反向”命令，或按【Ctrl+Shift+I】组合键反选选区，如图1-63所示。

图1-63 反选选区

Work4 修改选区

创建选区后，选择“选择”|“修改”命令，在弹出的子菜单中，可以对选区进行平滑、扩展和收缩等修改，以满足各种操作的需要，如图 1-64 所示。

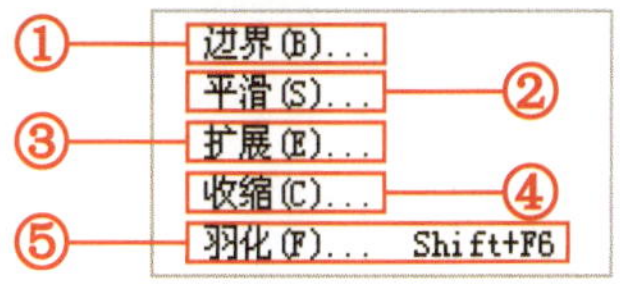

图1-64 “修改”子菜单

1. 边界

边界具有创建双重选区的功能，当在图像中创建一个选区后，选择“选择”|“修改”|“边界”命令，弹出“边界选区”对话框，如图 1-65 所示。

其中，“宽度”用于控制从当前选区向外扩展的大小，扩展后的选区减去原来的选区，即边界的宽度。“宽度”的取值范围在 1～200 之间，数值越大，边缘的宽度越宽，选中的图像也就越模糊。

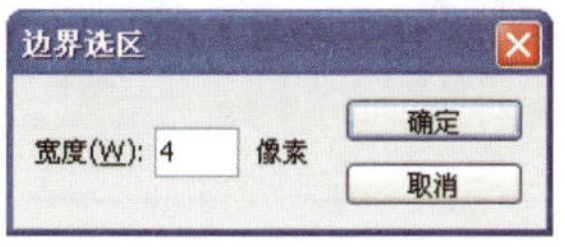

图1-65 “边界选区”对话框

实例大本营

难度级别

01 打开“光盘\素材与源文件\素材\第 1 章\三个女孩.jpg”文件，选择工具箱中的椭圆选框工具，创建一个椭圆选区，如图 1-66 所示。

图1-66 创建选区

02 选择“图像”|“调整”|“曲线”命令，在弹出的“曲线”对话框中调整曲线形状，单击“确定”按钮，效果如图 1-67 所示。

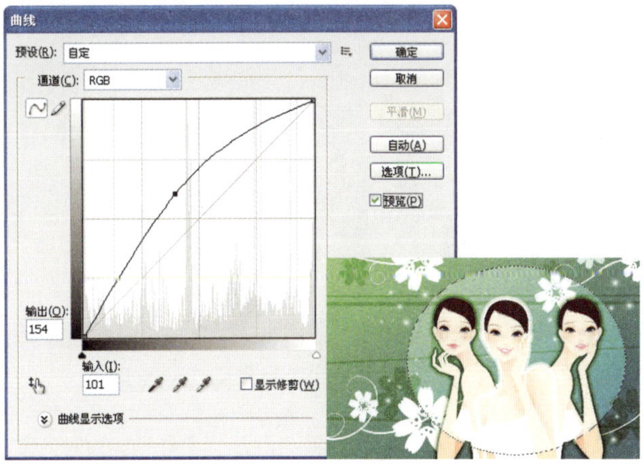

图1-67 调整曲线效果

03 选择“选择”|“修改”|“边界”命令，在弹出的“边界选区”对话框中设置“宽度”为 10 像素，单击“确定”按钮，生成的选区如图 1-68 所示。

图1-68 应用“边界”命令

04 设置前景色为白色，然后按【Alt+Delete】组合键将选区填充为白色，按【Ctrl+D】组合键取消选区，效果如图 1-69 所示。

图1-69 取消选区

> **提示**
>
> 边界具有创建双重选区的作用，并且创建的选区带有羽化功能。在选区中填充颜色时，可以看到边界里的选区边缘有模糊感，参数越大，边缘就越模糊。

2. 平滑

“平滑”命令可以使当前选区边缘的杂点被清除掉，使边缘更加平滑。选择“选择”|“修改”|“平滑”命令，弹出“平滑选区”对话框，如图 1-70 所示。

在“取样半径”文本框中输入范围为 1 ～ 200 之间的数值，数值越大，选区越平滑。取样半径为 10 像素的效果如图 1-71 所示。

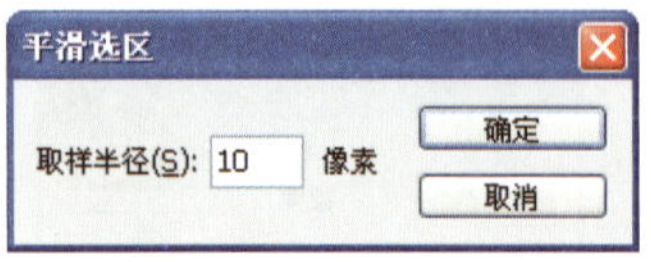

图1-70 “平滑选区”对话框

图1-71 平滑选区效果

3. 扩展

“扩展”命令可以扩大当前的选区。选择“选择”|“修改”|“扩展”命令，弹出“扩展选区”对话框，如图 1-72 所示。

在“扩展量”文本框中可以输入选区向外扩展的范围，值越大，选区向外扩展的范围地就越大。扩展量为 10 像素的效果如图 1-73 所示。

图1-72 “扩展选区”对话框

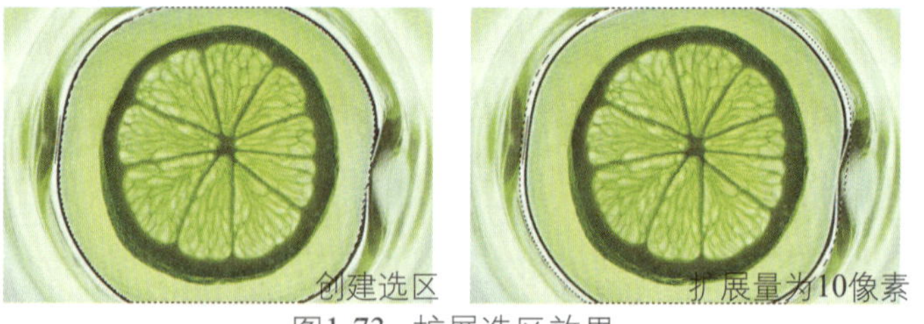

图1-73 扩展选区效果

4. 收缩

“收缩”命令可以向内收缩当前的选区，将选区缩小。选择“选择”|“修改”|“收缩”命令，弹出“收缩选区”对话框，如图 1-74 所示。

在“收缩量”文本框中可以输入选区向内收缩的范围，值越大，选区向内收缩的范围也就越大。收缩量为 10 像素的效果如图 1-75 所示。

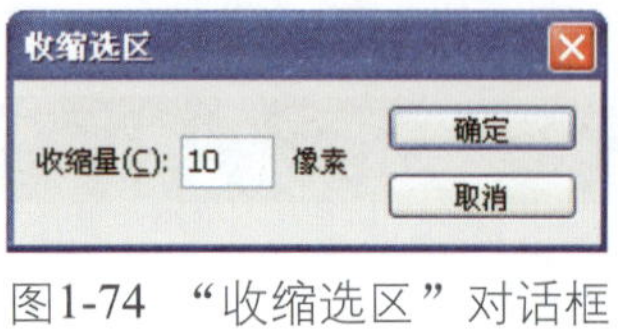

图1-74 “收缩选区”对话框

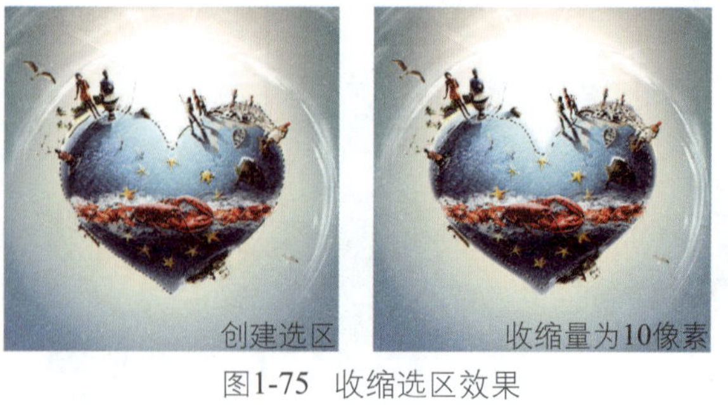

图1-75 收缩选区效果

5. 羽化

“羽化”命令可以对图像的边缘起到柔化、过渡的作用。选择“选择”|“修改”|“羽化”命令，弹出“羽化选区”对话框，如图 1-76 所示。

在“羽化半径”文本框中可以设置羽化值的大小，值越大，边缘的柔化效果越明显。羽化半径为 5 像素的效果如图 1-77 所示。

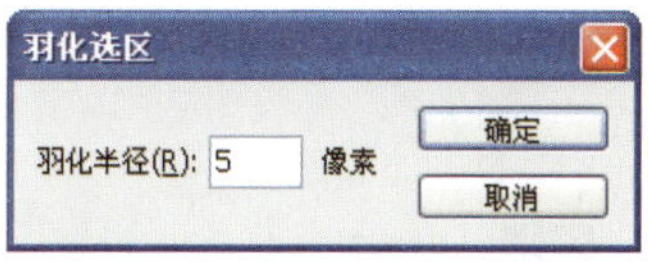

图1-76 “羽化选区”对话框

图1-77 羽化选区效果

实例大本营

难度级别

01 打开“光盘\素材与源文件\素材\第1章\背景.jpg”和“海底.jpg”文件，如图1-78所示。

图1-78 打开素材文件

02 选中“海底.jpg”文件，选择工具箱中的椭圆选框工具◯，在图像中拖动鼠标创建选区，选择“选择”|“变换选区”命令，在创建的选区中调出变换控制框，调整选区的大小和位置，使其和要选择的对象吻合，如图1-79所示。

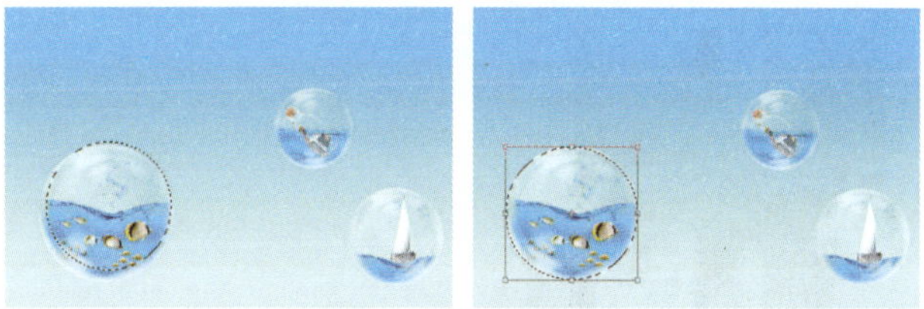

图1-79 变换选区

03 双击确定选区的变换，然后在选区内右击，在弹出的快捷菜单中选择“羽化”命令，在弹出的“羽化选区”对话框中设置“羽化半径”为5像素，如图1-80所示。

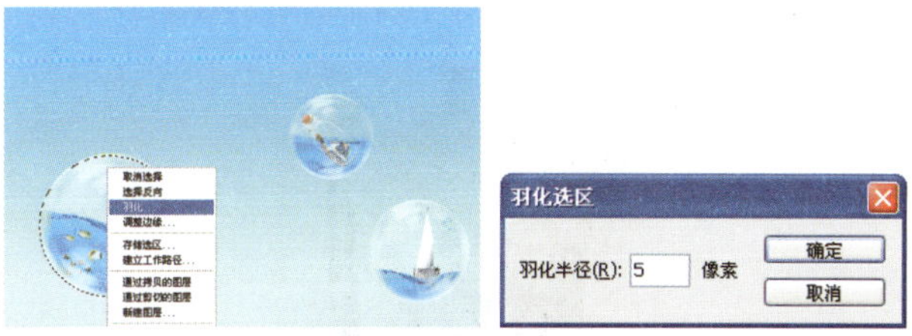

图1-80 羽化选区

04 单击“确定”按钮关闭对话框，按【Ctrl+C】组合键复制选区内的图像，然后切换到“背景.jpg”文件，按【Ctrl+V】组合键粘贴图像，按【Ctrl+T】组合键调出变换控制框，将图像调整到合适的大小和位置，如图1-81所示。

图1-81 调整图像

05 切换到“海底.jpg”文件窗口，将选区移动到另一个图像上，然后选择“选择”|“变换选区”命令，在创建的选区中调出变换控制框，将选区调整到合适大小，双击确定选区的变换，按【Ctrl+C】组合键复制选区内的图像，然后切换到“背景.jpg”文件，按【Ctrl+V】组合键粘贴图像，如图1-82所示。

图1-82 粘贴图像

06 用同样的方法选择另一个图像，双击确定选区的变换，按【Ctrl+C】组合键复制选区内的图像，然后切换到“背景.jpg”文件，按【Ctrl+V】组合键粘贴图像，如图1-83所示。

图1-83 再次粘贴图像

07 在“图层”面板中单击“创建新的填充或调整图层”按钮，在弹出的下拉菜单中选择“色阶”命令，此时“图层”面板中将添加一个调整图层，并弹出“调整”面板，如图 1-84 所示。

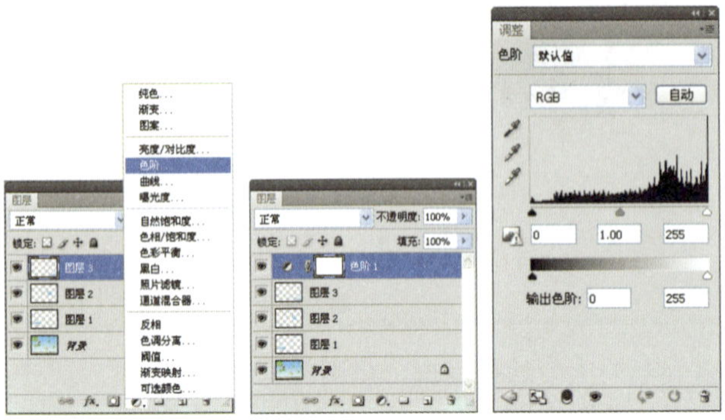

图1-84 调整图层以及“调整”面板

08 在“调整”面板中修改调整参数，图像的最终效果 1-85 所示。

图1-85 图像的最终效果

Work5 扩大选区

当图像中已经存在一个选区后，在菜单栏中选择“选择”|“扩大选取”命令，可以在选区的基础上根据当前选区的状态扩大选区的选择范围，其扩大的程度取决于魔棒工具属性栏中对“容差”数值的设置。

实例大本营

难度级别

01 打开“光盘\素材与源文件\素材\第 1 章\绿色的花.jpg”文件，选择工具箱中的套索工具，在图像中创建一个选区，如图 1-86 所示。

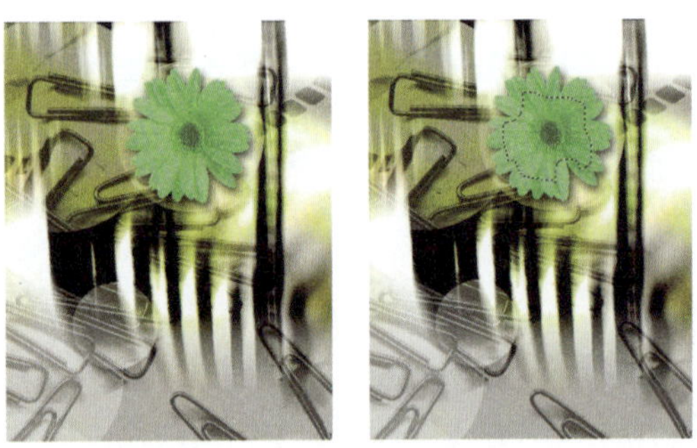

图1-86 创建选区

02 选择“选择”|“扩大选取”命令，扩大选区，效果如图 1-87 所示。

图1-87 扩大选区

03 右击选区，在弹出的快捷菜单中选择“羽化”命令，在弹出的“羽化选区”对话框中设置“羽化半径”为 5 像素，如图 1-88 所示。

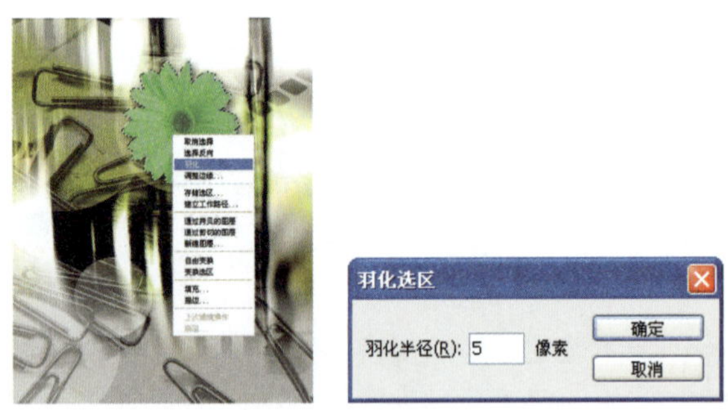

图1-88 “羽化选区”对话框

04 单击“确定”按钮关闭对话框，此时的图像效果如图 1-89 所示。

图1-89 图像效果

05 在“图层”面板中单击按钮，在弹出的下拉菜单中选择“色相 / 饱和度”命令，在“调整”面板中修改调整参数，此时的图像效果如图 1-90 所示。

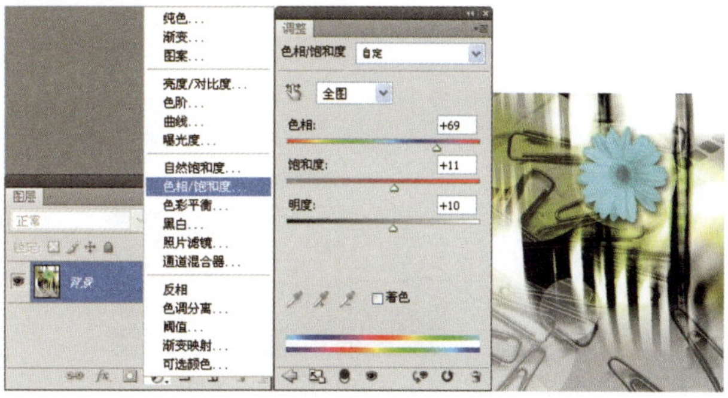

图1-90 调整“色相/饱和度”参数

06 在“图层”面板中单击按钮，在弹出的下拉菜单中选择“色阶”命令，在“调整”面板中修改调整参数，此时的图像效果如图 1-91 所示。

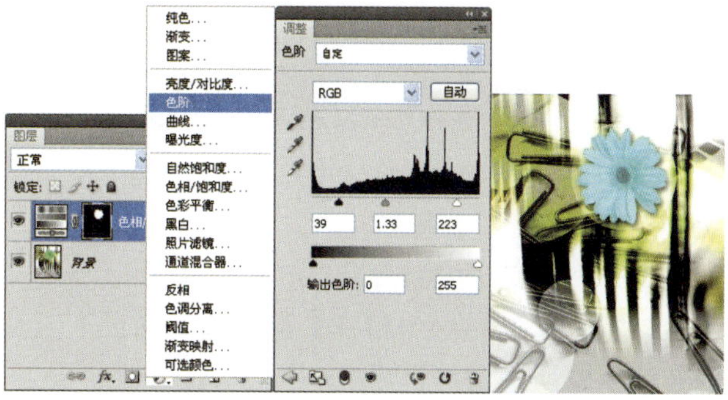

图1-91 调整“色阶”参数

Work6 选取相似

当图像中已经存在一个选区后，在菜单栏中选择“选择”|“选取相似”命令，可以在整个图像中选取与当前存在的选区里颜色相近的区域。

实例大本营

难度级别

01 打开“光盘\素材与源文件\素材\第 1 章\长发女人.jpg”文件，选择工具箱中的魔棒工具，在属性栏中设置容差为 30，然后在图像中单击创建选区，如图 1-92 所示。

图1-92 创建选区

02 选择“选择”|“选取相似”命令，扩大选区，效果如图 1-93 所示。

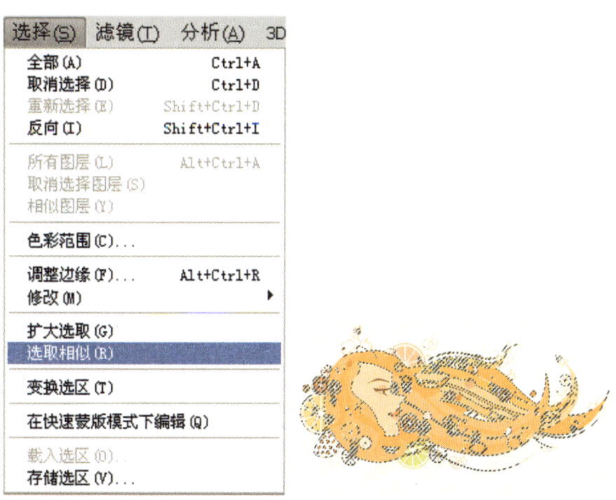

图1-93 扩大选区

03 选择“图像”|“调整”|“色彩平衡”命令，在弹出的对话框中设置参数为 +100、－100、+15，单击“确定”按钮，此时的图像效果如图 1-94 所示。

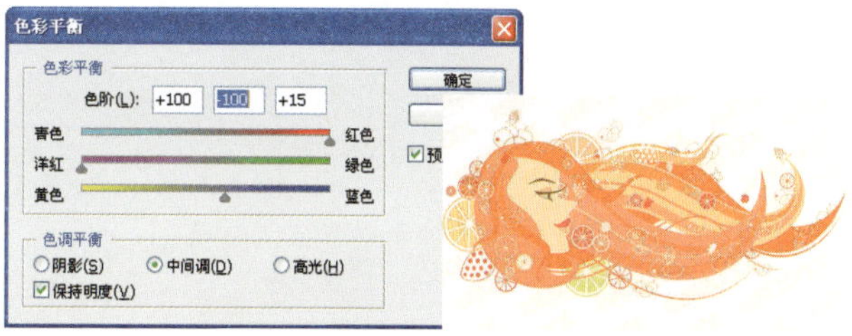

图1-94 调整“色彩平衡”参数

04 选择“图像”|“调整”|“色阶”命令，在弹出的“色阶”对话框中设置参数为 51、0.93、255，单击“确定”按钮，此时的图像效果如图 1-95 所示。

图1-95 图像效果

Work7 其他选区命令

选择“选择”|“全部”命令，或按【Ctrl+A】组合键，可以选择整幅图像，如图1-96所示。

创建选区后，选择“选择”|“取消选择”命令，或按【Ctrl+D】组合键，可以取消选区。

取消选区后，选择“选择”|“重新选择”命令，或按【Shift+Ctrl+C】组合键，可以重新创建所取消的选区。

图1-96 全选图像

Chapter 02

创建选区的高级方法

在 Photoshop CS4 中常常需要选择一些复杂的图像，如人物的头发、动物的毛发、透明图像及背景复杂的图像等，这时使用前面介绍的创建选区的方法就显得力不从心了。本章将介绍一些创建选区的高级方法。

本章知识索引

实例效果展示

STUDY 01 使用“色彩范围”命令创建选区

在选择图像时，经常会遇到一些不规则的图像，如火焰、云彩、人物头发及图像某一部分的高光或阴影等，就可以使用“色彩范围”命令进行选择。图 2-1 所示为使用“色彩范围”命令选择颜色范围后进行调整的效果。

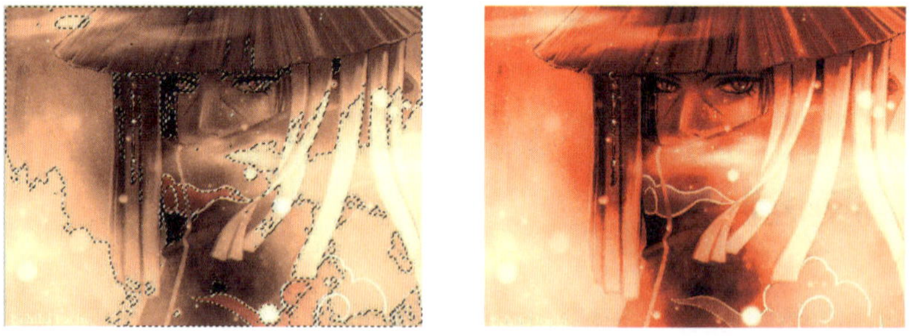

图2-1 选择并调整效果

“色彩范围”命令通过在图像窗口中指定颜色来定义选区，并可以通过指定其他颜色来增减选区。“色彩范围”命令与魔棒工具相似，但功能更加强大，可操作性更强。

在 Photoshop 中选择“选择”|“色彩范围”命令，即可弹出“色彩范围”对话框，如图 2-2 所示。

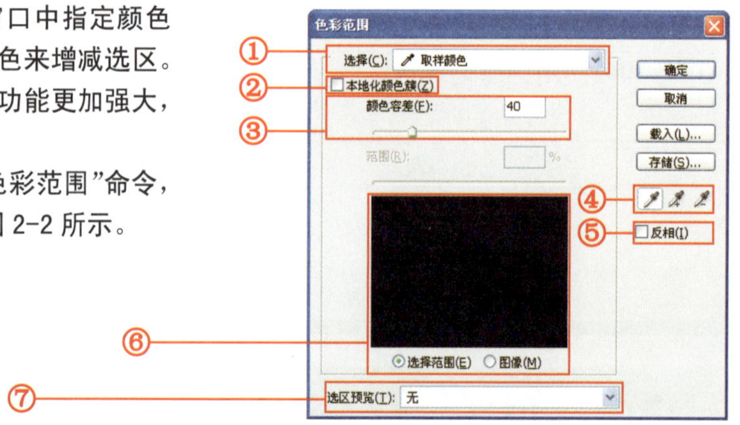

图2-2 “色彩范围”对话框

1. 选择

在“选择”下拉列表框中可以选择要调整的颜色或色调，如红色、黄色、绿色、蓝色、高光、中间调等，如图 2-3 所示。选择“取样颜色”选项，指针会以吸管的形式显示，可用吸管工具在需要选取的颜色范围内单击进行取样。

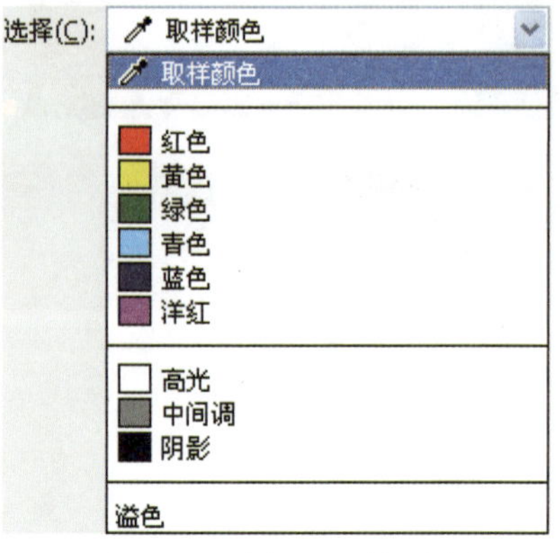

图2-3 “选择”下拉列表框

提示

在进行人物、风景等照片的后期处理中，经常使用“高光”、“中间调”和“阴影”选项调整图像。

实例大本营　　难度级别

01 打开“光盘\素材与源文件\素材\第 2 章\读书.jpg”文件，选择“选择”|“色彩范围”命令，弹出“色彩范围”对话框，在“选择”下拉列表框中选择“高光”选项，如图 2-4 所示。

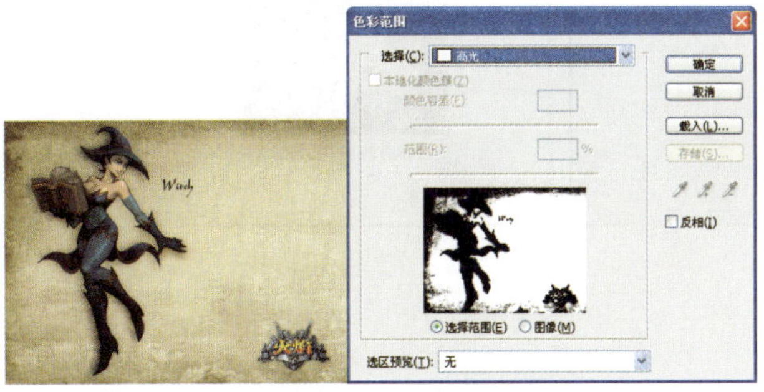
图2-4 选择“高光”选项

02 单击“确定”按钮，得到选取范围，选择“图像”|“调整”|“色相/饱和度”命令，在弹出的“色相/饱和度”对话框中设置“色相”为+27、饱和度为+44，如图 2-5 所示。

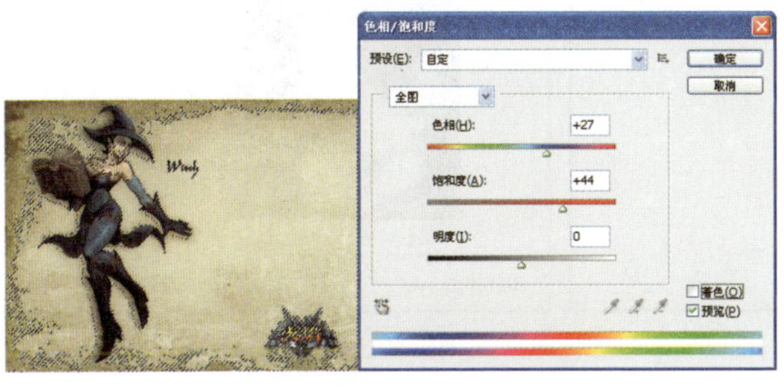
图2-5 “色相/饱和度”对话框

03 单击“确定”按钮，然后按【Ctrl+D】组合键取消选区。选择“选择”|“色彩范围”命令，打开“色彩范围”对话框，在“选择”下拉列表框中选择“中间调”选项，得到的图像效果如图 2-6 所示。

图2-6 选择“中间调”选项

04 单击“确定”按钮，得到选取范围。选择“图像”|“调整”|“色彩平衡”命令，在弹出的“色彩平衡”对话框中设置“色阶”为－26、+100、+30，如图 2-7 所示。

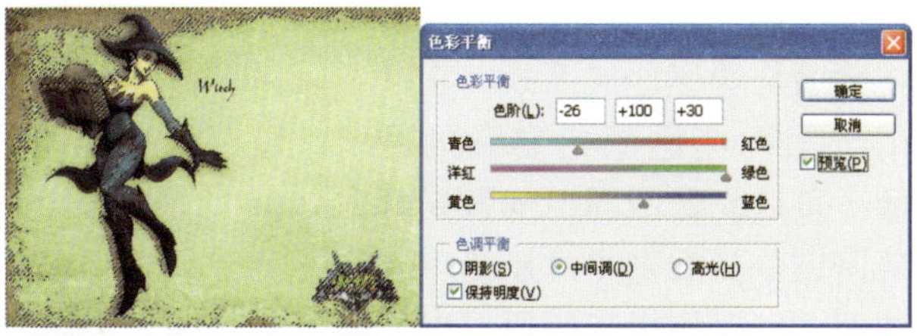
图2-7 调整色阶

05 单击“确定”按钮，然后按【Ctrl+D】组合键取消选区，得到的图像效果如图 2-8 所示。

图2-8 图像效果

2. 本地化颜色簇

选中“本地化颜色簇”复选框，能够启用本地颜色簇进行连续选择，从而帮助用户创建更为精确的选区。

3. 颜色容差

“颜色容差”选项只有在“选择”下拉列表框中选择“取样颜色”选项后才可用，它可以柔化选区边缘，主要是在选择的颜色范围内再次调整，参数越大，选择的相似颜色越多，参数越小，选区也会同样变小，如图 2-9 所示。

颜色容差为40

颜色容差为200

图2-9 不同颜色容差的效果

4. 吸管工具

在“色彩范围”对话框的右侧有三个吸管工具，分别为“吸管工具”、“添加到取样”和“从取样中减去”工具，使用这些工具可以添加或减去需要的选区，如图 2-10 所示。

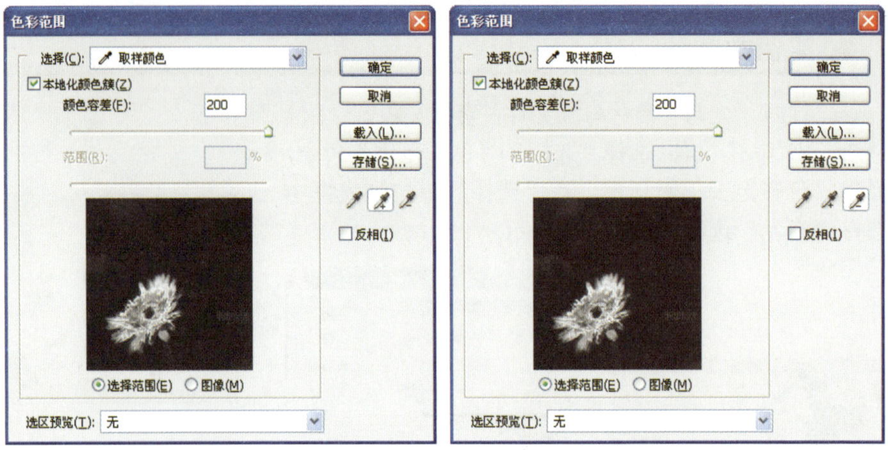

“添加到取样” “从取样中减去”

图2-10 吸管工具

5. 反相

选中“反相”复选框，可将蒙版与选区区域互换，它适用于图像选区颜色复杂的图像。可以先选取简单的背景颜色区域，然后选中“反相”复选框，即可选中背景区域以外的对象，如图 2-11 所示。

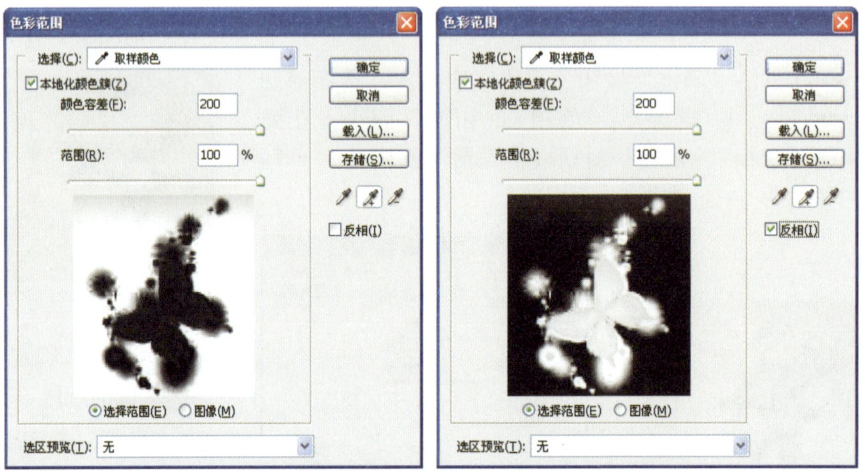

图2-11 未选中与选中“反相”复选框

6. 查看方式

在“色彩范围”对话框中，中间的区域在选中“选择范围”单选按钮的情况下，用于预览在图像中取得的选区，白色区域是选定的区域，黑色区域是未选定的区域，灰色部分则是部分选定的区域，如图 2-12 所示。

在选中“图像”单选按钮的情况下，用于查看原图像的效果，如图 2-13 所示。

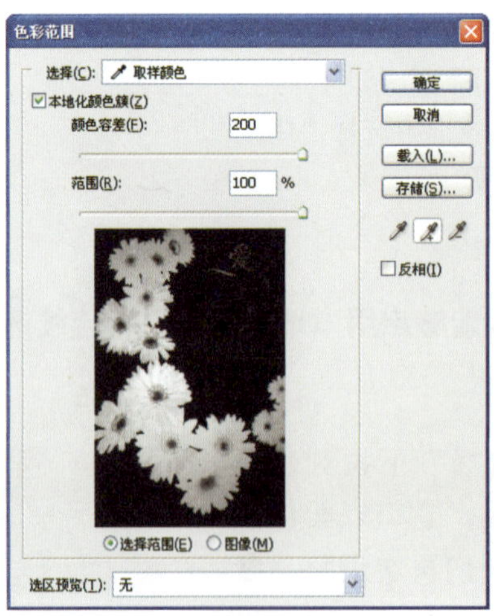

图2-12 选中“选择范围”单选按钮

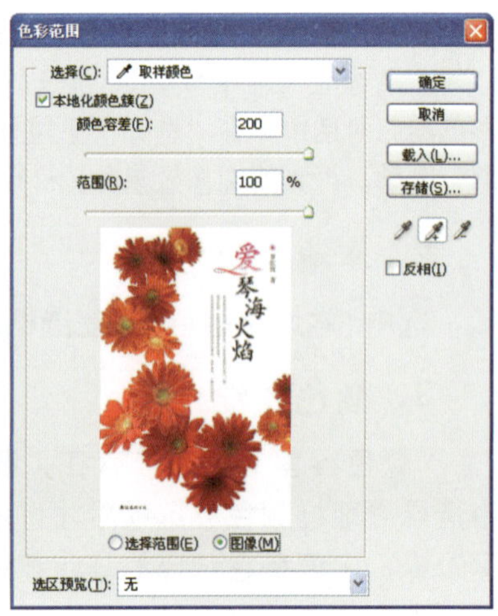

图2-13 选中“图像”单选按钮

7. 选区预览

“选区预览”下拉列表框用于设置选区的预览方式，有五种方式供用户选择，如图 2-14 所示。

“选区预览”下拉列表框　无　灰度　黑色杂边　白色杂边　快速蒙版

图2-14 预览方式

妙笔生花：使用“色彩范围”命令调整图像颜色

难度级别

01 打开“光盘\素材与源文件\素材\第 2 章\睡.jpg”文件，选择“选择”|“色彩范围”命令，弹出“色彩范围”对话框，在人物棕色的衣裙上单击，如图 2-15 所示。

图2-15 打开素材文件

02 在“色彩范围”对话框中将“颜色容差”设置为 150，单击“确定”按钮，得到的选区如图 2-16 所示。

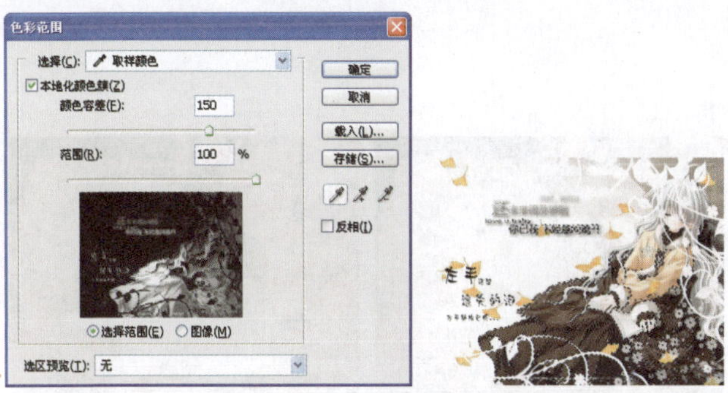

图2-16 创建选区

03 选择“图像”|“调整”|“色彩平衡”命令，在弹出的“色彩平衡”对话框中设置“色阶”为 -21、+100、-100，单击“确定”按钮，得到的图像效果如图 2-17 所示。

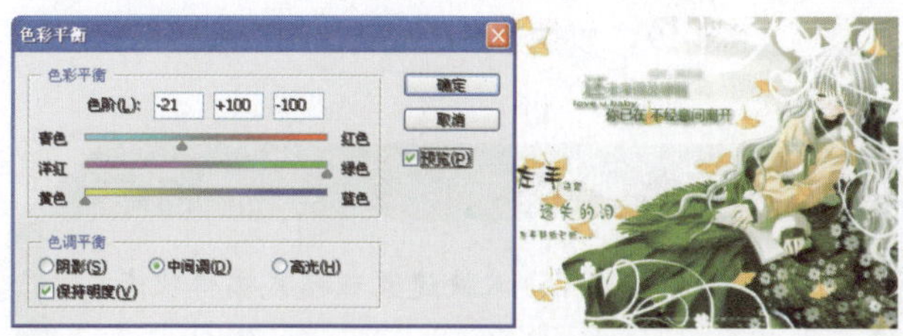

图2-17 调整色彩平衡

04 选择“图像”|“调整”|“自然饱和度”命令，在弹出的“自然饱和度”对话框中设置“自然饱和度”为 +100、“饱和度”为 +100，单击“确定”按钮，得到的图像效果如图 2-18 所示。

图2-18 “自然饱和度”效果

STUDY 02 使用快速蒙版创建选区

- Work1 认识快速蒙版
- Work2 设置快速蒙版参数
- Work3 编辑蒙版

快速蒙版是一种用于创建选区的技术，在无法直接创建选区的情况下，可以尝试使用快速蒙版来创建。

Work1 认识快速蒙版

快速蒙版是一种临时蒙版，它只用于创建图像的选区，不会改变图像本身。

实例大本营

难度级别

01 打开“光盘\素材与源文件\素材\第2章\狗狗.jpg”文件，在工具箱中单击“以快速蒙版模式编辑”按钮，进入快速蒙版编辑状态，如图2-19所示。

图2-19 “以快速蒙版模式编辑”按钮

提示

按【Q】键可进入快速蒙版模式编辑状态。

02 选择工具箱中的画笔工具在快速蒙版编辑状态下对图像进行涂抹，涂抹后的图像上将出现一层透明度为50%的红色，再次在工具箱中单击“以标准模式编辑”按钮，即可看到前面涂抹过的红色区域变为了选区，如图2-20所示。

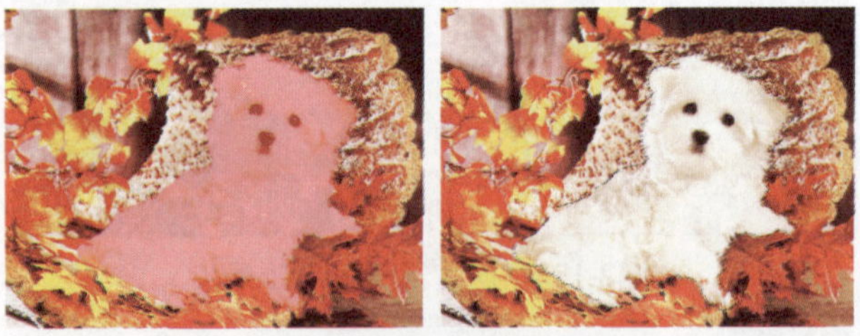

图2-20 以标准模式编辑

如果在编辑快速蒙板时，选择的画笔是柔边画笔，那么所选的图像边缘较为柔滑，创建出的选区带有羽化效果，如图2-21所示。

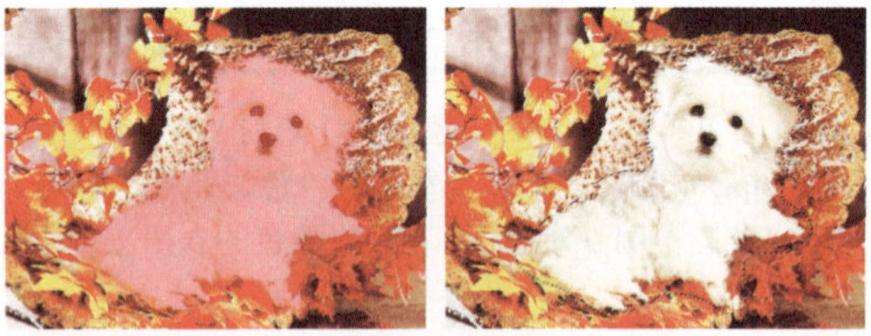

图2-21 用柔边画笔编辑快速蒙板

提示

在快速蒙版模式下，使用画笔工具可以增加选区，而使用橡皮擦工具则可以减去选区。

画笔的笔触形状决定着选区的形状，如图2-22所示。

图2-22 创建特殊形状选区

Work2 设置快速蒙版参数

在工具箱中双击“以快速蒙版模式编辑”按钮，弹出“快速蒙版选项”对话框，如图2-23所示。

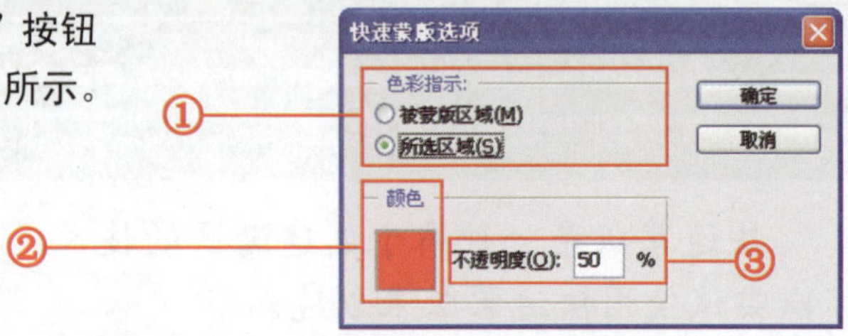

图2-23 “快速蒙版选项”对话框

1. 色彩指示

在“色彩指示”选项组中有两个选项，含义如下：

● 被蒙版区域：选中该单选按钮，在快速蒙版编辑模式下，使用画笔工具在图像上进行涂抹，被涂抹的部分是非选择的部分，如图 2-24 所示。

● 所选区域：选中该单选按钮，在快速蒙版编辑模式下，使用画笔工具在图像上进行涂抹，被涂抹的部分是选择的部分，如图 2-25 所示。

图2-24 选中“被蒙版区域”单选按钮

图2-25 选中“所选区域”单选按钮

2. 颜色

默认蒙版的颜色为红色，但如果正在处理的图像颜色也是红色，这样就很难分清楚蒙版色和原图像颜色，此时用户可以单击“颜色”选项组中的颜色块，在弹出的对话框中设置蒙版的颜色，如图 2-26 所示。

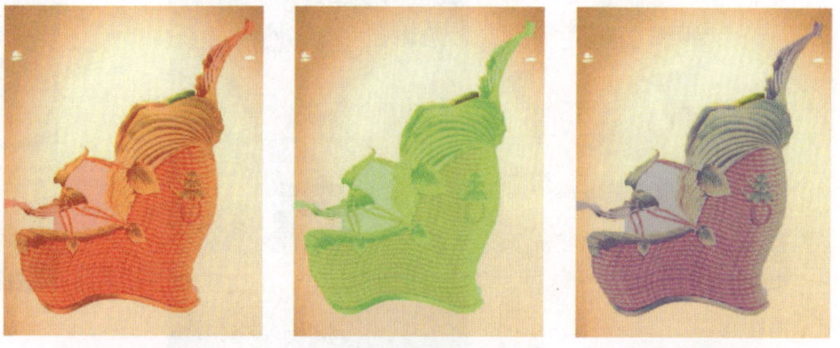

设置为红色　设置为绿色　设置蓝色

图2-26 选中“所选区域”单选按钮

3. 不透明度

在“不透明度”数值框中可以改变蒙版颜色的不透明度。默认情况下不透明度为 50%，以方便查看背景图像。不透明度值设置得越小，颜色就越淡；当不透明度为 0% 时，图像中的颜色将不再显现，如图 2-27 所示。

不透明度为20%　不透明度为50%　不透明度为100%

图2-27 设置不透明度

Work3 编辑蒙版

在快速蒙版模式下，蒙版的形状代表了标准模式下选区的形状，修改蒙版形状即可改变选区的形状。同样，改变了选区的形状也就改变了蒙版的形状。

使用蒙版编辑时，注意以下事项：

● 在快速蒙版编辑模式下，可以使用各种绘图工具和编辑命令（绘画、擦除、渐变、填充、选框工具及各种滤镜等）对蒙版形状进行修改，从而改变选区的形状。

● 在快速蒙版编辑模式下，只能使用黑色、白色、灰色三种颜色。用黑色绘图可以增加蒙版区域，即减少选区，如图 2-28 所示。

- 用白色绘图可以减少蒙版区域，即增加选区，如图 2-29 所示。

图2-28 前景色为黑色，增加蒙版区域

图2-29 前景色为白色，减少蒙版区域

使用橡皮擦工具也可修改蒙版形状。设置前景色为白色，在图形中进行涂抹，则增加蒙版区域；设置前景色为黑色，在图形中进行涂抹，则减少蒙版区域。

> **提示**
>
> 不同程度的灰色可使选区产生不同程度的透明度变化，从快速蒙版模式切换到标准模式时，Photoshop 会将颜色灰度值大于 50% 的像素转换为被遮盖区域，而颜色灰度值小于 50% 的像素转换为选区范围。

妙笔生花：使用快速蒙版合成图像

难度级别

01 打开“光盘\素材与源文件\素材\第 2 章\云.jpg”和“天坛.jpg”文件，如图 2-30 所示。

图2-30 打开素材文件

02 选择工具箱中的魔棒工具，在工具属性栏中设置参数，在“天坛.jpg”文件中的天空部分多次单击，将其选中，如图 2-31 所示。

图2-31 创建选区

03 选择“选择”|“反向”命令，或按【Ctrl+Shift+I】组合键反选选区，双击“以快速蒙版模式编辑”按钮，在弹出的“快速蒙版选项”对话框中设置参数，如图 2-32 所示。

图2-32 设置快速蒙版参数

04 单击“以快速蒙版模式编辑”按钮，将选区转换为快速蒙版，设置前景色为黑色，选择工具箱中的画笔工具，在图像中拖动鼠标，将塔顶未选中的细节部分选中。选择工具箱中的橡皮擦工具，在图像中拖动鼠标，将地面取消一部分，如图 2-33 所示。

图2-33 编辑快速蒙版

05 单击“以标准模式编辑”按钮，将前面涂抹过的红色区域变为选区，选择工具箱中的移动工具，在选区内按住鼠标，将其拖动到“云.jpg”文件中，如图 2-34 所示。

图2-34 拖入选区中图像

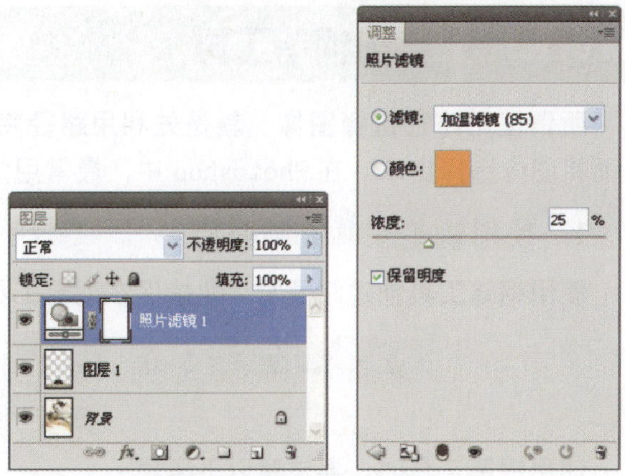

图2-36 调整图层和“调整”面板

06 按【Ctrl+T】组合键调出变换控制框，调整图像的大小和位置，然后双击确认变换，选择“图层 1”图层（即拖入图像所在的图层），在“图层”面板中单击 按钮，在弹出的下拉菜单中选择“照片滤镜”命令，如图 2-35 所示。

图2-35 选择“照片滤镜”命令

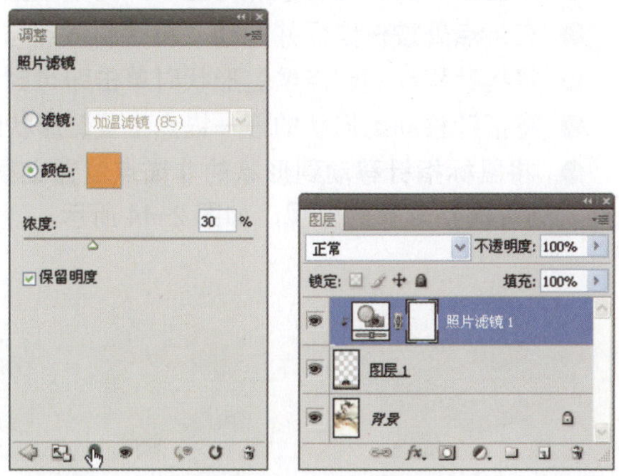

图2-37 向右缩进调整图

07 此时“图层”面板中将添加一个调整图层，并弹出“调整”面板，如图 2-36 所示。

08 在“调整”面板中单击 按钮，此时调整图层将向右缩进，这表示该调整图层只作用于其下一个图层，而不是所有图层，如图 2-37 所示。

09 在“调整”面板中修改调整参数，此时得到的图像色彩更加协调，如图 2-38 所示。

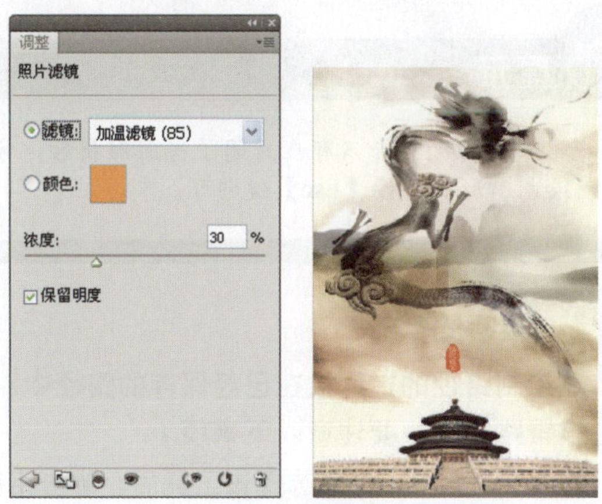

图2-38 图像最终效果

STUDY 03 使用路径创建选区

★ Work1 认识钢笔工具　　★ Work2 路径和选区的相互转换

在 Photoshop 中，选区和路径可以相互进行转换，因此，用户也可以使用路径工具创建选区。路径抠图适合边缘较为规则、平滑的图像。

Work1 认识钢笔工具

所谓使用路径选择图像，就是先利用路径将需要选择图像的轮廓勾勒出来，再将路径转换为选区，从而将图像选择出来。在 Photoshop 中，最常用的创建路径的工具是钢笔工具。

1. 使用钢笔工具绘制路径

使用钢笔工具创建路径时，要确保在钢笔工具属性栏中按下“钢笔”按钮，如图 2-39 所示。

图2-39 钢笔工具属性栏

使用钢笔工具时，要注意以下事项：

- 单击某点，将绘制该点与上一点的连接直线，如图 2-40 所示。
- 在某点处按住鼠标并拖动，将绘制该点与上一点之间的曲线，如图 2-41 所示。
- 将指针移动到起点呈形状时单击即可封闭形状，如图 2-42 所示。
- 将指针移动到形状的任一锚点上呈形状时单击即可删除该锚点，如图 2-43 所示。
- 将鼠标指针移动到形状的非锚点位置上呈形状时单击，可在形状上增加锚点。如果在该处拖动鼠标，则可调整形状的外观，如图 2-44 所示。

图2-40 绘制直线

图2-41 绘制曲线

图2-42 封闭形状

图2-43 删除锚点

图2-44 增加锚点

提示

默认情况下，只有在封闭了当前形状后，才可绘制其他形状。但是，如果用户希望在未封闭上一形状前绘制新形状，按【Esc】键即可。

2. 编辑路径

在绘制路径的过程或在已经保存的路径中，用户可以随时对路径进行编辑，改变路径的形状。

编辑路径时，要注意以下事项：

- 直接选择工具：选择该工具后，单击路径边线可显示锚点，单击锚点可以显示锚点的方向控制杆。此时拖动锚点，可移动锚点的位置；拖动方向控制杆的端点，可调整形状的外观，如图 2-45 所示。
- 添加锚点工具：选择该工具后，在形状边线上单击可为形状增加锚点，如图 2-46 所示。
- 删除锚点工具：选择该工具后，在形状边线上单击锚点可将其删除，从而改变形状的外观。

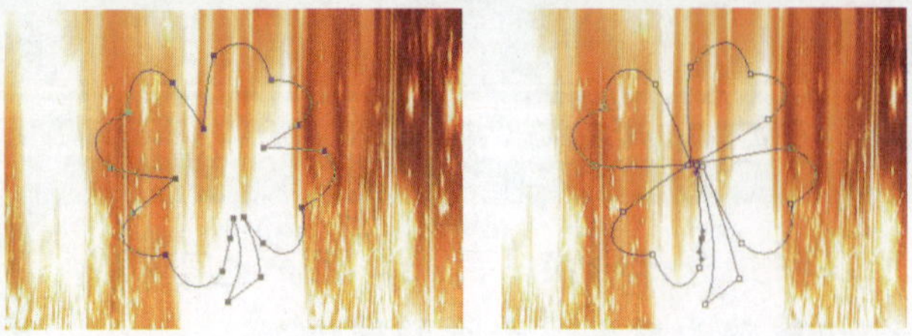

图2-45 利用“直接选择工具”改变形状外观

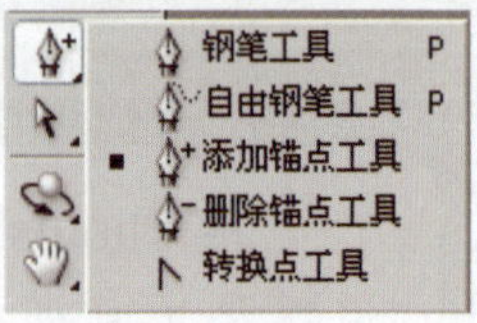

图2-46 添加锚点工具

提示

在使用删除锚点工具之前，应该首先使用路径选择工具或直接选择工具单击形状，以便使形状原有的锚点显示出来。

Work2 路径和选区的相互转换

在 Photoshop 中，路径和选区之间可以相互转换，从而方便了用户的操作。

1．将路径转换为选区

在 Photoshop 中可以将当前路径转换为选区，以方便用户操作。

实例大本营　　难度级别

01 打开“光盘\素材与源文件\素材\第2章\酒杯.jpg”文件，在工具箱中选择钢笔工具，沿酒杯的边缘创建路径，如图2-47所示。

图2-47 创建路径

02 右击创建的路径，在弹出的快捷菜单中选择“建立选区”命令，弹出“建立选区”对话框，如图2-48所示。

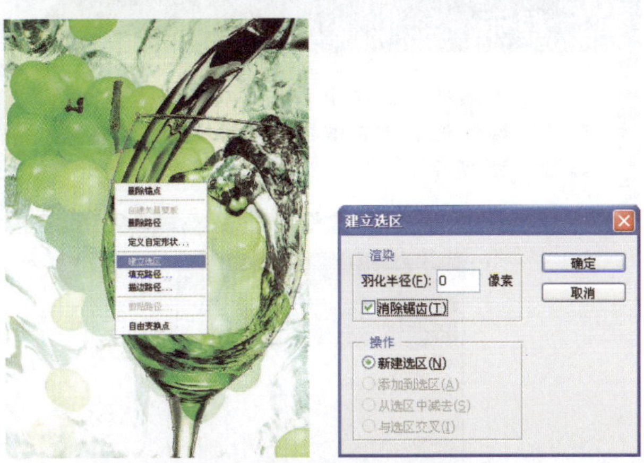

图2-48 “建立选区”对话框

03 单击“确定”按钮，即可将路径转换为选区，如图2-49所示。

图2-49 将路径转换为选区

提示

在选中路径的情况下，按【Ctrl+Enter】组合键可将路径转换为选区。

“建立选区”对话框中各选项的含义如下：

- 羽化半径：可以控制转换为选区后，选区范围的边缘羽化程度，变化范围为0～255。
- 消除锯齿：选中该复选框，通过部分填充选区边缘的像素，可以使转换后的选区范围的边缘适度平滑。
- 操作：该选项组控制着将路径转换为选区的选区与当前选区的组合方式。只有在图像中已经存在选区时，该选项组中的选项才会被激活。

提示

选择要转换的路径，在“路径”面板中单击“将路径作为选区载入”按钮，可将路径转换为选区，如图2-50所示。

图2-50 单击“选区生成路径”按钮

2. 将选区转换为路径

除了可以将路径转换为选区外，也可以将选区转换为路径。

实例大本营　　难度级别

01 打开“光盘\素材与源文件\素材\第2章\海滩.jpg”文件，选择工具箱中的椭圆选框工具，按住【Shift】键的同时在图像中拖动鼠标，创建一个正圆形选区，如图2-51所示。

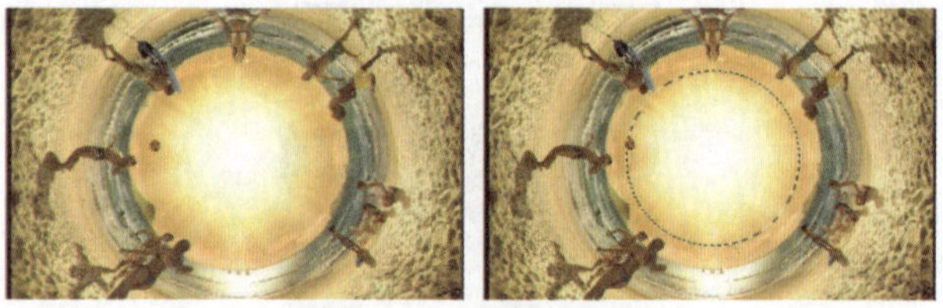

图2-51 创建正圆选区

02 右击创建的路径，在弹出的快捷菜单中选择“建立工作路径”命令，弹出“建立工作路径”对话框，如图2-52所示。

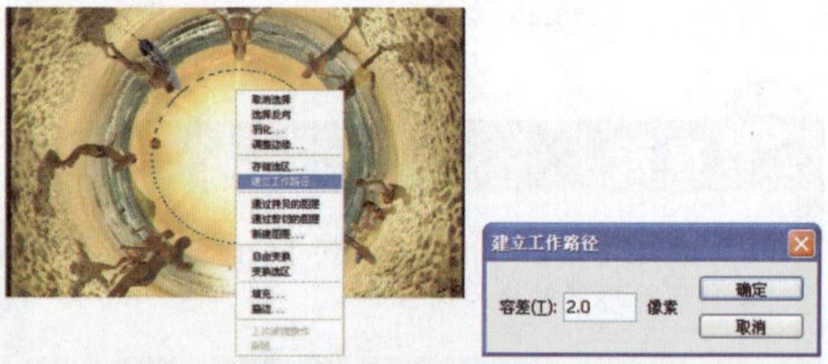

图2-52 “建立工作路径”对话框

03 单击“确定”按钮，即可将选区转换为路径，此时在“路径”面板中将自动生成工作路径，如图2-53所示。

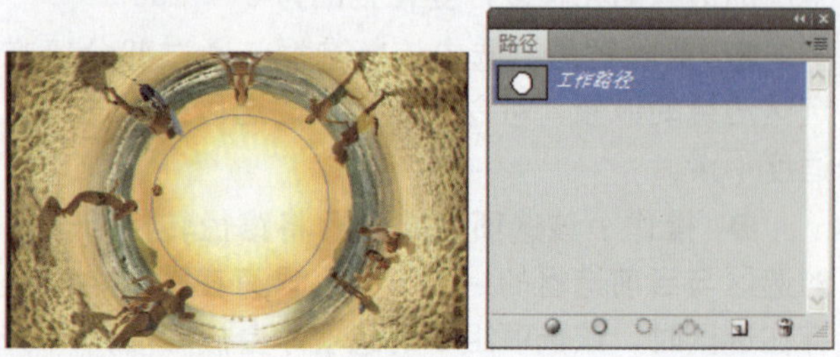

图2-53 路径和“路径”面板

提示

在图像中创建路径后，单击“路径”面板右上角的按钮，在弹出的下拉菜单中选择“建立工作路径”命令，也可弹出“建立工作路径”对话框，如图2-54所示。

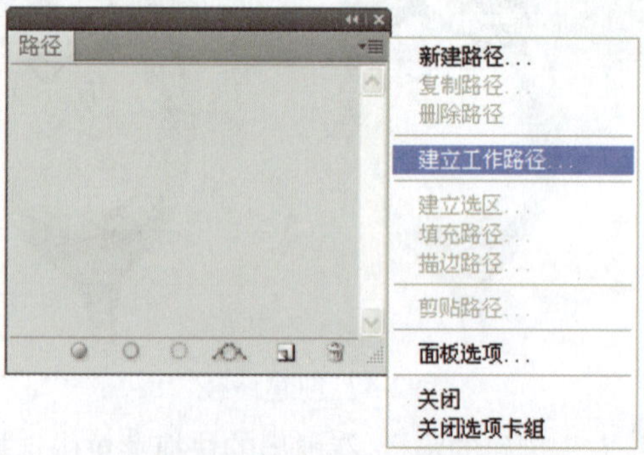

图2-54 选择“建立工作路径”命令

提示

在“路径”面板中单击“从选区生成工作路径”按钮，可直接将选区转换为工作路径，如图2-55所示。

图2-55 单击“从选区生成工作路径”按钮

在“建立工作路径”对话框中的“容差”文本框中输入容差值，可以用来控制转换后路径的平滑度。其取值范围为 0.5 ～ 10.0 像素，数值越大，产生的锚点越小，线条越平滑，如图 2-56 所示。

选区　　容差值为1　　容差值为8

图2-56 容差值

妙笔生花：使用路径合成图像

难度级别

01 打开“光盘\素材与源文件\素材\第2章\海面.jpg”和“吉他.jpg”文件，如图 2-57 所示。

图2-57 打开素材文件

02 选择工具箱中的钢笔工具，沿右下角的吉他绘制路径，按【Ctrl+Enter】组合键将路径转换为选区，如图 2-58 所示。

图2-58 将路径转换为选区

03 选择工具箱中的移动工具，在选区内按住鼠标将其拖动到“海面.jpg”文件中，按【Ctrl+T】组合键调出变换控制框，调整图像的大小和位置，然后双击确认变换，如图 2-59 所示。

图2-59 调整图像大小和位置

04 按住【Ctrl】键单击“图层1”图层的缩览图，载入选区，在“图层”面板中单击“创建新图层”按钮，新建“图层2”图层，如图 2-60 所示。

图2-60 新建“图层2”

05 选择“选择”|“修改”|“扩展”命令，弹出“扩展选区”对话框，设置“扩展量”为 20 像素，单击“确定”按钮关闭对话框，如图 2-61 所示。

图2-61 扩展选区

06 选择“选择”|“修改”|“羽化”命令，弹出“羽化选区”对话框，设置“羽化半径”为 30 像素，单击“确定”按钮关闭对话框，然后设置前景色为白色，按【Alt+Delete】组合键将选区填充为白色，如图 2-62 所示。

图2-62 填充选区

07 在“图层”面板中拖动“图层2”到“图层1”图层的下方，如图 2-63 所示。

08 打开“光盘\素材与源文件\素材\第2章\水.jpg”文件，选择工具箱中的钢笔工具，绘制路径，如图 2-64 所示。

图2-63 调整图层顺序

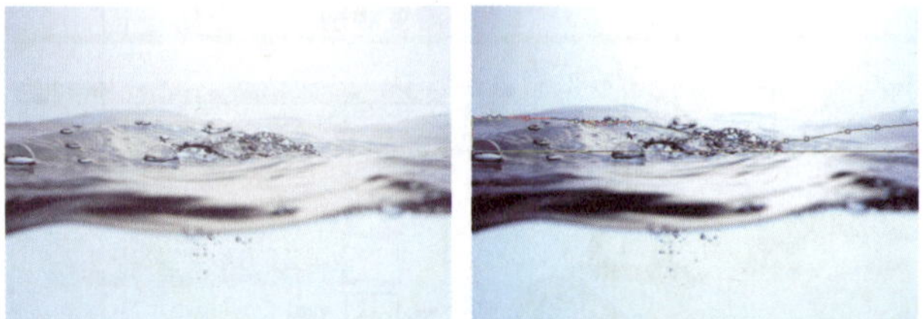

图2-64 绘制路径

09 按【Ctrl+Enter】组合键将路径转换为选区，选择“选择”|“修改”|“羽化”命令，弹出“羽化选区”对话框，设置“羽化半径”为5像素，如图2-65所示。

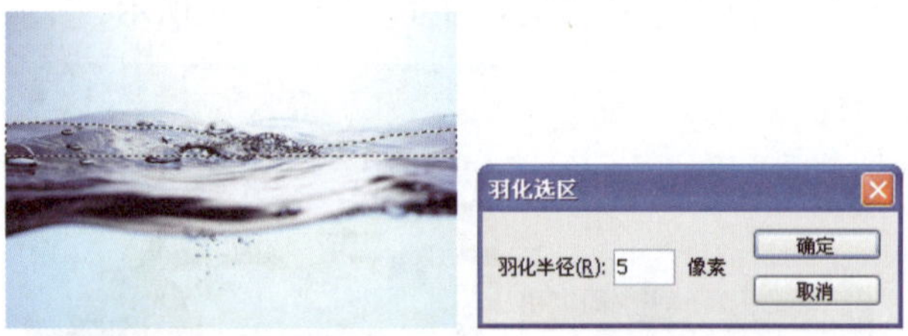

图2-65 “羽化选区”对话框

10 单击“确定”按钮关闭对话框，选择工具箱中的移动工具，在选区内按住鼠标将其拖动到“海面.jpg”文件中，如图2-66所示。

图2-66 拖入选区图像

11 在“图层”面板中单击按钮，在弹出的下拉菜单中选择“色相/饱和度”命令，此时“图层”面板中将添加一个调整图层，并弹出“调整”面板，如图2-67所示。

12 在“调整”面板中单击按钮，使其只作用于其下一个图层而不是所有图层，如图2-68所示。

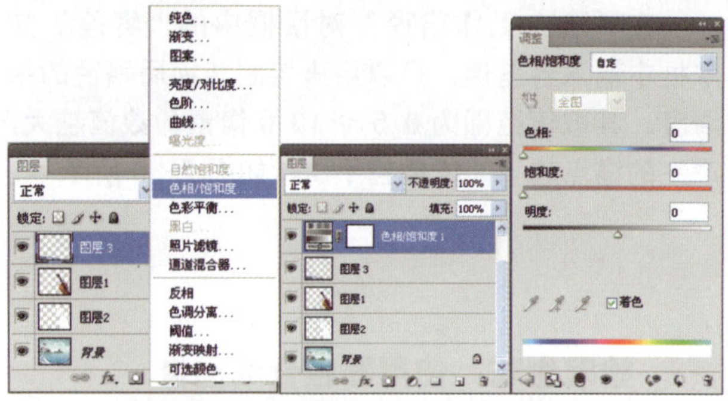

图2-67 调整图层和“调整”面板

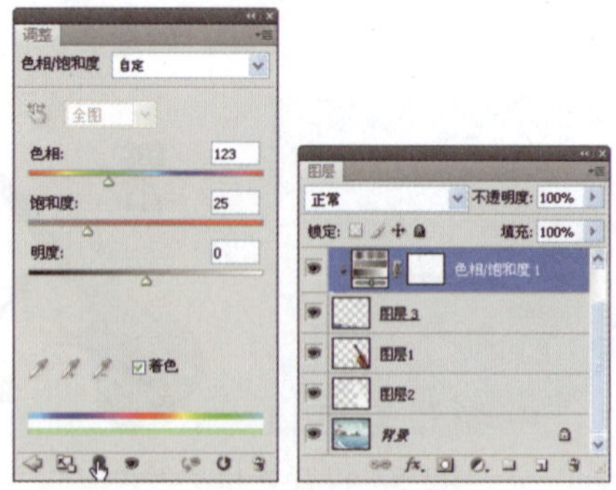

图2-68 向右缩进调整图层

13 在“调整”面板中修改调整参数，此时“图层3”图层的色彩与整体更加协调，最终效果如图2-69所示。

图2-69 图像调整效果

14 在“图层”面板中单击按钮，在弹出的下拉菜单中选择“色阶”命令，在“调整”面板中修改调整参数，如图2-70所示。

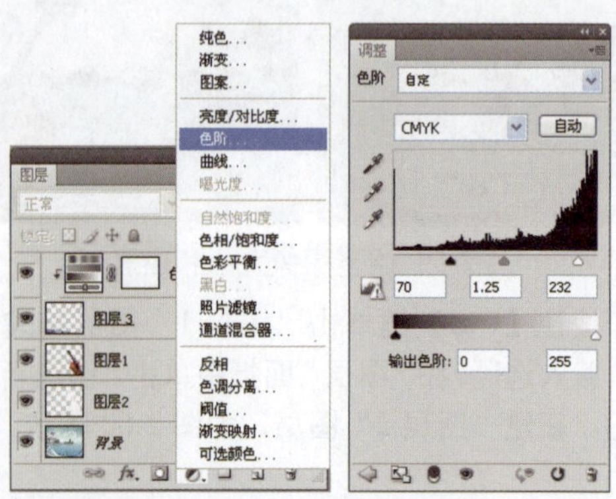

图2-70 修改调整参数

此时的图像色彩更加艳丽，如图 2-71 所示。

提示

在弹出的色阶调整面板中，其参数和“色阶”对话框中参数的意义相同。

图2-71 图像最终效果

STUDY 04 使用通道创建选区

通道是 Photoshop 中抠取复杂图像最有效的工具之一，对抠取人物的头发等非常有效，是用户进行图像高级处理必须要掌握的方法之一。

通道中只有黑色、白色、灰色三种颜色，白色表示选择区域，黑色表示非选择区域，灰色表示半透明区域。使用通道扣取图像，就是将需要选择的图像在通道中以白色显示出来，然后再将通道转换为选区即可。在通道中可以使用 Photoshop 的大多数工具和命令，图 2-72 所示为使用通道抠取的图像。

图2-72 用通道抠取的图像

妙笔生花：使用通道合成图像

难度级别

01 打开“光盘\素材与源文件\素材\第 2 章\婚纱.jpg” 文件，如图 2-73 所示。

图2-73 打开素材文件

02 打开“通道”面板，依次单击“红”、“绿”、“蓝”通道，查看这三个通道的效果，选择与透明婚纱图像对比最为明显的通道，如图 2-74 所示。这里选择“红”通道。

“红”通道　“绿”通道　“蓝”通道

图2-74 查看通道

03 将“红”通道拖动到下方的按钮上进行复制，按【Ctrl+L】组合键，打开“色阶”对话框，从中调整参数以增加婚纱的对比度，如图 2-75 所示。

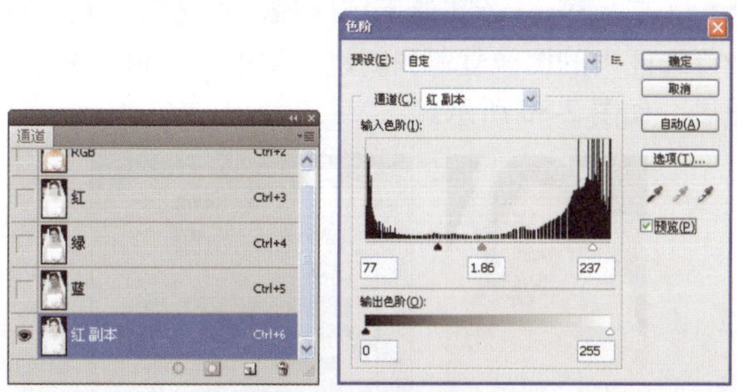

图2-75 设置色阶参数

04 单击“确定”按钮，得到的图像效果如图 2-76 所示。

05 设置前景色为黑色，在工具箱中选择画笔工具 ，并设置合适的硬边画笔笔触，在透明婚纱以外的区域进行涂抹，得到如图 2-77 所示的效果。

图2-76 色阶调整效果

图2-77 涂抹效果

06 单击“通道”面板底部的 按钮，将通道作为选区载入，如图 2-78 所示。

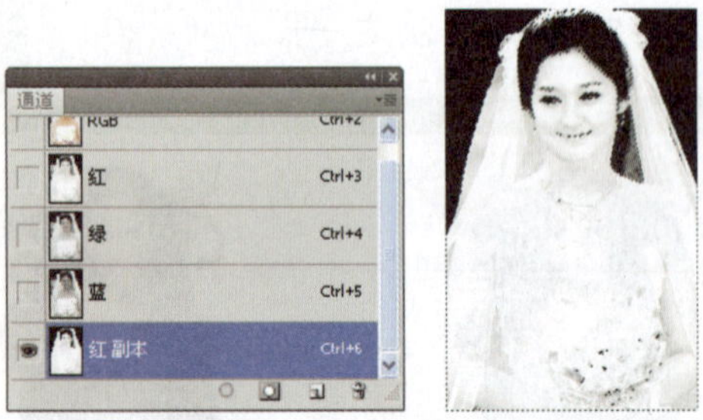

图2-78 载入选区

07 选择“图层”面板，确定“背景”图层处于选中状态，然后按【Ctrl+J】组合键将选区内的图像复制到新建图层中，得到“图层 1”图层。用户可以隐藏“背景”图层，查看抠图效果，如图 2-79 所示。

图2-79 抠图效果

08 选择“背景”图层，使用工具箱中的快速选择工具 选择其他不同区域，按【Ctrl+J】组合键将选区内的图像复制到新建图层中，得到“图层 2”图层，如图 2-80 所示。

图2-80 复制选区图像

09 隐藏“背景”图层，查看抠图效果，选择“图层”|“合并可见图层”命令，合并所有可见图层，如图 2-81 所示。

图2-81 合并图层

10 打开“光盘\素材与源文件\素材\第 2 章\花.jpg”文件，选择工具箱中的“移动工具” 将“花.jpg”拖动到婚纱图像中，将其倾斜一定的角度，并调整到“背景”图层上方，如图 2-82 所示。

图2-82 拖入并编辑图层

11 选择“图层 1”图层，然后在“图层”面板中单击 按钮，在弹出的下拉菜单中选择“照片滤镜”命令，在弹出的“调整”面板中设置照片滤镜参数，如图 2-83 所示。

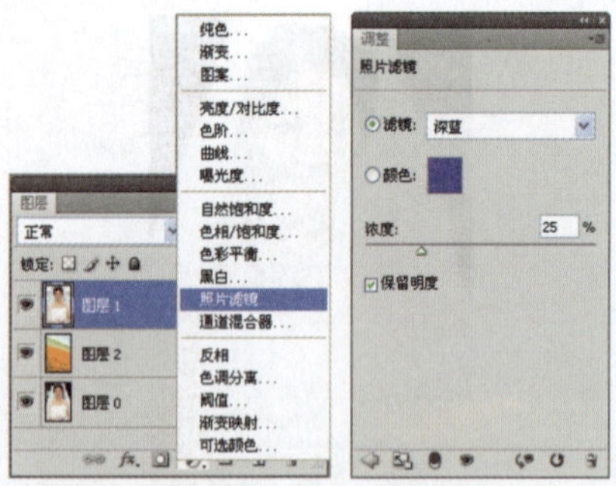

图2-83 设置“照片滤镜”参数

12 最终的图像效果如图 2-84 所示。

图2-84 最终图像效果

Chapter 03

绘图工具的巧妙运用

Photoshop CS4 中提供了多种绘图工具，如画笔工具、铅笔工具、渐变工具、图章工具、橡皮擦工具等。在传统的手工绘画逐渐转向计算机绘画的今天，熟练地使用绘图工具，可以帮助我们创作出更加优秀的作品。

本章知识索引

实例效果展示

STUDY

01 绘画工具

- Work1 画笔工具属性栏
- Work2 “画笔”面板
- Work3 铅笔工具

绘画工具包括画笔工具和铅笔工具，下面将进行详细介绍。

Work1 画笔工具属性栏

选择工具箱中的画笔工具，其属性栏如图 3-1 所示。

图3-1 画笔工具属性栏

1. 画笔

单击“画笔”下拉按钮，在弹出的下拉列表中有预设的各种画笔以及画笔的大小和硬度，如图 3-2 所示。

①主直径	设置画笔笔触直径的大小
②硬度	设置画笔笔触边缘的柔和程度
③“从此画笔创建新的预设”按钮	单击该按钮，弹出“画笔名称”对话框，可以保存画笔样本，如图 3-3 所示
④画笔菜单按钮	单击该按钮，弹出画笔控制菜单，如图 3-4 所示。利用该菜单，可以选择画笔样本、设置画笔的显示形式、载入画笔等操作

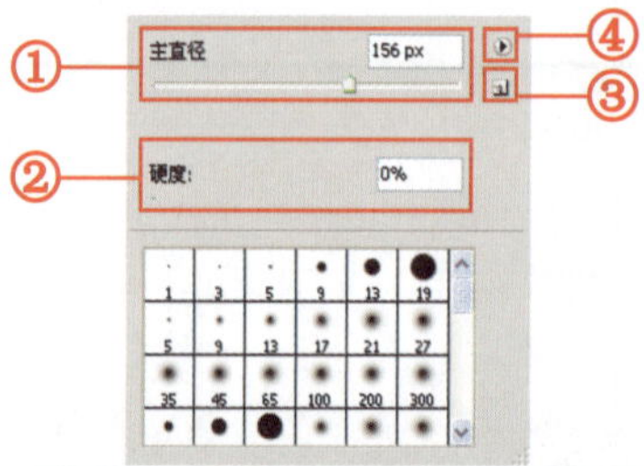

图3-2 画笔下拉列表

图3-3 “画笔名称”对话框

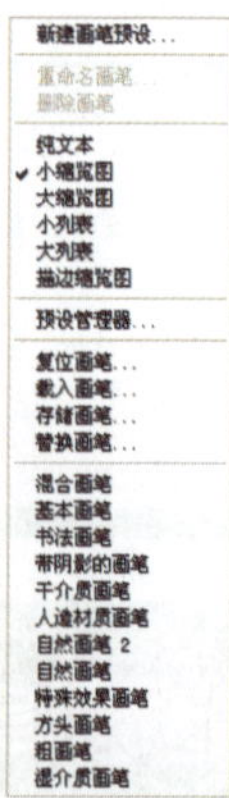

图3-4 画笔控制菜单

2. 模式

设置绘画的前景色与作为画纸的背景之间的混合效果，如图 3-5 所示。

3. 不透明度

设置绘图颜色的不透明度，该值越高，画笔痕迹的透明度越低。

4. 流量

设置画笔线条颜色的涂抹程度，该值越低，越不清晰。

“正常”模式　“强光”模式　“明度”模式

图3-5 不同混合模式

5. 喷枪

单击“喷枪”按钮，启用喷枪功能。此时绘画的颜色会因鼠标的停留而向外扩展，画笔笔头的硬度越小，效果越明显，如图 3-6 所示。

启用前　启用后

图3-6 启用喷枪

Work2 “画笔”面板

在 Photoshop 中，学会“画笔”面板的使用方法非常重要，因为在使用画笔工具时，需要通过该面板定义当前工作时所使用的笔刷状态和工作属性。

1. 认识“画笔”面板

在菜单栏中选择“窗口”|“画笔”命令，或按【F5】键，即可打开“画笔”面板，如图 3-7 所示。下面对“画笔”面板中各个区域的功能进行简单的介绍。

①画笔形状选择区	选择“画笔预设”选项，可以在右侧的画笔形状列表框中选择所需的画笔形状
②动态参数区	列出了可以设置动态参数的选项，包括“画笔笔尖形状”、“形状动态”、“散布”、“纹理”、“双重画笔”、“颜色动态”和“其他动态”7个选项
③附加参数区	该区域列出的选项，可以为画笔增加杂色和湿边效果
④锁定参数区	在该区域中单击按钮，使其变成状态，可以将该动态参数所做的设置锁定。再次单击按钮，使其变成状态，即可将其解锁
⑤预览区	查看根据当前的画笔属性生成的预览图
⑥画笔形状列表框	选择“画笔笔尖形状”选项，在该区域中可以选择要用于绘画的画笔，如图 3-8 所示
⑦参数区	该区域中列出了与当前所选的动态参数相对应的参数
⑧“新建画笔按钮”	单击该按钮，在弹出的对话框中单击“确定”按钮，将按当前所选画笔的参数创建一个新画笔
⑨“删除画笔按钮”	在选择“画笔预设”选项的情况下，选择画笔后，该按钮就会被激活。再次单击该按钮，在弹出的对话框中单击“确定”按钮即可将该画笔删除

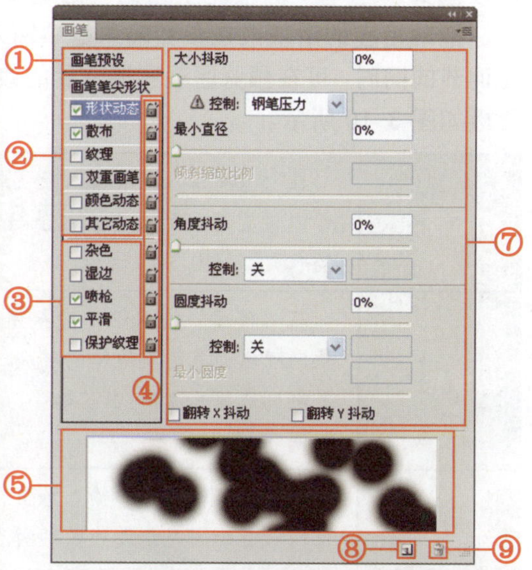

图3-7 “画笔”面板

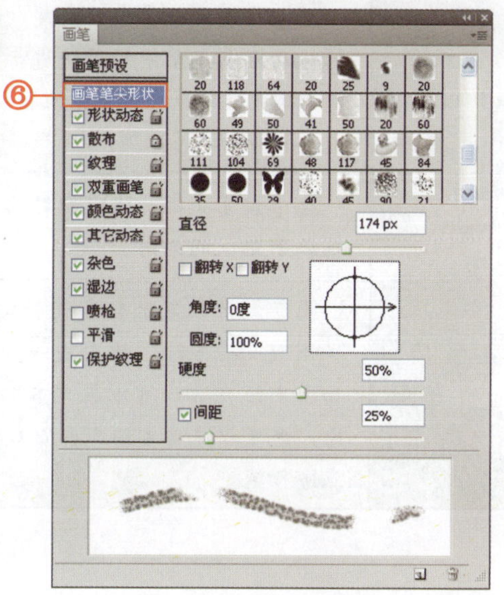

图3-8 选择画笔

单击“画笔”面板右上角的▾≡按钮，将弹出面板控制菜单，如图 3-9 所示。

①画笔命令区	列举了一些对画笔执行新建、删除及重命名等操作的命令
②画笔显示设置区	在选择“画笔预设”选项的情况下，可以设置画笔显示的缩览图状态
③画笔预设区	可以进行载入、存储等画笔管理操作
④面板关闭命令	此处的两个命令，可以关闭面板

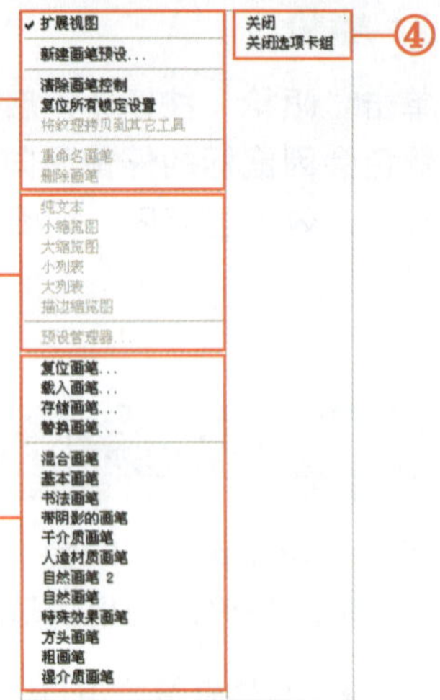

图3-9 面板控制菜单

2. 画笔的常规参数

“画笔”面板中的每一种笔刷都有多种属性，其中包括直径、角度、间距和圆度等。要编辑上述常规参数，可以选择“画笔”面板左上角的“画笔笔尖形状”选项，拖动相应的滑块或在参数输入框中输入数值即可。在调节的同时，可在预览区观察调节后的效果。“画笔”面板如图 3-10 所示。

①直径	在“直径”输入框中输入数值或调节滑块，可以设置笔刷的大小。数值越大，笔刷直径越大，如图 3-11 所示
②硬度	在“硬度”输入框中输入数值或调节滑块，可以设置笔刷边缘的硬度。数值越大，笔刷的边缘越清晰；数值越小，边缘越柔和，如图 3-12 所示
③间距	在“间距”输入框中输入数值或调节滑块，可以设置绘图时组成线段的两点间的距离，数值越大间距越大，如图 3-13 所示
④角度	可以在文本框中输入角度，也可以用鼠标拖动右侧视图中的箭头进行调整（当画笔为圆角笔时，角度就没有任何意义），如图 3-14 所示
⑤翻转X/翻转Y	选中该复选框，可以翻转画笔笔尖在 X 轴和 Y 轴上的方向
⑥圆度	用于调节画笔长轴与短轴的比例关系。当圆度为 0% 时，将变成一个线性画笔，如图 3-15 所示。可以在文本框中输入百分比，也可以拖动右侧视图窗口中的黑色节点进行调整

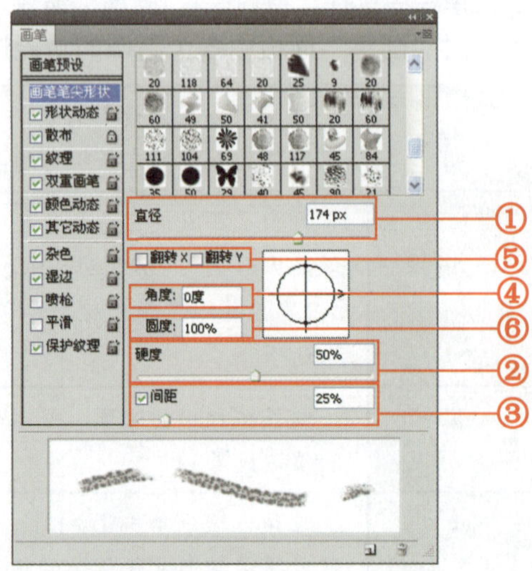

图3-10 选择“画笔笔尖形状”选项

图3-11 不同画笔直径示例

图3-12 不同画笔硬度示例

图3-13 不同间距示例

图3-14 不同圆度示例

图3-15 不同角度示例

3. 形状动态

选择“形状动态”选项，此时的“画笔”面板如图 3-16 所示。

①大小抖动	设置画笔在绘制线条的过程中，笔迹的动态变化情况，数值越大，变化越大，如图 3-17 所示
②控制	在该下拉列表框中有五种选项，分别为“关”、“渐隐”、“钢笔压力”、“钢笔斜度”和“光滑轮”，不同的选项可以改变笔迹的大小及产生不同的效果。其中“渐隐”选项最常用。图 3-18 所示为不同的渐隐值效果
③最小直径	设置画笔笔迹可以缩小的最小尺寸，值越小，笔尖直径的变化越大
④角度抖动	设置画笔角度的抖动幅度，值越大，角度抖动越大，画笔越凌乱，如图 3-19 所示
⑤圆度抖动	设置画笔圆度的抖动幅度。图 3-20 所示为不同的圆度抖动效果
⑥最小圆度	设置画笔笔迹的最小圆度。当“圆度抖动”大于 0% 时，才可以调整最小圆度的值

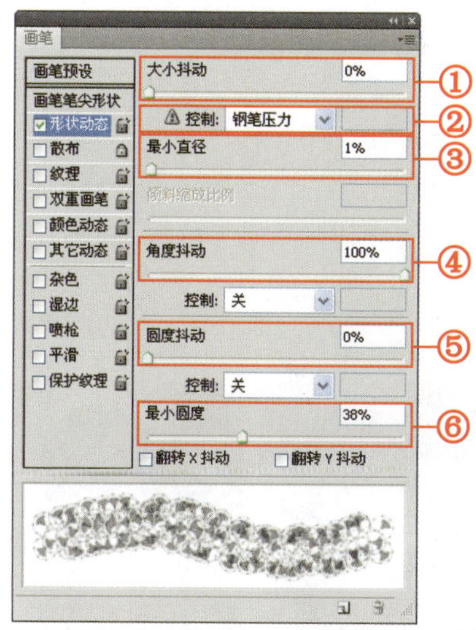

图3-16 选择“形状动态”选项

大小抖动为0%　　大小抖动为100%

图3-17 不同大小抖动效果

渐隐为10　　渐隐为100

图3-18 不同渐隐效果

角度抖动为10%　　角度抖动为100%

图3-19 不同角度抖动效果

圆度抖动为10　　圆度抖动为100

图3-20 不同圆度抖动效果

提示

“形状动态”选项主要用于设置画笔移动时，笔头形状的变化。合理设置形状动态参数，可以得到奇妙的效果。

4. 散布

选择“散布”选项，此时的“画笔”面板如图 3-21 所示。

①散布	指定画笔笔迹的分布情况，该数值越大，画笔笔迹呈垂直状态分布的范围越广。选中“两轴”复选框，画笔笔迹在 *X*、*Y* 轴两个方向上发生分散，否则只在 *X* 轴上发生分散。图 3-22 所示不同的散布效果
②数量	控制构成线条的点在绘制时笔刷点的数量。数值越大，则有越多的笔刷点聚集在一起，如图 3-23 所示
③数量抖动	指定画笔笔迹的数量在每个空间间隔中的变化，在“控制”下拉列表框中选择不同的选项，可以得到不同的效果

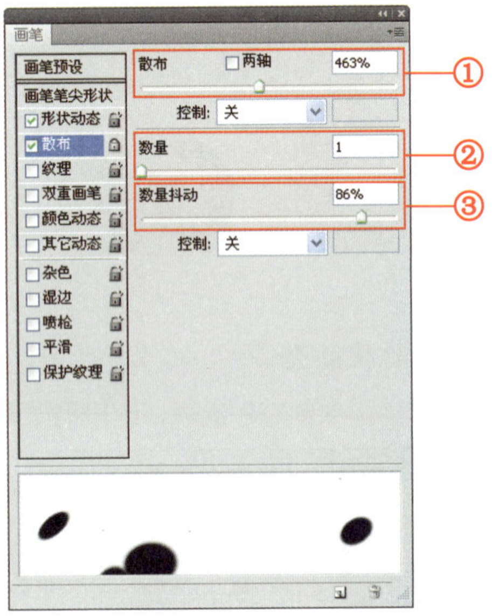

图3-21 选择“散布”选项

散布为100　　散布为300

图3-22 不同散布效果

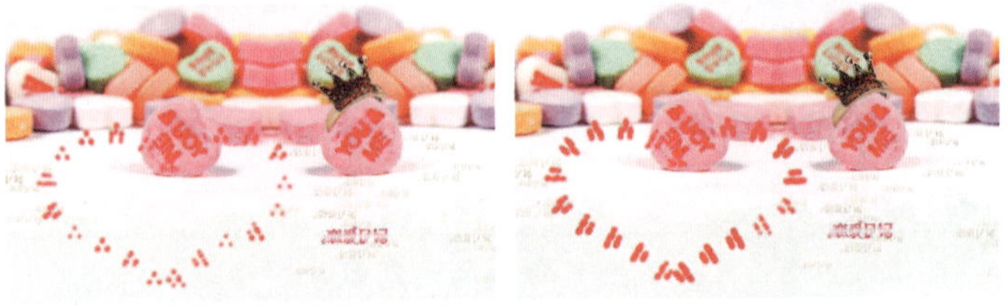

数量为3　　数量为14

图3-23 不同数量效果

5. 纹理

选择“纹理”选项，此时的“画笔”面板如图 3-24 所示。

①纹理	在面板上方的“纹理”下拉列表中选择合适的纹理。选中一种纹理后，笔迹即显示其效果，如图 3-25 所示。选中“反相”复选框，则显示其反相效果
②缩放	指定纹理的缩放比例
③为每个笔尖设置纹理	选中该复选框，将分别为每个画笔笔尖进行渲染。选中该复选框后，“最小深度”和“深度抖动”选项将变为可用

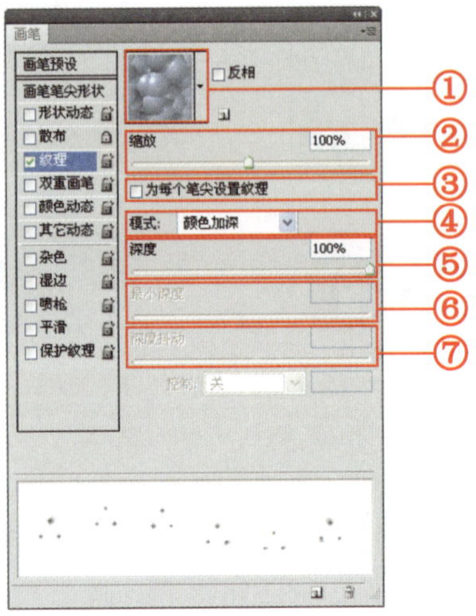

图3-24 选择“纹理”选项

④模式	设置纹理和前景色的混合模式
⑤深度	设置所使用的纹理显示时的浓度，数值越大，则纹理的显示效果越明显。反之亦然
⑥最小深度	设置纹理显示时的最浅浓度，数值越大，则纹理显示效果的波动幅度越小
⑦深度抖动	设置纹理显示浓淡度的抖动程度，数值越大，则抖动的幅度越大

图3-25 添加纹理后的绘画效果

6. 双重画笔

选择“双重画笔”选项，此时的“画笔”面板如图 3-26 所示。

使用“双重画笔”选项，可以在原笔刷中填充另外一种笔刷效果。其中的参数和以上所介绍的很多参数相同，例如，“直径”选项用于控制叠加笔刷的大小，“间距”选项用于控制叠加笔刷的间距，“散布”选项用于控制叠加笔刷偏离绘制线条的距离，“数量”选项用于控制叠加笔刷的数量。

图 3-27 所示为设置双重画笔进行绘制的效果。

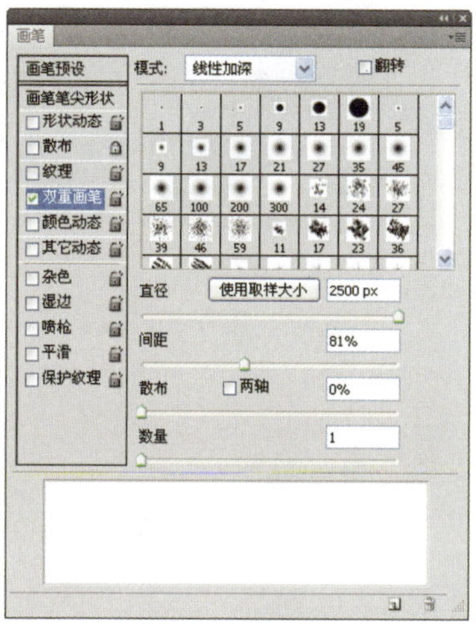

图3-26 选择“双重画笔”选项

图3-27 应用“双重画笔”前后的效果

7. 颜色动态

选择“颜色动态”选项，此时的“画笔”面板如图 3-28 所示。

①前景/背景抖动	设置绘制的线条在前景色和背景色之间的动态变化。该值越高，背景色的混合量就越多。在“控制”下拉列表框中选择改变笔迹的颜色。图 3-29 所示为设置不同前景 / 背景抖动的效果（前景色为红色，背景色为蓝色）
②色相抖动	设置绘画笔迹色相的动态变化。该值越高，画笔笔迹的色相值越高。图 3-30 所示为设置不同色相抖动的效果（前景色为红色，背景色为黄色）

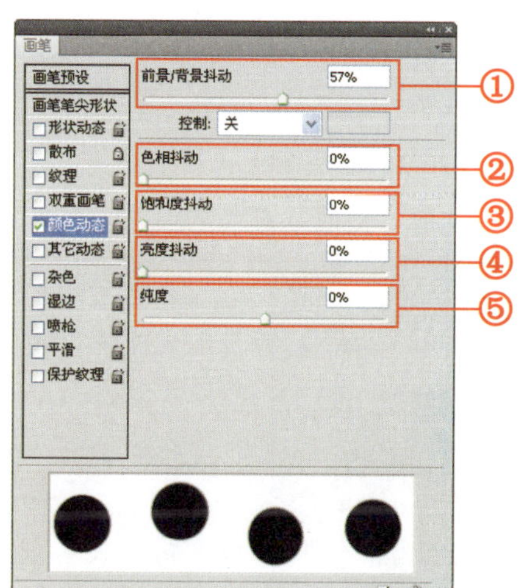

图3-28 选择“颜色动态”选项

③饱和度抖动	设置画笔笔迹饱和度的动态变化。该值越高，画笔笔迹的饱和度值越高。图 3-31 所示为设置不同饱和度抖动的效果（前景色为红色，背景色为绿色）
④亮度抖动	设置画笔笔迹亮度的动态变化。该值越高，画笔笔迹的亮度值越高。图 3-32 所示为设置不同亮度抖动的效果（前景色为红色，背景色为绿色）
⑤纯度	设置颜色的纯度。该值越低，前景色和背景色的纯度越低，会显示成黑白色；该值越高，前景色和背景色的纯度越高，图 3-33 所示为不同纯度抖动的效果

前景/背景抖动为10

前景/背景抖动为100

图3-29 不同前景/背景抖动效果

色相抖动为20　　色相抖动为100

图3-30 不同色相抖动效果

饱和度抖动为20　　饱和度抖动为100

图3-31 不同饱和度抖动效果

亮度抖动为20　　亮度抖动为100

图3-32 不同亮度抖动效果

纯度抖动为-50　　纯度抖动为0

图3-33 不同纯度抖动效果

8. 其他动态

选择“其他动态”选项，此时的“画笔”面板如图 3-34 所示。

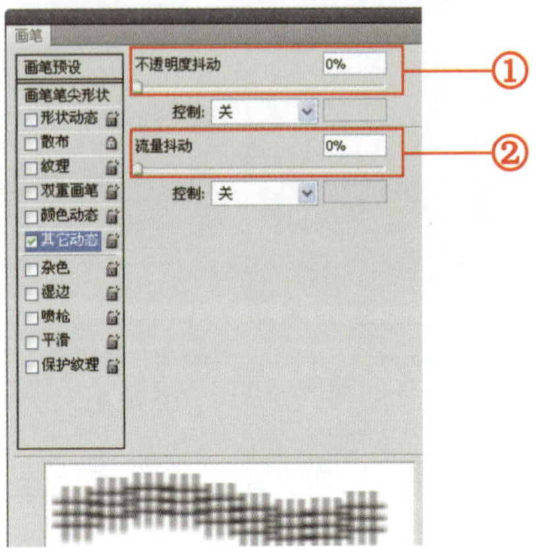

图3-34 选择“其他动态”选项

①不透明度抖动	设置画笔不透明度的变化程度，该值越高，图像越透明。在“控制”下拉列表框中选择不同的选项来改变笔迹的不透明度。图 3-35 所示为不同透明度抖动的效果
②流量抖动	设置上次变化程度，值越高，图像越不连贯。图 3-36 所示为不同流量抖动的效果

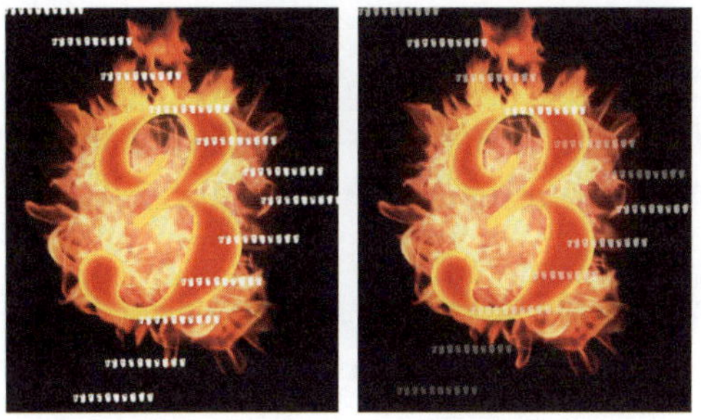

不透明度抖动为0　　不透明度抖动为80

图3-35 不同不透明度抖动效果

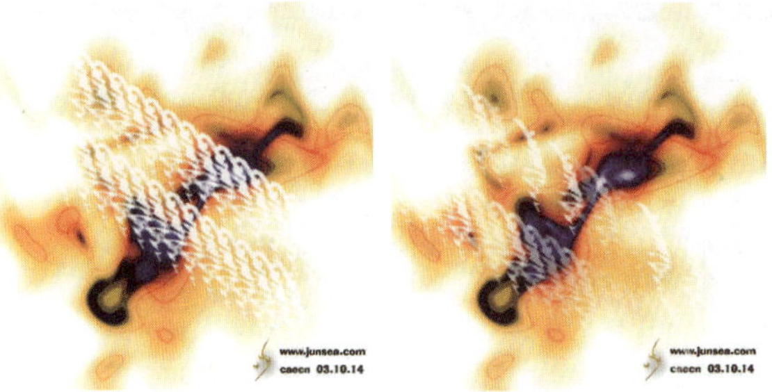

流量抖动为0　　流量抖动为100

图3-36 不同流量抖动效果

9. 附加参数区

附加参数区可以创建一些特殊效果。下面分别介绍各个选项的作用。

- 杂色：向笔刷中添加额外的随机性杂色，可以制作出粗糙的画笔形态。画笔边缘越柔和，杂色效果也就越明显。
- 湿边：可沿笔刷描边的边缘增大油彩量，从而创建水彩效果。
- 喷枪：可对图像应用渐变色调，模拟传统的喷枪手法。
- 平滑：可在画笔描边中产生较平滑的曲线。
- 保护纹理：可对所有的画笔预设应用相同的图案和比例。选中此复选框后，当使用多个纹理画笔笔尖绘画时，便可模拟出一致的画布纹理效果。

附加参数的使用较为简单，只需在“画笔”面板中将其选中即可（这些参数本身并无选项或参数可选）。

妙笔生花：使用画笔工具绘制图像

难度级别

01 打开“光盘\素材与源文件\素材\第 3 章\背景.jpg”文件，在“图层”面板中新建“图层 1”图层，然后选择工具箱中的矩形选框工具，创建一个矩形选区，如图 3-37 所示。

图3-37 创建矩形选区

02 设置前景色为（R：242，G：233，B：17），然后按【Alt+Delete】组合键填充选区。在选区内右击，在弹出的快捷菜单中选择“变换选区”选项，如图 3-38 所示。

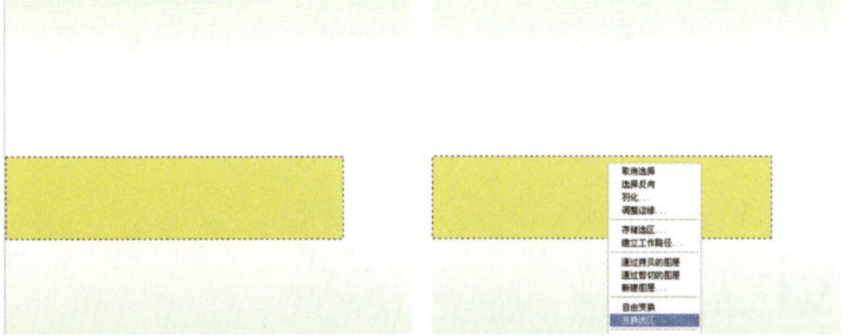

图3-38 选择“变换选区”命令

03 拖动控制柄，调整选区的大小，双击确认选区的变换，设置前景色为（R：117，G：185，B：0），然后按【Alt+Delete】组合键填充选区，如图 3-39 所示。

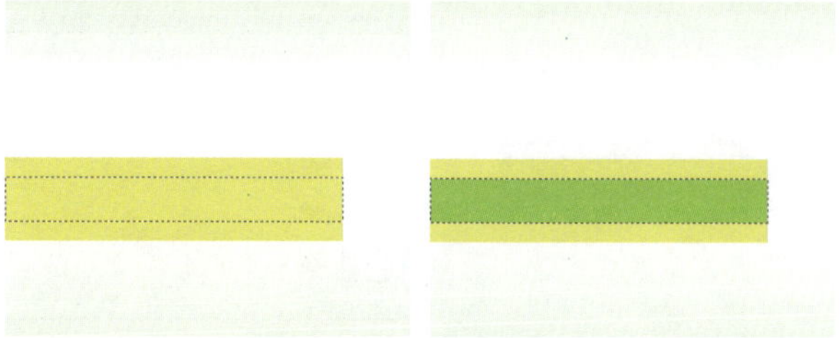

图3-39 变换选区

04 按同样的方法变化并填充选区，得到的图像如图 3-40 所示。

图3-40 变化并填充选区

05 选择工具箱中的画笔工具，在“画笔”面板中设置参数，如图 3-41 所示。

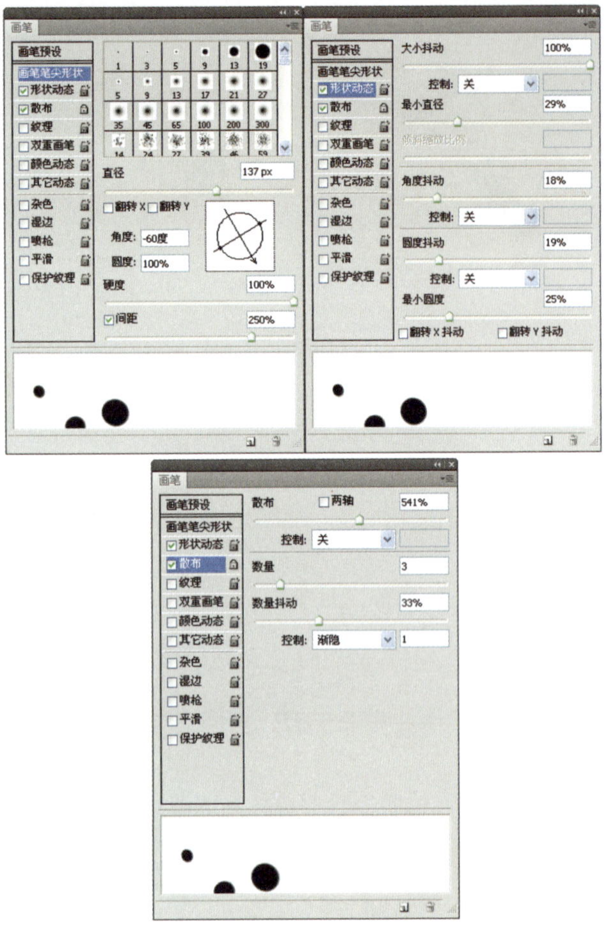

图3-41 设置画笔参数

06 新建“图层 2”图层，然后在其中拖动鼠标绘制图形，如图 3-42 所示。

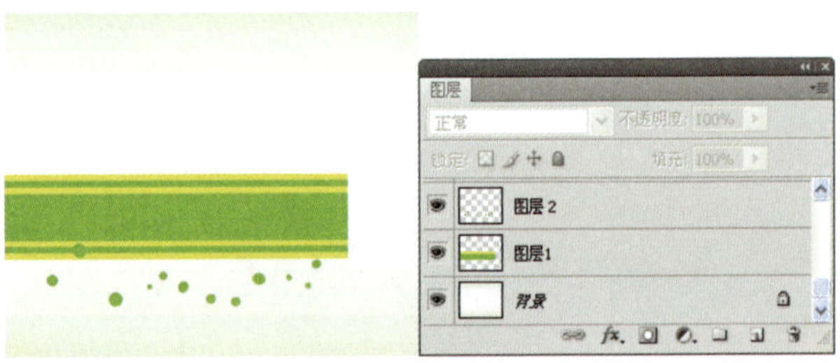

图3-42 绘制图形

07 拖动“图层 2”到“图层”面板底部的按钮上，得到“图层 2 副本”图层，选择工具箱中的移动工具，调整图像的位置，如图 3-43 所示。

图3-43 复制并调整图层

08 拖动“图层 2 副本”到“图层”面板中的按钮上，得到“图层 2 副本 2”图层。选择工具箱中的移动工具，调整图像的位置，然后按住【Ctrl】键单击“图层 2 副本 2”图层的缩览图，载入“图层 2 副本 2”的选区，设置前景色为（R：242，G：233，B：17），然后按【Alt+Delete】组合键填充选区，如图 3-44 所示。

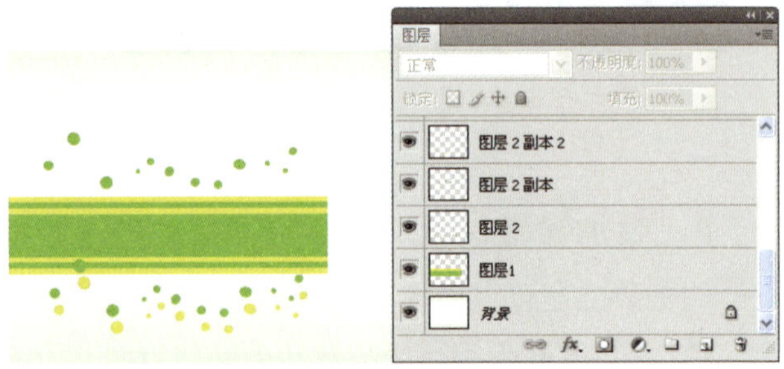

图3-44 复制并编辑图层

09 复制“图层 2 副本 2”图层，得到“图层 2 副本 3”图层，并调整图层的位置，如图 3-45 所示。

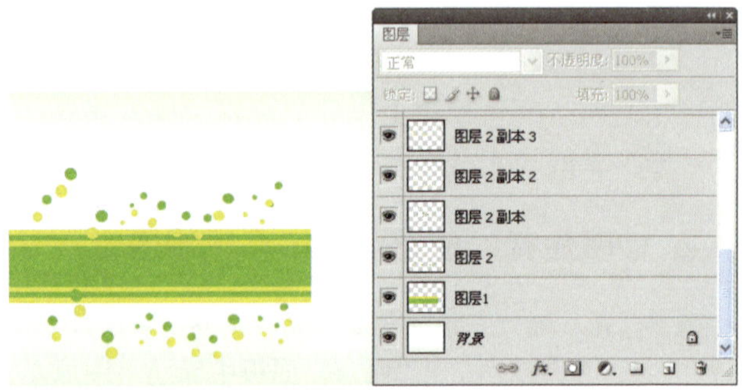

图3-45 复制并移动图层

10 打开“光盘\素材与源文件\素材\第 3 章\叶子.jpg”文件，选择工具箱中的魔棒工具，在属性栏中取消选择“连续”复选框，然后在白色背景上单击，选择白色背景，如图 3-46 所示。

图3-46 创建选区

11 选择“选择”|“反向”命令，反选选区，选中叶子，按【Ctrl+C】组合键复制选区内的图像，然后切换到“背景.jpg”文件，按【Ctrl+V】组合键粘贴图像，将图像调整到合适大小和位置，如图 3-47 所示。

12 选择工具箱中的画笔工具，在“画笔”面板中设置参数，如图 3-48 所示。

图3-47 复制图像

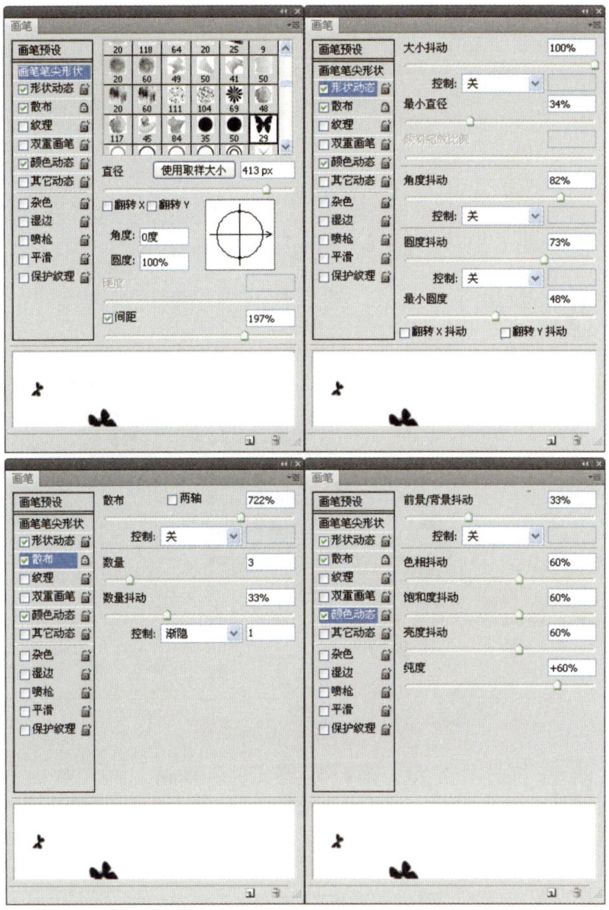

图3-48 设置画笔参数

13 新建一个图层，然后单击，绘制“蝴蝶”图形，如图 3-49 所示。

图3-49 绘制“蝴蝶”图形

14 打开“光盘\素材与源文件\素材\第 3 章\线条 .jpg”文件，选择工具箱中的魔棒工具，在属性栏中取消选择“连续”复选框，然后在粉红色背景上单击，选择粉红色背景，如图 3-50 所示。

图3-50 选择粉红色背景

15 选择“选择”|“反向”命令，反选选区，将线条选中，按【Ctrl+C】组合键复制选区内的图像，切换到“背景 .jpg”文件，按【Ctrl+V】组合键粘贴图像，将图像调整到合适大小和位置，如图 3-51 所示。

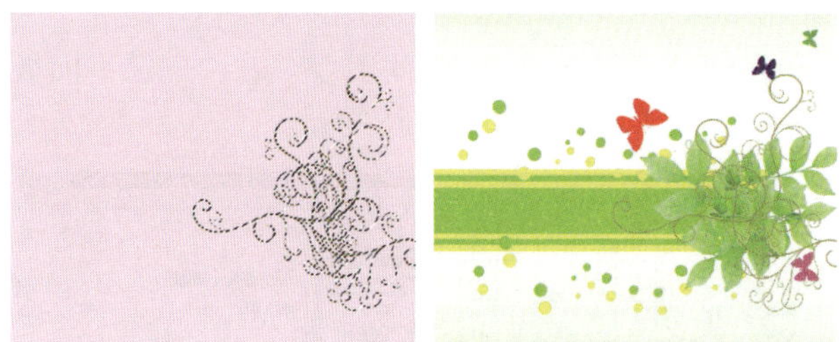

图3-51 粘贴并调整图像

16 打开“光盘\素材与源文件\素材\第 3 章\花 .jpg”文件，选择鲜花图案，将其复制到“背景 .jpg”文件中，如图 3-52 所示。

图3-52 复制并粘贴图像

17 选择工具箱中的画笔工具，在“画笔”面板中设置参数，如图 3-53 所示。

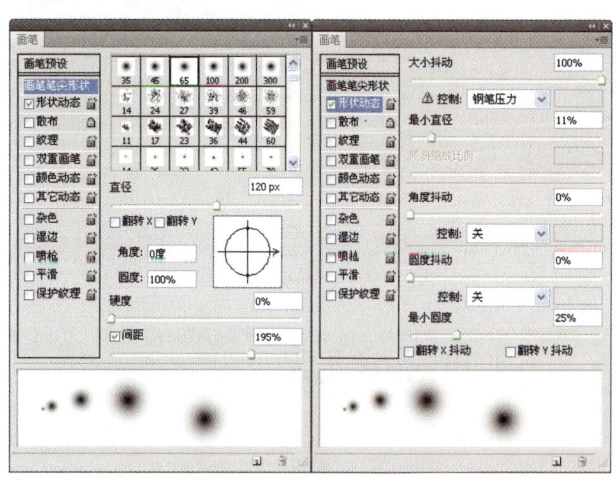

图3-53 设置画笔参数

18 新建一个图层，绘制圆形图案，如图 3-54 所示。

图3-54 绘制圆形图案

16 选择工具箱中的画笔工具，在“画笔”面板中设置参数，如图 3-55 所示。

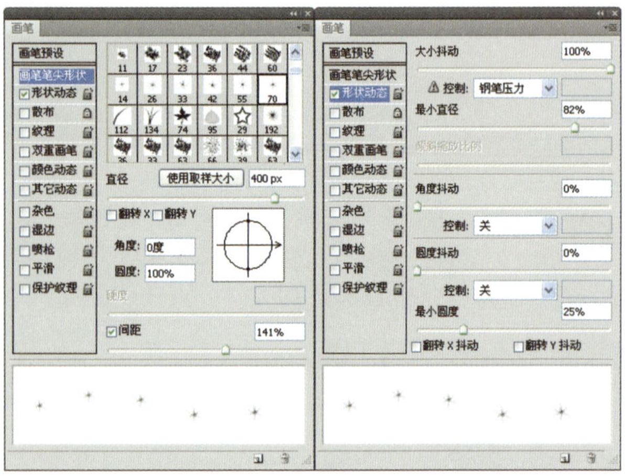

图3-55 设置画笔参数

20 新建一个图层，绘制星型图案，如图 3-56 所示。

图3-56 绘制星型图案

21 选择工具箱中的画笔工具，在“画笔”面板中设置参数，如图 3-57 所示。

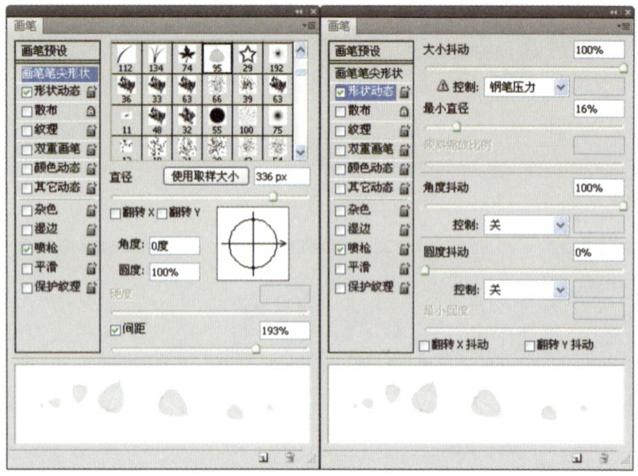

图3-57 设置画笔参数

22 新建一个图层，然后在其中绘制花瓣图案，如图 3-58 所示。

图3-58 绘制花瓣图案

23 打开“光盘\素材与源文件\素材\第 3 章\文字.jpg”文件，选择魔棒工具将文字选中，并将其拖动到“背景”图像中，最终效果如图 3-59 所示。

图3-59 最终效果

Work3 铅笔工具

选择工具箱中的铅笔工具，可以在图像中绘制硬边线条，其属性栏如图 3-60 所示。

图3-60 铅笔工具属性栏

该属性栏中的选项与“画笔工具”相比，多了“自动抹除”复选框。选中此复选框，在图像内与前景色相同的颜色区域绘画时，铅笔会自动擦除此处的颜色而显示背景颜色；若在与前景色不同的颜色区域绘画，将以前景色的颜色显示。

铅笔的笔刷均为硬边，其使用方法和“画笔工具”相同。

STUDY 02 填充工具

★ Work1 渐变工具　　★ Work2 油漆桶工具

填充工具中包括渐变工具和油漆桶工具，下面分别进行介绍。

Work1 渐变工具

选择工具箱中的渐变工具，可以创建不同颜色间的混合过渡效果，其属性栏如图 3-61 所示。

图3-61 铅笔工具属性栏

1. 渐变条

选择渐变条后面的下拉按钮，将弹出渐变拾色器面板，从中可以选择 Photoshop 预设的渐变，如图 3-62 所示。

图3-62 渐变拾色器面板

单击渐变编辑条，将弹出“渐变编辑器”窗口，从中可以设置任意颜色的渐变效果，如图 3-63 所示。

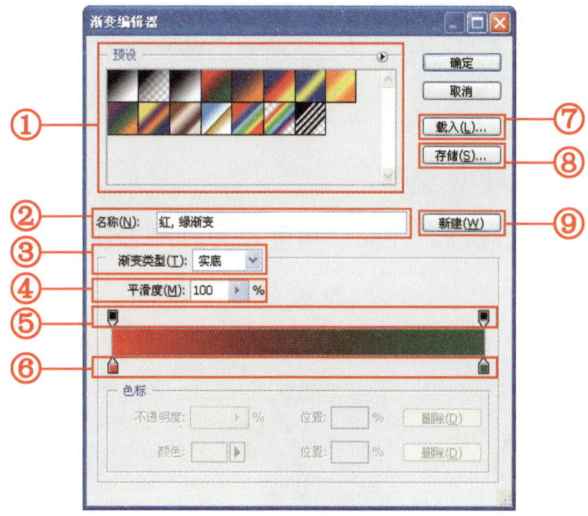

图3-63 “渐变编辑器”窗口

①预设	显示 Photoshop 提供的基本预设渐变样式，单击相应的图标后，可以生成该样式的渐变。单击右上角的按钮，可利用弹出的控制菜单打开保存的其他渐变样式，如图 3-64 所示
②名称	在“名称”文本框中可以显示选定渐变的名称，也可以输入新建渐变的名称
③渐变类型	在该下拉列表框中可选择显示为单色形态的“实底”和显示为多种色带形态的“杂色”两种类型，如图 3-65 所示

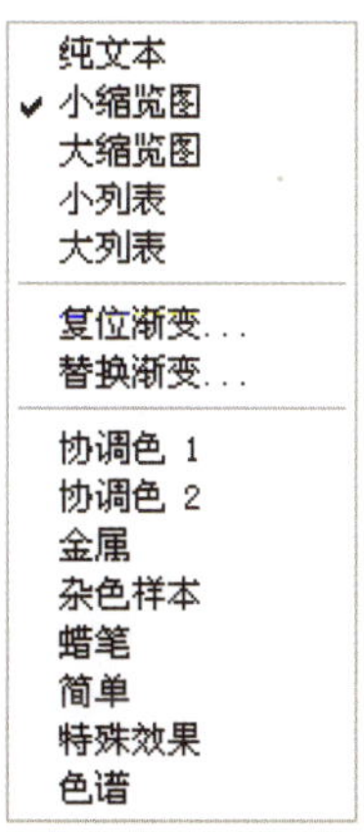

图3-64 控制菜单

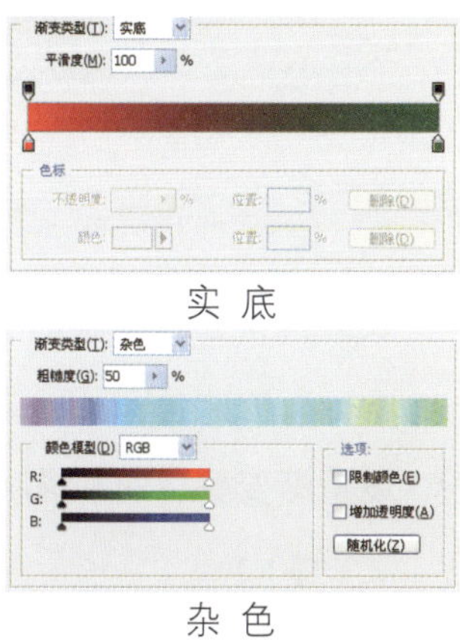

图3-65 选择不同渐变类型

④平滑度	在“实底”类型下，可以通过“平滑度”选项调整渐变颜色色阶的柔和程度，数值越大效果越柔和；在“杂色”类型下，可以通过“粗糙度”设置杂色渐变的粗糙度，数值越大，色阶越明显
⑤不透明度色标	调整渐变中应用颜色的不透明度，默认值为100。数值越小，渐变颜色越透明，如图3-66所示
⑥色标	调整渐变中应用的颜色或颜色范围。在渐变条下方单击即可添加一个色标，如图3-67所示 双击色标滑块，在弹出的“选择色标颜色”选择对话框中可以选择颜色，如图3-68所示 直接拖动滑块，即可调整色标的位置，如图3-69所示
⑦载入	单击“载入”按钮，可以在弹出的对话框中打开保存的渐变
⑧存储	单击“存储”按钮，利用弹出的对话框可以将新设置的渐变进行保存
⑨新建	单击“新建”按钮，可以将当前样式新建到预设框中

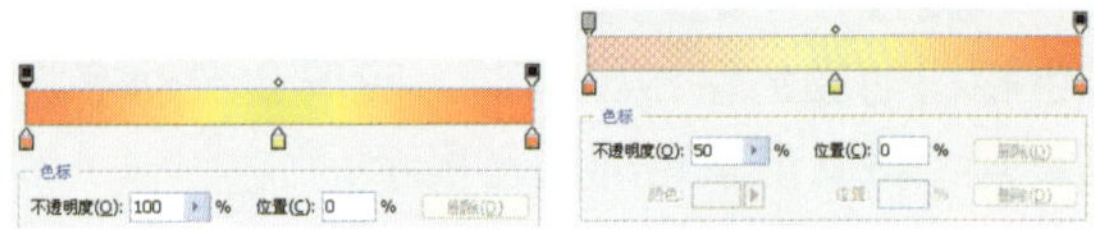

不透明度为100%　不透明度为50%

图3-66 不同透明度

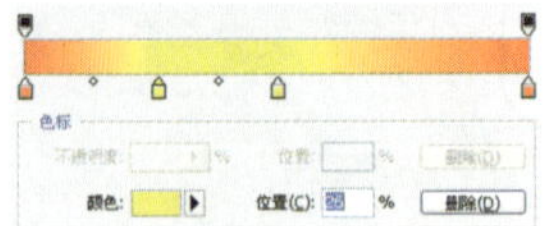

图3-67 添加色标

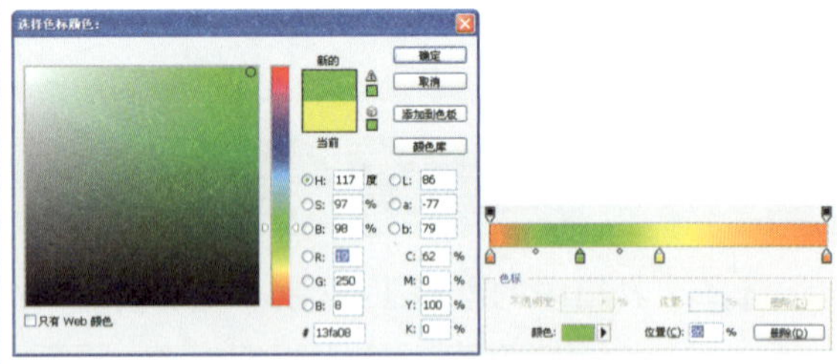

图3-68 设置色标颜色

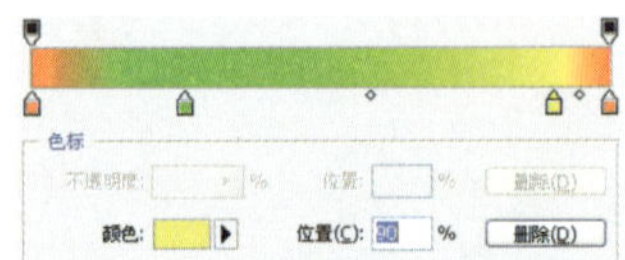

图3-69 调整色标位置

2. 渐变类型

设置线性、径向、角度等多种渐变类型，可填充出不同的渐变效果，如图3-70所示。

原图像　线性渐变　径向渐变　角度渐变　对称渐变　菱形渐变

图3-70 不同渐变类型的渐变效果

3. 模式

设置背景颜色和渐变颜色之间的混合模式。

4. 不透明度

设置渐变颜色的不透明度，该参数越小颜色越透明。

5. 反向

选中该复选框，可以将渐变颜色进行翻转，如图3-71所示。

图3-71 将渐变颜色翻转

6. 仿色

选中此复选框，可以看见渐变色颜色的各个阶段。

7. 透明区域

选中此复选框，可以设置渐变图案的透明度。

妙笔生花：使用渐变工具填充图像

难度级别

01 打开“光盘\素材与源文件\素材\第3章\新娘.jpg”文件，选择工具箱中的渐变工具，在属性栏中设置参数，如图3-72所示。

图3-72 设置属性栏参数

02 从左上角向右下角拖动鼠标，填充渐变色，此时的图像效果如图3-73所示。

图3-73 图像效果

03 选择“图像”|“调整”|“色阶”命令，在弹出的对话框中设置色阶参数，单击“确定”按钮，得到的图像效果如图3-74所示。

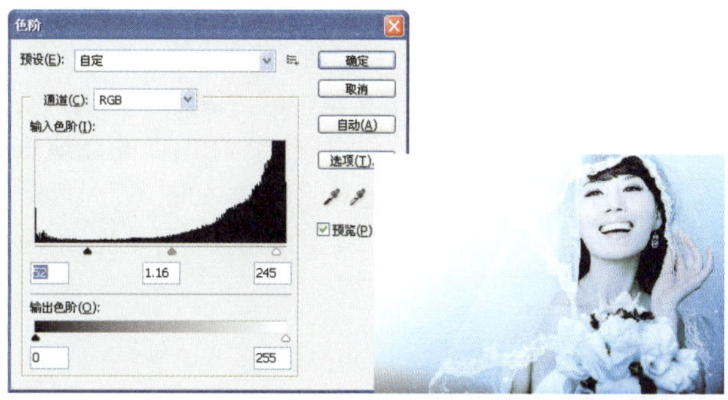

图3-74 色阶调整效果

Work2 油漆桶工具

油漆桶工具用于在特定颜色和与其相近的颜色区域填充前景色和指定图案，常用于颜色比较简单的图像。工具属性栏如图3-75所示。

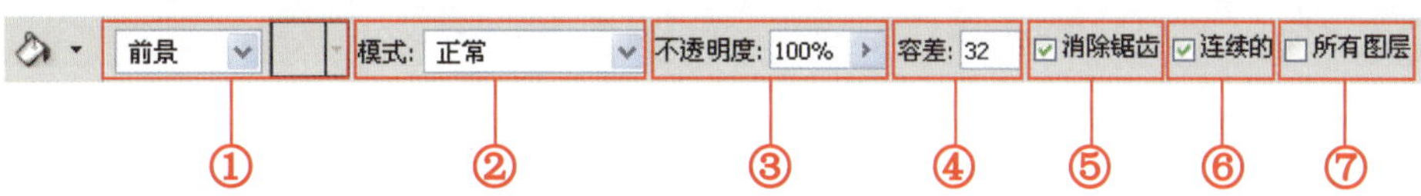

图3-75 工具属性栏

①填充	有“前景”和“图案”两种填充方式。选择“图案”选项，可以在其下拉列表框中选择不同的图案进行填充
②模式	设置颜色或图案与底图的混合模式
③不透明度	设置填充颜色的不透明度
④容差	设置油漆桶每次填充的范围。该值越大，填充的范围也就越大
⑤消除锯齿	选中此复选框，可以使填充图形的边缘保持平滑
⑥连续的	选中此复选框后，被填充的区域只填充与鼠标单击点相邻的像素。否则，填充区域将填充所有和单击点相似的像素
⑦所有图层	选中此复选框，不管当前在哪个图层上操作，都将对所有图层起作用

妙笔生花：使用油漆桶工具合成图像

难度级别

01 打开“光盘\素材与源文件\素材\第 3 章\草地.jpg”文件，选择“编辑”|“定义图案”命令，弹出“图案名称”对话框，在“名称”文本框中输入“草地”，然后单击“确定”按钮，如图 3-76 所示。

图3-76 “图案名称”对话框

02 打开“光盘\素材与源文件\素材\第 3 章\女孩.jpg”文件，选择工具箱中的油漆桶工具，在属性栏中设置填充选项为“图案”，在后面的图案选择下拉列表框中选择前面定义的图案，如图 3-77 所示。

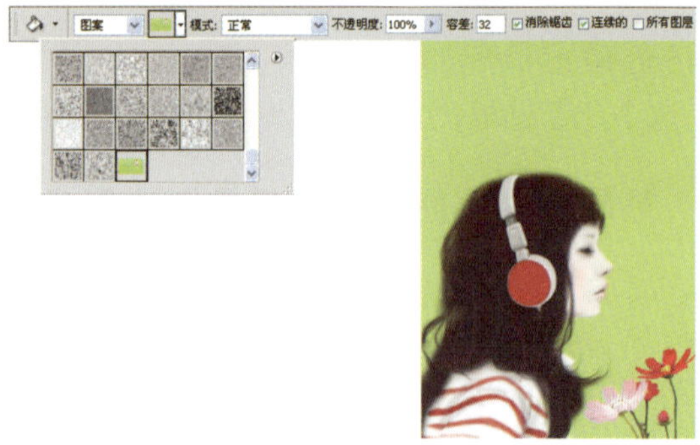

图3-77 设置工具参数

03 在“女孩”文件的背景上单击，即可填充图案，如图 3-78 所示。

图3-78 填充图案

STUDY 03 修饰工具

- Work1 污点修复画笔工具
- Work2 修复画笔工具
- Work3 修补工具
- Work4 红眼工具
- Work5 图章工具组
- Work6 橡皮擦工具组
- Work7 模糊、锐化、涂抹工具组
- Work8 减淡、加深、海绵工具组

修饰工具包括污点修复画笔工具、修复画笔工具、修补工具、红眼工具、图章工具组、橡皮擦工具组、锐化工具、模糊工具和涂抹工具以及减淡、加深和海绵工具等。下面将进行详细介绍。

Work1 污点修复画笔工具

污点修复画笔工具可以在保留原图像的形状、纹理等属性的前提下，清除图像上的杂质、刮痕和褶皱等，对图像进行校正和美化。该工具多用于修复照片中人物面部的斑点。

1. 认识污点修复画笔工具属性栏

污点修复画笔工具的属性栏如图 3-79 所示。

图3-79 污点修复画笔工具属性栏

①画笔	单击“画笔”下拉按钮，在弹出的下拉面板中可以对画笔参数进行设置，如图 3-80 所示
②模式	在该下拉列表框中可以设置修复图像与目标对象之间的混合方式
③近似匹配	选中此单选按钮，可根据当前图像周围的像素对图像上的斑点进行修复
④创建纹理	选中此单选按钮，可根据当前图像周围的纹理创建一个相似的纹理，保证在修复图像斑点的同时不改变图像的纹理
⑤对所有图层取样	选中此复选框，可对所有可见图层中的图像进行取样。若取消选择该复选框，则只对当前图层中的图像进行取样

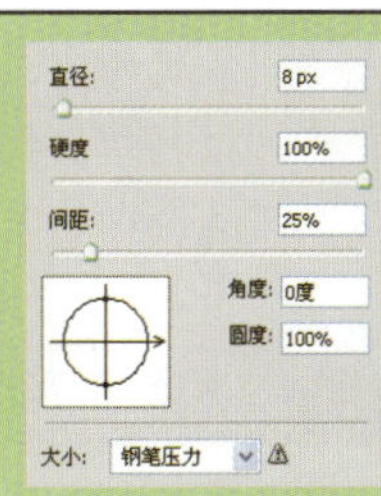

图3-80 设置画笔参数

妙笔生花：使用污点修复画笔工具修补图像

难度级别

01 打开“光盘\素材与源文件\素材\第 3 章\雪中女孩.jpg”文件，选择工具箱中的污点修复画笔工具，设置其属性栏参数，如图 3-81 所示。

图3-81 设置属性栏参数

02 单击人物脸上的污部分，将其去除，如图 3-82 所示。

图3-82 去除脏污部分

Work2 修复画笔工具

修复画笔工具同样可以对图像中的污点、划痕等进行修复。但不同的是，污点修复画笔工具适用于修复数量较少的斑点或杂物，而修复画笔工具则可以修复斑点过多且过于复杂，无法根据周围像素来修正的图像。

1. 认识修复画笔工具属性栏

修复画笔工具的属性栏如图 3-83 所示。

图3-83 修复画笔工具属性栏

在修复画笔工具属性栏中，部分参数含义如下：

①取样	选中此单选按钮，表示将从原图像上定义修复源对图像进行修复
②图案	选中此单选按钮，则可在“图案”面板中选择图案样式对图像进行修复
③对齐	选中该复选框，整个取样区域只应用一次，即使操作由于某种原因而停止，再次使用修复画笔工具时，仍可以从上次操作结束时的位置开始。否则，每次停止操作后再继续时，都将从初始参考点开始使用取样区域

④样本	其中有三个选项，用于指定取样范围。选择"当前图层"选项，表示只从当前图层中的图像进行取样；选择"当前和下方图层"选项，表示将从当前图层和位于其下方的所有可见图层中的图像进行取样；选择"所有图层"选项，表示将从所有可见图层（包括调整图层）中的图像进行取样；若选择"当前和下方图层"选项与"所有图层"选项，并单击其右侧的"关闭以在仿制时包含调整图层"按钮，表示将对所有可见图层（调整图层除外）中的图像进行取样

妙笔生花：使用修复画笔工具修补图像

难度级别

01 打开"光盘\素材与源文件\素材\第3章\男人.jpg"文件，在工具箱中选择修复画笔工具，按住【Alt】键的同时在图像中单击，选择修复源，如图3-84所示。

02 在人物额头皱纹上拖动鼠标修复图像，多次设置参考点，并反复拖动鼠标修复图像，如图3-85所示。

图3-84 选择修复源

图3-85 图像修复效果

Work3 修补工具

修补工具可以用其他区域或图案中的像素来修复选中的区域，与修复画笔工具相似，修补工具会将样本像素的纹理、光照和阴影与原像素进行匹配。

1. 认识修补工具属性栏

修补工具属性栏如图3-86所示。

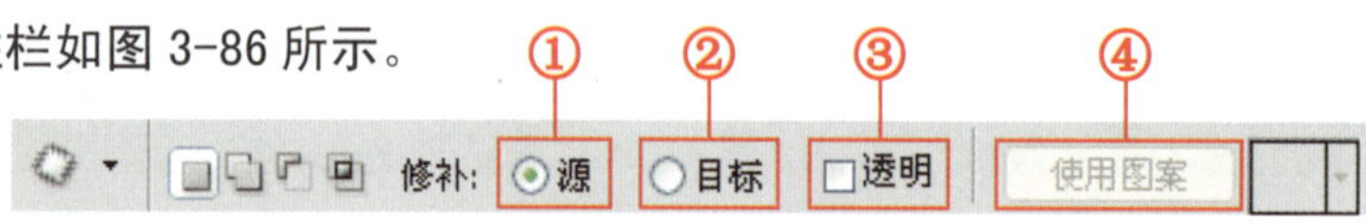

图3-86 修补工具属性栏

该工具属性栏中各选项的含义如下：

①源	选中此单选按钮后，如果将源图像选区拖动到目标选区，则源区域图像将被目标区域的图像覆盖
②目标	选中此单选按钮后，表示将选定区域作为目标区域，用其覆盖需要修补的区域
③透明	选中此复选框可将图像中差异较大的形状或颜色修补到目标区域中
④使用图案	创建选区后该按钮将被激活，单击该按钮，可以在打开的图案列表中选择一种图案，并对选取图像进行图案修复

妙笔生花：使用修补工具修补图像

难度级别

01 打开"光盘\素材与源文件\素材\第3章\天使.jpg"文件，在工具箱中选择修补工具，在其属性栏中选择"源"单选按钮，然后利用该工具在图像中选择要修改的部分创建选区，如图3-87所示。

02 将指针移到选区内，当其呈形状时，按住鼠标并将选区拖动到图像要修改的位置，然后释放鼠标，即可将选区内图像覆盖。按【Ctrl+D】组合键取消选区，得到如图3-88所示的效果。

图3-87 创建选区

图3-88 修补图像效果

Work4 红眼工具

使用数码照相机在光线暗淡的房间里照相时，常会出现人物眼球变红的情况，这称为“红眼”。在 Photoshop CS4 中，使用红眼工具可以很轻松地去除红眼现象。

1. 认识红眼工具属性栏

红眼工具属性栏如图 3-89 所示。

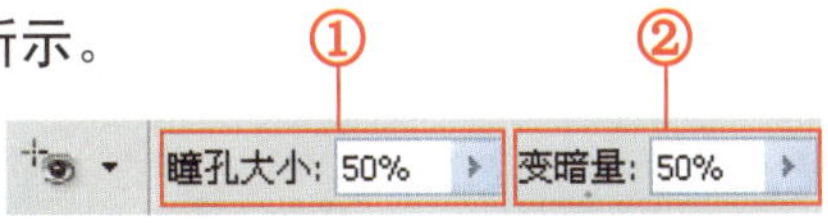

图3-89 红眼工具属性栏

①瞳孔大小	通过该选项可以增大或减小红眼工具影响的区域
②变暗量	是指修复人物红眼时的颜色深度，参数越大，颜色越深

妙笔生花：使用红眼工具去除红眼

难度级别

01 打开“光盘\素材与源文件\素材\第 3 章\美女.jpg”文件，选择工具箱中的红眼工具，在工具属性栏中设置参数，如图 3-90 所示。

图3-90 设置工具参数

02 分别在两个瞳孔上单击，去掉红眼。选择工具箱中的画笔工具，在工具属性栏中设置参数，如图 3-91 所示。

图3-91 设置画笔参数

03 新建“图层 1”图层，设置前景色为白色，在人物右侧眼睛的瞳孔上单击，然后设置“图层 1”的混合模式为“柔光”，如图 3-92 所示。

图3-92 设置图层混合模式

03 图像的最终效果如图 3-93 所示。

图3-93 图像的最终效果

Work5 图章工具组

图章工具组包括仿制图章工具和图案图章工具。利用仿制图章工具可将一幅图像的全部或部分复制到同一幅图像或另一幅图像中。利用图案图章工具可将系统自带的图案或用户自己创建的图案复制到图像中。

妙笔生花

难度级别

01 打开“光盘\素材与源文件\素材\第3章\光影.jpg”文件，选择“窗口”|“图层”命令，弹出“图层”面板，单击“图层”面板底部的“创建新图层”按钮新建图层，如图3-94所示。

图3-94 新建图层

02 打开“光盘\素材与源文件\素材\第3章\巷子.jpg”文件，在工具箱中选择仿制图章工具，按住【Alt】键的同时在要复制的图像上单击，设置参考点，如图3-95所示。

图3-95 设置参考点

03 切换到“光影.jpg”文件中，按住鼠标并拖动复制图像，在“图层”面板中设置“图层1”图层的混合模式为“线性光”，如图3-96所示。

图3-96 设置图层混合模式

04 图像的最终效果如图3-97所示。

图3-97 图像的最终效果

> **提示**
>
> 图案图章工具属性栏的部分选项与仿制图章工具相同，不同的是增加了“印象派效果”复选框。即选中此复选框时，绘制的图案将带有印象派的效果。

Work6 橡皮擦工具组

橡皮擦工具组中共提供了三种擦除工具：橡皮擦工具、背景橡皮擦工具和魔术橡皮擦工具。橡皮擦工具属性栏如图3-98所示。

图3-98 橡皮擦工具属性栏

橡皮擦工具属性栏中各选项的含义如下：

①模式	设置橡皮擦的擦除效果，包括“画笔”、“铅笔”和“块”三个选项
②不透明度	设置橡皮擦的不透明度，数值越大，擦除效果越明显
③流量	设置橡皮擦的擦除程度，数值越小，擦除越不连贯
④喷枪	单击该按钮，则以喷枪工具的作图模式进行擦除
⑤抹到历史记录	选中此复选框，在擦除图像时，可以将擦除的图像恢复到某一擦除前的状态

背景橡皮擦工具可以擦除选定区域，并以透明色填充。要精确擦除图像时，可以先选择背景橡皮擦工具，然后在其属性栏中进行设置，如图 3-99 所示。

图3-99 背景橡皮擦工具属性栏

背景橡皮擦工具属性栏中各选项的含义如下：

①限制	可以设置擦除限制类型，其下拉列表框中包含“连续”、“不连续”和“查找边缘”三个选项
②取样按钮组	该按钮组可以设置取样方式。默认按下的是“取样：连续”按钮，表示擦除时连续取样；如果单击“取样：一次”按钮，则表示仅取样单击时指针所在位置的颜色，并将该颜色设置为基准颜色；若单击“取样：背景色板”按钮，则表示将背景色设置为基准颜色
③容差	设置擦除颜色的范围，其值越小，被擦除的图像颜色与取样颜色越接近
④保护前景色	选中此复选框可以防止具有前景色的图像区域被擦除

魔术橡皮擦工具与魔棒工具类似，具有自动分析的功能，如图 3-100 所示。

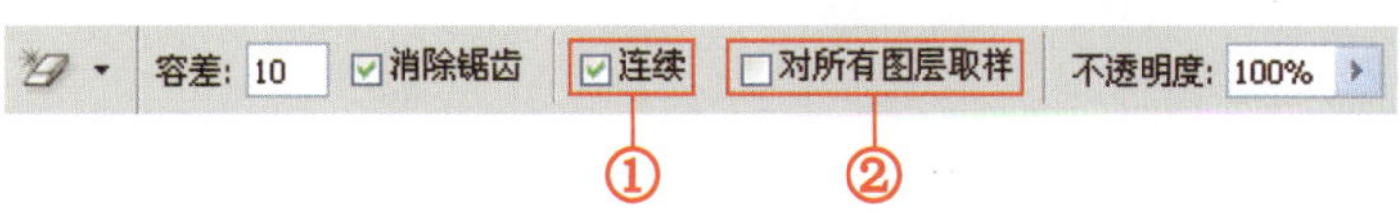

图3-100 魔术橡皮擦工具属性栏

在工具箱中选择魔术橡皮擦工具，在其属性栏中可以设置容差及不透明度等选项：

①连续	选中此复选框，可以进行连续擦除
②对所有图层取样	选中此复选框，在擦除图像时将对当前图像中的所有图层起作用

妙笔生花

难度级别

01 打开“光盘\素材与源文件\素材\第 3 章\卡漫.jpg”和“卡通狗.jpg”文件，如图 3-101 所示。

02 选择工具箱中的移动工具，将“女孩”图像拖动到当前图像中，在工具箱中选择魔术橡皮擦工具，多次单击“图层 1”图层的背景区域，将其擦除成透明色，如图 3-102 所示。

03 选择工具箱中的移动工具，移动“图层 1”图像的位置，如图 3-103 所示。

图3-101 打开素材文件

图3-102 擦除背景图层

图3-103 移动图像位置

Work7 模糊、锐化、涂抹工具组

模糊工具可以减少图像中的细节，从而使图像变得模糊。主要用于柔和图像中的硬边，使图像边界柔和或模糊部分图像，来凸显其他部分图像，其属性栏如图 3-104 所示。

图3-104 模糊工具属性栏

锐化工具与模糊工具相反，可以增加图像的清晰程度，使图像边界变得清晰，其属性栏如图 3-105 所示。

图3-105 锐化工具属性栏

涂抹工具可以在图像中模拟将手指拖过湿油漆时所看到的效果，可拾取描边开始位置的颜色，并沿拖动的方向展开这种颜色，其属性栏如图 3-106 所示。

图3-106 涂抹工具属性栏

妙笔生花

难度级别

01 打开“光盘\素材与源文件\素材\第 3 章\异域风情.jpg”文件，选择工具箱中的模糊工具，在左数第二个人物上进行涂抹，效果如图 3-107 所示。

02 选择工具箱中的锐化工具，在骆驼身上进行涂抹；选择工具箱中的涂抹工具，在左数第一个人物的头花上拖动鼠标进行涂抹，图像对比效果如图 3-108 所示。

图3-107 模糊效果

图3-108 图像对比效果

Work8 减淡、加深、海绵工具组

减淡工具可以提高涂抹区域的亮度，其工具属性栏如图 3-109 所示。

图3-109 减淡工具属性栏

①范围	设置提高亮度区域的范围，包含“暗调”、“中间调”和“高光”三个选项，选择不同的选项，会对不同的区域进行调整
②曝光度	设置涂抹后亮度提高的程度，数值越大，亮度提高程度越高

加深工具可以降低涂抹区域的亮度，其工具属性栏如图 3-110 所示。

图3-110 加深工具属性栏

海绵工具在图像上进行涂抹，可以调整涂抹区域的色彩饱和度，其工具属性栏如图 3-111 所示。

图3-111 海绵工具属性栏

海绵工具可精确地更改区域的色彩饱和度，使图像中特定区域色调变深或变浅。海绵工具选项栏中的“饱和”模式，可以提高饱和度，“降低饱和度”模式，则降低饱和度。

妙笔生花

难度级别

01 打开“光盘\素材与源文件\素材\第 3 章\白裙女孩.jpg”文件，选择工具箱中的减淡工具，设置范围为“中间调”，曝光度为50%，然后在人物皮肤及衣服上进行涂抹，如图 3-112 所示。

图3-112 减淡效果

02 选择工具箱中的加深工具，设置范围为“中间调”，曝光度为50%，在背景上进行涂抹；选择工具箱中的海绵工具，设置“模式”为“饱和”，流量为50%，在人物嘴唇和眼部进行涂抹，效果如图 3-113 所示。

图3-113 图像效果

Chapter 04

调整图像的色彩

色彩调整与校正在图像修饰中是一项非常重要的内容，Photoshop CS4提供了多种工具和命令，方便用户进行调整，使图像看上去更具色彩感，从而增加作品的可观赏性。

本章知识索引

实例效果展示

STUDY 01 Photoshop中简单的调色方法

- Work1 “自动色调”调整命令
- Work2“亮度/对比度”命令
- Work3“自然饱和度”命令
- Work4“反相”命令
- Work5“色调分离”命令
- Work6“阈值”命令
- Work7“去色”命令
- Work8“色调均化”命令
- Work9“纯色”、“渐变”和“图案”命令

Photoshop 中的调色方法众多，有些虽然执行起来比较简单，但效果很好，下面将详细介绍这些调色方法。

Work1 “自动色调”调整命令

自动色调调整命令包括“自动色调”、“自动对比度”和“自动颜色”三个命令，如图 4-1 所示。

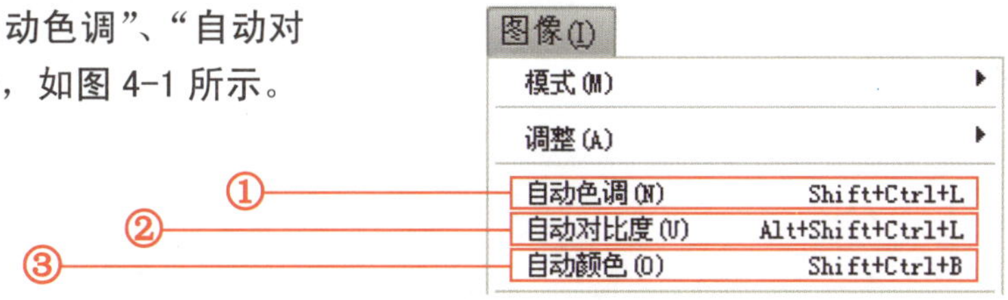

图4-1 自动色调调整命令

1. 自动色调

色调指的是一幅作品色彩外观的基倾向，包括明度、纯度、色相三个要素。“自动色调”命令会根据图像的色调来自动对明度、纯度和色相进行调整，使整个图像的色调均匀化。

选择“图像”|“自动色调”命令，可以将选择的图像或选区内的图像色调进行自动调整，如图 4-2 所示。

原图

选择“自动色调”命令

图4-2 自动色调命令效果

2. 自动对比度

“自动对比度”命令可以调整图像的对比度，使高光区域更亮，阴影区域更暗。增加图像之间的对比，可调整色调较灰，明暗对比不强的图像，如图 4-3 所示。

3. 自动颜色

选择“自动颜色”命令，可以还原图像中各部分的真实颜色，使其不受环境的影响，如图 4-4 所示。

原图　　选择“自动对比度”命令

图4-3 自动对比度效果

原图　　选择“自动颜色”命令

图4-4 自动颜色命令效果

Work2 “亮度/对比度”命令

选择“图像”|“调整”|“亮度/对比度”命令，弹出“亮度/对比度”对话框，如图4-5所示。

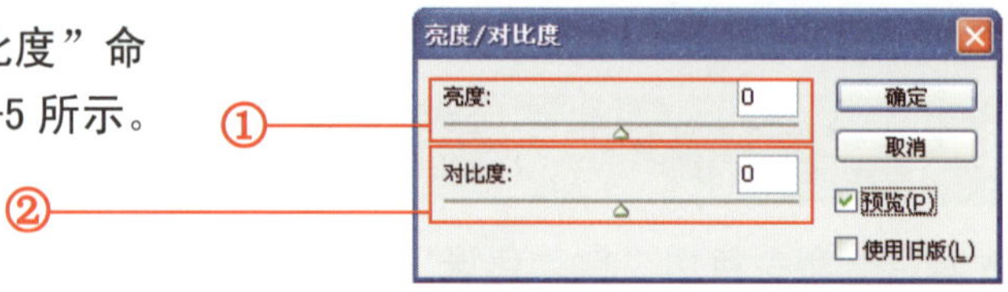

图4-5 “亮度/对比度”对话框

其中各选项含义如下：

①亮　度	文本框中的数值为负值时，表示降低图像的亮度；为正值时，表示增加图像的亮度；为0时，图像无变化。可以拖动滑块进行调整，也可以输入数值
②对比度	文本框中的数值为负值时，表示降低图像的对比度；为正值时，表示增加图像的对比度；为0时，图像无变化。可以拖动滑块进行调整，也可以输入数值

实例大本营

难度级别

01 打开“光盘\素材与源文件\素材\第4章\林中.jpg”文件，选择“图像”|“调整”|“亮度/对比度”命令，在弹出的“亮度/对比度”对话框中设置参数，如图4-6所示。

02 单击“确定”按钮，得到的图像效果如图4-7所示。

图4-6 设置亮度/对比度参数

图4-7 图像效果

Work3 “自然饱和度”命令

选择“图像”|“调整”|“自然饱和度”命令，打开“自然饱和度”对话框，如图4-8所示。

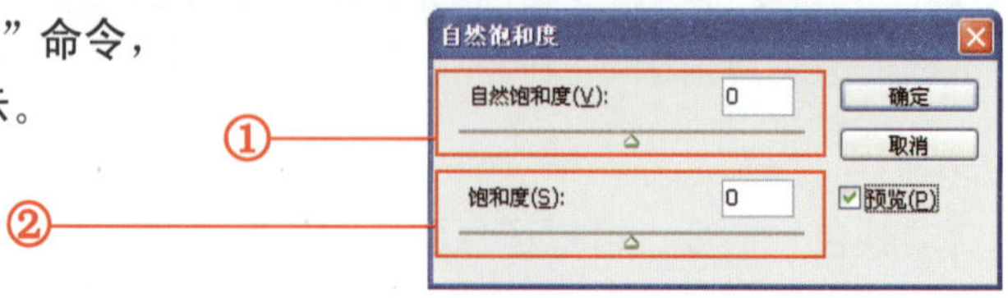

图4-8 “自然饱和度”对话框

其中各选项含义如下：

①自然饱和度	在颜色接近最大饱和度时，最大限度地减少修剪，可以防止肤色过度饱和
②饱和度	用于调整所有颜色而不考虑当前的饱和度

实例大本营

难度级别

01 打开"光盘\素材与源文件\素材\第4章\save.jpg"文件，选择"图像"|"调整"|"自然饱和度"命令，在弹出的"自然饱和度"对话框中设置参数，如图4-9所示。

02 单击"确定"按钮，得到的图像效果如图4-10所示。

图4-9 设置自然饱和度参数

图4-10 "自然饱和度"调整效果

Work4 "反相"命令

"反相"命令可以翻转构成图像像素的亮度，常用来制作一些反转效果的图像。"反相"命令是将所用的颜色都以它的相反颜色显示，如将黄色转变为蓝色显示、红色变为青色显示。通常用于将正片黑白图像变为负片或将扫描的黑白负片转换为正片，彩色图像也可以使用该命令得到反相效果。

实例大本营

难度级别

01 打开"光盘\素材与源文件\素材\第4章\女孩.jpg"文件，这是一幅黑白照片，选择"图像"|"调整"|"反相"命令，可以将正片黑白照片变成负片，如图4-11所示。

图4-11 正片黑白照片变成负片

图4-12 将黑白负片变成正片

02 打开"光盘\素材与源文件\素材\第4章\黑白负片.jpg"文件，这是一幅黑白照片，选择"图像"|"调整"|"反相"命令，可以将黑白负片变成正片，如图4-12所示。

03 打开"光盘\素材与源文件\素材\第4章\彩色图像.jpg"文件。选择"图像"|"调整"|"反相"命令，可以将彩色图像反相，如图4-13所示。

图4-13 彩色图像反相

Work5 “色调分离”命令

选择“图像”|“调整”|“色调分离”命令，弹出“色调分离”对话框，如图 4-14 所示。

在“色阶”文本框中指定图像的色调级数，数值越大，颜色变化越细腻；数值越小，颜色的色调分离效果越明显。

图4-14 “色调分离”对话框

实例大本营

难度级别

01 打开“光盘\素材与源文件\素材\第 4 章\花仙子.jpg”文件，如图 4-15 所示。

图4-15 打开素材文件

02 选择“图像”|“调整”|“色调分离”命令，弹出“色调分离”对话框在“色阶”文本框中设置色阶值为 2，此时的图像效果如图 4-16 所示。

图4-16 色阶值为2的图像效果

03 设置色阶值为 4，图像效果如图 4-17 所示。

图4-17 色阶值为4的图像效果

04 设置色阶值为 8，图像效果如图 4-18 所示。

图4-18 色阶值为8的图像效果

Work6 “阈值”命令

选择“图像”|“调整”|“阈值”命令，弹出“阈值”对话框，如图 4-19 所示。

在“阈值色阶”文本框中输入数值，比该数值亮的像素会转换为白色，比该数值暗的像素会转换为黑色，从而将一个灰度或彩色图像转换为高对比度的黑白图像。

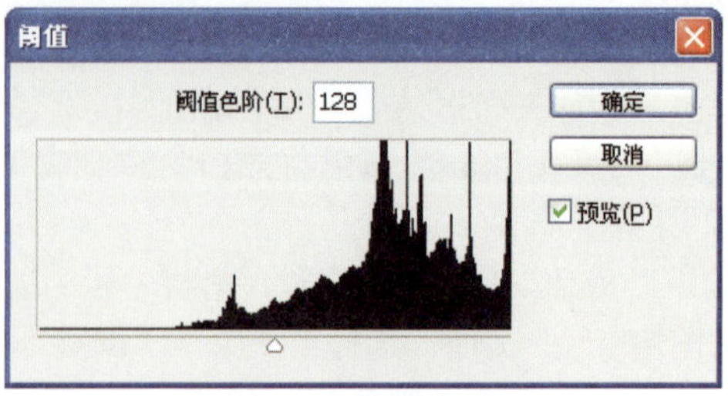

图4-19 “阈值”对话框

实例大本营

难度级别

01 打开“光盘\素材与源文件\素材\第4章\时尚青年.jpg”文件，如图4-20所示。

图4-20 打开素材文件

02 选择“图像”|“调整”|“阈值”命令，弹出“阈值”对话框，在“阈值色阶”文本框中设置阈值色阶为90，此时的图像效果如图4-21所示。

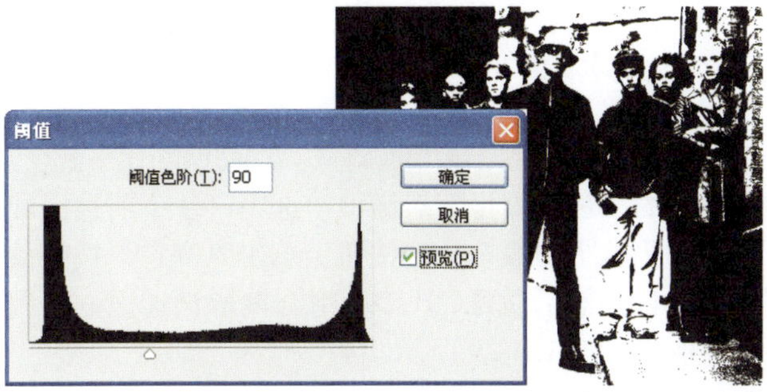

图4-21 阈值色阶为90的图像效果

03 设置阈值色阶为180，图像效果如图4-22所示。

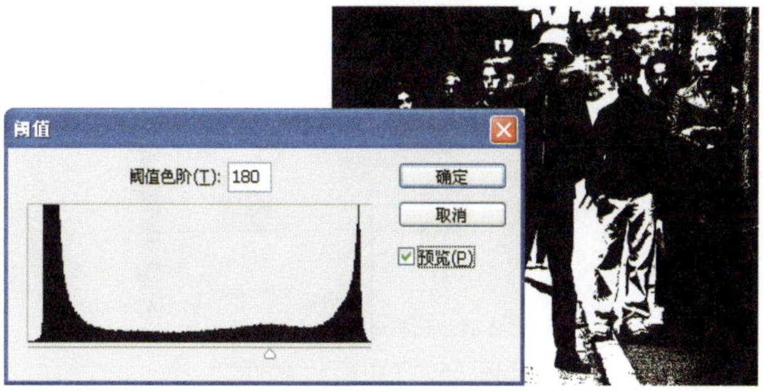

图4-22 阈值色阶为180的图像效果

> **提示**
>
> 通过“阈值”命令，可以将一幅彩色图像转换为高对比度的黑白图像。虽然将图像转换为“位图”模式，也可以得到黑白图像效果，但执行“阈值”命令，可以动态地调整黑白比例，效果比直接将图像转换为“位图”模式具有更大的灵活性。

Work7 “去色”命令

“去色”命令可以去除图像中选定区域或整幅图像的颜色值，将其转换为灰度图像。

实例大本营

难度级别

01 打开“光盘\素材与源文件\素材\第4章\书.jpg”文件，选择工具箱中的磁性套索工具，在图像中创建选区，如图4-23所示。

图4-23 创建选区

02 选择“选择”|“反向”命令，反选选区，选择“图像”|“调整”|“去色”命令，效果如图4-24所示。

图4-24 图像效果

Work8 “色调均化”命令

选择“图像”|“调整”|“色调均化”命令，Photoshop将查找图像中最亮或最暗的像素，并以最暗处像素值表示黑色，最亮处像素值表示白色，重新分布图像中像素的亮度值。

实例大本营

难度级别

01 打开“光盘\素材与源文件\素材\第 4 章\照片.jpg”文件，如图 4-25 所示。

图4-25 打开素材文件

02 选择“图像”|“调整”|“色调均化”命令，此时的图像效果如图 4-26 所示。

图4-26 色调均化效果

03 按【Ctrl+Z】组合键撤销上一步操作，然后选择工具箱中的矩形选框工具，创建选区，选择“图像”|“调整”|“色调均化”命令，弹出“色调均化”对话框，选中“仅色调均化所选区域”单选按钮，如图 4-27 所示。

04 单击“确定”按钮，然后按【Ctrl+D】组合键取消选区，得到的效果如图 4-28 所示。

图4-27 选中“仅色调均化所选区域”单选按钮

图4-28 仅色调均化所选区域图像效果

05 选择“历史记录”面板撤销到创建选区的操作，然后选择“图像”|“调整”|“色调均化”命令，在弹出的“色调均化”对话框中选中“基于所选区域色调均化整个图像”单选按钮，单击“确定”按钮关闭对话框，然后按【Ctrl+D】组合键取消选区，得到的图像效果如图 4-29 所示。

图4-29 图像效果

Work9 “纯色”、“渐变”和“图案”命令

单击“图层”面板底部的“创建新的填充或调整图层”按钮，在弹出的下拉菜单中选择“纯色”命令，如图 4-30 所示。

此时将弹出“拾取实色”对话框，从中选择一种颜色，然后单击“确定”按钮即创建立一个颜色填充调整图层，如图 4-31 所示。

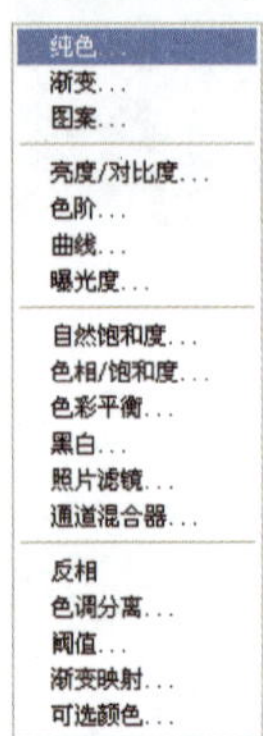

图4-30 选择“纯色”命令

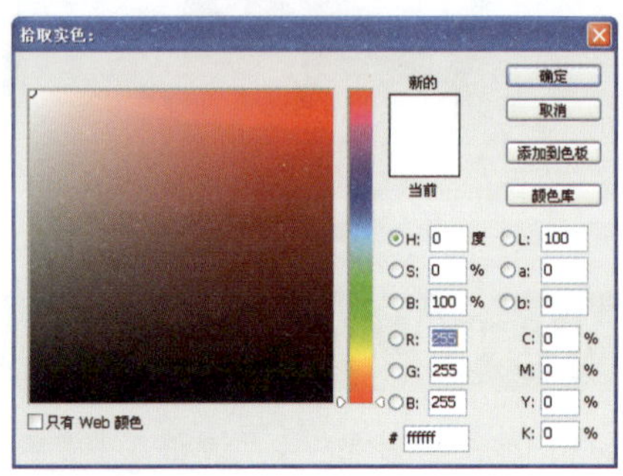

图4-31 选择颜色

在下拉菜单中选择“渐变”命令，弹出“渐变填充”对话框，如图 4-32 所示。在该对话框中设置渐变颜色、样式和角度等，单击“确定”按钮，即可创建一个渐变调整图层。

在下拉菜单中选择“图案”命令，弹出“图案填充”对话框，如图 4-33 所示，在该对话框中选择一种图案，然后单击“确定”按钮，即可创建一个图案填充调整图层。

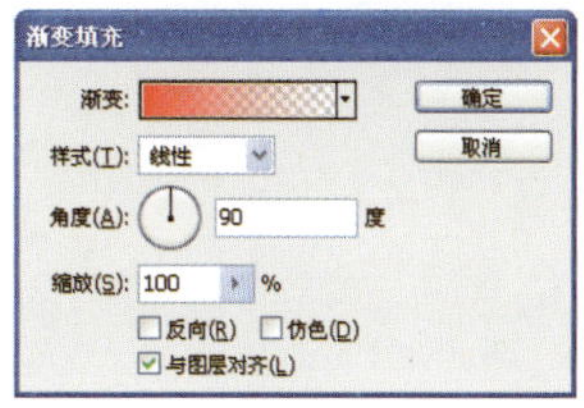
图4-32 “渐变填充”对话框

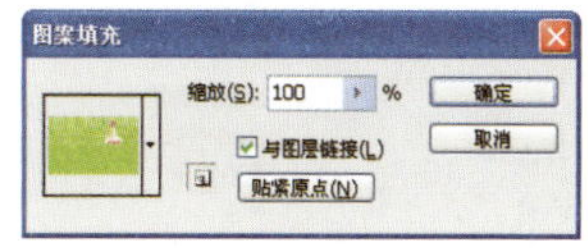
图4-33 “图案填充”对话框

实例大本营

难度级别

01 打开“光盘\素材与源文件\素材\第 4 章\离别.jpg”文件，如图 4-34 所示。

图4-34 打开素材文件

02 单击“图层”面板底部的“创建新的填充或调整图层”按钮，在弹出的下拉菜单中选择“纯色”命令，在弹出的“拾取实色”对话框中设置颜色，如图 4-35 所示。

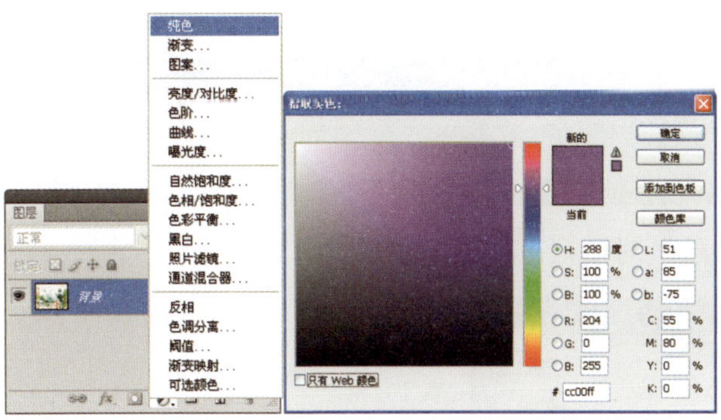
图4-35 设置颜色

03 在“图层”面板中设置“颜色填充 1”的图层混合模式为“颜色”、“不透明度”为 60%，此时的图像效果如图 4-36 所示。

图4-36 调整图层混合模式

04 隐藏调整图层，然后选择“背景”图层，单击“图层”面板底部的“创建新的填充或调整图层”按钮，在弹出的下拉菜单中选择“渐变”命令，在弹出的“渐变填充”对话框中设置参数，如图 4-37 所示。

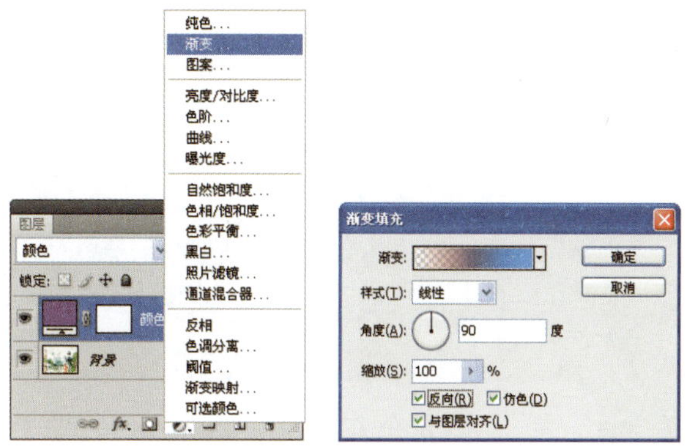
图4-37 设置渐变填充参数

05 在“图层”面板中设置“渐变填充”的图层混合模式为“颜色加深”、“不透明度”为 80%，此时的图像效果如图 4-38 所示。

图4-38 图像效果

06 再隐藏渐变调整图层，然后选择“背景”图层，单击“图层”面板底部的“创建新的填充或调整图层”按钮，在弹出的下拉菜单中选择“图案”命令，在弹出的“图案填充”对话框中设置参数，如图 4-39 所示。

07 单击“确定”按钮，关闭对话框，然后在“图层”面板中设置“渐变填充”的图层混合模式为“排除”，此时的图像效果如图 4-40 所示。

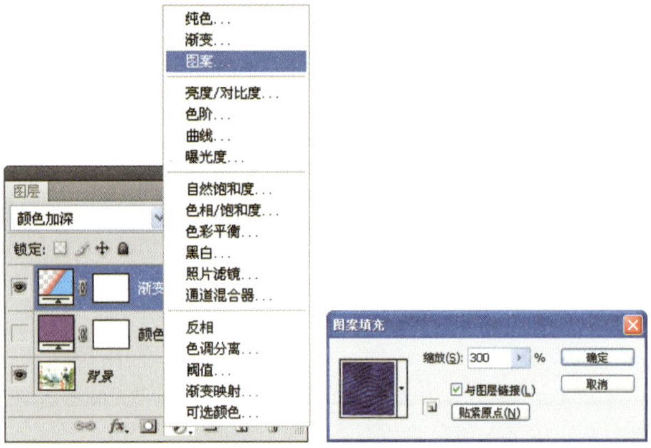

图4-39 设置图案填充参数

图4-40 图像效果

STUDY 02 Photoshop中复杂的调色方法

- Work1“色阶”命令
- Work2 “曲线”命令
- Work3“曝光度”命令
- Work4“色相/饱和度”命令
- Work5“色彩平衡”命令
- Work6“黑白”命令和“去色”命令
- Work7“照片滤镜”命令
- Work8“通道混合器”命令
- Work9“渐变映射”命令
- Work10“可选颜色”命令
- Work11“阴影/高光”命令
- Work12“变化”命令
- Work13“匹配颜色”命令
- Work14“替换颜色”命令

本节介绍 Photoshop 中一些更复杂、更高级的调色方法，使读者领略 Photoshop 强大的调色功能。

Work1 “色阶”命令

选择“图像”|“调整”|“色阶”命令，弹出“色阶”对话框，如图 4-41 所示。

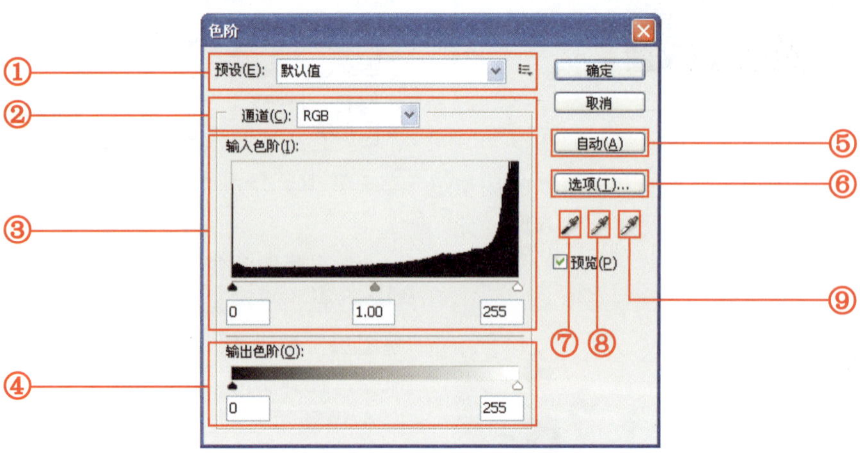

图4-41 “色阶”对话框

1. 预设

“预设”下拉列表框中包含 Photoshop 已经设置好的色阶调整选项，如图 4-42 所示。

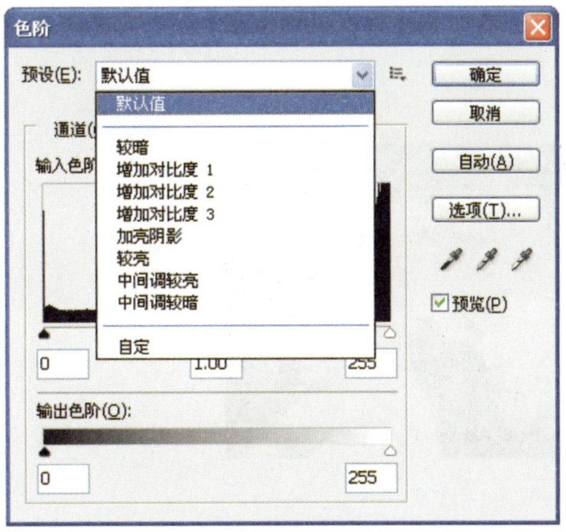

图4-42 预设选项

提示

在“预设”选项下拉列表框中可以选择需要的调整方法，包括“默认值”、“较暗”、“较亮”、“增加对比度 1”、“增加对比度 2”、“增加对比度 3”、“加亮阴影”、“较亮”、“中间调较亮”、“中间调较暗”和“自定”10 个选项。

图 4-43 所示为应用预设选项进行调整的效果。

原图　　增加对比度3　　加亮阴影　　中间调较暗

图4-43 应用预设选项进行调整

2．通道

在“通道”下拉列表框中用于选择所要进行色调调整的通道。不同的颜色模式的图像，所对应的通道选项也不相同。如 RGB 模式的图像，其“通道”下拉列表框中包括 RGB、红、绿、蓝四个选项；CMYK 模式的图像，其“通道”下拉列表框中包括 CMYK、青色、洋红、黄色、黑色五个选项，如图 4-44 所示。

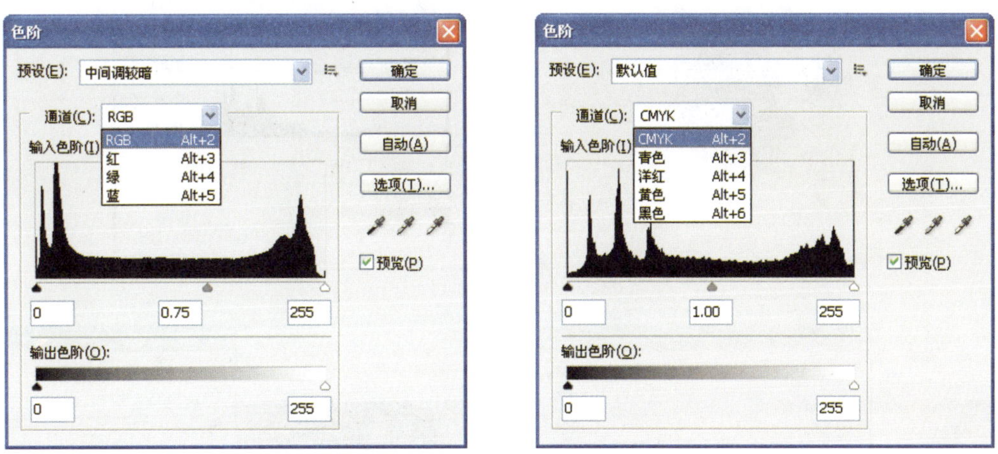

图4-44 “通道”下拉列表框

3．输入色阶

在“色阶”文本框中输入数值或拖动黑色、白色、灰色滑块，可以调整图像的高光、中间调和阴影，提高图像的对比度。向右拖动黑色或灰色滑块，可以使图像变暗，向左拖动白色或灰色滑块，可以使图像变亮，如图 4-45 所示。

原 图

图像变亮

图像变暗

图4-45 调整输入色阶

4. 输出色阶

"输出色阶"，可以调整图像的亮度，将左侧的黑色滑块向右方拖动时，可将图像亮度调亮；将右侧的白色滑块向左拖动时，可将图像亮度调暗，如图 4-46 所示。

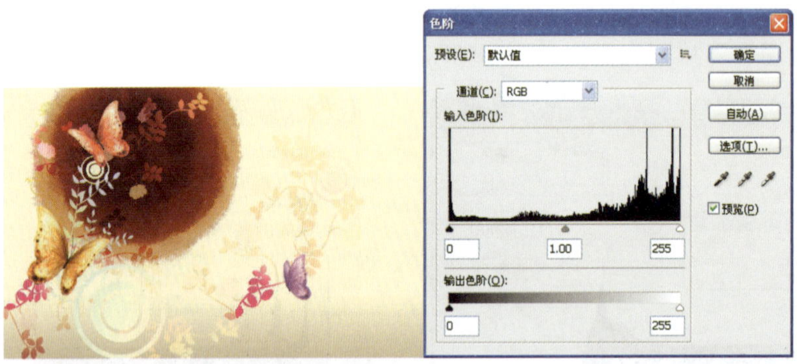

原 图

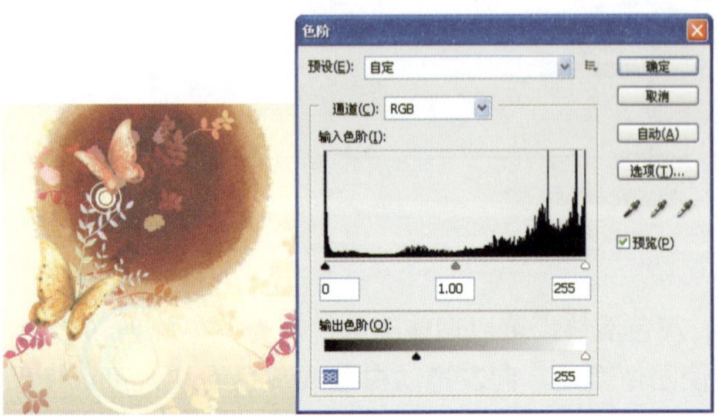

图像变亮

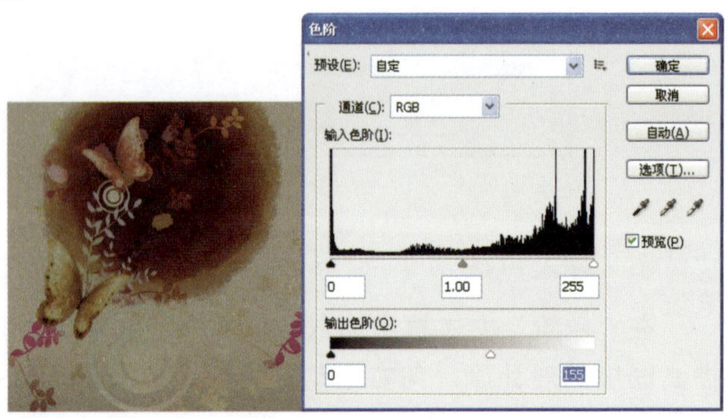

图像变暗

图4-46 调整输出色阶

5. 自动

单击该按钮，Photoshop 将自动以 0.5% 的比例调整图像的亮度，将图像中最亮的像素调整为白色，最暗的像素调整为黑色，使图像中的亮度分布更加均匀，如图 4-47 所示。

6. 选项

单击该按钮，弹出“自动颜色校正选项”对话框，如图 4-48 所示。在该对话框中允许用户指定阴影和高光剪切百分比，并为阴影、中间调和高光指定颜色值。

图4-47 单击“自动”按钮的图像效果

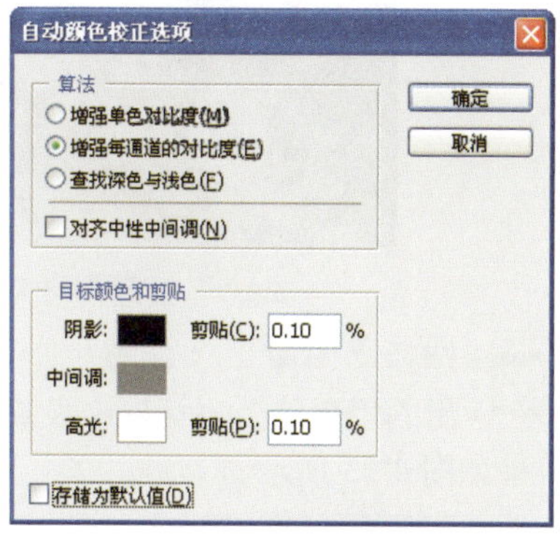

图4-48 “自动颜色校正选项”对话框

7. 黑场吸管

单击该按钮，指针将变成黑色吸管，单击该吸管，则单击处的像素就会被定义为黑点并重新分布图像的像素值，使图像变暗。图 4-49 所示为使用黑场吸管调整图像的效果。

原图像　使用黑场吸管调整后

图4-49 “黑场吸管”的图像效果

8. 灰场吸管

单击该按钮，指针将变成灰色吸管，单击该吸管，则单击处的颜色就会被消除或者减弱，从而调整图像的偏色问题。图 4-50 所示为使用灰场吸管调整图像的效果。

9. 白场吸管

单击该按钮，指针将变成白色吸管，单击该吸管，，则单击处的像素就会被定义为白点并重新分布图像的像素值，使图像变亮。图 4-51 所示为使用白场吸管调整图像的效果。

原图像　使用灰场吸管调整后

图4-50 “灰场吸管”的图像效果

原图像　使用白场吸管调整后

图4-51 “白场吸管”的图像效果

妙笔生花：使用“色阶”命令调整图像

难度级别

01 打开“光盘\素材与源文件\素材\第 4 章\美丽女孩.jpg”文件，如图 4-52 所示。

图4-52 打开素材文件

02 选择“图像”|“调整”|“色阶”命令，在弹出的“色阶”对话框中设置参数，此时的图像效果如图 4-53 所示。

图4-53 调整色阶参数

03 在“通道”下拉列表框中选择“红”选项，然后调整参数，此时的图像效果如图 4-54 所示。

04 在“通道”下拉列表框中选择“绿”选项，然后调整参数，此时的图像效果如图 4-55 所示。

05 在“通道”下拉列表框中选择“蓝”选项，然后调整参数，此时的图像效果如图 4-56 所示。

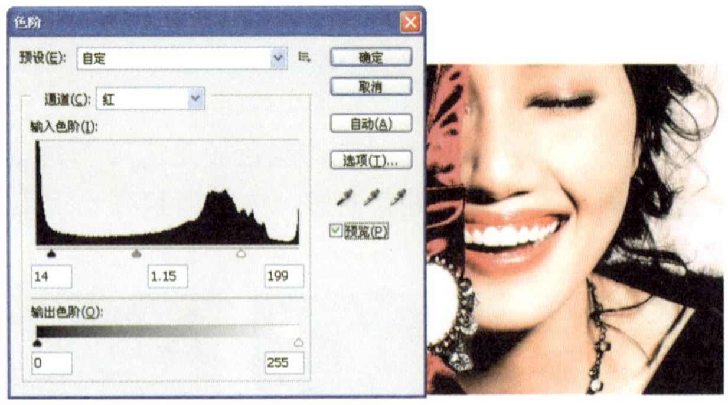

图4-54 选择“红”选项的图像效果

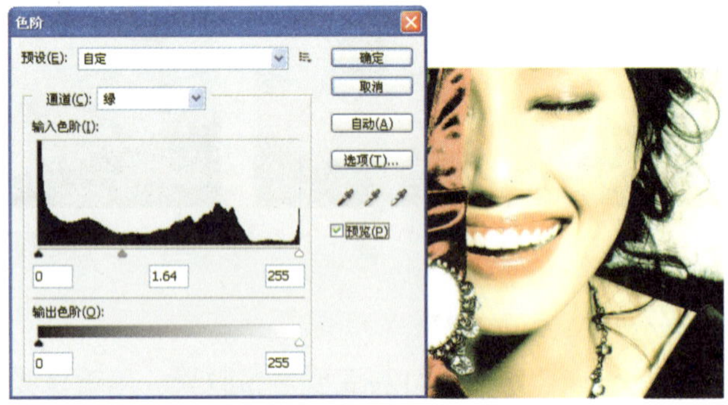

图4-55 选择“绿”选项的图像效果

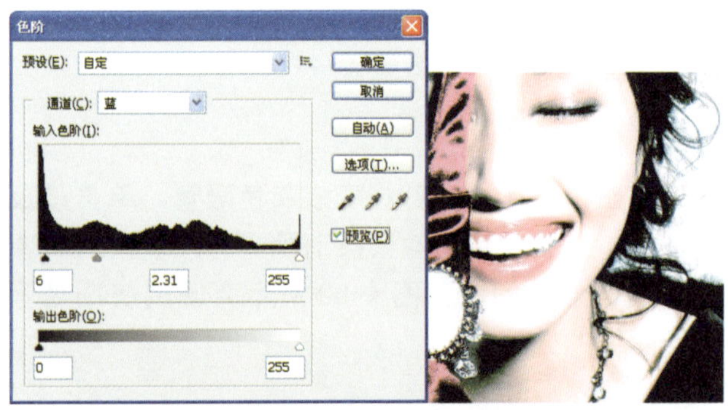

图4-56 选择“蓝”选项的图像效果

Work2 “曲线”命令

选择“图像”|“调整”|“曲线”命令，弹出“曲线”对话框，如图 4-57 所示。利用曲线命令可以调整图像中各个通道的明暗程度，从而更加精确地改变图像的颜色。

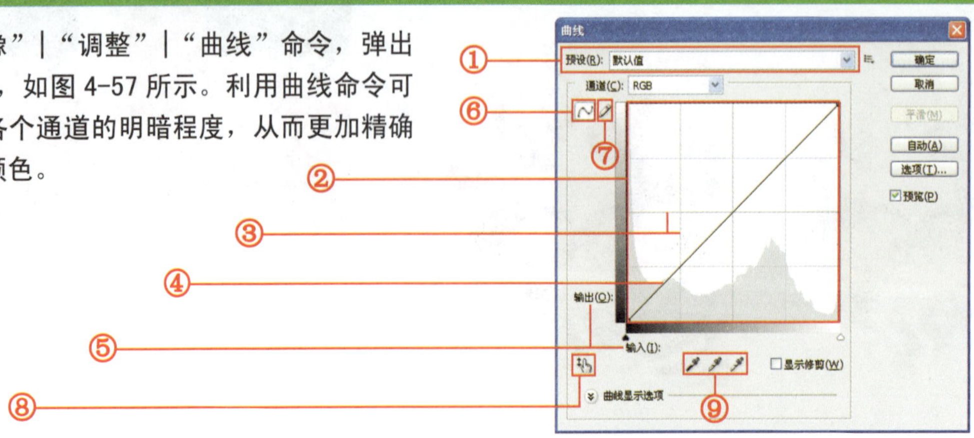

图4-57 “曲线”对话框

1. 预设

“预设”下拉列表框中包含了 Photoshop 中已经设置好的曲线调整选项，如图 4-58 所示。

2. 曲线调整框

用于显示当前操作对曲线进行的调整，按住【Alt】键的同时单击该区域，可以增减网格的显示数量，从而能够对图像进行更为精确的调整，如图 4-59 所示。

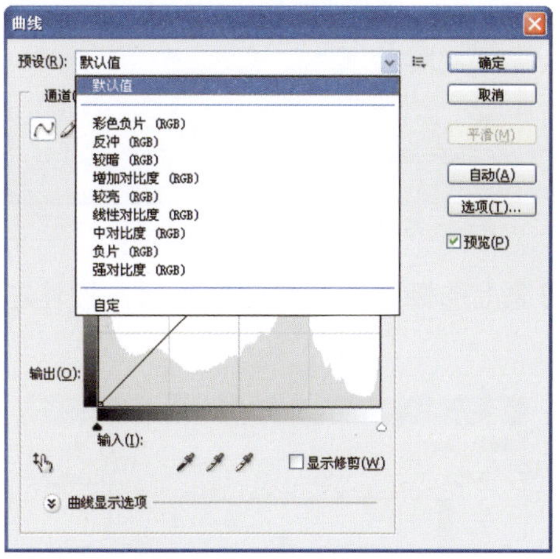

图4-58 “预设”下拉列表框

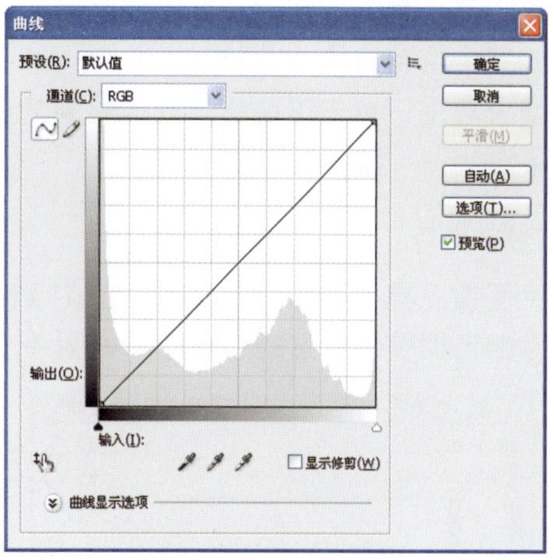

图4-59 曲线调整框

3. 水平轴和垂直轴

水平轴即输入色阶，代表图像调整前的亮度值；垂直轴即输出色阶，代表图像调整后的颜色值。RGB 颜色模式的图像，曲线显示 0 ～ 255 之间的强度值，暗调（0）位于左边；CMYK 颜色模式的图像，曲线显示 0 ～ 100 之间的强度值，高光（0）位于左边，如图 4-60 所示。

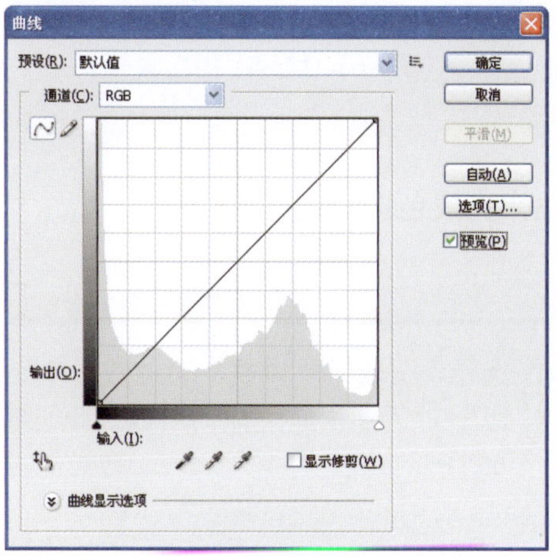

RGB颜色模式

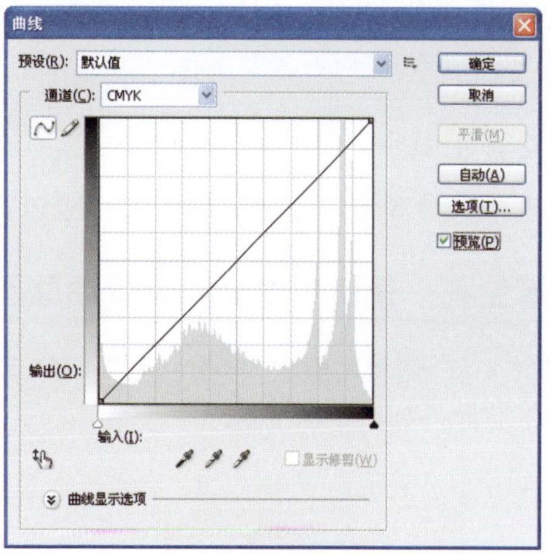

CMYK颜色模式

图4-60 水平轴和垂直轴

4. 调节线

在直线上单击可以添加节点，拖动这些节点可以对图像进行调整。最多可以添加 14 个节点。如图 4-61 所示。

5. “输入”和“输出”文本框

用于显示图像调整前和调整后的具体明暗度数值，也可以在文本框中直接输入数值对节点位置进行调整。

6. 曲线工具

单击“曲线工具”按钮，可在调节线上添加节点，并以曲线方式调整调节线，此方式是默认的调节方式。

7. 铅笔工具

单击“铅笔工具”按钮，可以以手绘的方式在曲线调节框中绘制曲线，如图4-62所示。此时“平滑”按钮变为可用，单击该按钮可以使绘制的曲线变得比较平滑。

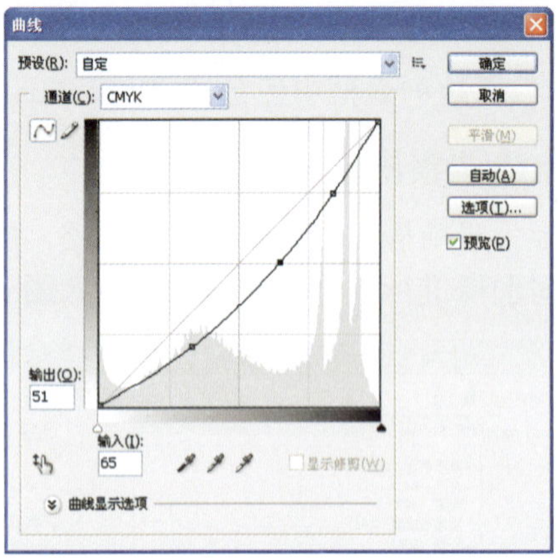

图4-61 添加节点

8. 手指工具

单击“手指工具”按钮，指针将变成吸管形状，在图像上选择需要调整的像素后，按住左键并上下拖动鼠标，即可调整该像素的明暗度，如图4-63所示。

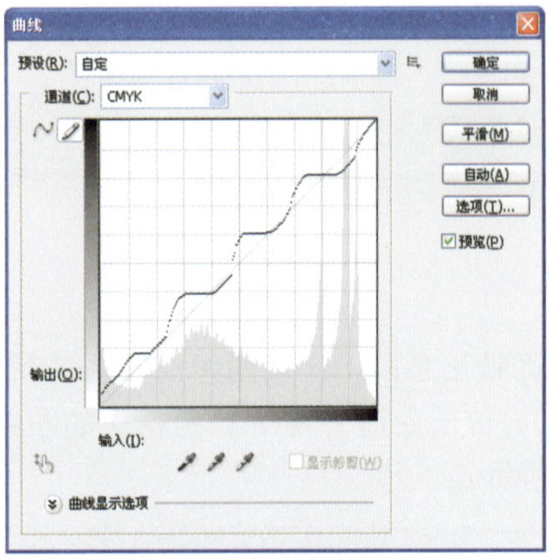

图4-62 绘制曲线

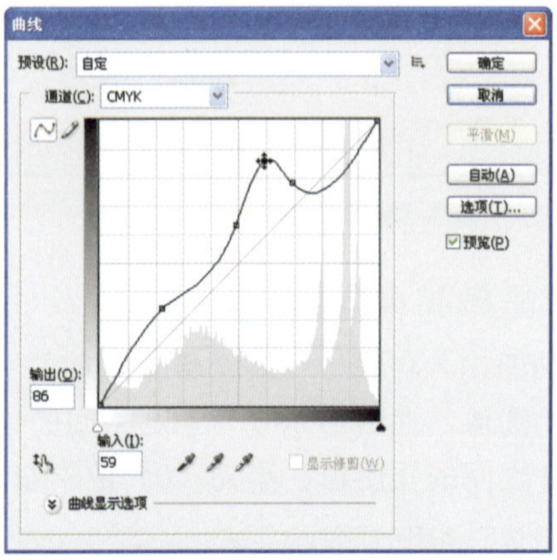

图4-63 使用手指工具

9. 吸管工具

与“色阶”命令中的吸管工具相似，通过在图像上单击来完成色调的调整。

妙笔生花：使用“曲线”命令调整图像

难度级别

01 打开“光盘\素材与源文件\素材\第4章\美女.jpg”文件，如图4-64所示。

02 选择“图像”|“调整”|“曲线”命令，弹出“曲线”对话框，向上拖动曲线，此时的图像效果如图4-65所示。

图4-64 打开素材文件

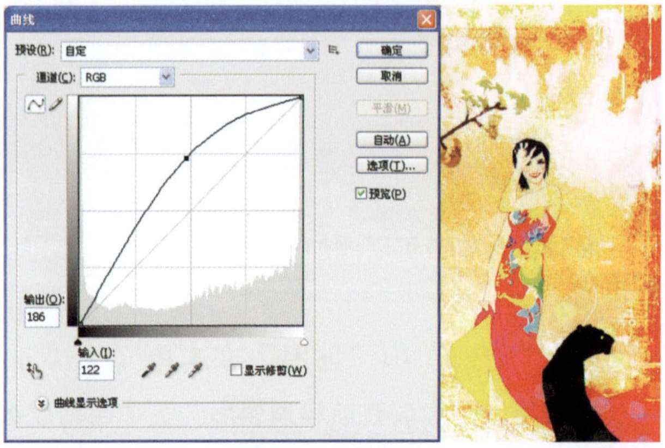

图4-65 调整曲线

03 继续编辑曲线，此时的图像效果如图 4-66 所示。

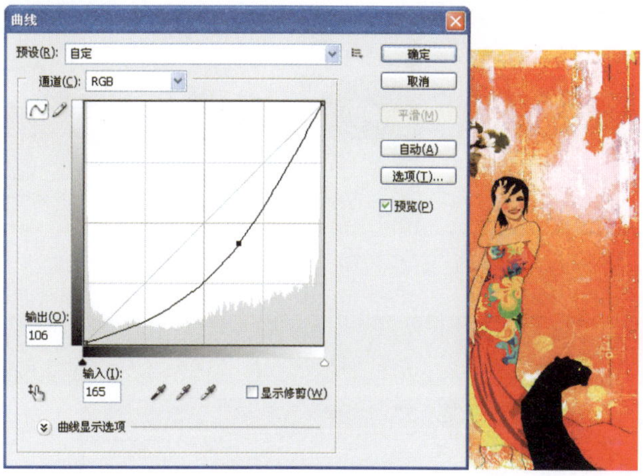

图4-66 图像效果

04 继续编辑曲线，此时的图像效果如图 4-67 所示。

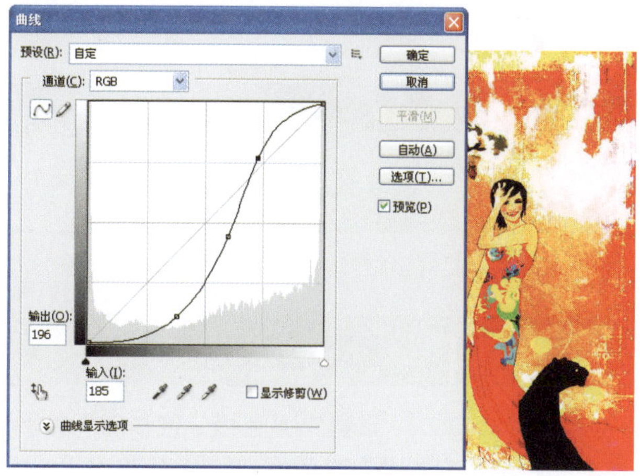

图4-67 图像效果

Work3 “曝光度”命令

选择“图像”|“调整”|“曝光度”命令，弹出“曝光度”对话框，如图 4-68 所示。

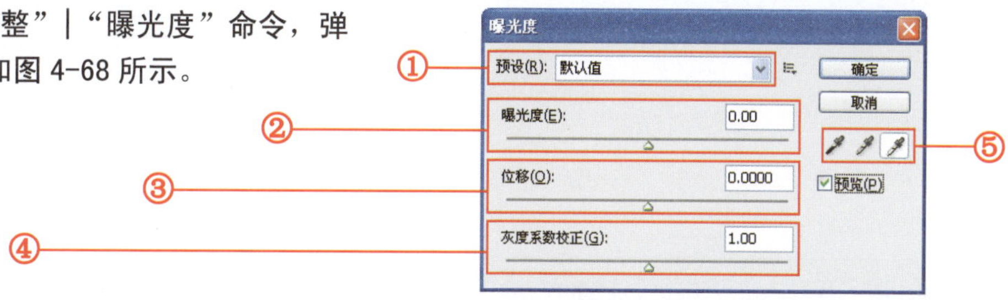

图4-68 “曝光度”对话框

①预设	在“预设”下拉列表框中包含了 Photoshop 中已经设置好的曝光度调整选项，如图 4-69 所示
②曝光度	设置图像的曝光度。通过增强或减弱光照强度使图像变亮或变暗。设置正值或向右拖动滑块，可以使图像变亮；设置负值或向左拖动滑块，可以使图像变暗
③位移	设置阴影或中间调的亮度，取值范围为“-0.5 ～ 0.5”。设置正值或向右拖动滑块，可以使阴影或中间调变亮。此选项对高光区域的影响相对比较轻微
④灰度系数校正	使用简单的乘方函数可以设置图像的灰度系数
⑤吸管工具	使用对话框中的设置黑场工具、设置灰场工具和设置白场工具，并分别在图像中最暗、中间亮度或最亮的位置单击以使图像整体变暗或变亮

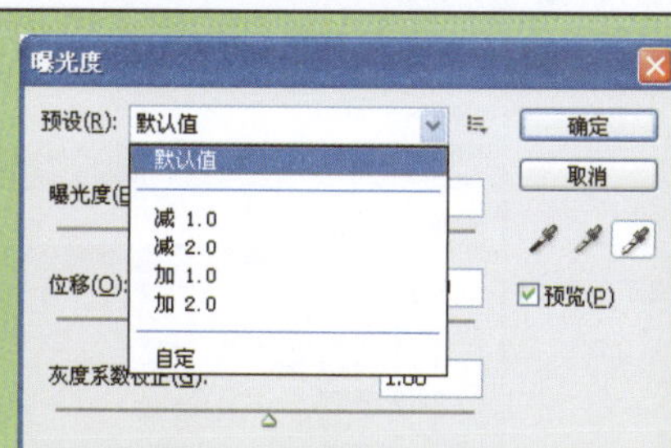

图4-69 “预设”下拉列表框

妙笔生花：使用“曝光度”命令调整图像

难度级别

01 打开“光盘\素材与源文件\素材\第 4 章\蘑菇.jpg”文件，如图 4-70 所示。

02 选择“图像”|“调整”|“曝光度”命令，弹出“曝光度”对话框，设置好参数，单击“确定”按钮，得到的图像效果如图 4-71 所示。

图4-70 打开素材文件

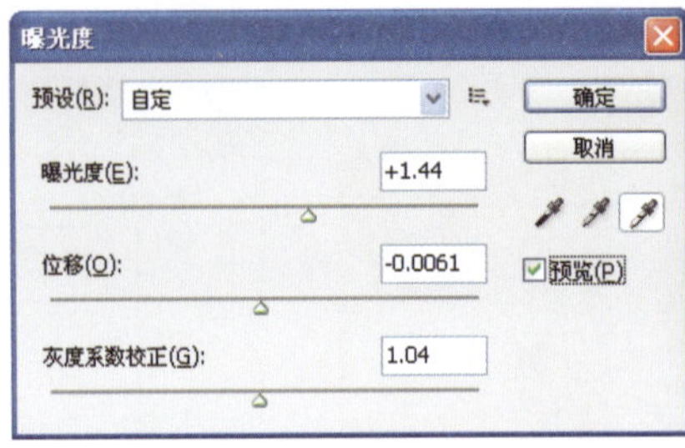

图4-71 图像效果

Work4 “色相/饱和度”命令

选择“图像”|“调整”|“色相/饱和度”命令，弹出“色相/饱和度”对话框，如图4-72所示。

在“色相/饱和度”对话框中，各选项含义如下：

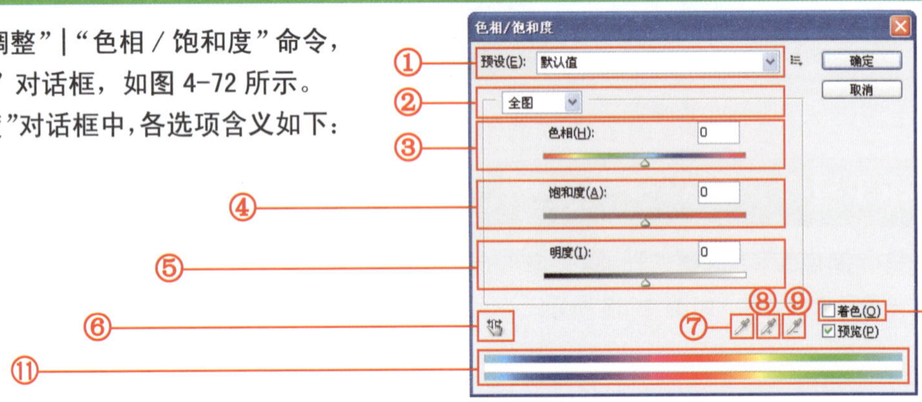

图4-72 “色相/饱和度”对话框

①预设	该下拉列表框中包含了Photoshop中已经设置好的色相/饱和度调整选项，如图4-73所示
②全图	该项用于设置调整范围。其中，选择“全图”选项，可一次性调整所有颜色；选择“其他单色”选项，则调整参数时只对所选的颜色起作用，如图4-74所示

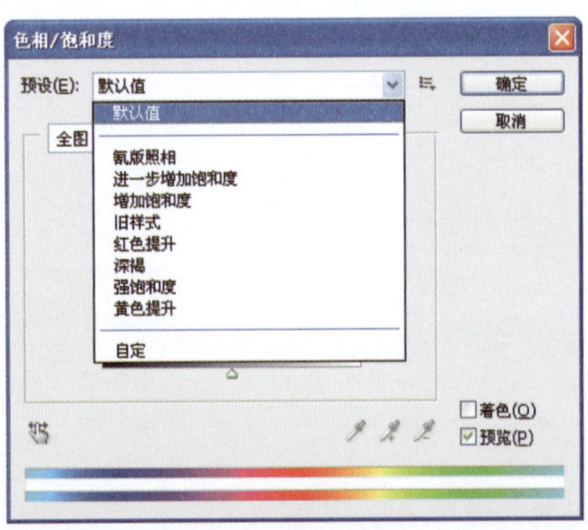

图4-73 预设选项

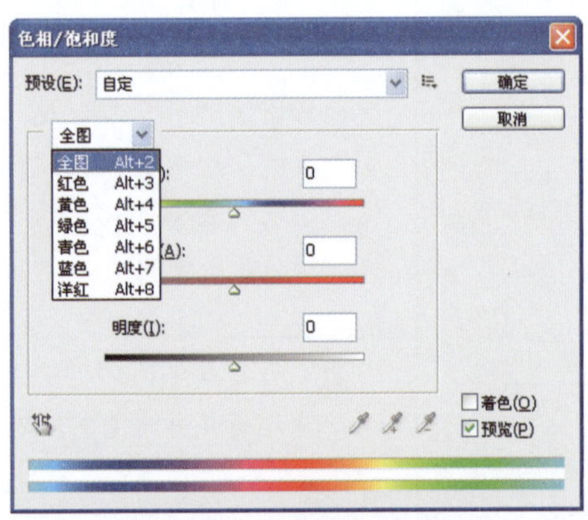

图4-74 设置调整范围

③色相	在“色相”文本框中输入数值或左右拖动滑块可调整图像的颜色
④饱和度	在“饱和度”文本框中输入数值或左右拖动滑块可调整图像的饱和度
⑤明度	在“明度”文本框中输入数值或左右拖动滑块可调整图像的亮度
⑥手指工具	单击该按钮后，指针变为吸管形状，在图像上选择需要调整的像素后，按住左键并左右拖动鼠标，可以调整该像素的饱和度

⑦吸管工具	当调整范围为“全图”以外的任一选项时，该工具可以用，还可以在图像中选择颜色，对其进行精确调整
⑧添加到取样工具	单击该按钮，可以在当前被调节颜色的基础上增加被调节颜色
⑨从取样中减去工具	单击该按钮，可以在当前被调节颜色的基础上减少被调节颜色
⑩着色	若选中该复选框，可使灰色或彩色图像变为单一颜色的图像，此时在“全图”下拉列表中默认选中“全图”选项
⑪色带	底部的两条色带中，上面的是原色带，用于显示图像调整前的颜色，在调整的过程中不会改变；下面的是调整后的色带，会随着颜色的调整而不断变化

妙笔生花：使用“色相/饱和度”命令调整图像

难度级别

01 打开“光盘\素材与源文件\素材\第4章\吹笛.jpg”文件，如图4-75所示。

图4-75 打开素材文件

02 选择“图像”|“调整”|“色相/饱和度”命令，弹出“色相/饱和度”对话框，在其中设置色相的参数，此时的图像效果如图4-76所示。

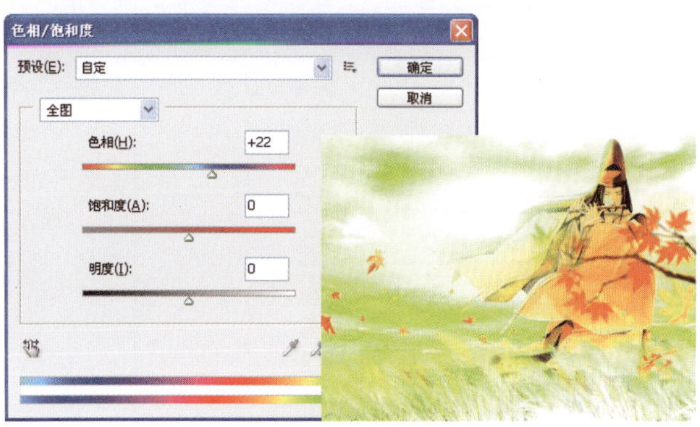

图4-76 设置“色相”参数

03 设置饱和度的参数，此时的图像效果如图4-77所示。

图4-77 设置“饱和度”参数

04 设置明度的参数，此时的图像效果如图4-78所示。

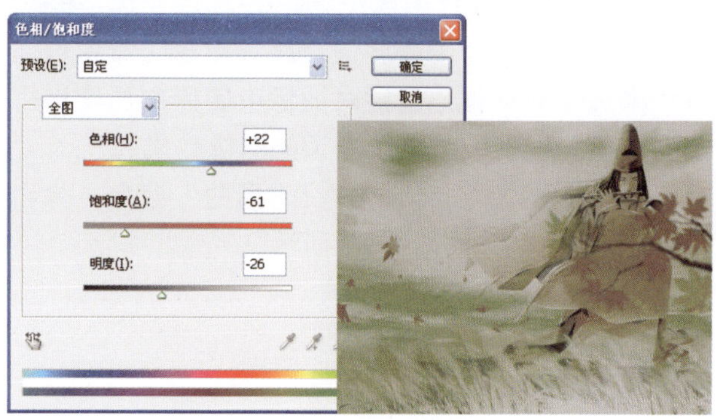

图4-78 设置“明度”参数

Work5 “色彩平衡”命令

选择“图像”|“调整”|“色彩平衡”命令，弹出“色彩平衡”对话框，如图4-79所示。使用该对话框，可以在图像原色彩的基础上根据需要添加其他颜色，达到改变图像原色彩的目的。

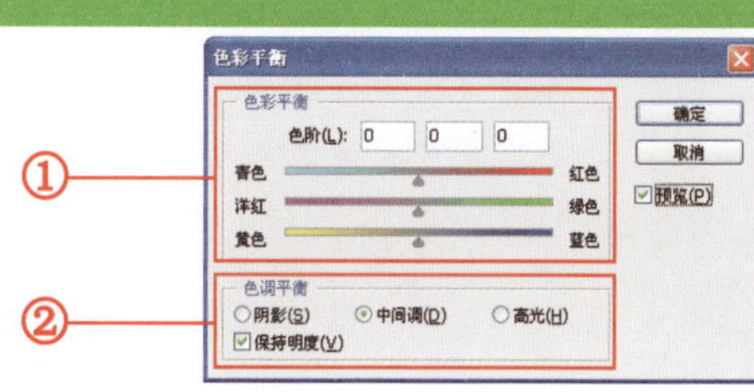

图4-79 “色彩平衡”对话框

在“色彩平衡”对话框中，各选项含义如下：

①色彩平衡	在选区中有“青色”和“红色”、“洋红”和“绿色”、“黄色”和“蓝色”三对互补的颜色可供调节。将滑块向主要增加颜色的方向拖动，即可增加该颜色，减少其互补颜色。也可以在“色阶”文本框中输入数值进行调节
②色调平衡	设置色调范围，主要通过“阴影”、“中间调”和“高光”三个单选按钮进行设置。选中“保持亮度”复选框后，可以在调整颜色平衡过程中保持图像的整体亮度不变

妙笔生花：使用“色彩平衡”命令调整图像

难度级别

01 打开“光盘\素材与源文件\素材\第4章\音乐.jpg”文件，如图4-80所示。

02 选择“图像”|“调整”|“色彩平衡”命令，弹出“色彩平衡”对话框，在其中设置参数，单击“确定”按钮，得到的图像效果如图4-81所示。

图4-80 打开素材文件

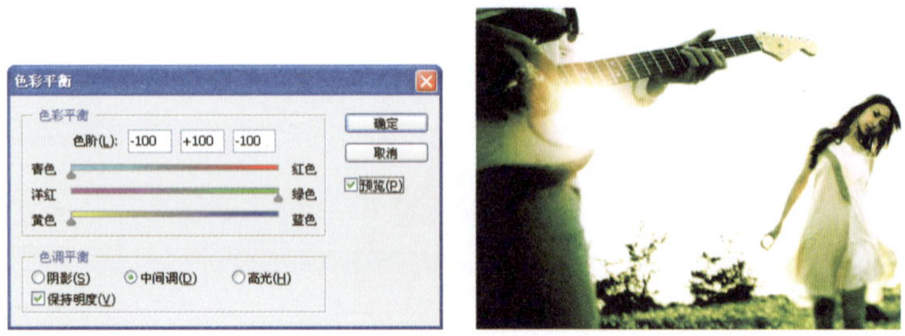

图4-81 调整色彩平衡后的效果

Work6 “黑白”命令和“去色”命令

黑白照片往往能够表现出独特的怀旧效果。通过“调整”命令中的“去色”和“黑白”命令，都可以将彩色照片调整为黑白色。两者的不同在于：“去色”命令只能将图像中的色彩直接去掉，并使每个像素保持原有的亮度值；而“黑白”命令可通过“黑白”对话框不仅能对图像中的黑白亮度进行调整，而且还能设置出单色调的图像效果。

选择“图像”|“调整”|“黑白”命令，弹出“黑白”对话框，如图4-82所示。

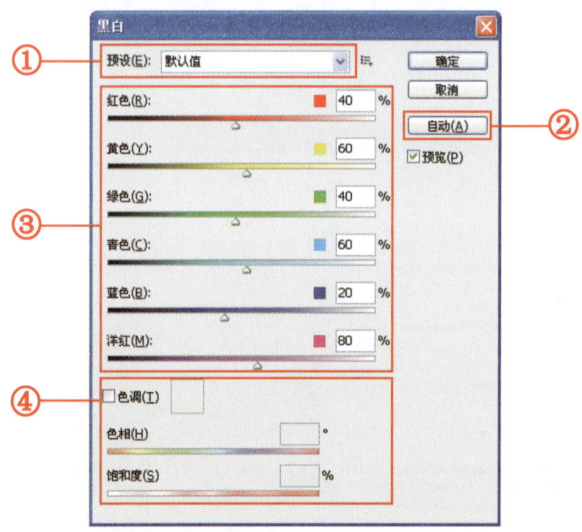

图4-82 “黑白”对话框

①预设	该下拉列表框中包含了Photoshop中已经设置好的黑白调整选项，如图4-83所示
②自动	单击该按钮，Photoshop将自动根据图像的颜色设置灰度混合，并使灰度值的分布最大化
③颜色条区域	在该区域可以调整图像中特定颜色的灰色调，在文本框中输入数值或拖动滑块，可以使图像的颜色灰色调变暗或变亮，如图4-84所示
④色调	选中该复选框后，“色相”和“饱和度”两个选项被激活，拖动其对应的滑块，可将灰色图像转换为单一颜色的图像。单击“色调”后面的颜色块，可以打开“拾色器”对话框对颜色进行精确的调整

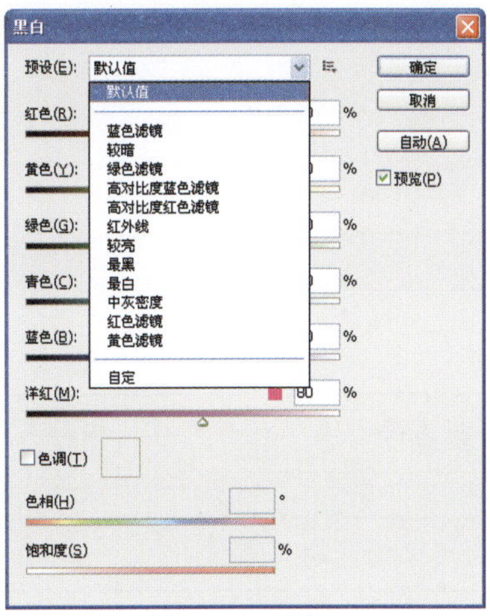

图4-83 预设选项

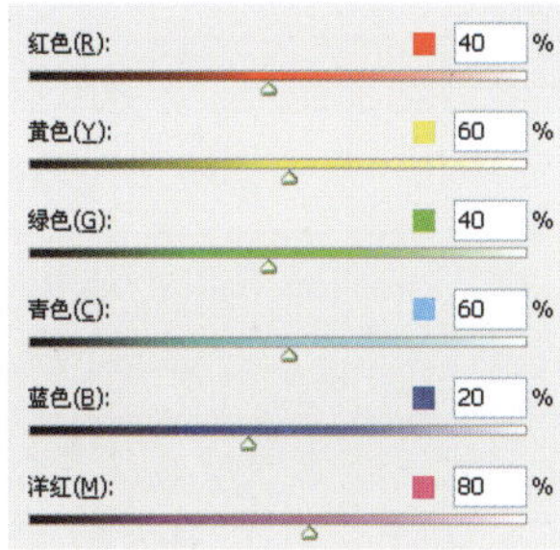

图4-84 颜色条区域

提示

在颜色条区域包括“红色”、“黄色”、“绿色”、“青色”、“蓝色”和“洋红”六种颜色，用于根据图像原有的颜色来增加或降低亮度。

妙笔生花：使用“黑白”命令和“去色”命令调整图像

难度级别

01 打开“光盘\素材与源文件\素材\第 4 章\蓝色女人.jpg”文件，选择“图像”|“调整”|“去色”命令，得到的图像效果如图 4-85 所示。

图4-85 图像去色

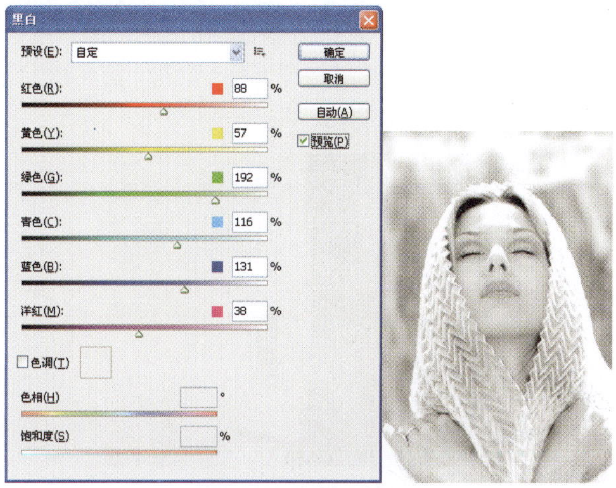

图4-86 设置黑白效果

02 按【Ctrl+Z】组合键撤销去色操作，选择“图像”|“调整”|“黑白”命令，弹出“黑白”对话框，设置各项参数后图像效果如图 4-86 所示。

03 选中“色调”复选框，设置“色相”为 354、饱和度为 44，单击“确定”按钮，得到的图像效果如图 4-87 所示。

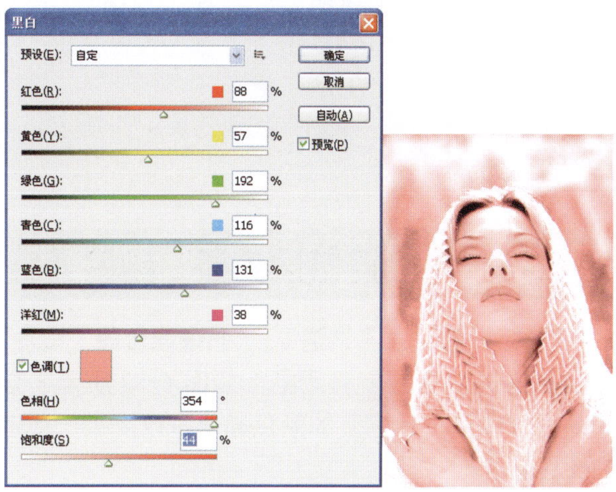

图4-87 图像效果

提示

只有选中“色调”复选框后，下面的“饱和度”和“色相”两个选项才可用。

Work7 “照片滤镜”命令

选择“图像”|“调整”|“照片滤镜”命令，弹出“照片滤镜”对话框，如图 4-88 所示。

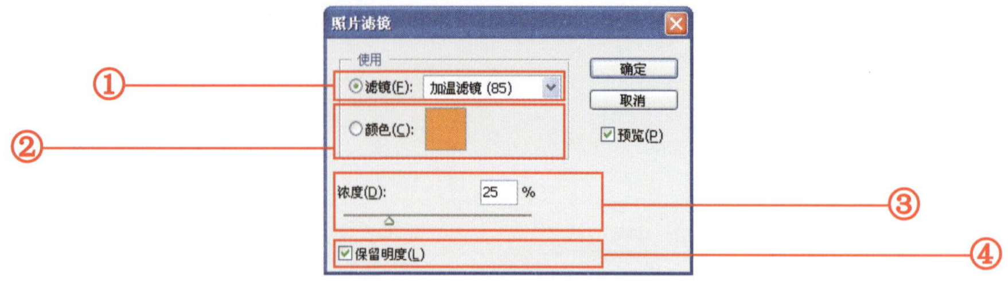

图4-88 “照片滤镜”对话框

①滤镜	在该下拉列表框中有 18 种 Photoshop 预设的滤镜，可以根据需要在其中进行选择，从而实现对图像的调整
②颜色	单击后面的颜色块，在弹出的对话框中可以选择一种颜色作为图像的色调
③浓度	设置应用于调整图像的颜色数量，在文本框中输入数值或拖动滑块进行调整
④保留明度	选中该复选框后，图像的亮度值不会发生改变，只对颜色值进行调整

妙笔生花：使用“照片滤镜”命令调整图像

难度级别

01 打开“光盘\素材与源文件\素材\第 4 章\雪花女人.jpg”文件，如图 4-89 所示。

图4-89 打开素材文件

02 选择“图像”|“调整”|“照片滤镜”命令，弹出“照片滤镜”对话框，如图设置参数，此时的图像效果如图 4-90 所示。

03 继续调整参数，此时的图像效果 4-91 所示。

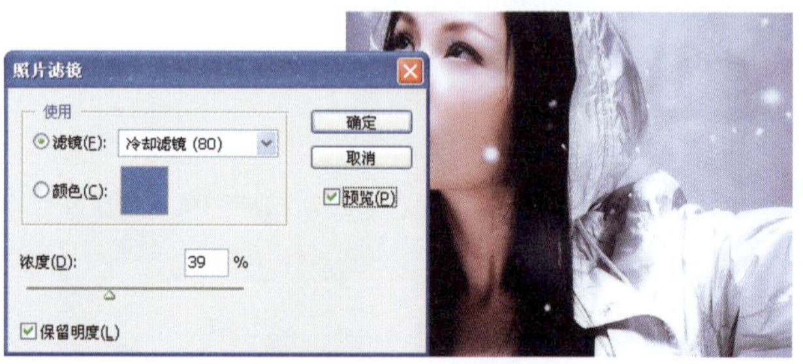

图4-90 设置“照片滤镜”

图4-91 图像效果

Work8 “通道混合器”命令

选择“图像”|“调整”|“通道混合器”命令，弹出“通道混合器”对话框，如图 4-92 所示。该命令可以通过混合指定的颜色通道来改变某一通道的颜色。

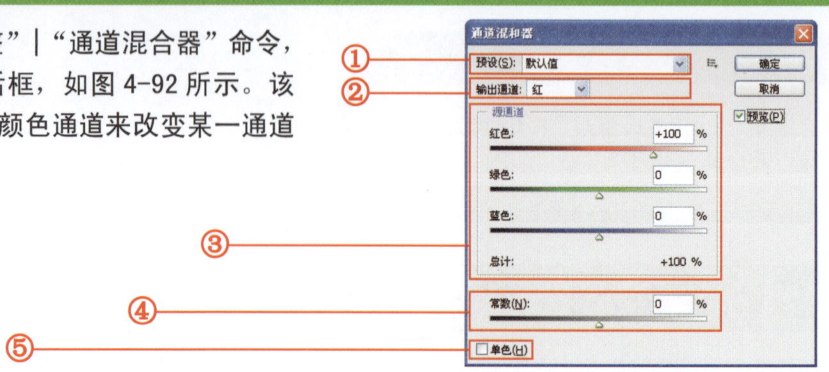

图4-92 “通道混合器”对话框

①预设	该下拉列表框中包含了 Photoshop 中已经设置好的通道混合器调整选项，如图 4-93 所示
②输出通道	用于选择要混合的颜色通道。
③源通道	控制各输出通道中所含颜色的数量
④常数	设置输出通道的灰度值，即在输出通道上添加一个灰色通道。当调整 RGB 模式的图像时，设置一个负值，可以在通道中增加更多的黑色，设置一个正值可以增减更多的白色；调整 CMYK 模式的图像时正好相反，即负值可以增加更多的白色，正值可以增加更多的黑色
⑤单色	选中此复选框，可以将设置的参数应用于所有的输出通道，但调整后的图像是只包含灰度值的彩色模式图像

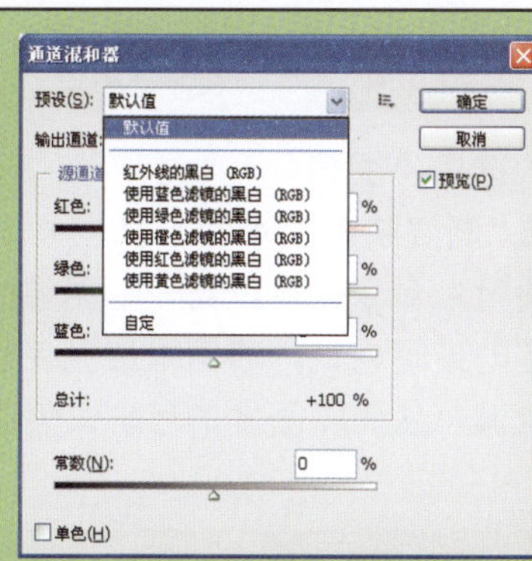

图4-93 “预设”选项

妙笔生花：使用“通道混合器”命令调整图像

难度级别

01 打开“光盘\素材与源文件\素材\第 4 章\圈.jpg”文件，如图 4-94 所示。

图4-94 打开素材文件

02 选择“图像”|“调整”|“通道混合器”命令，在弹出的“通道混和器”对话框中设置参数，单击“确定”按钮关闭对话框，图像效果如图 4-95 所示。

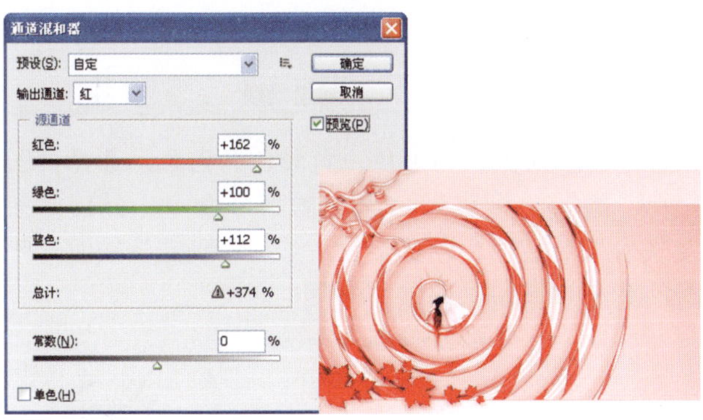

图4-95 设置“通道混合器”中的参数

提示

“通道混合器”命令，通过混合当前颜色通道改变一个通道的颜色。

03 如果在“通道混合器”对话框中的“输出通道”下拉列表框中选择“绿”通道，然后设置参数，此时的图像效果如图 4-96 所示。

图4-96 “绿”通道图像效果

04 如果在“通道混合器”对话框中的“输出通道”下拉列表框中选择“蓝”通道，然后设置参数，此时的图像效果如图 4-97 所示。

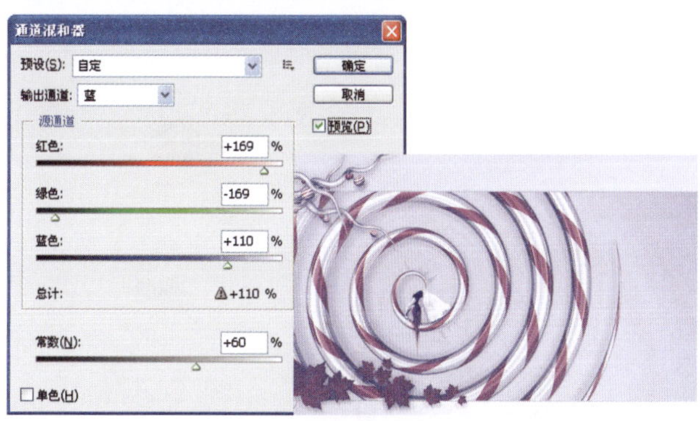

图4-97 “蓝”通道图像效果

Work9 “渐变映射”命令

选择“图像”|“调整”|“渐变映射”命令，弹出“渐变映射”对话框，如图 4-98 所示。使用“渐变映射”命令，可以将一幅图像的最暗色调映射为渐变的最暗色调，将图像最亮色调映射为渐变的最亮色调，从而将图像的色阶改为这组渐变的色阶。

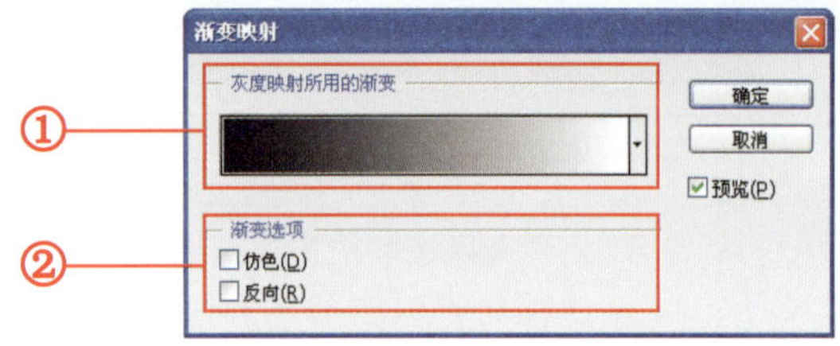

图4-98 “渐变映射”对话框

①灰度映射所用的渐变	用于设置渐变。单击面板底部渐变条后面的下三角按钮，在弹出的下拉列表中可以选择 Photoshop CS4 提供的渐变效果，如图 4-99 所示。直接单击渐变条，会弹出“渐变编辑器”窗口，从中可以自己设置各种颜色的渐变，如图 4-100 所示
②“仿色”和“方向”	选中“仿色”复选框后，可对转变色阶后的图像进行仿色处理，使图像色彩过渡得更和谐；选中“反向”复选框，可将转变色阶后的图像颜色翻转，呈现负片效果

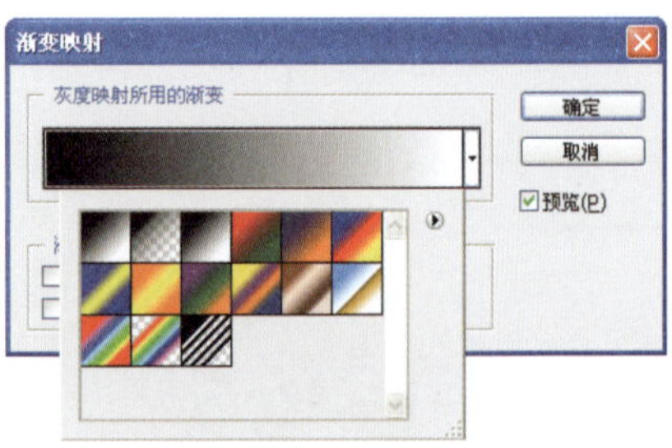

图4-99 选择渐变效果

图4-100 “渐变编辑器”窗口

妙笔生花：使用“渐变映射”命令调整图像

难度级别

01 打开“光盘\素材与源文件\素材\第 4 章\素描女人.jpg”文件，如图 4-101 所示。

图4-101 打开素材文件

02 设置前景色为黑色，背景色为白色，选择“图像”|“调整”|“渐变映射”命令，弹出“渐变映射”对话框，调整参数，单击“确定”按钮，此时的图像效果如图 4-102 所示。

图4-102 调整“渐变映射”参数

03 继续调整参数，图像效果如图 4-103 所示。

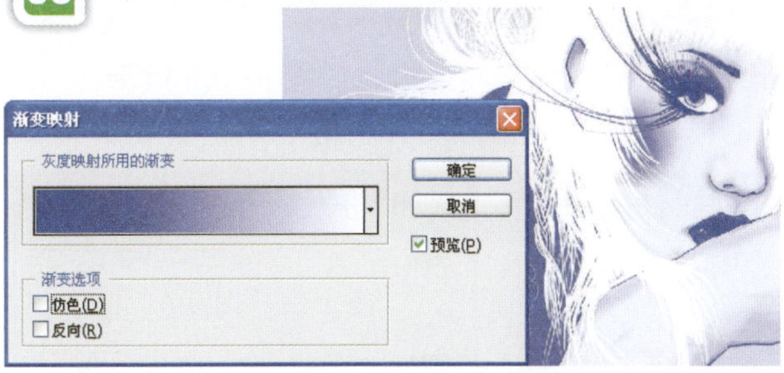

图4-103 图像效果

04 继续调整参数，图像效果如图 4-104 所示。

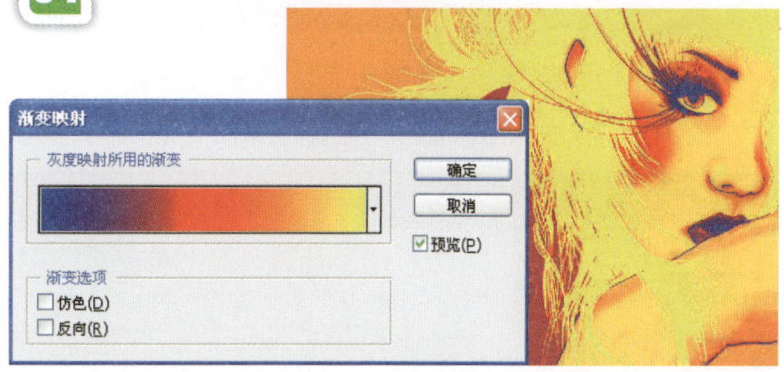

图4-104 图像效果

Work10 “可选颜色”命令

选择“图像”|“调整”|“可选颜色”命令，弹出“可选颜色”对话框，如图 4-105 所示。使用“可选颜色”命令，可在构成图像的颜色中删除特定的颜色或者与其他颜色混合从而改变颜色。

①颜色	在该下拉列表框中可以选择要改变的颜色，然后通过下方的青色、洋红、黄色、黑色的滑块对选择的颜色进行调整
②方法	用于设置墨水的量，包括“相对”和“绝对”两个选项

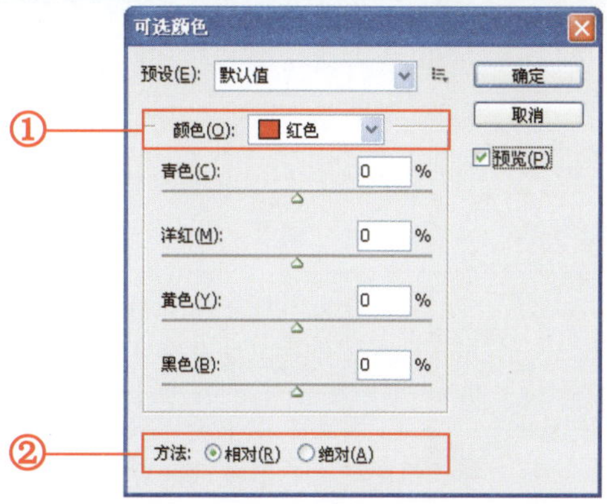

图4-105 “可选颜色”对话框

妙笔生花：使用“可选颜色”命令调整图像

难度级别

01 打开“光盘\素材与源文件\素材\第 4 章\红 .jpg”文件，如图 4-106 所示。

图4-106 打开素材文件

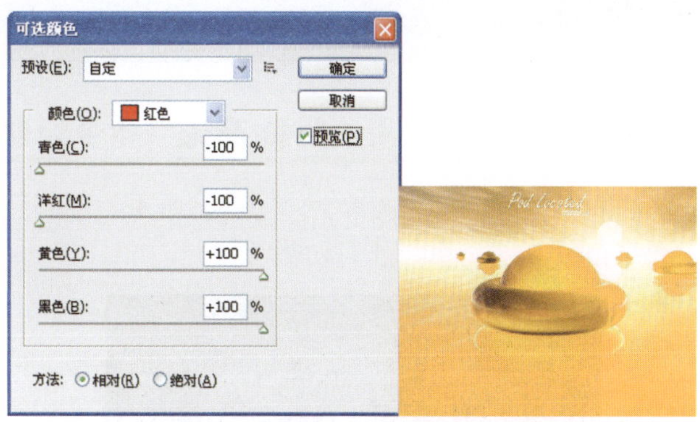

图4-107 设置“可选颜色”参数

02 选择“图像”|“调整”|“可选颜色”命令，在弹出的“可选颜色”对话框中设置参数，此时的图像效果如图 4-107 所示。

03 重新在“可选颜色”对话框中设置参数，此时的图像效果如图 4-108 所示。

图4-108 图像效果

Work11 "阴影/高光"命令

选择"图像"|"调整"|"阴影/高光"命令，弹出"阴影/高光"对话框，如图4-109所示。选中"显示更多选项"复选框后，"阴影/高光"对话框将扩展为如图4-110所示。

①数量	在文本框中输入数值或拖动滑块，可以对图像的阴影/高光区域进行调整，数值越大，调整幅度越大
②色调宽度	在文本框中输入数值或拖动滑块，可以调整阴影/高光部分的范围，数值越大调整范围越大
③半径	在文本框中输入数值或拖动滑块，可以确定图像中阴影/高光的具体区域，然后对确定后的区域进行调整
④颜色校正	在文本框中输入数值或拖动滑块，可以对图像的颜色进行精细的调整，数值越大图像中颜色饱和度越大，反之亦然
⑤中间调对比度	在文本框中输入数值或拖动滑块，可以对图像色调部分进行调整
⑥修剪黑色	在文本框中输入数值，可以设置调整后的阴影截止点，数值越大图像的对比度越强
⑦修剪白色	在文本框中输入数值，可以设置调整后的高光截止点，数值越大图像的对比度越强
⑧存储为默认值	单击该按钮，则将当前的设置存储为默认参数，在下次使用该命令时，将以该参数对图像进行调整。如果按住【Shift】键，将显示为"复位默认值"。单击该按钮，则将参数恢复为Photoshop默认的参数值

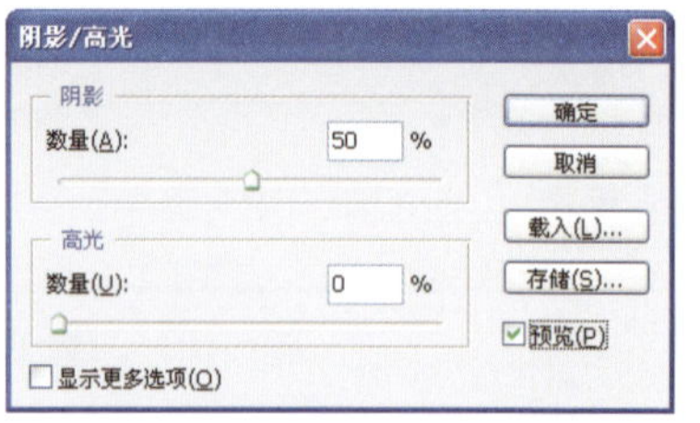

图4-109 "阴影/高光"对话框

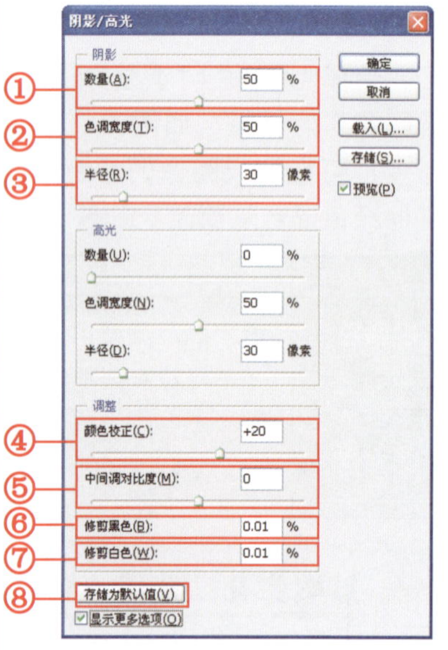

图4-110 扩展后的"阴影/高光"对话框

妙笔生花：使用"阴影/高光"命令调整图像

难度级别

01 打开"光盘\素材与源文件\素材\第4章\烟影.jpg"文件，如图4-111所示。

图4-111 打开素材文件

02 选择"图像"|"调整"|"阴影/高光"命令，在弹出的"阴影/高光"对话框中设置参数，单击"确定"按钮，此时的图像效果如图4-112所示。

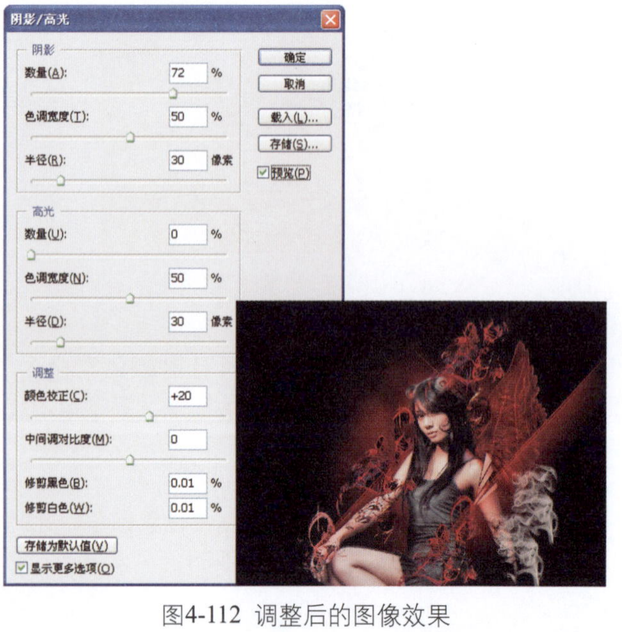

图4-112 调整后的图像效果

Work12 "变化"命令

选择"图像"|"调整"|"变化"命令，弹出"变化"对话框，如图 4-113 所示。使用该对话框，可以对图像的色彩平衡、对比度和饱和度进行调整。

①阴影	选中该单选按钮后，可调整图像中较暗的区域
②中间色调	选中该单选按钮后，可调整图像的中间区域
③高光	选中该单选按钮后，可调整图像中较亮的区域
④饱和度	选中该单选按钮后，可调整图像的色相强度，下方的颜色调整区域将变成饱和度调整区域，而亮度调整区域将不存在，如图 4-114 所示
⑤精细/粗糙	拖动滑块设置每次调整的量，向右移动一格将使调整量增加为双倍
⑥显示修剪	选中此复选框后，会显示图像中由调整功能剪切的区域的预览效果
⑦图像预览区域	该区域显示原始图像和包含当前选定的调整内容的图像，第一次打开"变化"对话框时，两个图像是相同的，随着调整的进行，"当前挑选"的图像将会不断变化
⑧颜色调整区域	该区域显示可供调整的颜色。如果要将某种颜色添加到图像中去，单击相应的颜色缩览图即可；去掉某种颜色，则要单击其相反颜色的缩览图
⑨亮度调整区域	该区域显示亮度的调整选项，包括"较亮"、"当前挑选"和"较暗"三个缩览图，单击相应的缩览图即可对亮度进行调整

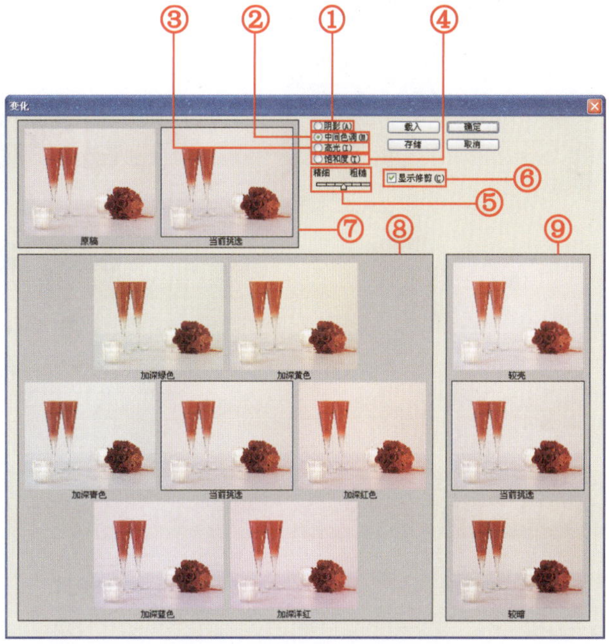

图4-113 "变化"对话框

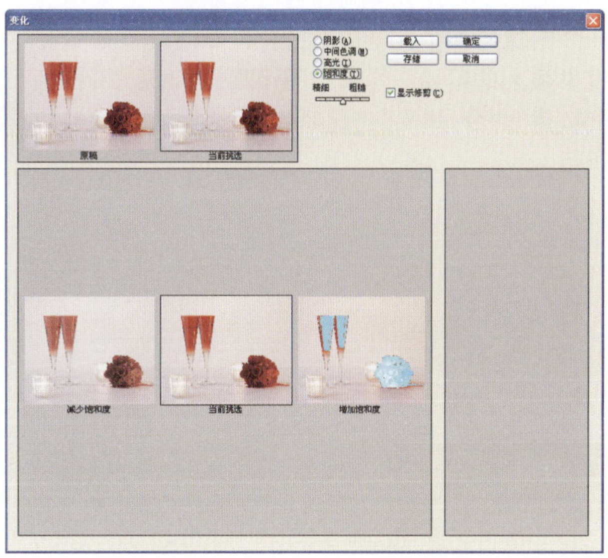

图4-114 选中"饱和度"单选按钮

妙笔生花：使用"变化"命令调整图像

难度级别

01 打开"光盘\素材与源文件\素材\第 4 章\狐.jpg"文件，如图 4-115 所示。

02 选择"图像"|"调整"|"变化"命令，在弹出的"变化"对话框中单击五次"加深绿色"缩览图，然后单击"确定"按钮，得到的图像效果如图 4-116 所示。

图4-115 打开素材文件

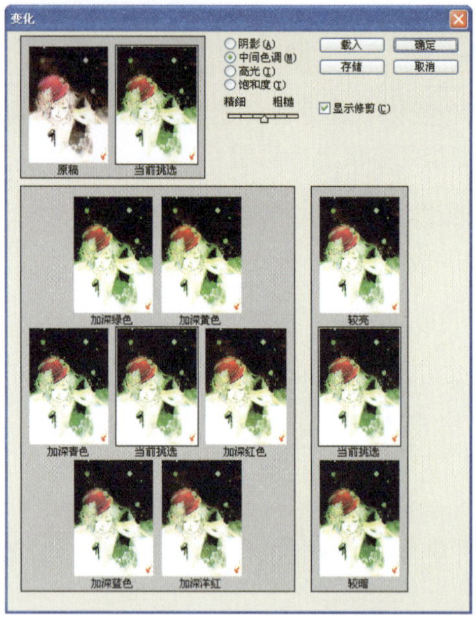

图4-116 图像效果

Work13 “匹配颜色”命令

“匹配颜色”命令可将一个图像（源图像）的颜色与另一个图像（目标图像）的颜色相匹配。当需要使不同照片中的颜色看上去一致，或者当一个图像中特定元素的颜色（如肤色）必须与另一个图像中某个元素的颜色相匹配时，该命令会提供很大的帮助。选择“图像”|“调整”|“匹配颜色”命令，弹出“匹配颜色”对话框，如图4-117所示。

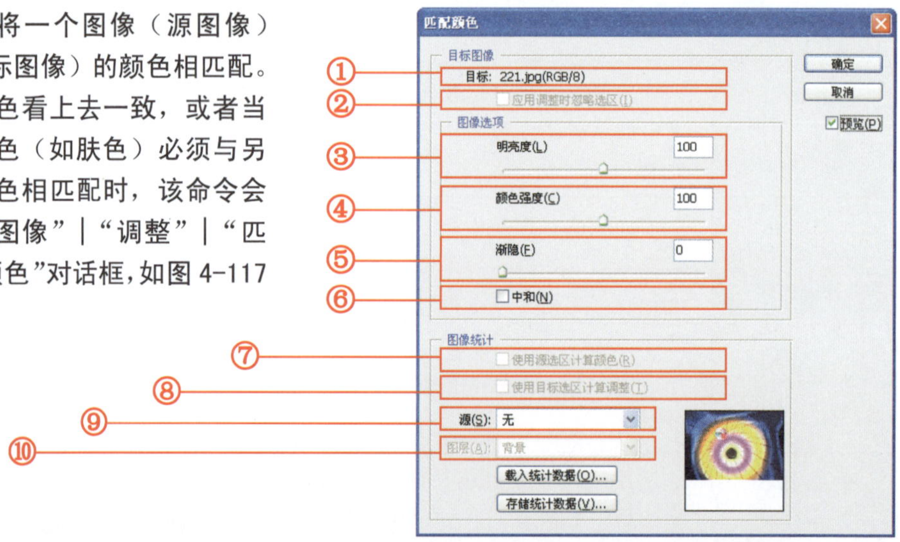

图4-117 “匹配颜色”对话框

①目标	该选项显示了当前操作的图像文件名称、图层和颜色模式的信息
②应用调整时忽略选区	当目标图像存在选区时，该项可用。而选中此复选框后，对于操作没有影响
③明亮度	用于调整目标图像的亮度，数值越大，目标图像越亮，反之越暗
④颜色强度	用于调整目标图像的颜色饱和度，数值越大，饱和度越大，反之越小
⑤渐隐	可以调整目标图像和源图像颜色的相似程度，数值越大，相似度越低，反之越高
⑥中和	选中该复选框，可以自动去除目标图像中的色痕
⑦使用源选区计算颜色	当源图像存在选区时该复选框可用。在匹配颜色时，选中该复选框，则仅计算源文件选区中的图像，忽略选区外的图像颜色

⑧使用目标选区计算颜色	当目标图像存在选区时该复选框可用。在匹配颜色时，选中该复选框，则仅计算目标文件选区中的图像，忽略选区外的图像颜色
⑨源	该下拉列表框中包含当前所有在 Photoshop 中打开的文件名称，选择需要的源文件进行颜色匹配，当选择“无”时，则源图像默认为目标图像
⑩图层	该下拉列表框中包含当前所选源文件中的所有图层名称。选择需要的图层进行颜色匹配。如果选择“合并”选项，则合并当前源图像中的所有图层后再进行颜色匹配

妙笔生花：使用“匹配颜色”命令调整图像

难度级别

01 打开“光盘\素材与源文件\素材\第4章\蓝天.jpg”和“鲜花.jpg”文件，如图4-118所示。

蓝天.jpg

鲜花.jpg

图4-118 打开素材文件

02 选择“蓝天.jpg”文件，选择“图像”|“调整”|“匹配颜色”命令，在弹出“匹配颜色”的对话框中设置参数，单击“确定”按钮，得到的图像效果如图4-119所示。

图4-119 图像效果

Work14 “替换颜色”命令

选择“图像”|“调整”|“替换颜色”命令，弹出“替换颜色”对话框，如图4-120所示。

①本地化颜色簇	选中该复选框，可以在选择多个颜色范围的情况下建立更为精确的蒙版
②颜色	单击颜色块，在弹出的对话框中可以选择需要调整的颜色
③颜色容差	可以控制选区中包含相关颜色的范围
④选区	选中该单选按钮，可在预览区域中显示黑白图像，黑色代表图像中未选中的选区，白色代表图像中选中的需调整的选区
⑤图像	选中该单选按钮，将在预览区域中显示原图像，以便在图像中选取需要调整的颜色

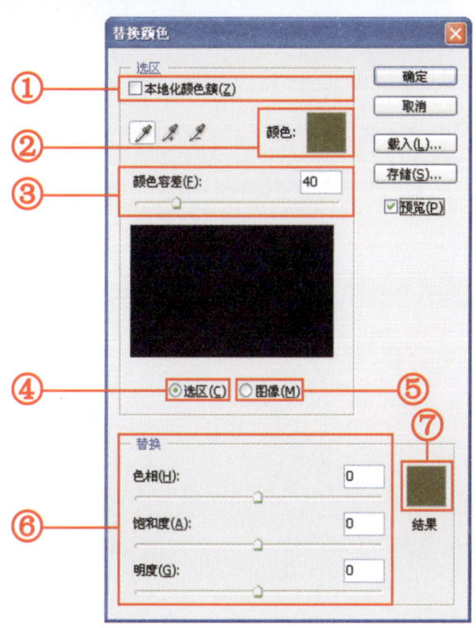

图4-120 “替换颜色”对话框

⑥饱和度	调整被转换颜色的色相、饱和度和明度
⑦结果	单击颜色块，在弹出的对话框中可以选择其他颜色作为替换颜色

妙笔生花：使用“替换颜色”命令调整图像

难度级别

01 打开“光盘\素材与源文件\素材\第4章\海边女孩.jpg”，如图4-121所示。

图4-121 打开素材文件

02 选择“图像”|“调整”|“替换颜色”命令，在弹出的“替换颜色”对话框中设置参数，单击“确定”按钮，得到的图像效果如图4-122所示。

图4-122 图像效果

Chapter 05

图层的应用

Photoshop CS4 中的图层是图像处理过程中的重要部分，所有的图像编辑操作都离不开图层。Photoshop 中的图层就如同堆叠在一起的透明纸，供用户在上面操作，然后按其上下顺序叠放在一起就组成了一幅图像。

本章知识索引

实例效果展示

STUDY 01 图层基本操作

- ★ Work1 认识“图层”面板
- ★ Work2 新建图层
- ★ Work3 复制图层
- ★ Work4 删除图层
- ★ Work5 隐藏/显示图层
- ★ Work6 链接图层
- ★ Work7 锁定图层
- ★ Work8 调整图层顺序
- ★ Work9 合并图层

图层的基本操作包括新建、复制、删除、隐藏、显示、链接、合并、锁定以及调整图层的顺序等。这些操作一般都在“图层”面板中或“图层”菜单中的相应命令来完成。

Work1 认识“图层”面板

选择“窗口”|“图层”命令，或按【F7】键即可打开“图层”面板，如图5-1所示。在对图像进行处理前，要先选择对象所在的图层，然后对图层中的对象进行操作即可。在其中某个图层上操作时，不会影响到另外的图层，组成图像的图层都会在“图层”面板中显示。

图5-1 “图层”面板

Work2 新建图层

在Photoshop中处理图像时，要想创建图层，有以下几种方法：

- 在“图层”面板中单击底部的“创建新图层”按钮，即可在当前选择的图层的上方创建一个新的图层，如图5-2所示。
- 选择“图层”|“新建”|“图层”命令，弹出“新建图层”对话框，如图5-3所示。在其中设置参数后，单击“确定”按钮即可新建图层。

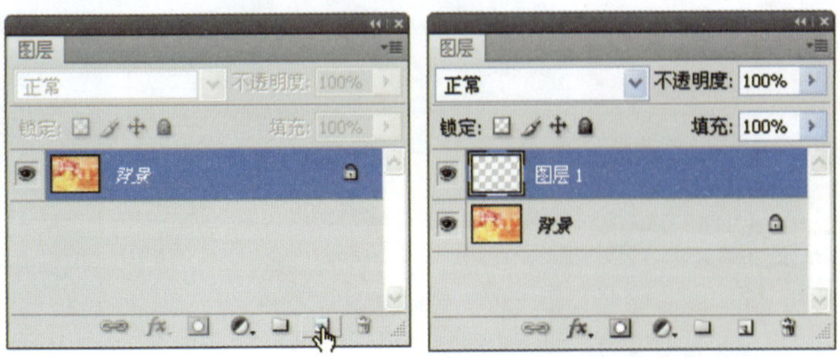

图5-2 新建图层

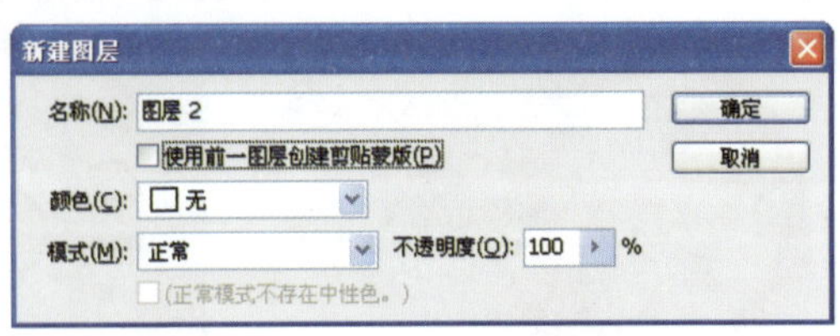

图5-3 “新建图层”对话框

- 单击“图层”面板右上角的控制按钮，在弹出的下拉菜单中选择“新建图层”命令，如图5-4所示。此时也可弹出“新建图层”对话框，从而新建图层。

提示

按住【Alt】键的同时单击“图层”面板中的“创建新图层”按钮，也可弹出“新建图层”对话框。

● 按住【Ctrl】键的同时单击“图层”面板中的“创建新图层”按钮，可以在当前选中图层底部添加一个图层，如图 5-5 所示。

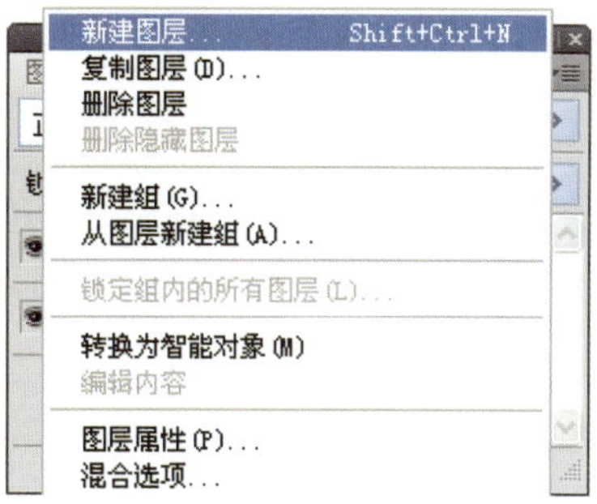

图5-4 选择“新建图层”命令

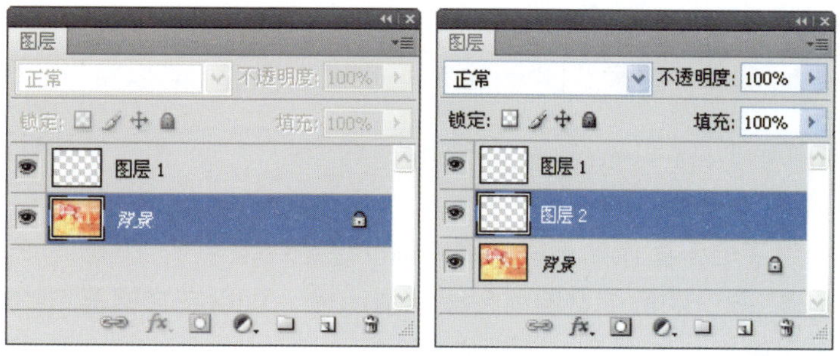

图5-5 新建图层

● 按【Ctrl+Shift+N】组合键，可弹出“新建图层”对话框，新建图层。

Work3 复制图层

在 Photoshop 中要复制图层，有以下几种方法：

● 在“图层”面板中选择要复制的图层，将其拖动到“创建新图层”按钮上即可复制图层，如图 5-6 所示。

● 选择一个图层，然后选择“图层”|“复制图层”命令，弹出“复制图层”对话框，如图 5-7 所示。

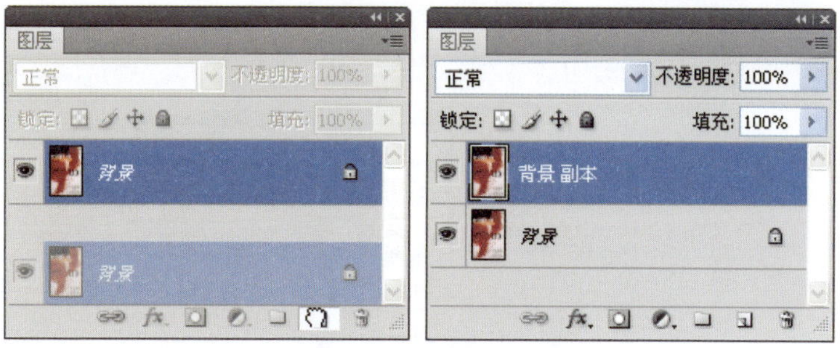

图5-6 复制图层

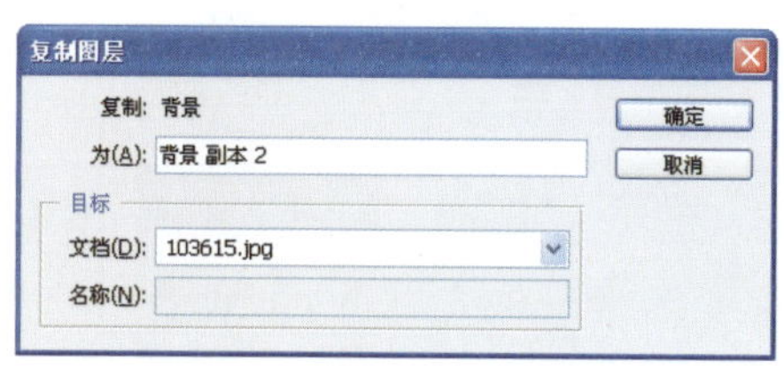

图5-7 “复制图层”对话框

在“复制图层”对话框中设置图层的名称，单击“确定”按钮可以复制当前选择的图层。

● 图层可以在当前文件中复制，也可以复制到另一个文件中。将指针放在要复制的图层上，将当前文件中的图层拖动到另一个文件中，释放鼠标后，所选择图层中的图像即被复制到另一个文件中，并生成一个新的图层。

Work4 删除图层

当用户不在需要某个图层时，可以将其删除，有以下几种方法：

● 选择需要删除的图层，直接将其拖动到“图层”面板底部的“删除图层”按钮上，即可删除图层，如图 5-8 所示。

● 选择需要删除的图层，单击“图层”面板底部的“删除图层”按钮，在弹出的对话框中单击“是”按钮，即可删除图层，如图 5-9 所示。

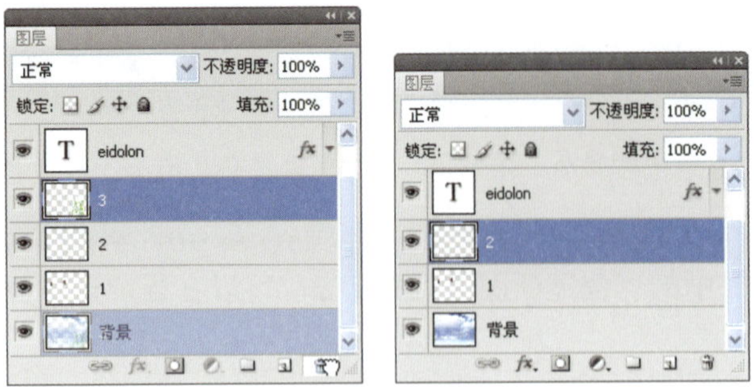

图5-8　删除图层

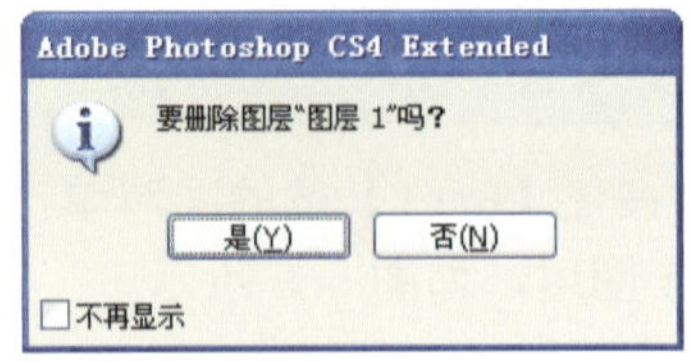

图5-9　“删除图层”对话框

● 选择“图层”|“删除”|“图层”命令，可以将当前选择的图层删除。

Work5　隐藏/显示图层

为了便于图像的观察，用户可以隐藏或显示某些图层，方法如下：

● 单击图层缩览图前色眼睛图标，可以在文档窗口中隐藏其内容；再次单击该图标，可以重新显示图层内容，如图 5-10 所示。

单击图层的眼睛图标隐藏图层

再次显示出图层

图5-10　显示与隐藏图层

● 选择“图层”|“隐藏图层”命令，可以隐藏选中的图层；选择“图层”|“显示图层”命令，可以显示选中的隐藏图层。

Work6　链接图层

在编辑图像的过程中，有时需要对图像中的多个图层进行整体操作，这时可以将需要操作的多个图层进行链接。链接图层的方法有以下几种：

按住【Ctrl】键的同时在“图层”面板中单击需要链接的图层，使它们同时处于选中状态，单击“图层”面板中的“链接图层”按钮，即可实现链接。当选中的图层名称后面出现图标，说明选中的图层链接在了一起，如图 5-11 所示。

再次单击“链接图层”按钮，便可取消图层的链接，如图 5-12 所示。

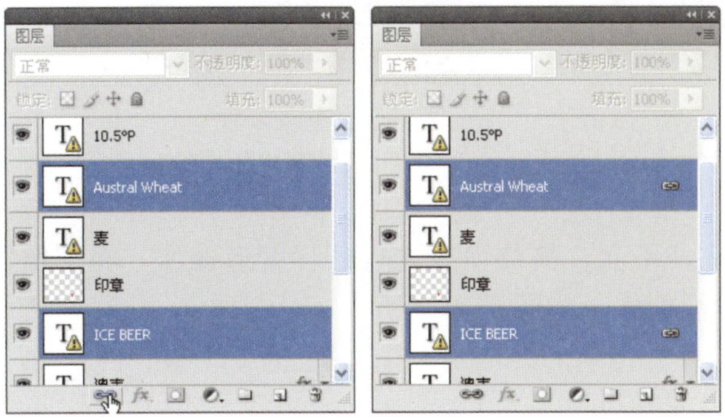

图5-11 链接图层

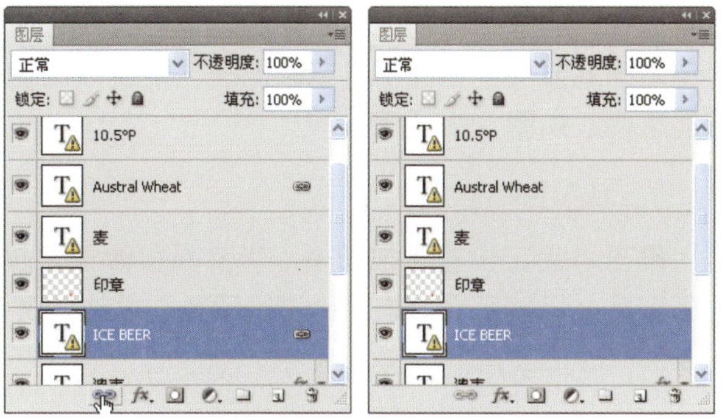

图5-12 取消图层的链接

提示

如果要临时禁用某一个链接的图层，可以按住【Shift】键单击链接图层名称后面的链接图标，此时链接图标上将出现一个红色的叉号，说明临时取消了该图层的链接，如图 5-13 所示。

图5-13 临时取消图层的链接

Work7 锁定图层

锁定图层可以防止在完成的图层上进行错误的操作，从而影响图层的效果。在“图层”面板中有四个按钮用于锁定图层的内容，如图 5-14 所示。

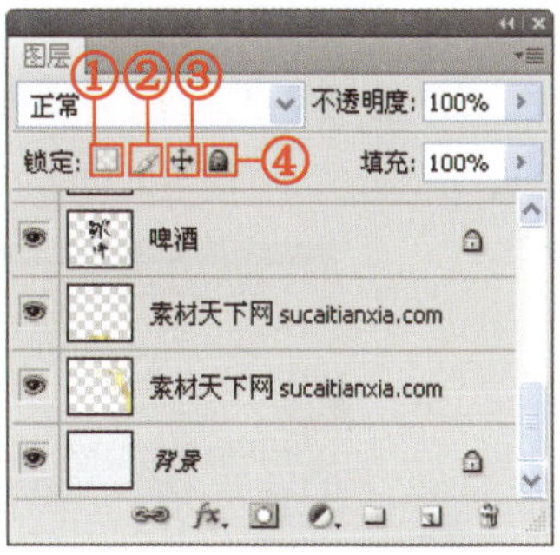

图5-14 锁定按钮

1. 锁定透明像素

单击“锁定透明像素”按钮，当前图层上的透明部分被保护起来，不会被编辑，以后的所有操作只对不透明的图像起作用，如图 5-15 所示。

未锁定透明像素

锁定透明像素

图5-15 锁定透明像素

2. 锁定图像像素

单击“锁定图像像素”按钮，当前图层被锁定，不管是透明区域还是图像区域，都不允许填充颜色或色彩编辑。此时，如果将绘图工具移动到图像窗口中，会提示该功能对锁定图层像素无效；如果使用画笔或其他绘图工具调整图层，则会弹出提示信息框，如图 5-16 所示。

图5-16 锁定图像像素

3. 锁定位置

单击“锁定位置”按钮，当前图层像素将被锁住，不允许被移动或进行各种变形操作。将图像位置锁定后，仍然可以对该图层进行填充、描边等其他绘图操作，如图 5-17 所示。

4. 锁定全部

单击“锁定位置”按钮，当前图层的所有编辑均被锁住，不允许对图层图像进行任何操作，只能改变图层的叠放顺序，如图 5-18 所示。

图5-17 锁定位置

图5-18 锁定全部

Work8 调整图层顺序

在由多个图层组成的图像中，用户可以通过调整图层的排列顺序，而得到不同的图像效果。调整图层顺序的方法如下：

- 在“图层”面板中选择需要调整的图层，单击拖动到适当的位置时，释放鼠标即可调整图层的顺序，如图 5-19 所示。

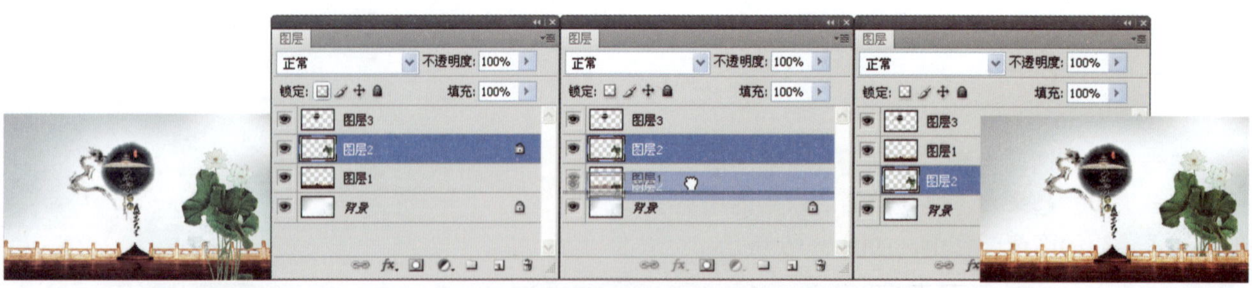

图5-19 调整图层顺序

- 选择“图层”|“排列”命令，使用弹出的子菜单也可以调整图层的顺序，如图 5-20 所示。

图5-20 “排列”子菜单

Work9 合并图层

在“图层”面板中有多个图层后，图像的文件会越来越大，这样就会占用很多的内存和磁盘空间，使计算机运行变慢，这时就需要合理地合并图层。要合并图层，选择“图层”菜单或“图层”面板快捷菜单中的相应选项即可，如图 5-21 所示。

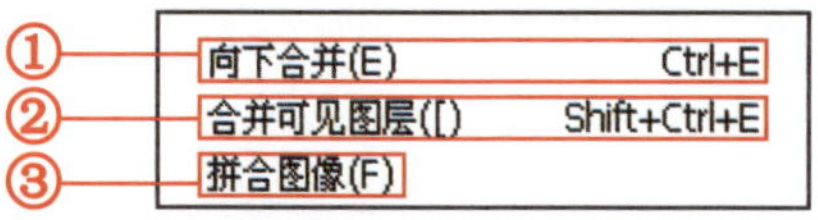

图5-21 合并图层菜单

①合并图层	表示可将当前选中的所有图层合并，如图 5-22 所示
②合并可见图层	合并图像中的所有可见图层（即“图层”面板中显示👁图标的图层），如图 5-23 所示
③拼合图像	合并所有图层，并在合并过程中丢弃隐藏图层，如图 5-24 所示

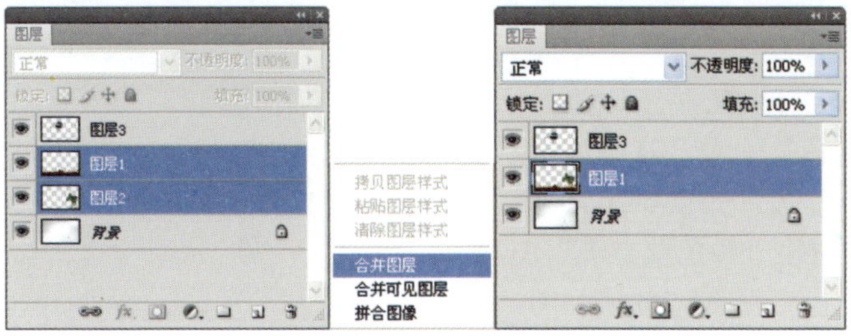

图5-22 合并图层

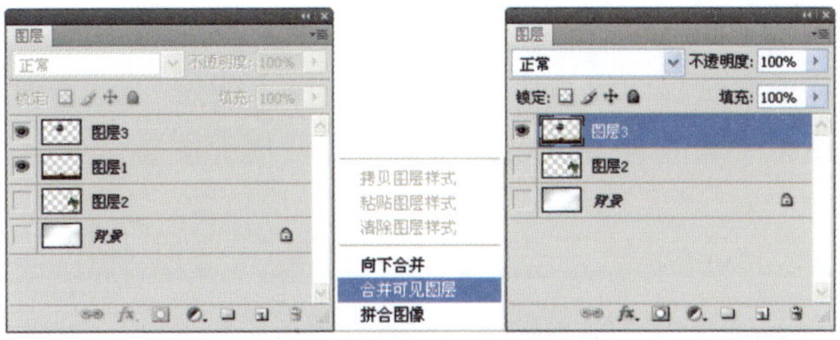

图5-23 合并可见图层

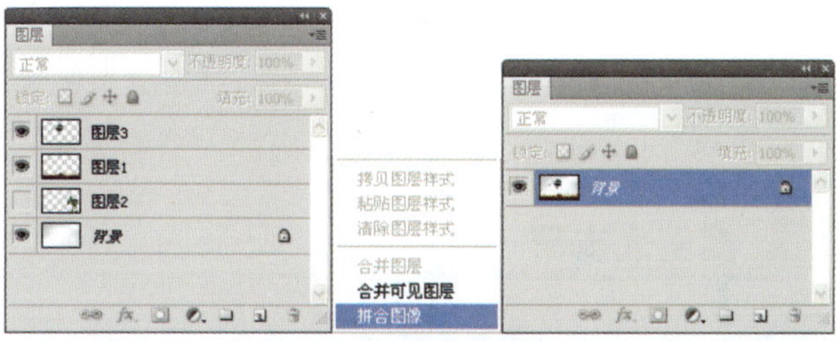

图5-24 拼合图像

STUDY 02 填充图层和调整图层

★ Work1 填充图层　　★ Work2 调整图层

在 Photoshop 中，可以为图像创建新的填充和调整图层。填充图层中的填充内容可以是纯色、渐变色和图案；调整图层的作用与“调整”命令相似，主要用于调整当前图层及其以下所有图层的色调。

Work1 填充图层

填充图层包括纯色、渐变和图案三种填充方式。填充图层不影响其下面的图层。

1. 纯色填充图层

单击“图层”面板底部的◐.按钮，在弹出的下拉菜单中选择“纯色”命令，或选择“图层”|“新建填充图层”|“纯色”命令，在弹出的“拾色器“对话框中选择所需的颜色，然后单击“确定”按钮即可创建纯色填充图层。

实例大本营 难度级别

01 打开“光盘\素材与源文件\素材\第 5 章\舞蹈的女孩.jpg”文件，如图 5-25 所示。

图5-25 打开素材文件

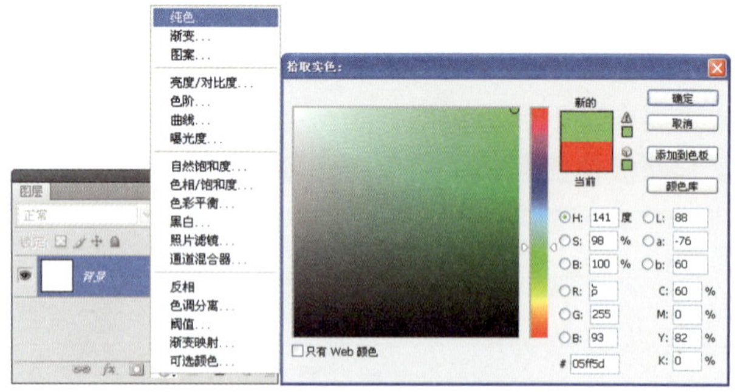

图5-26 设置颜色参数

02 单击“图层”面板底部的 按钮，在弹出的下拉菜单中选择“纯色”命令，在弹出的“拾取实色”对话框中设置颜色参数，如图 5-26 所示。

03 单击“确定”按钮，新建“颜色填充 1 ”图层，并设置图层混合模式为“颜色”，效果如图 5-27 所示。

图5-27 新建颜色填充图层及效果

2. 渐变填充图层

单击“图层”面板底部的 按钮，在弹出的下拉菜单中选择“渐变”命令，或选择“图层”|“新建填充图层”|“渐变”命令，在弹出的“渐变填充”对话框中设置渐变颜色即可创建渐变填充图层。

实例大本营 难度级别

01 打开“光盘\素材与源文件\素材\第 5 章\蒲公英.jpg”文件，如图 5-28 所示。

图5-28 打开素材文件

02 单击“图层”面板底部的 按钮，在弹出的下拉菜单中选择“渐变”命令，在弹出的“渐变填充”对话框中设置渐变参数，如图 5-29 所示。

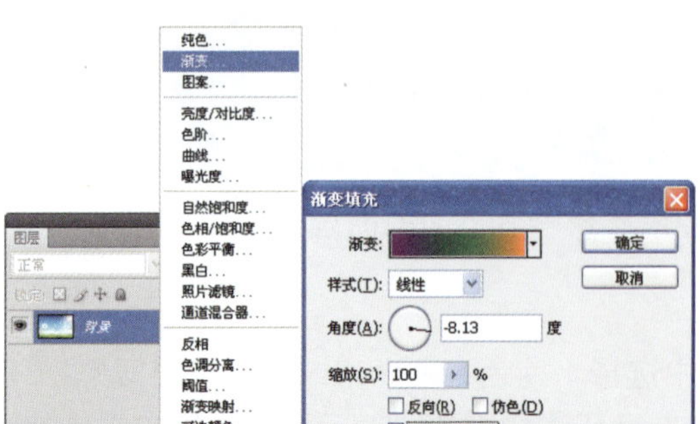

图5-29 设置渐变参数

03 单击“确定”按钮，新建“渐变填充 1 ”图层，设置图层混合模式为“色相”，效果如图 5-30 所示。

图5-30 新建渐变填充图层及效果

“渐变填充”对话框中，各选项含义如下：

- 渐变：单击右侧的渐变条，可以弹出“渐变编辑器”对话框，用来编辑当前渐变色。
- 样式：在该下拉列表框中有五种渐变样式供用户选择。
- 角度：设定渐变的方向。
- 缩放：设定渐变的比例大小，数值范围在 10 ～ 150 之间。
- 反选：选中此复选框，可以使渐变的方向反转。

● 仿色：选中此复选框，可以在渐变中增加杂点，使渐变变得平滑。

● 与图层对齐：选中此复选框，可使图层与渐变对齐。

3. 图案填充图层

单击“图层”面板底部的◐.按钮，在弹出的下拉菜单中选择“图案”命令，或选择“图层”|“新建填充图层”|“图案”命令，在弹出的“图案填充”对话框中设置图案即可创建图案填充图层。

实例大本营

难度级别

01 打开“光盘\素材与源文件\素材\第5章\蝴蝶.jpg”文件，如图5-31所示。

图5-31 打开素材文件

02 单击“图层”面板底部的◐.按钮，在弹出的下拉菜单中选择“图案”命令，在弹出的“图案填充”对话框中选择图案，如图5-32所示。

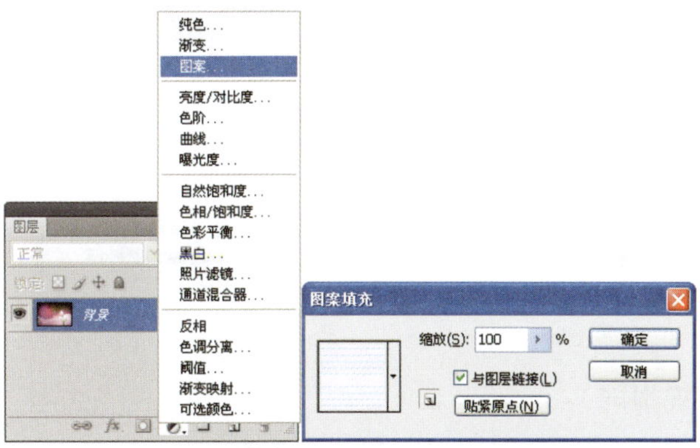

图5-32 “图案填充”对话框

03 单击“确定”按钮，新建“图案填充1”图层，设置图层混合模式为“叠加”，效果如图5-33所示。

图5-33 新建图层设置其效果

“渐变填充”对话框中，各选项含义如下：

● 缩放：用于设置填充图案的比例大小。

● 与图层链接：选中该复选框，可使图案图层与原图层具有链接关系，移动其中某一个图层，另一个图层也会随之移动。

● 贴紧圆点：单击该按钮，可以恢复图案的位置。

提示

在“图层”调板中双击图案填充图层缩览图，在弹出的对话框中可以重新对图案进行设置。

Work2 调整图层

调整图层可以在不改变图像本身的情况下对图像进行颜色和色调的调整，并且在完成图层的调整后，还可以对其进行修改或删除。单击“图层”面板底部的◐.按钮，在弹出的下拉菜单中选择相应的命令，或选择“图层”|“新建调整图层”命令中的子命令，都可新建调整图层，如图5-34所示。

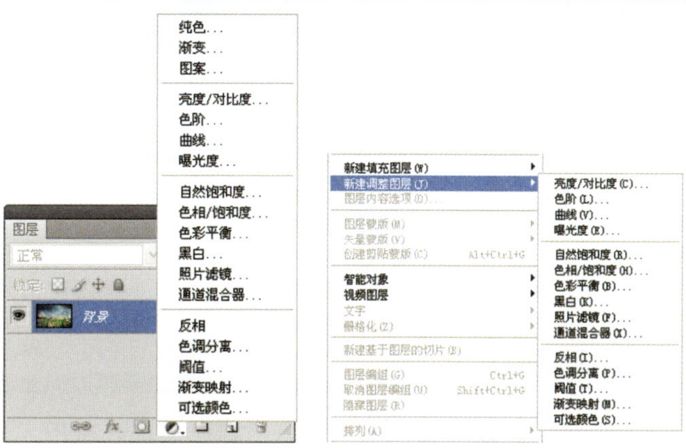

图5-34 “新建调整图层”命令

实例大本营

难度级别

01 打开“光盘\素材与源文件\素材\第5章\宣传.jpg”文件，如图5-35所示。

图5-35 打开素材文件

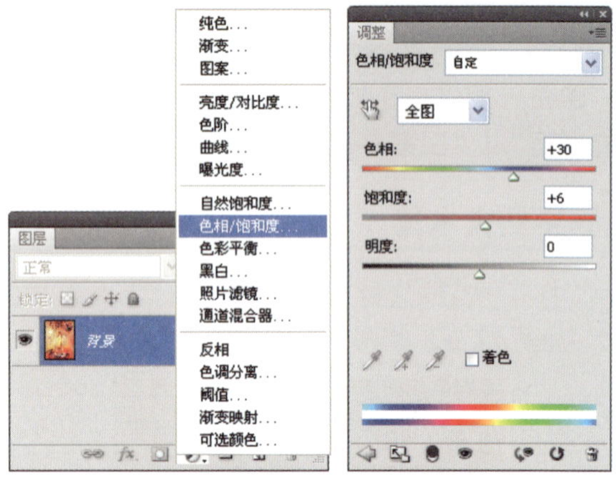

图5-36 设置色相/饱和度参数

02 单击“图层”面板底部的 按钮，在弹出的下拉菜单中选择“色相/饱和度”选项，在弹出的“调整”面板中设置色相/饱和度的参数，如图5-36所示。

03 此时在“图层”面板中将出现一个调整图层，如图5-37所示。

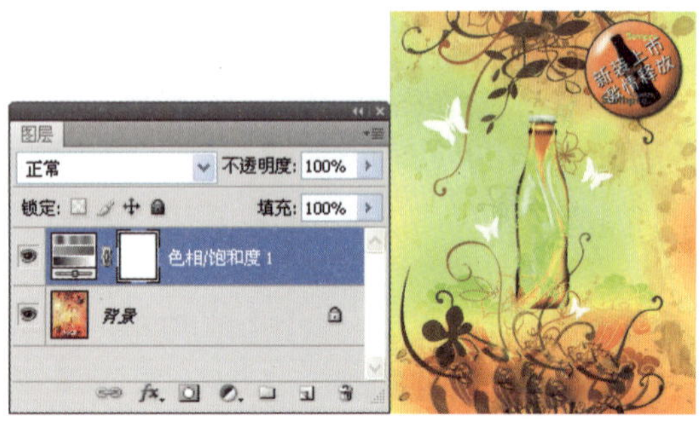

图5-37 调整效果

调整图层是比较特殊的图层，用户可以根据需要对图层进行修改和删除操作。

- 删除调整图层：删除调整图层与删除普通图层一样，直接将其拖动到“图层”面板下方的“删除图层”按钮 上即可，如图5-38所示。
- 修改调整图层：双击调整图层前的缩览图，在弹出的面板中可以对参数重新进行调整，如图5-39所示。

图5-38 删除调整图层

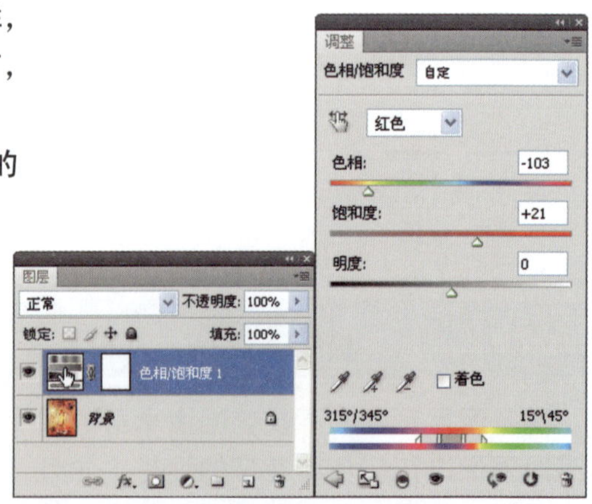

图5-39 修改调整图层

提示

将要应用调整图层效果的图层创建为组，并将组使用的混合模式设置为除“穿过”外的其他模式，然后在组内图层的上方添加调整层，即可将效果应用到组下面的图层中。

如果要将调整或填充图层的效果限制在选定区域内，可由图层蒙版创建。

实例大本营

难度级别

01 打开“光盘\素材与源文件\素材\第 5 章\跑.jpg”文件，选择工具箱中的椭圆选框工具创建圆形选区，如图 5-40 所示。

图5-40 创建椭圆选区

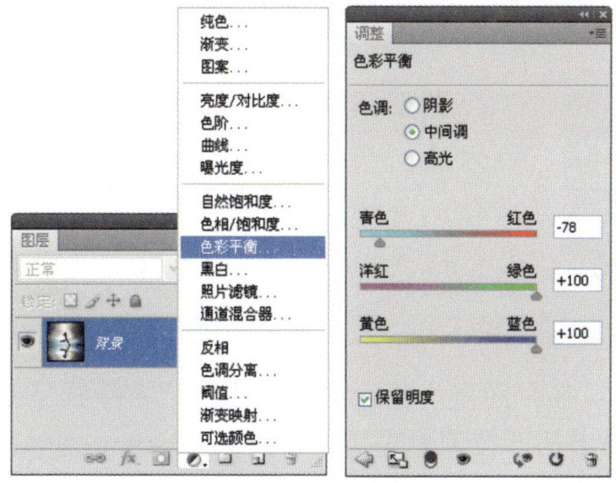

图5-41 设置色彩平衡参数

02 单击“图层”面板底部的按钮，在弹出的下拉菜单中选择“色彩平衡”命令，在弹出的“调整”面板中设置色彩平衡的参数，如图 5-41 所示。

03 此时在“图层”面板中将出现一个带图层蒙版的调整图层，如图 5-42 所示。

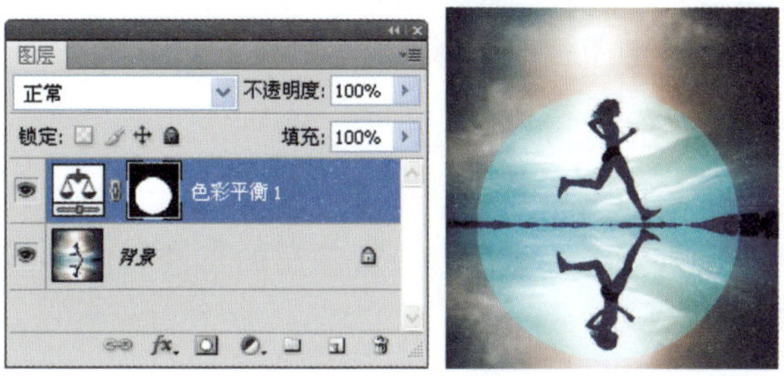

图5-42 调整效果

创建一条闭合路径或选择一条现有的闭合路径，或创建调整或填充图层时，会创建一个由矢量蒙版显示的调整或填充图层。

实例大本营

难度级别

01 打开“光盘\素材与源文件\素材\第 5 章\显示器.jpg”文件，选择工具箱中的钢笔工具创建路径，如图 5-43 所示。

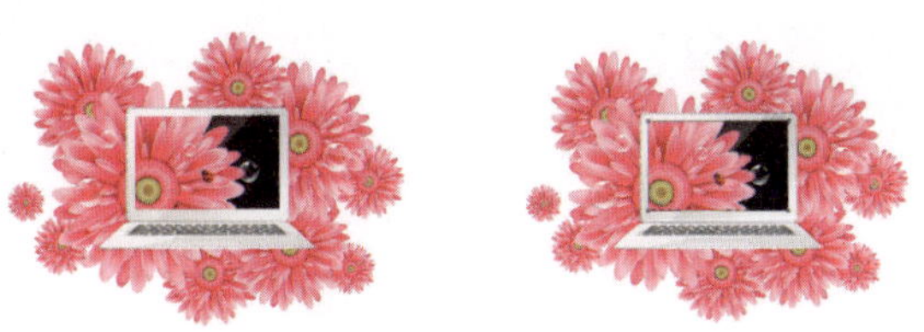

图5-43 创建路径

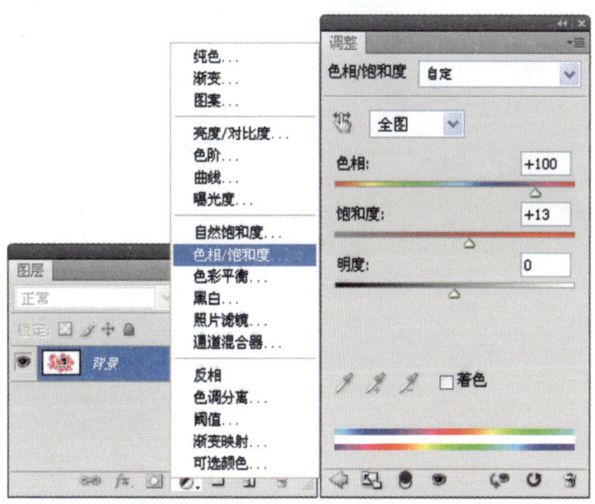

图5-44 设置色相/饱和度参数

02 单击“图层”面板底部的按钮，在弹出的下拉菜单中选择“色相/饱和度”命令，在弹出的“调整”面板中设置色相/饱和度的参数，如图 5-44 所示。

03 此时在“图层”面板中将出现一个带矢量蒙版的调整图层，如图 5-45 所示。

图5-45 调整效果

STUDY 03 图层混合模式的应用

图层混合模式是 Photoshop 提供的是两个图层或多个图层之间相互融合的方法，使用不同的方法得到的混合效果也不同。当需要对两个图层进行融合，并希望通过融合图层制作出具有特殊效果的图像时，即可使用图层混合模式。

在“图层”面板中单击图层混合模式下拉列表框中的下拉按钮，在弹出的下拉菜单中可以看到 Photoshop 提供的 25 种混合模式。图层混合模式之间的分割线，将图层混合模式分为六大类，从上到下分别为常规混合模式、加深型混合模式、减淡型混合模式、融合型混合模式、异像型混合模式和色彩型混合模式，如图 5-46 所示。

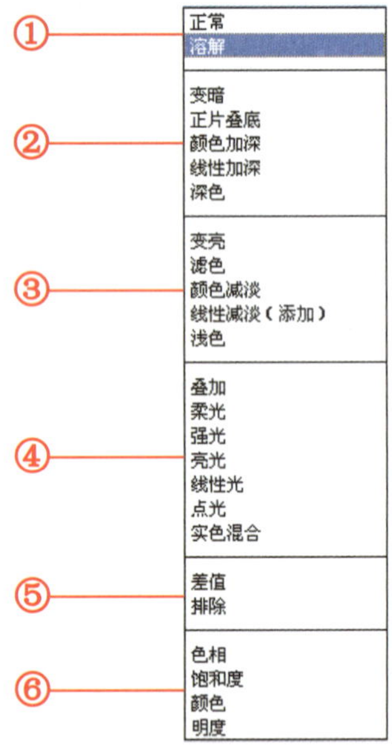

图5-46 图层混合模式

1. 常规混合模式

常规混合模式中包含了“正常”和“溶解”两种混合模式，主要用于常规混合。多配合设置图层的不透明度才能产生出混合效果，如图 5-47 所示。

2. 加深型混合模式

加深型混合模式包含了“变暗”、“正片叠底”、“颜色加深”、“线性加深”和“深色”五种模式，可以将当前图像与底层图像进行比较，使底层图像变暗，也可以滤掉图像中的亮度，使图像加深，如图 5-48 所示。

正常模式效果

溶解模式效果

图5-47 常规混合模式

正常模式

变暗模式

线性加深

深色

图5-48 加深型混合模式

3. 减淡型混合模式

减淡型混合模式包含了“变亮”、“滤色”、“颜色减淡”、“线性减淡（添加）”和“浅色”五种模式。

可以将当前图像与底层图像进行比较，使底层图像变亮，也可以滤掉图像中的深色图像，使图像加亮，如图 5-49 所示。

变亮模式

颜色减淡模式

线性减淡（添加）模式

浅色模式

图5-49 减淡型混合模式

4. 融合型混合模式

融合型混合模式包含了“叠加”、“柔光”、“强光”、“亮光”、“线性光”、“点光”和“实色混合”七种模式。使用融合型混合模式，任何高于 50% 的灰色区域都有可能对底图层进行减淡混合，而任何低于 50% 的灰色区域都有可能对底图层进行加深混合，如图 5-50 所示。

叠加模式

强光模式

亮光模式

线性光模式

点光模式

图5-50 融合型混合模式

5. 异像型混合模式

异像型混合模式包含了“叠加”和“排除”两种模式。它将当前图层与底图层混合，将相同的区域显示为黑色，不同的区域显示为黑色或彩色，如图 5-51 所示。

叠加模式

排除模式

图5-51 异像型混合模式

6. 色彩型混合模式

色彩型混合模式包含了“色相”、“饱和度”、“颜色”和“明度”四种模式。色彩型混合模式可以使图像的某些区域变为黑白色，在混合的同时保持底层图像的亮度和色相，如图 5-52 所示。

色相模式

饱和度模式

颜色模式

明度模式

图5-52 色彩型混合模式

妙笔生花：使用图层混合模式调整图像

难度级别

01 打开“光盘\素材与源文件\素材\第 5 章\背景.jpg”和“乐谱.psd”文件，如图 5-53 所示。

02 选择“乐谱.psd”文件的“图层 1”图层，将其拖动到“背景.jpg”文件中，在“图层”面板中设置其图层混合模式为“正片叠底”，如图 5-54 所示。

图5-53 打开素材文件

图5-54 拖入图层

03 打开“光盘\素材与源文件\素材\第5章\乐符.psd”文件，如图5-55所示。

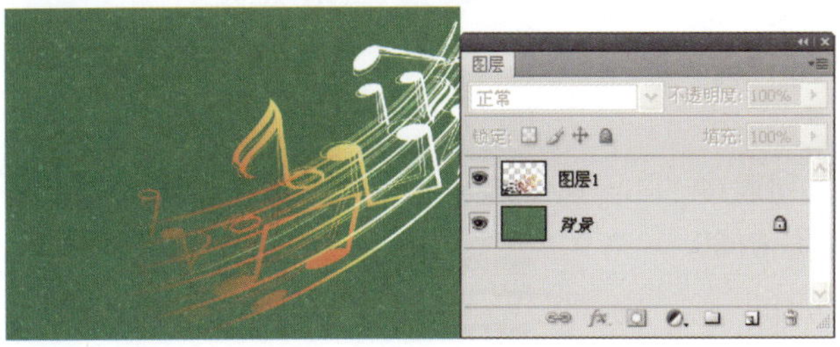

图5-55 打开“乐符”文件

04 选择“乐符.psd”文件的“图层1”图层，将其拖动到“背景.jpg”文件中，在“图层”面板中设置其图层混合模式为“变亮”，如图5-56所示。

图5-56 拖动到图层

05 打开“光盘\素材与源文件\素材\第5章\喇叭.psd”文件，如图5-57所示。

06 选择“乐符.psd”文件的“图层1”图层，将其拖动到“背景.jpg”文件中，在“图层”面板中设置其图层混合模式为“明度”，如图5-58所示。

07 选择工具箱中的文字工具T，在图像中输入文字，如图5-59所示。

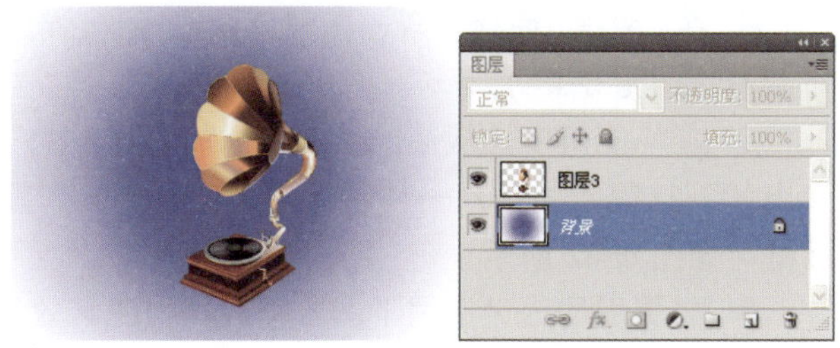

图5-57 打开素材文件

图5-58 移入图层

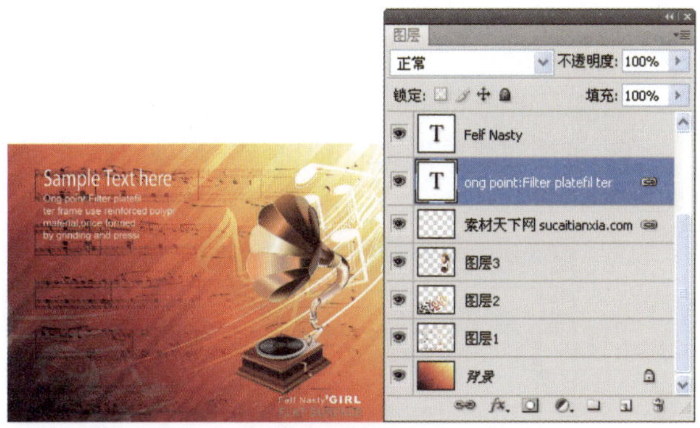

图5-59 输入文字

STUDY 04 图层样式的应用

★ Work1 认识“图层样式”对话框　★ Work2 图层样式深入分析

在Photoshop中，使用图层样式不但能够创作出一些特殊的图像效果。而且还提供了各种各样的图层样式，如投影、内/外发光、斜面和浮雕、叠加、描边等。利用这些样式，用户可以轻松地创作出各种材质的效果，如金属、玻璃、水珠等。

Work1 认识“图层样式”对话框

图层样式是在“图层样式”对话框中进行设置并完成的。弹出“图层样式”对话框的方法有以下几种：

- 选择要添加图层样式的图层，选择“图层”|“图层样式”下的子菜单，选择一种图层样式，即可弹出“图层样式”对话框，如图5-60所示。

● 在“图层”面板中双击图层缩览图，即可弹出“图层样式”对话框，如图 5-61 所示。

● 在“图层”面板底部单击“添加图层样式”按钮fx，在弹出的下拉菜单中选择一种图层样式，可弹出“图层样式”对话框，如图 5-62 所示。

● 如果图层已经应用了图层样式，则在其效果样式列表中双击图层效果名称，可以弹出“图层样式”对话框，如图 5-63 所示。

● 双击图层缩览图后的“指示图层效果”图标fx，也可弹出“图层样式”对话框，如图 5-64 所示。

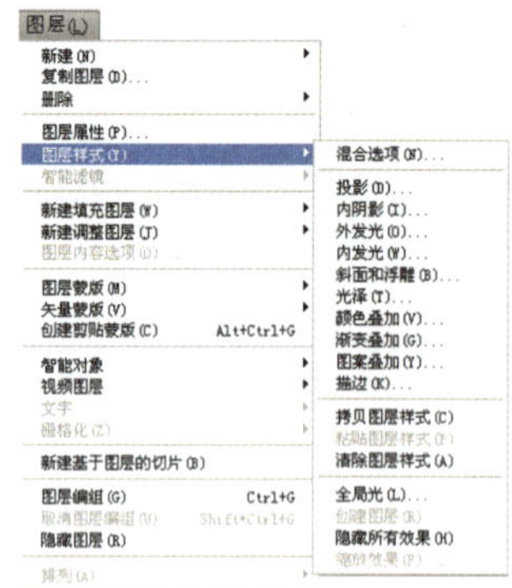

图5-60 “图层”|“图层样式”子菜单

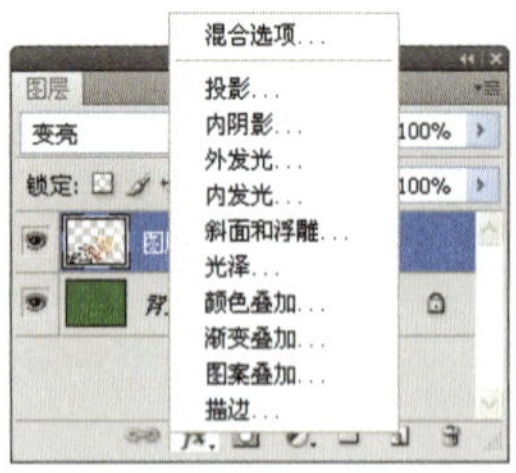

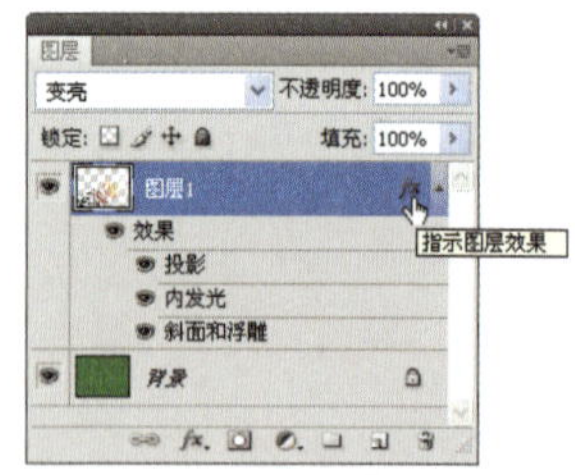

图5-61 双击图层缩览图 图5-62 单击“添加图层样式”按钮 图5-63 双击图层效果名称 图5-64 双击“指示图层效果”图标

通过双击图层缩览图的方式打开“图层样式”对话框，将默认打开“混合选项”面板，如图 5-65 所示。

● 选择对话框左上方的“样式”选项，在“图层样式”对话框中会显示默认的样式及自定义载入的样式，如图 5-66 所示。

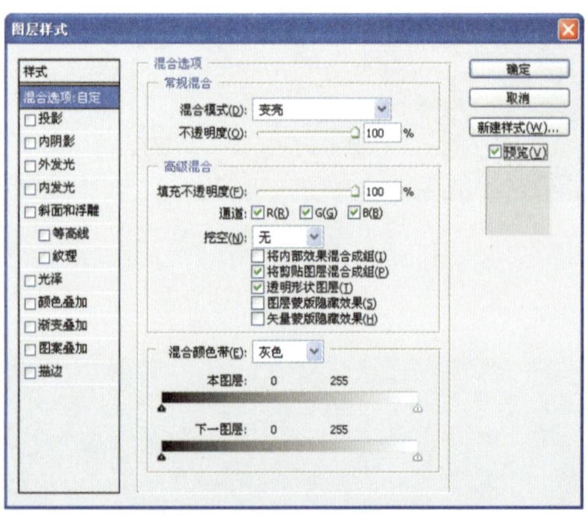

图5-65 “图层样式”对话框

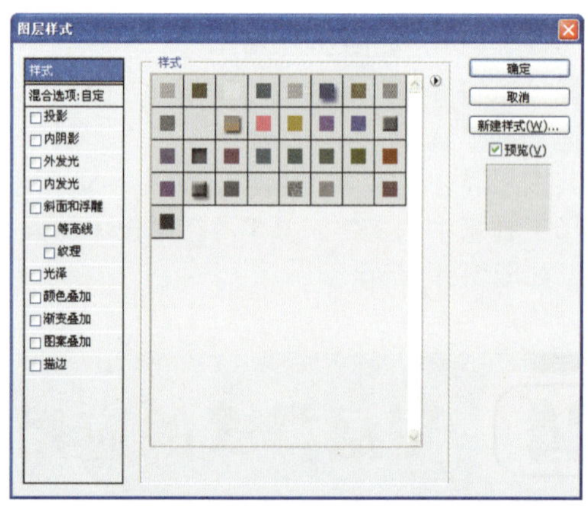

图5-66 选择“样式”选项

● 在左侧单击不同的样式选项的同时，右侧会出现相应的参数设置面板，如图 5-67 所示。

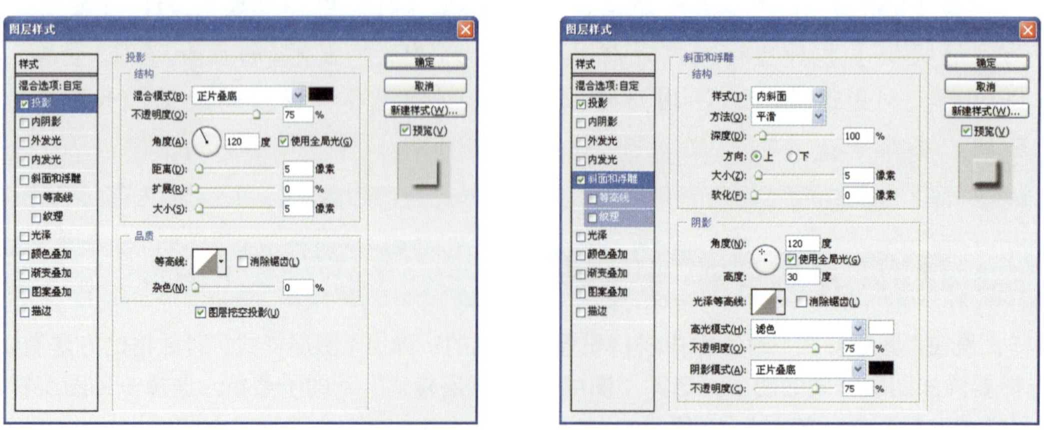

图5-67 不同样式设置面板

Work2 图层样式深入分析

Photoshop CS4 中共提供了 10 种图层样式，分别为投影、内阴影、外发光、内发光、斜面和浮雕、光泽、颜色叠加、渐变叠加、图案叠加和描边。下面将分别介绍。

1. “投影”图层样式

“投影”图层样式可以使图层中的图像产生一个投影，产生立体效果，如图 5-68 所示。

在“图层样式”对话框中选择“投影”选项，将弹出投影参数设置面板，如图 5-69 所示。

图5-68 添加投影样式

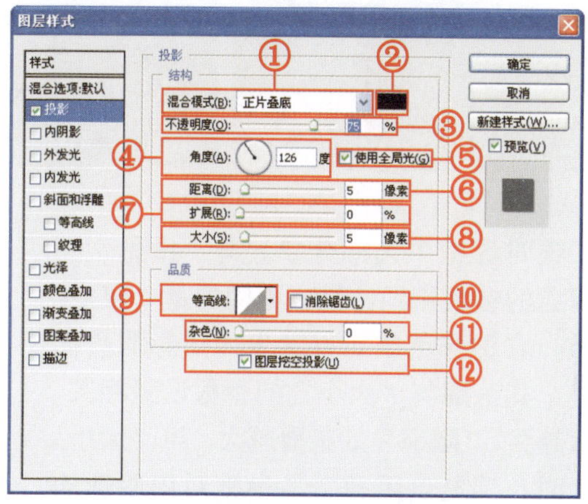

图5-69 投影参数设置面板

该对话框中主要参数含义如下：

参数	含义
①混合模式	设置阴影与下方图层的混合模式，不同的混合模式会有不同的投影效果
②	单击该颜色块，在弹出的“拾色器”对话框中可以设置阴影的颜色
③不透明度	设置投影的不透明度
④角度	设置投影的角度
⑤使用全局光	选中此复选框，表示为同一图像中的所有图层使用相同的光照角度
⑥距离	设置投影与图像的距离。数值越大，投影就越远
⑦扩展	预设时，阴影大小与图层大小相当。若希望阴影较粗，可以在文本框中输入相应的数值或调整移动滑杆进行设置
⑧大小	设置阴影边缘的柔化效果
⑨等高线	等高线能够为投影增加不透明度的变化，改变投影的外形，使投影更加生动自然。单击等高线右侧的◢图标，会弹出“等高线编辑器”对话框，如图 5-70 所示。单击“等高线”选项后面的下三角按钮，在弹出的下拉列表中可以选择需要的等高线，如图 5-71 所示
⑩消除锯齿	选中此复选框，可以消除投影边缘的锯齿
⑪杂色	设置颗粒在投影中的填充数量
⑫图层挖空投影	当原始图像所在图层的填充不透明度低于 100% 时，选中此复选框，则投影不会因为原始图像的不透明度而显示出来

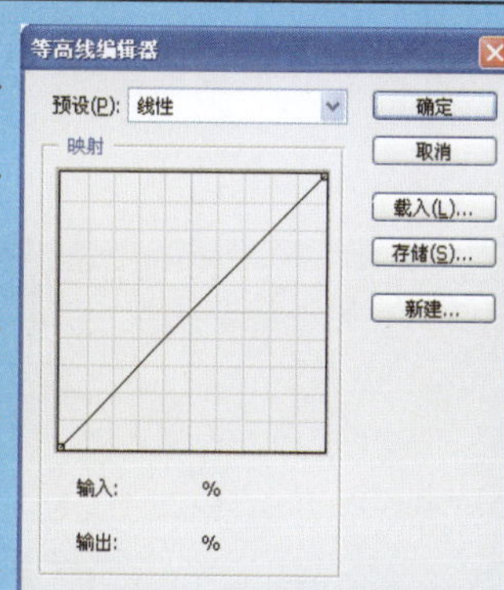

图5-70 “等高线编辑器”对话框

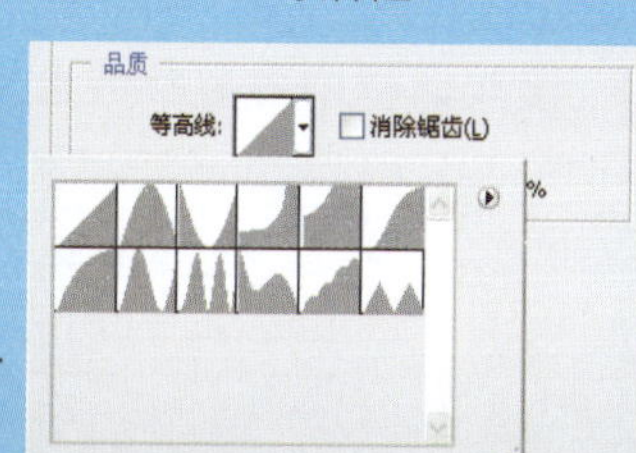

图5-71 等高线样式

2. “内阴影”图层样式

内阴影图层样式，可以使图像内部边缘产生阴影，如图 5-72 所示。

在“图层样式”对话框中单击“内阴影”选项，将弹出内阴影参数设置面板，如图 5-73 所示。

图5-72 添加内阴影样式

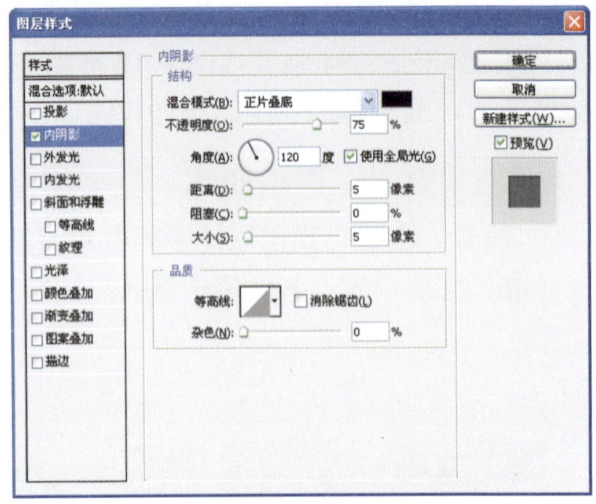

图5-73 内阴影参数设置面板

该对话框中大部分参数与“投影”图层样式的参数相同。唯一不同的是“阻塞”参数，它的作用是可以减少内阴影的模糊程度，其范围与“大小”的参数设置相关，数值越大，“阻塞”的范围越大，当“大小”为 0 时，调整“阻塞”的参数对内阴影的效果不起作用，如图 5-74 所示。

阻塞值为0%　　阻塞值为100%

图5-74 不同阻塞值效果

3. “外发光”图层样式

“外发光”样式是从图层内容的外边缘进行发光，当外发光的面积大于原始图像并且边界模糊时，看上去就如同原始图像向四周发散光芒，如图 5-75 所示。

在“图层样式”对话框中选择“外发光”选项，弹出外发光参数设置面板，如图 5-76 所示。

图5-75 外发光效果

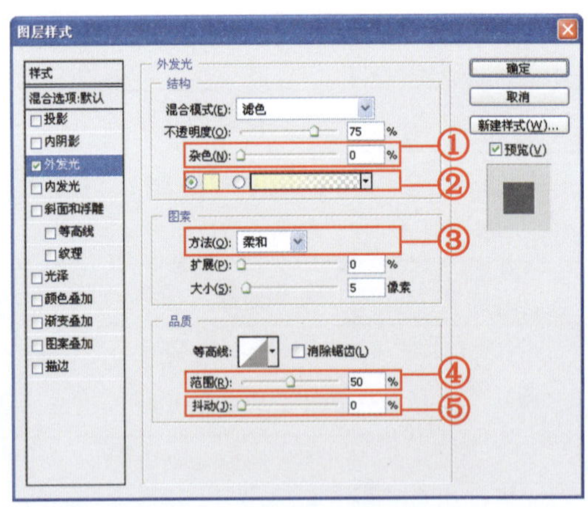

图5-76 外发光参数设置面板

该对话框中主要参数含义如下：

参数	含义
①杂色	设置该参数，可以使外发光效果颗粒化，数值越大，颗粒越明显
②	用于选择光晕的颜色
③方法(Q): 柔和	用于设置边缘元素的模型。其中，“精确”选项可以设置光线沿图像的边沿精确分布；“柔和”选项可设置光线自由发散
④范围(R):	用于确定等高线的作用范围。范围越大，等高线处理的区域越大
⑤抖动(J):	用于控制光的渐变。使用渐变光晕时，可以产生类似的溶解模式的效果

4. “内发光”图层样式

“内发光”图层样式可以在选定图像内部产生光边的效果，如图 5-77 所示。

在“图层样式”对话框中选择“内发光”选项，将弹出内发光参数设置面板，效果如图 5-78 所示。

图5-77 内发光效果

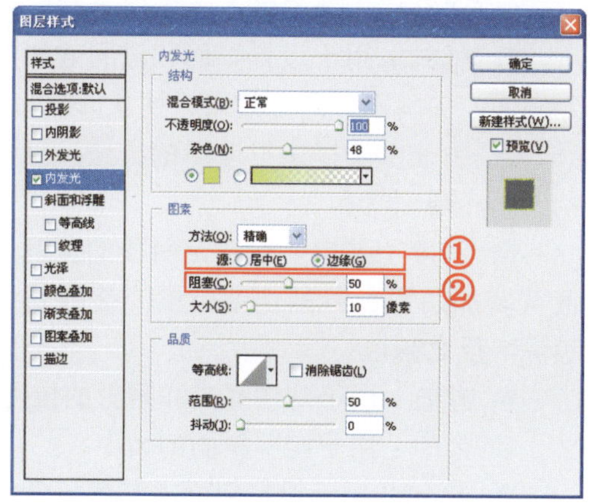

图5-78 内发光参数设置面板

“内发光”图层样式的参数与“外发光”基本相同，除将“扩展”改为了“阻塞”外，还增加了对光源位置的选择选项。

①源: ○居中(E) ⊙边缘(G)	选择“居中”单选按钮，可以在图像的中央进行发光。选择“边缘”单选按钮，可以在图像的边缘内进行发光，如图 5-79 所示
②阻塞	设置光源向内发散的大小，如图 5-80 所示

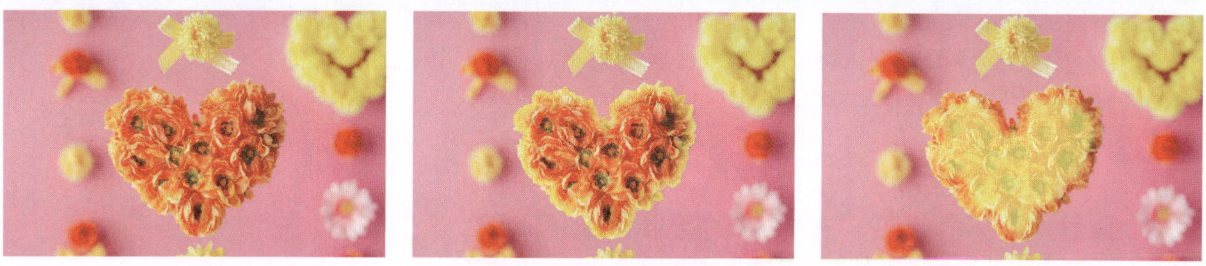

原图　　内发光位置为边缘　　内发光位置为居中

图5-79 内发光不同位置效果

阻塞值为10%　　阻塞值为100%

图5-80 不同阻塞值效果

5. “斜面和浮雕”图层样式

“斜面和浮雕”样式是运用最普遍的图层样式，它可使平面图像具有立体感，如图 5-81 所示。

在“图层样式”对话框中选择“斜面和浮雕”选项，将弹出斜面和浮雕参数设置面板，如图 5-82 所示。

图5-81 斜面和浮雕效果

该对话框中主要参数含义如下：

（1）“结构”选项区

- 样式：用于设置斜面和浮雕效果的样式，包括外斜面、内斜面、浮雕效果、枕状浮雕和描边浮雕。
- 方法：选择进行浮雕的方法，分别为平滑、雕刻清晰和雕刻柔和。
- 深度：深度参数决定斜面的深度，较大的深度值可增加阴影部分的作用范围。参数越大，图像效果越深，反之越浅。
- 方向：用于对调高光和阴影的位置。
- 大小：用于控制斜面的大小。
- 软化：用于设置斜面柔和度，使斜面的高光和阴影部分产生模糊，其数值在 0 ～ 16 之间。多与“大小”选项配合使用。

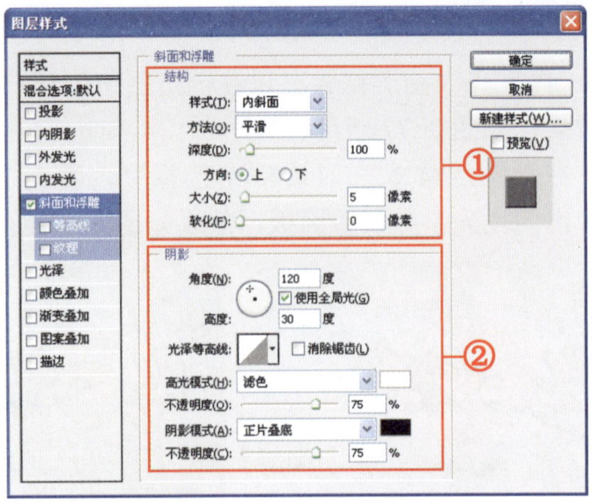

图5-82 斜面和浮雕参数设置面板

（2）“阴影”选项区

- 角度：用于设置立体化光源的角度。
- 高度：用于设置立体化光源的高度。
- 光泽等高线：用于定义不规则、不均匀的高光和阴影。它不影响图层效果，与其他面板中的等高线不同。
- 高光模式：用于设定高光部分的颜色，不透明度与原始图像的作用模式。
- 阴影模式：用于设置立体化后阴影的混合模式，其右侧的颜色块中可以设置阴影的颜色。

在“图层样式”对话框中，在“斜面和浮雕”选项的底部还有两个选项，分别为“等高线”和“纹理”。

如图 5-83 所示为“等高线”选项的参数设置对话框。

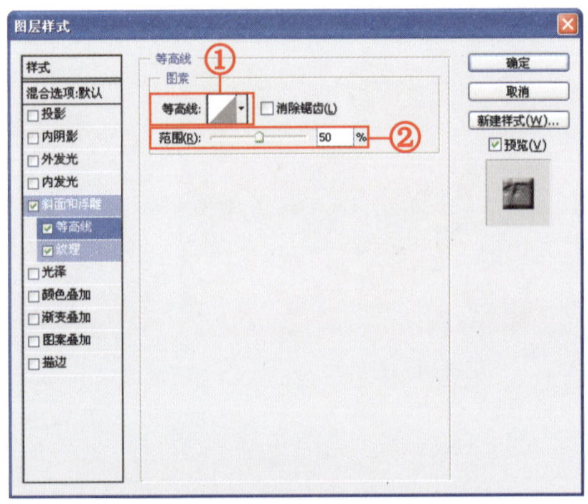

图5-83 “等高线”选项的参数设置

各部分参数含义如下：

①等高线	用于设置立体对象的分布方式
②范围	用于调整等高线对该立体的位置

如图 5-84 所示为“纹理”选项的参数设置对话框。

①图案	用于设置或选择合适的材质
②贴紧原点	单击该按钮，可以使图案返回到原来的位置
③缩放	用于图案的扩大或缩小操作，以适合要求
④深度	用于设置立体的对比效果的强度

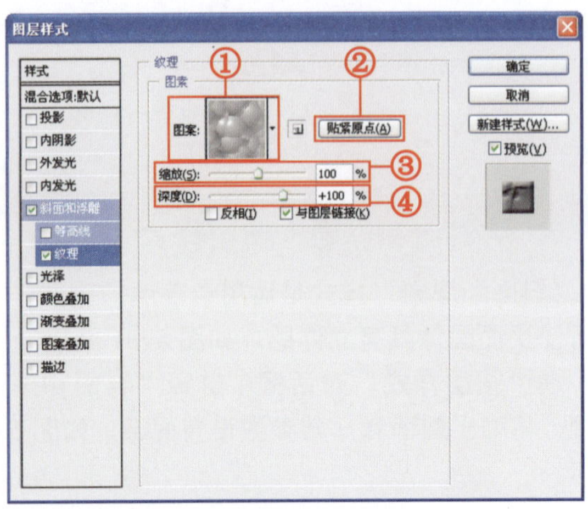

图5-84 “纹理”选项的参数设置

6. “光泽”图层样式

“光泽”图层样式可以模拟内放射的效果，改变等高线选项，制作出内放射效果，如图 5-85 所示。

在“图层样式”对话框中选择“光泽”选项，将弹出“光泽参数”设置面板，如图 5-86 所示。该对话框中的选项与前面介绍的类似，这里不再赘述。

图5-85 光泽效果

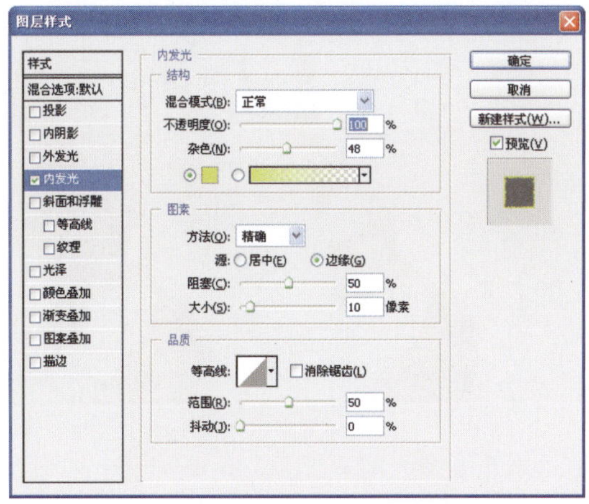

图5-86 光泽参数设置面板

7. “颜色叠加”图层样式

“颜色叠加”样式可以在当前图像上添加单一的色彩，与“填充颜色”和“纯色填充”效果相同，但使用“颜色叠加”样式的同时要设置填充的混合模式和不透明度，如图 5-87 所示。

在“图层样式”对话框中选择“颜色叠加”选项，弹出颜色叠加参数设置面板，如图 5-88 所示。

图5-87 颜色叠加效果

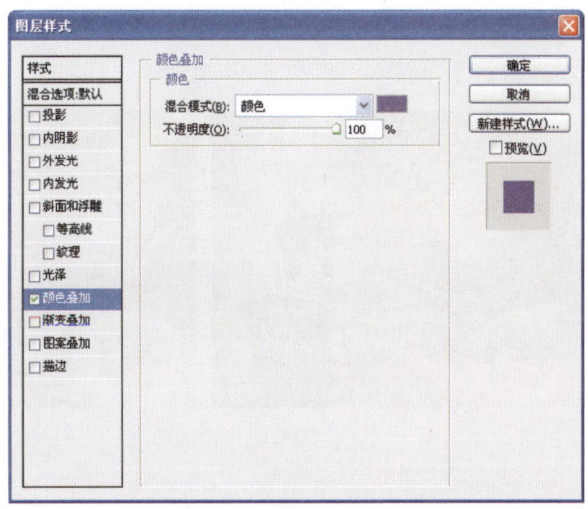

图5-88 颜色叠加参数设置面板

8. “渐变叠加”图层样式

“渐变叠加”样式可以在当前图像上添加渐变颜色，如图 5-89 所示。

在“图层样式”对话框中选择“渐变叠加”选项，弹出渐变叠加参数设置面板，如图 5-90 所示。

图5-89 渐变叠加效果

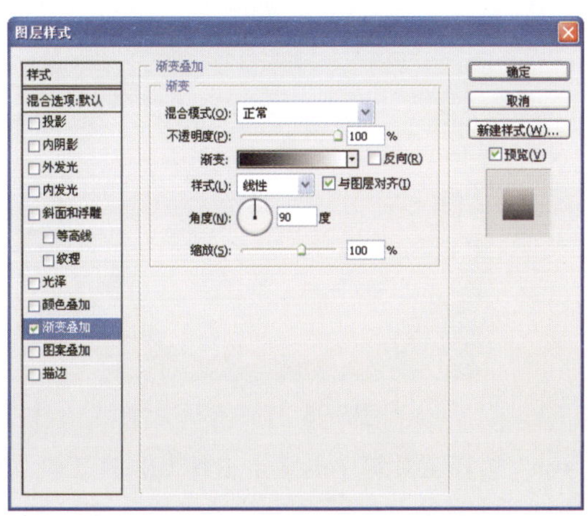

图5-90 渐变叠加参数设置面板

9. “图案叠加”图层样式

“图案叠加”样式可以在当前图像上添加图案填充，如图 5-91 所示。

在“图层样式”对话框中选择“图案叠加”选项，弹出图案叠加参数设置面板，如图 5-92 所示。

图5-91 图案叠加效果

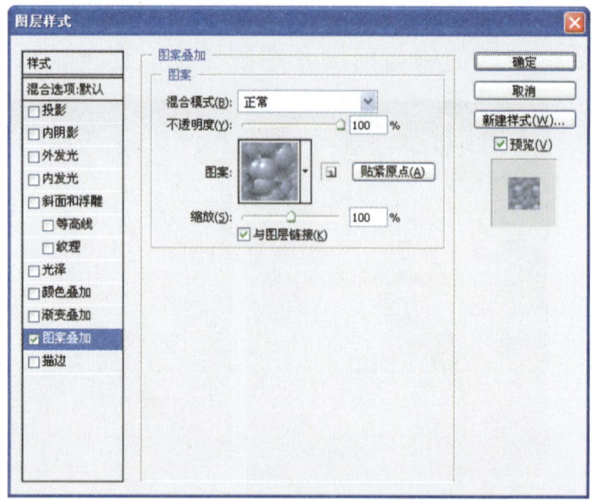

图5-92 图案叠加参数设置面板

10. “描边”图层样式

“描边”图层样式是将原始图像的边界向外扩展，形成边的包围效果，如图 5-93 所示。

在“图层样式”对话框中选择“描边”选项，弹出描边参数设置面板，如图 5-94 所示。

图5-93 描边效果

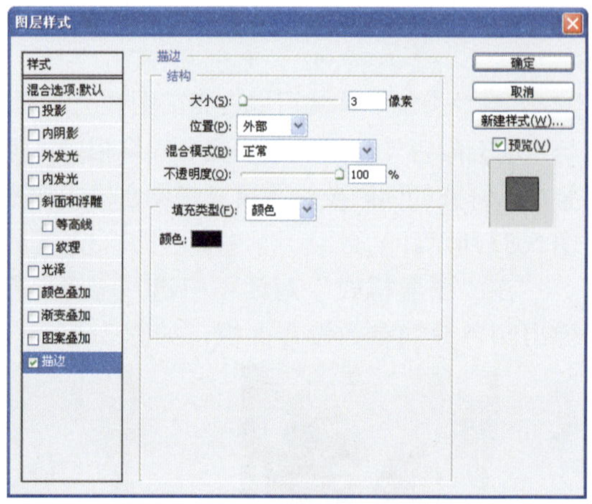

图5-94 描边参数设置面板

妙笔生花：使用图层样式创作图像

难度级别

01 打开“光盘\素材与源文件\素材\第 5 章\花背景.jpg”文件，如图 5-95 所示。

图5-95 打开素材文件

02 选择工具箱中的文字工具T，在工具属性栏中设置参数，然后在图像中输入文字“春”，如图 5-96 所示。

图5-96 输入文字

03 在“图层”面板底部单击“添加图层样式”按钮fx.，在弹出的下拉菜单中选择“投影”命令，在弹出的“图层样式”对话框中设置参数，如图 5-97 所示。

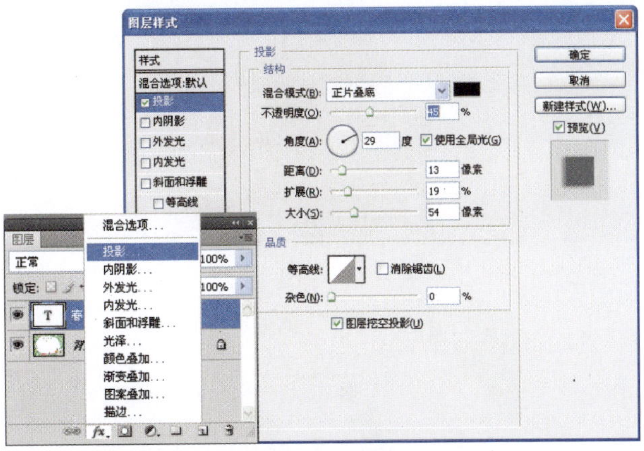

图5-97 设置“投影”参数

04 在左侧样式栏中选择“斜面和浮雕”选项，在右侧设置斜面和浮雕参数；在样式栏中选择“渐变叠加”命令，在右侧设置渐变叠加的参数，如图 5-98 所示。

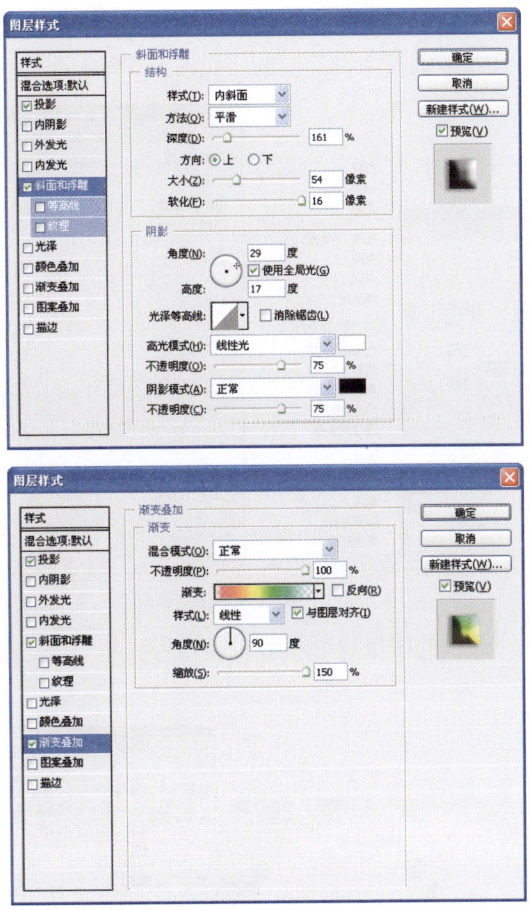

图5-98 设置“渐变叠加”的参数

05 单击“确定”按钮关闭对话框，添加图层样式后的文字效果如图 5-99 所示。

06 选择工具箱中的文字工具T，在工具属性栏中设置参数，然后在图像中输入文字“季”，在“春”文字图层上右击，在弹出的快捷菜单中选择“拷贝图层样式”命令，如图 5-100 所示。

图5-99 文字效果

图5-100 选择“拷贝图层样式”命令

07 在“季”文字图层上右击，在弹出的快捷菜单中选择“粘贴图层样式”命令，将“季”字应用与“春”字相同的图层样式，如图 5-101 所示。

图5-101 粘贴图层样式

08 打开“光盘\素材与源文件\素材\第 5 章\菊花.jpg”文件，选择工具箱中的快速选择工具，在花上创建选区，如图 5-102 所示。

09 选择工具箱中的移动工具，将选区中的图像移动到前面编辑的图像中，并调整到合适大小和位置，如图 5-103 所示。

图5-102 创建选区

图5-103 编辑图像

10 打开“光盘\素材与源文件\素材\第 5 章\向日葵.jpg”文件，在工具箱中选择快速选择工具，在花上创建选区，如图 5-104 所示。

图5-104 创建选区

11 选择工具箱中的移动工具，将选区中的图像移动到前面编辑的图像中，并调整到合适大小和位置，如图 5-105 所示。

图5-105 调整“向日葵”图像

12 打开“光盘\素材与源文件\素材\第 5 章\玫瑰花.jpg”文件，在工具箱中选择快速选择工具，在花上创建选区，如图 5-106 所示。

13 选择工具箱中的移动工具，将选区中的图像移动到前面编辑的图像中，并调整到合适大小和位置，如图 5-107 所示。

图5-106 创建选区

图5-107 编辑图像

14 在“图层”面板中单击按钮，在弹出的下拉菜单中选择“自然饱和度”命令，然后在弹出的“调整”面板中设置参数，如图 5-108 所示。

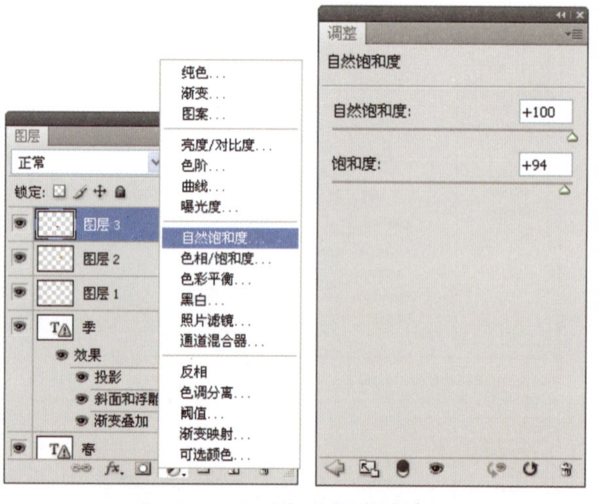

图5-108 设置自然饱和度参数

15 此时的图像效果如图 5-109 所示。

图5-109 图像效果

使用图层蒙版

Chapter 06

蒙版是一种屏蔽方式，可以将图像的某部分保护起来，当要在图像的某些区域进行操作时，蒙版能隔离和保护图像特定的区域不受影响。在Photoshop CS4中，蒙版包括快速蒙版、图层蒙版、剪贴蒙版和矢量蒙版四种。

本章知识索引

实例效果展示

STUDY 01 快速蒙版

快速蒙版是一种创建选区的技术。通常情况下，无法直接使用创建选区工具选择的区域可以使用快速蒙版来制作。快速蒙版是一个临时蒙版，它本身并不是一个选区，当退出快速蒙版模式时，不被保护的区域将变为一个选区。使用快速蒙版不会改变图像，只是在图像中建立选区。

单击工具箱中的“以蒙版模式编辑”按钮，即可进入快速蒙版编辑状态，然后使用工具箱中的工具对蒙版进行编辑，最后单击“以标准模式编辑”按钮，即可退出快速蒙版状态，进入选区状态，如图 6-1 所示。

“以蒙版模式编辑”按钮　　编辑蒙版　　“以标准模式编辑”按钮　　退出蒙版状态

图6-1 快速蒙版

提示

按【Q】键可直接进入快速蒙版编辑状态。

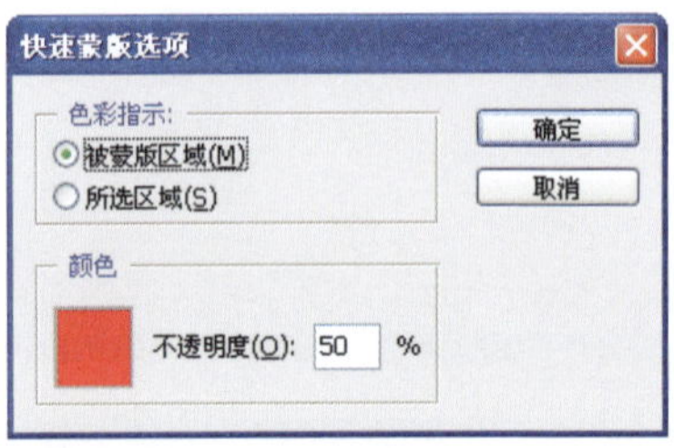

图6-2 “快速蒙版选项”对话框

双击“以蒙版模式编辑”按钮，弹出“快速蒙版选项”对话框，如图 6-2 所示。

1. 被蒙版区域

选中“被蒙版区域”单选按钮，则在快速蒙版状态下，使用画笔工具在图像上进行涂抹时，被涂抹的区域为被蒙版区域，当退出快速蒙版状态后，涂抹区域以外的部分将转换为选区，如图 6-3 所示。

2. 所选区域

选中“所选区域”单选按钮，则在快速蒙版状态下，使用画笔工具在图像上进行涂抹时，被涂抹的区域即为所选选区，如图 6-4 所示。

被蒙版区域　　图像中的所选区域

图6-3 选中“被蒙版区域”单选按钮

所选区域　　图像中的所选区域

图6-4 选中“所选区域”单选按钮

3. 颜色

单击颜色色块，在弹出的“选择快速蒙版颜色：”对话框中，可以选择设置蒙版选区的颜色，如图 6-5 所示。

图6-5 设置蒙版颜色

4. 不透明度

“不透明度”数值框用于设置蒙版的不透明度，如图 6-6 所示。

不透明度为20%　　不透明度为90%　　转换为选区

图6-6 不同透明度效果

> **提示**
>
> 在快速蒙版编辑状态下，可以使用各种绘图工具和编辑命令对蒙版形状进行修改，以改变选区的形状。在快速蒙版编辑模式下，只能使用黑色、白色、灰色三种颜色，用白色绘图可以减少蒙版区域，用黑色绘图可以增加蒙版区域，不同程度的灰色可使选区产生不同程度的透明度变化。

妙笔生花：使用快速蒙版制作特殊效果

难度级别

01 打开“光盘\素材与源文件\素材\第 6 章\女孩.jpg”文件，按【Ctrl+J】组合键复制当前图层中的图形生成“背景副本”图层，如图 6-7 所示。

图6-7 复制“背景”图层

02 选择工具箱中的矩形选框工具，在图像中创建选区，然后单击工具箱下方的“以蒙版模式编辑”按钮，将所选区域转换为蒙版，如图 6-8 所示。

图6-8 创建蒙版

03 选择“滤镜”|“像素化”|“彩色半调”命令，弹出“彩色半调”对话框，在其中设置参数，然后单击“确定”按钮关闭对话框，如图 6-9 所示。

图6-9 彩色半调效果

04 选择“滤镜”|“像素化”|“碎片”命令，为当前的蒙版进行碎片处理，然后选择三次“滤镜”|“锐化”|“锐化”命令，对蒙版进行锐化处理，如图 6-10 所示。

碎片效果　　三次锐化后的效果

图6-10 碎片与锐化效果

05 单击“面板”底部的“以标准模式编辑”按钮，将蒙版转换为选区，然后按【Ctrl+Shift+I】组合键反选选区，如图 6-11 所示。

将蒙版转换为选区　　反选选区

图6-11 编辑选区

06 按【Delete】键删除选区内的图像，然后按【Ctrl+D】组合键取消选区，选择“背景”图层，将“背景”图层填充为绿色，如图 6-12 所示。

图6-12 填充“背景”图层

STUDY 02 图层蒙版

★ Work1 创建图层蒙版　　★ Work2 蒙版的基本操作

图层蒙版是 Photoshop 提供的用黑白图像来控制图像显示或隐藏的一种图层，是一个 8 位灰度图像，黑色表示图层的透明部分，白色表示图层的不透明部分，灰色表示图层的半透明部分。编辑图层蒙版实际上就是对蒙版中的黑色、白色、灰色三个色彩区域进行编辑，从而控制其作用图层的不同区域是否被隐藏或显示。

Work1 创建图层蒙版

下面介绍在 Photoshop 中添加图层蒙版的方法：

● 在“图层”面板中选择要添加蒙版的图层，然后单击“添加图层蒙版”按钮，即可为当前图层添加图层蒙版，如图 6-13 所示。

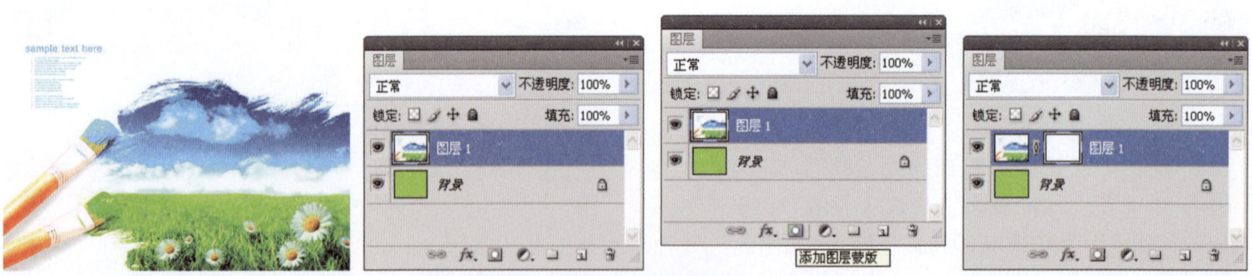

图6-13 单击“添加图层蒙版”按钮

● 在“图层”面板中选择要添加蒙版的图层，然后按住【Alt】键单击“添加图层蒙版”按钮，或选择“图层”|“图层蒙版”|“隐藏全部”命令，即可为当前图层添加一个黑色图层蒙版，如图 6-14 所示。

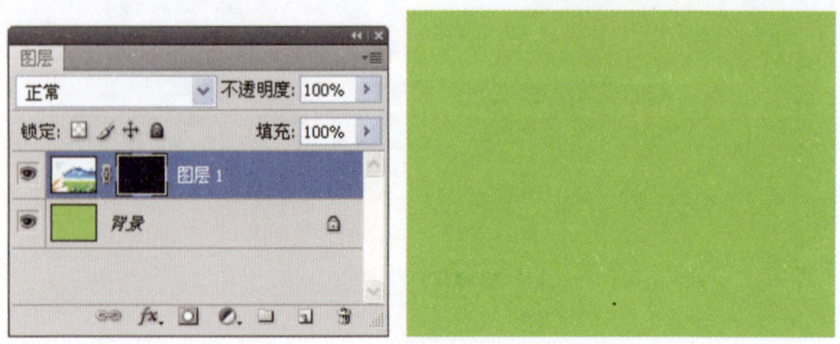

图6-14 添加黑色图层蒙版

● 如果当前图层中存在选区，单击“添加图层蒙版”按钮或选择“图层”|“图层蒙版”|“显示选区”命令，可以创建一个用于显示选区、隐藏图层其余部分的蒙版，如图 6-15 所示。

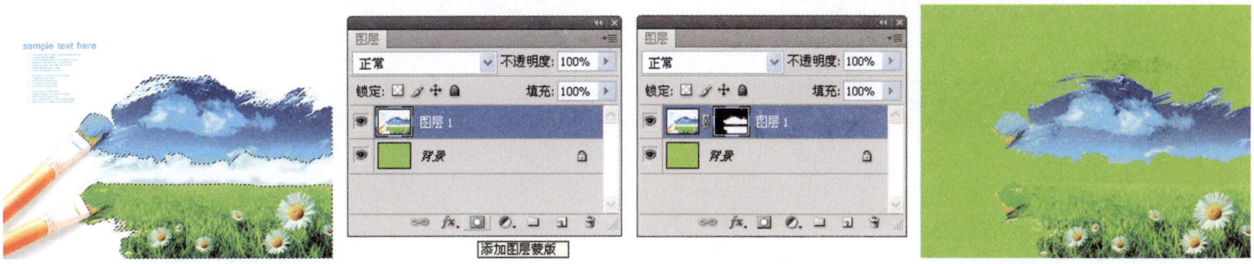

图6-15 添加选区图层蒙版

提示

不能为背景图层添加蒙版。当需要为“背景”图层添加蒙版时，可以先将背景图层转换为普通图层，然后再创建蒙版。

妙笔生花：使用蒙版合成图像

难度级别

01 打开“光盘\素材与源文件\素材\第 6 章\水面 .jpg” 和 “女郎 .psd” 文件，如图 6-16 所示。

图6-16 打开素材文件

02 单击 “女郎 .psd” 文件，选中 “人物” 图层，然后将人物拖动到“水面 .jpg”文件中，如图 6-17 所示。

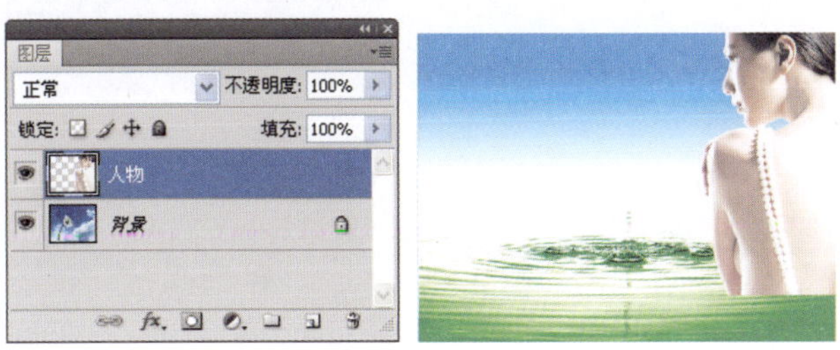

图6-17 拖入图层

03 单击 “添加图层蒙版” 按钮，为 “图层 1” 添加图层蒙版，选择工具箱中的 “渐变工具”，在属性栏中设置工具的参数，如图 6-18 所示。

04 按住鼠标从上向下拖动，填充渐变色，如图 6-19 所示。

05 打开“光盘\素材与源文件\素材\第 6 章\蝴蝶 . psd” 文件，如图 6-20 所示。

图6-18 添加图层蒙版

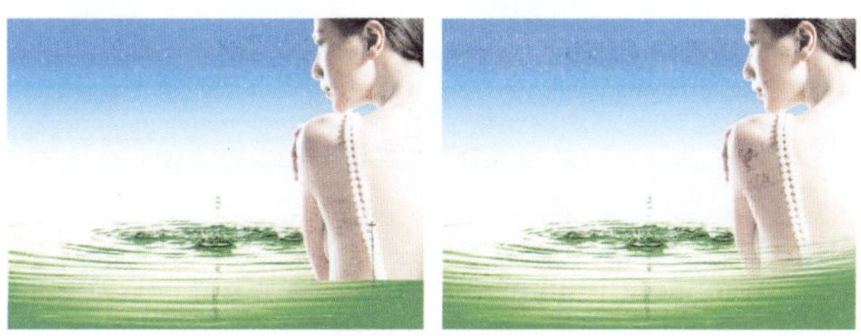

图6-19 填充渐变色

图6-20 打开素材文件

06 选中 “图层 1” 图层，将其中的蝴蝶图层拖动到前面编辑的图像中，并调整到合适大小和位置，如图 6-21 所示。

图6-21 拖入图层

07 单击“添加图层蒙版”按钮，为“图层 2”图层添加图层蒙版，选择工具箱中的“渐变工具”，在工具属性栏中设置参数，如图 6-22 所示。

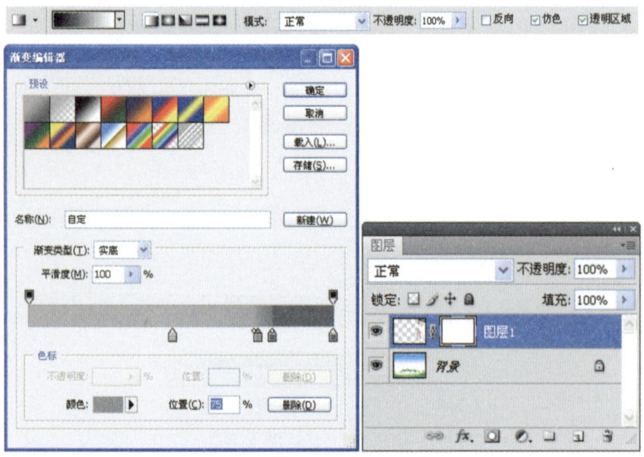

图6-22 添加图层蒙版

08 按住鼠标从上向下拖动，填充渐变色，如图 6-23 所示。

图6-23 填充渐变色

09 打开“光盘 \ 素材与源文件 \ 素材 \ 第 6 章 \ 蝴蝶缤纷 .psd”文件，如图 6-24 所示。

图6-24 打开素材文件

10 分别选择蝴蝶所在的图层，将其拖动到前面编辑的图像中，并调整到合适大小和位置，如图 6-25 所示。

图6-25 调整素材大小

11 打开“光盘 \ 素材与源文件 \ 素材 \ 第 6 章 \ 水 .psd”文件，如图 6-26 所示。

图6-26 打开素材文件

12 选择“水”所在的图层，将其拖动到前面编辑的图像中，并调整至合适大小和位置，设置其图层混合模式为“正常”，并根据需要调整图层的顺序，如图 6-27 所示。

图6-27 拖入并编辑图像

Work2 蒙版的基本操作

下面介绍有关图层蒙版的一些基本操作，如图层的启用、停用、链接、删除等。

1. 停用图层蒙版

对于已经通过蒙版进行编辑的图层，如果需要查看原图像效果，可以暂时将蒙版停用，方法如下：

● 右击蒙版缩览图，在弹出的快捷菜单中选择“停用图层蒙版”命令即可停用蒙版。被停用的蒙版将在图层蒙版缩览图上显示出一个红色的 × 号，如图 6-28 所示。

● 按住【Shift】键的同时单击图层蒙版的缩览图，也可停用图层蒙版。

● 选择“图层”|“图层蒙版”|“停用”命令，也可停用图层蒙版。

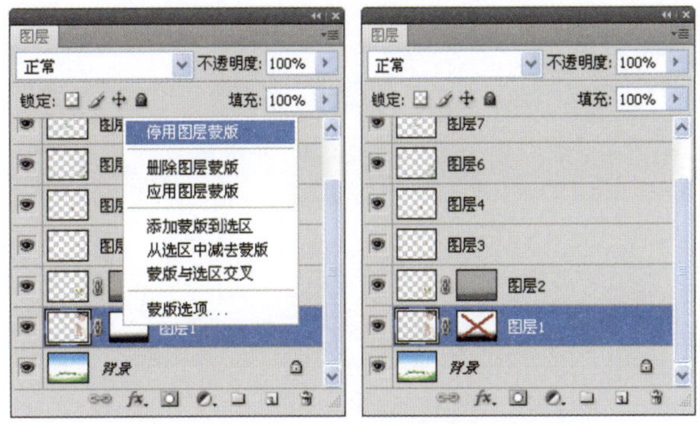

图6-28 选择“停用图层蒙版”命令

2. 启用图层蒙版

停用图层蒙版后，若要重新启用图层蒙版，有以下几种方法：

● 直接单击图层蒙版的缩览图。

● 选择“图层”|“图层蒙版”|“启用”命令。

● 右击蒙版缩览图，在弹出的快捷菜单中选择“启用图层蒙版”命令即可启用蒙版，如图 6-29 所示。

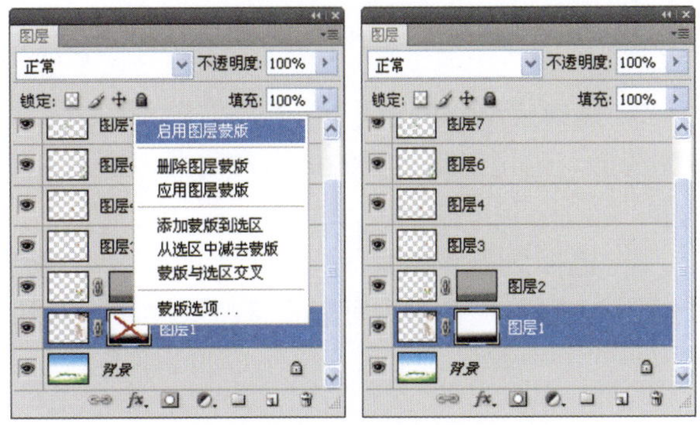

图6-29 选择“启用图层蒙版”命令

3. 链接与取消链接图层蒙版

默认情况下，图层与图层蒙版是链接在一起的，在使用“移动工具”移动图层或其蒙版时，它们将在图像中一起移动。若取消它们之间的链接，则能够单独移动或编辑图层或蒙版。

单击图层或蒙版之间的“链接”按钮，即可取消图层与其蒙版的链接；再次单击该按钮，可以恢复链接，如图 6-30 所示。

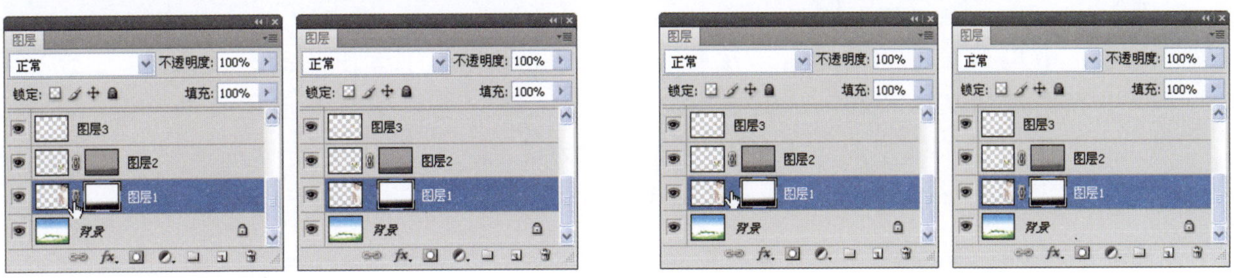

取消链接图层蒙版　　链接图层蒙版

图6-30 链接与取消链接图层蒙版

4. 删除图层蒙版

如果不需要创建的蒙版，可以将其删除。有以下几种方法：

● 选择要删除的蒙版，右击蒙版缩览图，在弹出的快捷菜单中选择“删除图层蒙版”命令，将弹出一个提示对话框，如图 6-31 所示。单击“应用”按钮，则将蒙版应用到图像中；如果单击“删除”按钮，则将整个蒙版删除，如图 6-32 所示。

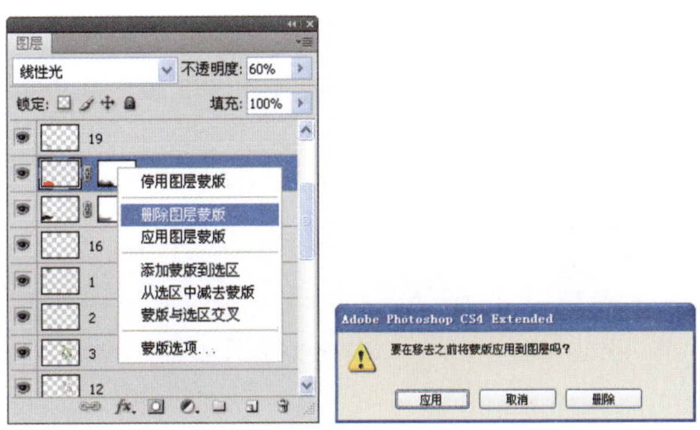

图6-31 选择“删除图层蒙版”命令

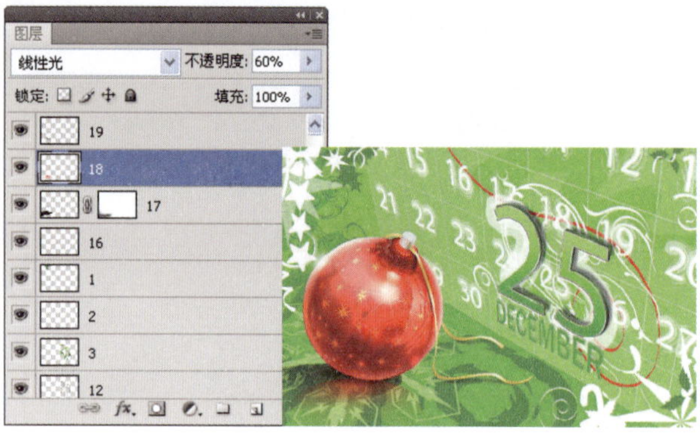

单击“应用”按钮

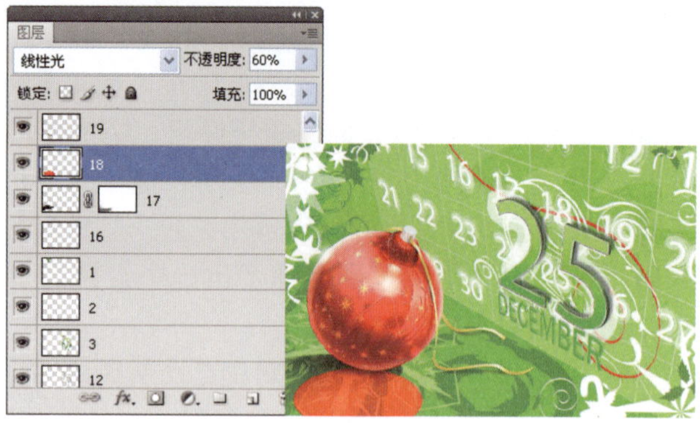

单击“删除”按钮

图6-32 删除图层蒙版

- 选择要删除的蒙版，将其拖动到“删除图层”按钮上，也可弹出上面的提示对话框，如图 6-33 所示。
- 选择要删除的蒙版，选择“图层”|“图层蒙版”|“删除”命令，可以直接将图层蒙版删除。

图6-33 拖动删除图层蒙版

STUDY 03 剪贴蒙版

- Work1 创建剪贴蒙版
- Work2 添加或释放剪贴蒙版
- Work3 合并剪贴蒙版

剪贴蒙版也称剪贴组，该蒙版是通过使用处于下方图层的形状来限制上方图层的显示状态，达到一种剪贴画的效果。剪贴蒙版至少需要两个图层才能创建，位于最下面的一个图层称为基层，位于上面的称为剪贴层。基层只能有一个，而剪贴图层可以有多个。

Work1 创建剪贴蒙版

创建剪贴蒙版的方法有以下几种：

- 按住【Alt】键的同时在两个图层中间单击，即可创建剪贴蒙版，如图 6-34 所示。

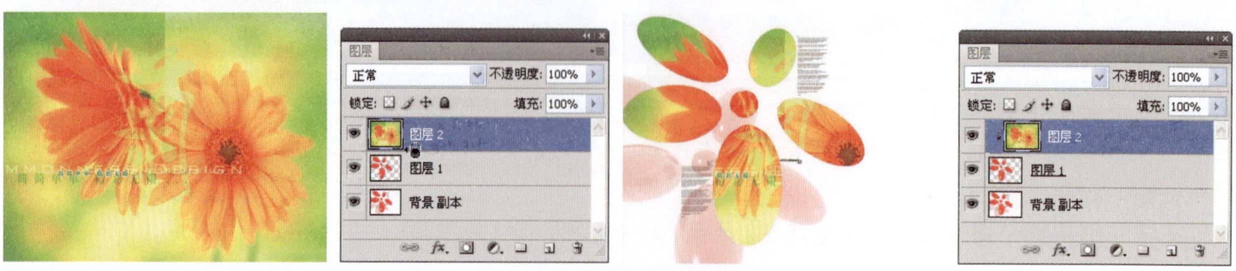

图6-34 创建剪贴蒙版

● 选择要作为剪贴图层的图层，单击“图层”|“创建剪贴蒙版”命令，也可创建剪贴蒙版。

● 选择要作为剪贴图层的图层，按【Ctrl+Alt+G】组合键即可创建剪贴蒙版。

● 选择要作为剪贴图层的图层并右击，在弹出的快捷菜单中选择“创建剪贴蒙版”命令，也可创建剪贴蒙版，如图 6-35 所示。

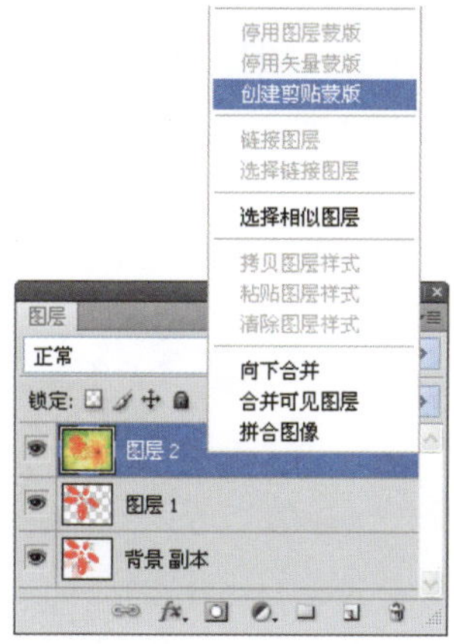

图6-35 选择“创建剪贴蒙版”命令

提示

如果在剪贴蒙版中的图层之间创建新图层，或在剪贴蒙版中的图层之间拖动未剪贴的图层，该图层将成为剪贴蒙版的一部分。

实例大本营

难度级别

01 打开“光盘\素材与源文件\素材\第 6 章\风景.jpg”文件，如图 6-36 所示。

图6-36 打开素材文件

02 选择工具箱中的“魔棒工具”，然后选择周边的白色背景，按【Ctrl+Shift+I】组合键反选选区，如图 6-37 所示。

图6-37 创建选区

03 按【Ctlr+J】组合键复制选区内的图像，如图 6-38 所示。

图6-38 复制选区图像

04 打开“光盘\素材与源文件\素材\第 6 章\落日.jpg”文件，将其拖动到“风景”图像中，并调整到合适的大小和位置，如图 6-39 所示。

图6-39 拖入图像

05 按住【Alt】键的同时在“图层 2”和“图层 3”图层之间单击，创建剪贴蒙版，如图 6-40 所示。

图6-40 创建剪贴蒙版

06 在“图层”面板中设置“图层 3”的图层混合模式为“变暗”，如图 6-41 所示。

图6-41 设置图层混合模式

07 打开“光盘\素材与源文件\素材\第6章\叶.jpg”文件，将其拖动到“风景”图像中，此时拖入的图像直接添加到剪贴蒙版图层中，如图6-42所示。

图6-42 拖入图像

08 按【Ctrl+T】组合键将拖入的图像调整到合适大小，按【Enter】键确认图像的变换，然后设置“图层4”的图层混合模式为“深色”，如图6-43所示。

图6-43 调整图层混合模式

09 在“图层”面板底部单击按钮，在弹出的下拉菜单中选择“曝光度”命令，在弹出的“调整”面板中设置曝光度参数，如图6-44所示。

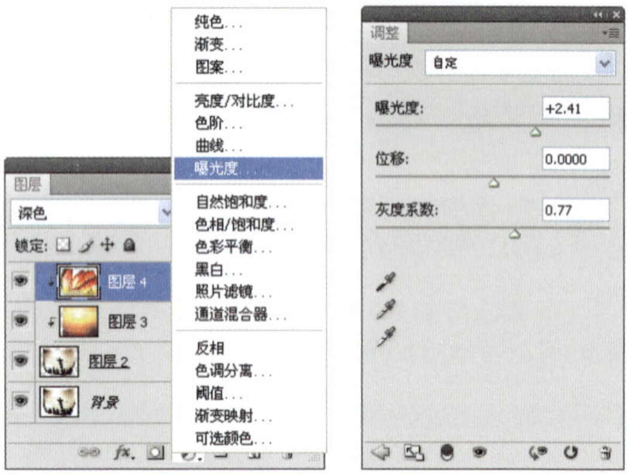

图6-44 调整曝光度

10 此时得到的图像效果如图6-45所示。

图6-45 图像效果

Work2 添加或释放剪贴蒙版

如果用户要将剪贴蒙版以外的图层添加到剪贴蒙版中，只需将其拖动到剪贴蒙版组中即可，如图6-46所示。

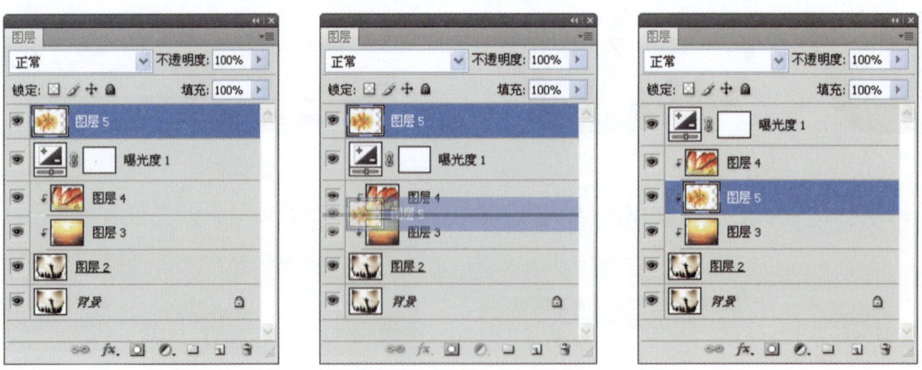

图6-46 添加剪贴蒙版

要释放剪贴蒙版，有以下几种方法：

- 在“图层”面板中选择剪贴蒙版中的图层，选择“图层”|“释放剪贴蒙版”命令，即可从剪贴蒙版中释放该图层及其上面的任何图层，如图6-47所示。
- 按住【Alt】键的同时在剪贴层之间单击，可以释放剪贴蒙版上方图层以及上面的任何图层，如图6-48所示。

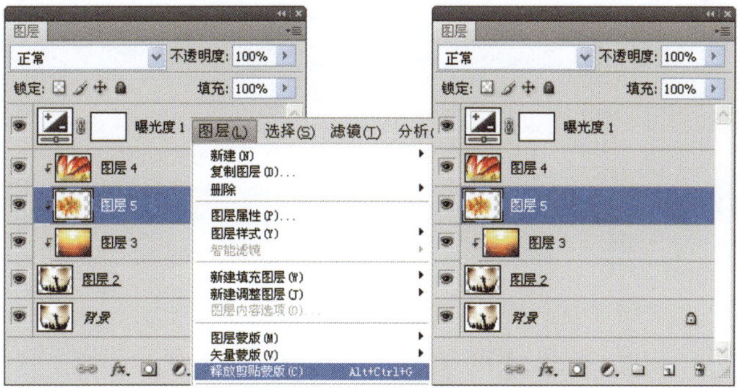

图6-47 释放剪贴蒙版

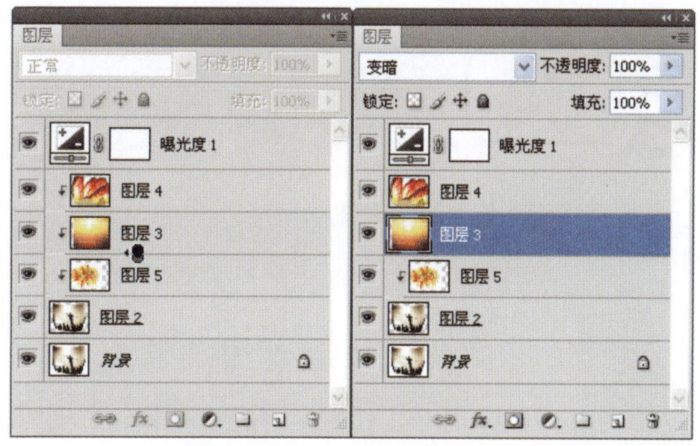

图6-48 移出剪贴蒙版

- 直接用鼠标将剪贴层拖出剪贴蒙版，也可以释放剪贴蒙版，如图 6-49 所示。
- 在“图层”面板中右击位于上方的图层，在弹出的快捷菜单中选择“释放剪贴蒙版”命令，可以释放剪贴蒙版，如图 6-50 所示。

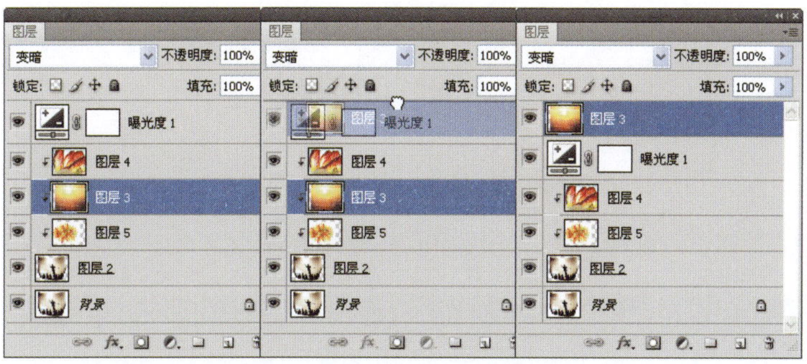

图6-49 直接用鼠标释放剪贴蒙版

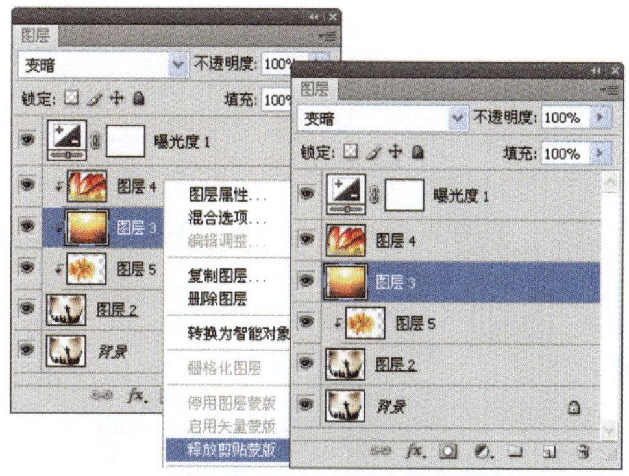

图6-50 选择“释放剪贴蒙版”命令

Work3 合并剪贴蒙版

创建剪贴蒙版后，在出现图层较多又不需要更改的情况下，可以将剪贴蒙版进行合并，这样可以更方便地管理图层。合并剪贴蒙版的方法如下：

- 选择剪贴蒙版中的基层，单击“图层”面板右上角的扩展按钮，在弹出的下拉菜单中选择“合并剪贴蒙版”命令，即可将剪贴蒙版合并为一个图层，如图 6-51 所示。
- 右击剪贴蒙版中的图层，在弹出的快捷菜单中选择“合并剪贴蒙版”命令，即可将剪贴蒙版合并为一个图层，如图 6-52 所示。

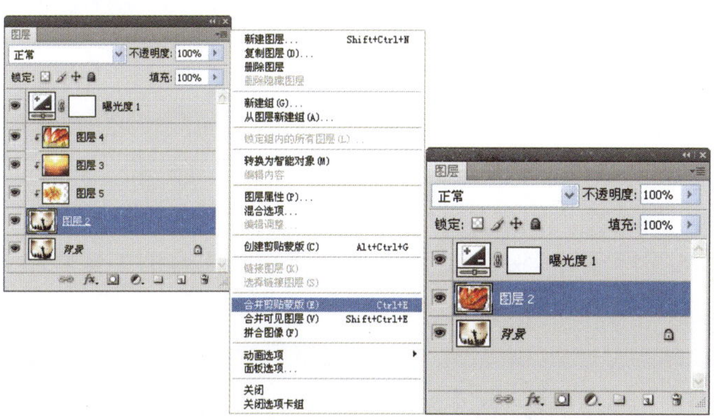

图6-51 使用扩展菜单命令合并剪贴蒙版

图6-52 使用快捷菜单合并剪贴蒙版

STUDY 04 矢量蒙版

- Work1 创建矢量蒙版
- Work2 启用/停用与删除矢量蒙版
- Work3 矢量蒙版和图层蒙版的转换

矢量蒙版与图层蒙版类似，也是一种控制图层中图像显示与隐藏的方法。不同的是，矢量蒙版是通过钢笔或形状工具创建的蒙版，与分辨率无关。

在“图层”蒙版中，左边的缩览图显示的是整个图层的图像，右边的缩览图是矢量蒙版缩览图，用来定义图层显示的形状。灰色部分表示蒙版区域，可以遮盖图层上的相应区域，白色部分表示完全透明，可以使图层上相应区域的像素显示出来，路径则决定了两者的界限，如图 6-53 所示。

图6-53 矢量蒙版

Work1 创建矢量蒙版

创建矢量蒙版的方法有以下几种：

- 在“图层”面板中选择要添加矢量蒙版的图层，选择“图层”|“矢量蒙版”|“显示全部”命令或选择“图层”|“矢量蒙版”|“隐藏全部”命令即可创建矢量蒙版，如图 6-54 所示。
- 在“图层”面板中选择要添加矢量蒙版的图层，按住【Ctrl】键的同时单击“图层”面板底部的“添加图层蒙版”按钮，即可新增矢量蒙版。添加矢量蒙版后，就可以使用形状工具或钢笔工具直接在蒙版上绘制路径，如图 6-55 所示。

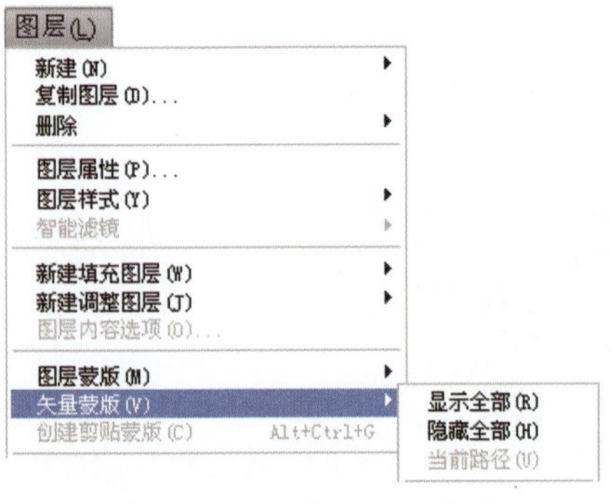

图6-54 “矢量蒙版”子命令

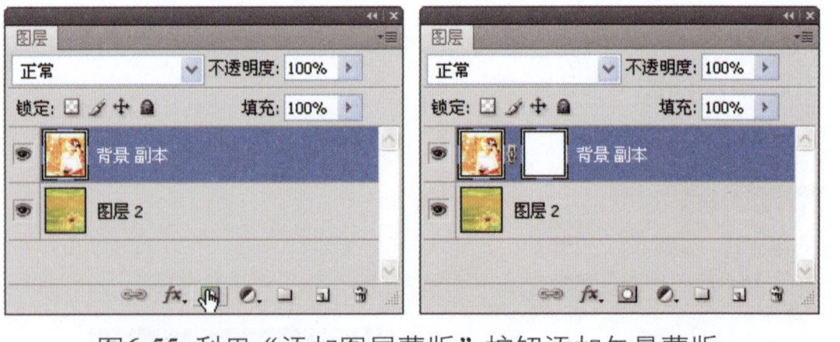

图6-55 利用“添加图层蒙版”按钮添加矢量蒙版

- 如果图像中有路径存在，且路径处于显示状态，则选择“图层”|“矢量蒙版”|“当前路径”命令，或按住【Ctrl】键的同时单击“图层”面板底部的“添加图层蒙版”按钮，可创建显示形状内容的矢量蒙版。

实例大本营

难度级别

01 打开“光盘\素材与源文件\素材\第 6 章\美食.jpg”和“精品菜.jpg”文件，如图 6-56 所示。

02 选择“精品菜.jpg”文件，将其拖动到“美食.jpg”文件中，并调整到合适位置，如图 6-57 所示。

图6-56 打开素材文件

图6-57 调整图像

03 选择工具箱中的“椭圆工具”，在属性栏中单击“路径”按钮，在工具箱中设置前景色为白色，在图像中绘制一个圆形路径，如图 6-58 所示。

图6-58 绘制路径

04 按住【Ctrl】键的同时单击“图层”面板底部的“添加图层蒙版”按钮，添加一个矢量蒙版，如图 6-59 所示。

图6-59 添加矢量蒙版

05 在“图层”面板中设置“图层 1”的图层混合模式为“点光”，效果如图 6-60 所示。

图6-60 更改图层混合模式

> **提示**
>
> 当对创建好的矢量蒙版的形状不满意时，可以通过钢笔工具、形状工具或路径选择工具对矢量蒙版进行编辑，也可以通过变化工具对路径进行变换操作。

Work2 启用/停用与删除矢量蒙版

在图像处理过程中，停用矢量蒙版的方法有如下几种：

- 按住【Shift】键的同时单击矢量蒙版的缩览图，可停用矢量蒙版，被停用的蒙版将在矢量蒙版缩览图上显示出一个红色的 × 号，如图 6-61 所示。
- 选择“图层”|“矢量蒙版”|“停用”命令，也可停用矢量蒙版，如图 6-62 所示。
- 右击蒙版缩览图，在弹出的快捷菜单中选择“停用矢量蒙版”命令，也可停用矢量蒙版，如图 6-63 所示。

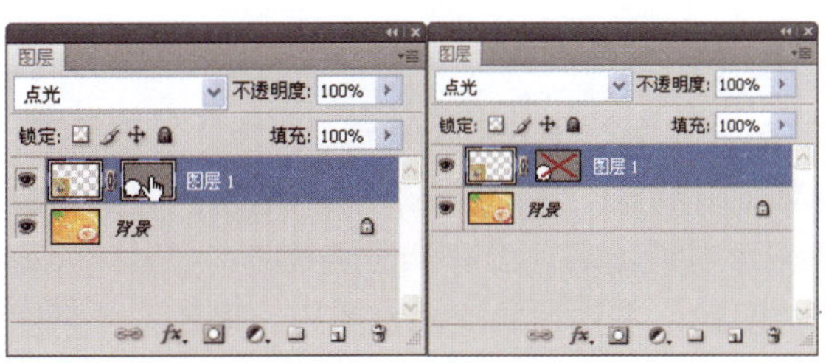

图6-61 停用矢量蒙版

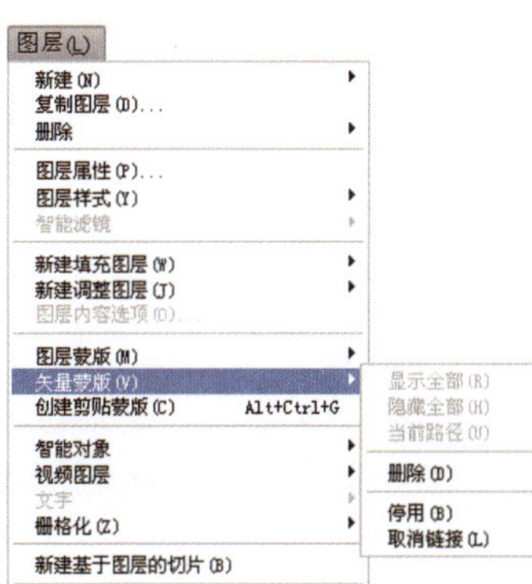

图6-62 选择“图层”|“矢量蒙版”|“停用”命令

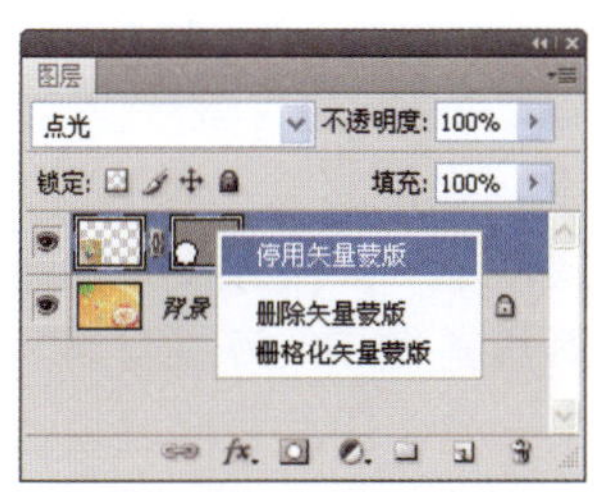

图6-63 选择“停用矢量蒙版”命令

停用矢量蒙版后，重新启用矢量蒙版的方法有如下几种：

- 按住【Shift】键的同时单击矢量蒙版的缩览图，如图 6-64 所示。
- 选择“图层”|“矢量蒙版”|“启用”命令，如图 6-65 所示。
- 右击蒙版缩览图，在弹出的快捷菜单中选择“启用矢量蒙版”命令即可启用矢量蒙版，如图 6-66 所示。

图6-64 启用矢量蒙版

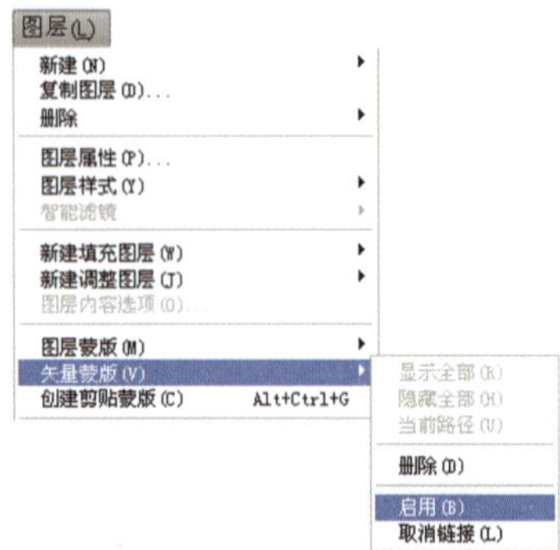

图6-65 选择“图层”|“矢量蒙版”|“启用”命令

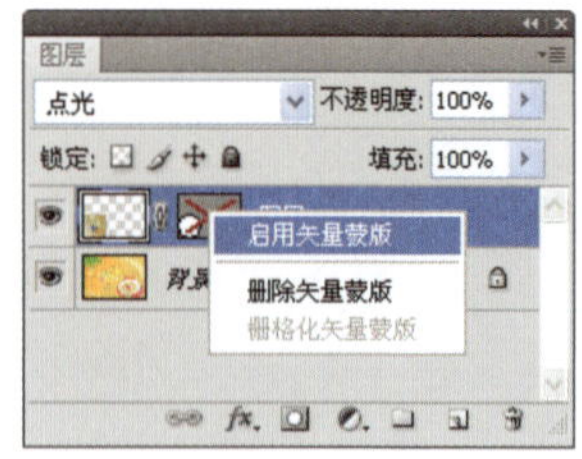

图6-66 选择“启用矢量蒙版”命令

删除矢量蒙版的方法有如下几种：

- 选择矢量蒙版，选择“图层”|“矢量蒙版”|“删除”命令，将弹出一个提示对话框，询问是否要删除矢量蒙版，单击“是”按钮即可删除矢量蒙版，如图 6-67 所示。

图6-67 删除矢量蒙版

- 单击矢量蒙版的缩览图，将其拖动到“删除图层”按钮上，在弹出的对话框中单击“是”按钮即可，如图 6-68 所示。

图6-68 拖动删除矢量蒙版

Work3 矢量蒙版和图层蒙版的转换

矢量蒙版和图层蒙版一样，都可以用来显示或隐藏图像的部分或保护图像不被编辑。两者的区别如下：

- 矢量蒙版是由路径工具创建，不是基于位图的，对其进行缩放，其边缘依然保持清晰。在矢量蒙版缩览图中，灰色区域将被图像完全遮盖，白色区域使图像完全显示出来，没有半透明状态。
- 图层蒙版是由绘图工具或选择工具创建的，是基于位图的。在图层蒙版缩览图中，黑色区域将图像完全遮盖，白色区域使图像完全显示出来，灰色区域则使图像具有一定的透明度，从而可以产生自然的过渡效果，多用在图像合成中。

用户可以将矢量蒙版转化为图层蒙版，从而可以使用绘图工具对其进行编辑。方法如下：选择要转换的矢量蒙版，选择“图层”|“栅格化”|“矢量蒙版”命令，即可将其转换为图层蒙版，如图 6-69 所示。

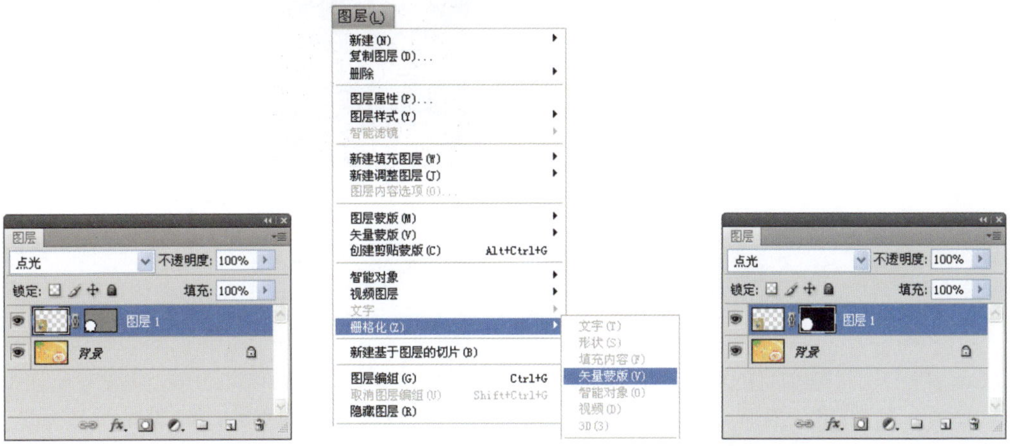

图6-69 选择“图层”|“栅格化”|“矢量蒙版”命令

提示

矢量蒙版经过栅格化后，无法再将其恢复为矢量蒙版。矢量蒙版和图层蒙版是可以同时存在的，可以使用这两种蒙版对图像同时进行设置，如图 6-70 所示。

图6-70 同时对矢量蒙版和图层蒙版进行操作

实例大本营

难度级别

01 打开“光盘\素材与源文件\素材\第 6 章\背景.jpg”和“婚纱.jpg”文件，如图 6-71 所示。

图6-71 打开素材文件

02 使用工具箱中的移动工具，将“女孩”图像移动到“背景”文件中，如图 6-72 所示。

图6-72 移入图像

03 设置“图层 2”的图层混合模式为“颜色加深”，如图 6-73 所示。

图6-73 更改颜色混合模式

04 打开“光盘\素材与源文件\素材\第 6 章\合影.jpg”文件，将其移动到“背景”文件中，如图 6-74 所示。

图6-74 将素材文件移动到“背景”文件中

05 隐藏“图层 2”图层，选择工具箱中的“钢笔工具”，在图像中绘制路径，如图 6-75 所示。

图6-75 绘制路径

06 按住【Ctrl】键的同时单击“图层”面板底部的“添加图层蒙版”按钮，添加一个矢量蒙版，如图 6-76 所示。

图6-76 创建矢量蒙版

07 右击矢量蒙版，在弹出的快捷菜单中选择“栅格化矢量蒙版”命令，将矢量蒙版转换为图层蒙版，如图 6-77 所示。

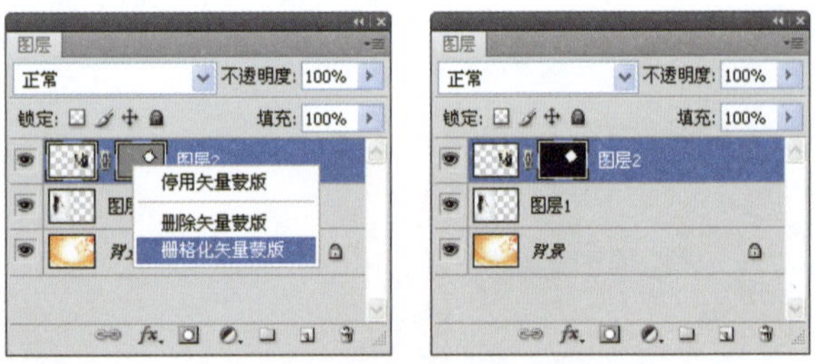

图6-77 栅格化矢量蒙版

08 选择“滤镜”|“像素化”|“晶格化”命令，在弹出的“晶格化”对话框中设置晶格参数，然后单击“确定”按钮，得到的图像效果如图 6-78 所示。

图6-78 晶格化效果

09 单击“图层”面板底部的按钮，在弹出的下拉菜单中选择“色阶”命令，在弹出的“调整”面板中设置色阶的参数，如图 6-79 所示。

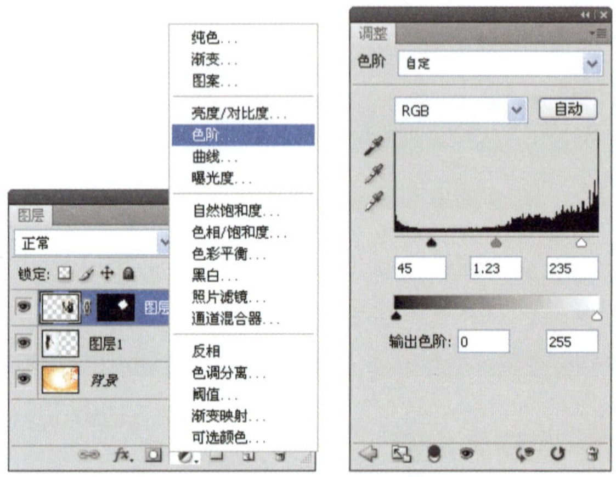

图6-79 设置色阶参数

10 此时的图像效果如图 6-80 所示。

图6-80 图像效果

Chapter 07

通道的应用

通道是 Photoshop CS4 中重要的功能之一，存储了不同信息类型的灰度图像，一般用来存放图像的颜色信息及自定义的选区。通过通道，用户可以创建复杂的选区、调整图像的颜色以及对图像进行高级合成等操作。

本章知识索引

实例效果展示

STUDY 01 认识通道

- Work1 复合通道
- Work2 颜色通道
- Work3 Alpha通道

在 Photoshop CS4 中，根据功能的不同，通道可以分为五种类型，分别为：复合通道、颜色通道、临时通道、专色通道和 Alpha 通道，如图 7-1 所示。

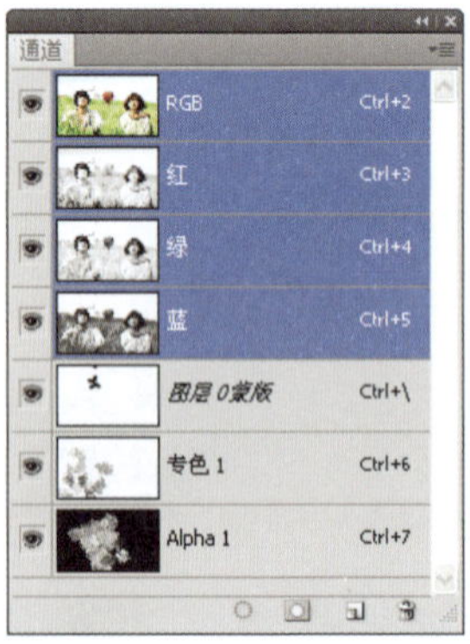

图7-1 “通道”面板

Work1 复合通道

复合通道不包含任何信息，当单独编辑完一个或多个颜色通道时，单击可以返回默认的复合状态。

实例大本营

难度级别

01 打开“光盘\素材与源文件\素材\第 7 章\文字.jpg”文件，如图 7-2 所示。

图7-2 打开素材文件

02 在“通道”面板中选中“红”通道，如图 7-3 所示。

图7-3 选择通道

03 按【Ctrl+M】组合键弹出“曲线”对话框，调整曲线，如图 7-4 所示。

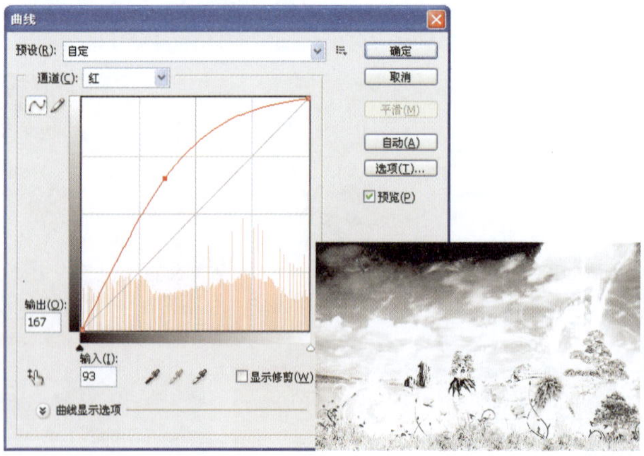

图7-4 调整曲线

04 在“图层”面板中选择 RGB 通道，显示其复合色彩，如图 7-5 所示。

图7-5 显示RGB复合色彩

提示

显示 RGB 复合通道的同时，其他隐藏的两个通道也将自动显示出来。

Work2 颜色通道

颜色通道是在创建或打开图像时自动创建的，图像的色彩模式决定了颜色通道的数量。例如，一个 RGB 模式的彩色图像包括了 RGB、“红”、“绿”、“蓝” 四个通道，一个 CMYK 模式的彩色图像包括了 CMYK、“青”、“洋红”、“黄” 和 “黑” 五个通道。每个颜色通道都是一幅灰度图像，代表了一种颜色的明暗变化，当所有颜色混合在一起时，便可形成图像的彩色效果，同时也就构成了彩色的复合通道。

为了提高 Photoshop 的运行速度，默认情况下 “通道” 面板中的各个单色通道都是以灰度显示的。要想得到真实的彩色通道，可选择 “编辑” | “首选项” | “界面” 命令，在弹出的 “首选项” 对话框的右侧选中 “用彩色显示通道” 复选框，如图 7-6 所示。

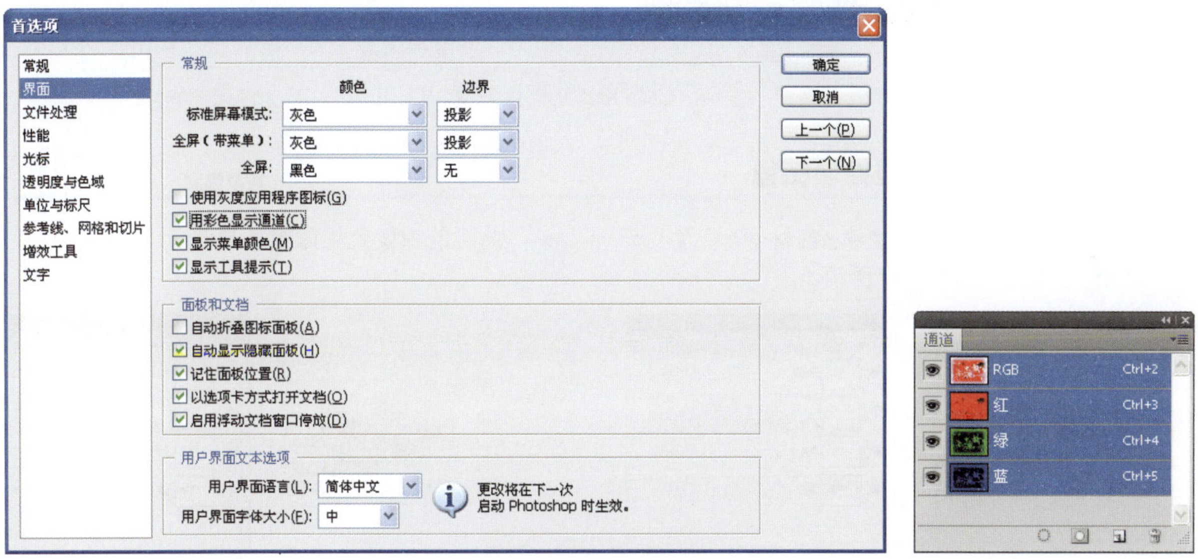

图7-6 用彩色显示通道

1. RGB颜色模式

对于 RGB 颜色模式的图像来说，颜色通道中较亮的部分表示该颜色用量大，较暗的部分表示该颜色用量小。如图 7-7 所示的图像，红通道较亮，说明红色的颜色用量较大。

RGB模式原图　　红通道　　绿通道　　蓝模式

图7-7 RGB颜色模式通道

2. CMYK颜色模式

对于 CMYK 颜色模式的图像来说，颜色通道中较亮的部分表示该颜色用量较小，较暗的部分表示该颜色用量较大。如图 7-8 所示的图像，黄通道较暗，说明黄色的颜色用量较大。

CMYK模式原图

青色通道

洋红通道

黄色通道

黑色通道

图7-8 CMYK颜色模式通道

妙笔生花：使用通道处理图像

难度级别

01 打开“光盘\素材与源文件\素材\第 7 章\水果.jpg”文件，如图 7-9 所示。

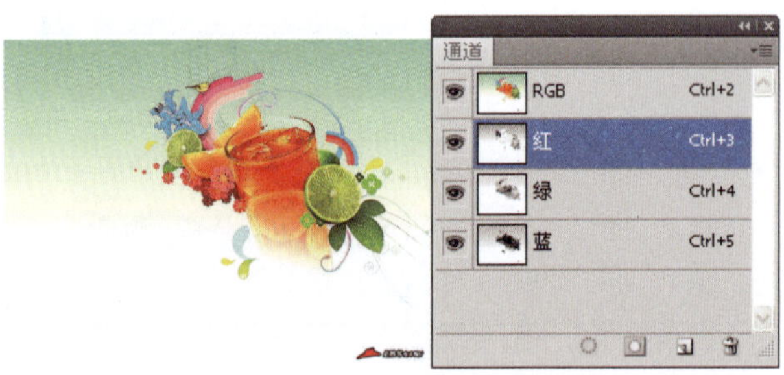

图7-9 打开素材文件

02 在“通道”面板中选择“红”通道，选择“滤镜”|“扭曲”|“极坐标”命令，在弹出的“极坐标”对话框中单击“确定”按钮，如图 7-10 所示。

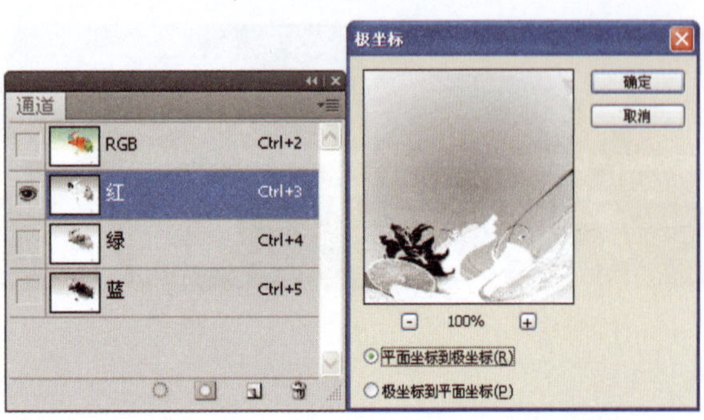

图7-10 在“红”通道中应用极坐标滤镜

03 此时的图像效果如图 7-11 所示。

图7-11 图像效果

04 在“通道”面板中选择“绿”通道，选择“滤镜”|“扭曲”|“极坐标”命令，在弹出的“旋转扭曲”对话框中单击“确定”按钮，如图 7-12 所示。

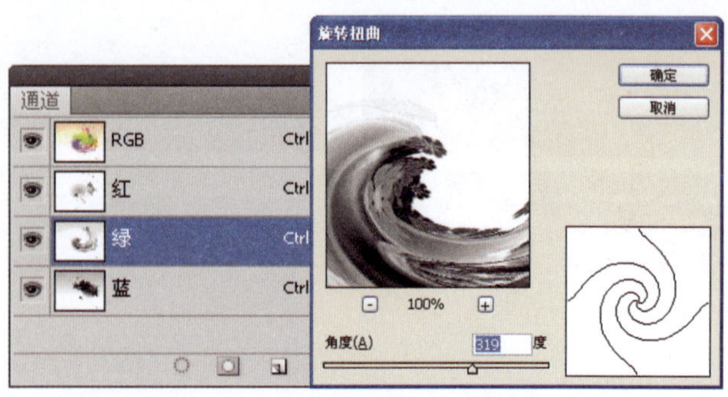

图7-12 在“绿”通道中应用极坐标滤镜

05 此时的图像效果如图 7-13 所示。

图7-13 图像效果

在 RGB 模式下执行两次“极坐标”滤镜，效果如图 7-14 所示。

图7-14 “极坐标”滤镜效果

Work3 Alpha通道

Alpha 主要用于存储选区，相当于一个八位灰阶图，可以支持不同的透明度，相当于蒙版的功能。它不会对图像的颜色产生影响，可以制作、删除或编辑选区。在 Alpha 通道中，白色区域是被选择的区域，黑色区域是未被选择的区域，灰色区域则是表示具有一定透明度的区域。在 Alpha 通道中，可以使用绘图工具、各种图像编辑和滤镜命令对其进行编辑，也可以将选区存储为 Alpha 通道后将其永久保留。

在 Photoshop CS4 中，创建 Alpha 通道的方法如下：

- 单击“通道”面板底部的“创建新通道”按钮，即可新建一个 Alpha 通道。默认情况下，新通道以 Alpha 1、Alpha 2、Alpha 3 等方式命名，如图 7-15 所示。
- 按住【Alt】键的同时单击“通道”面板底部的“创建新通道”按钮，将弹出“新建通道”对话框，如图 7-16 所示。

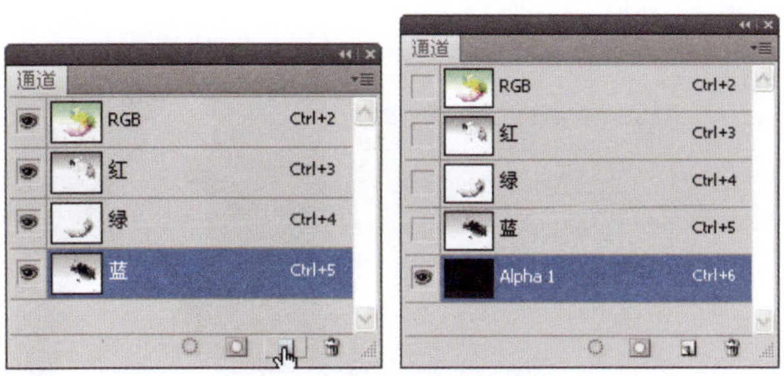

图7-15 新建Alpha1 通道

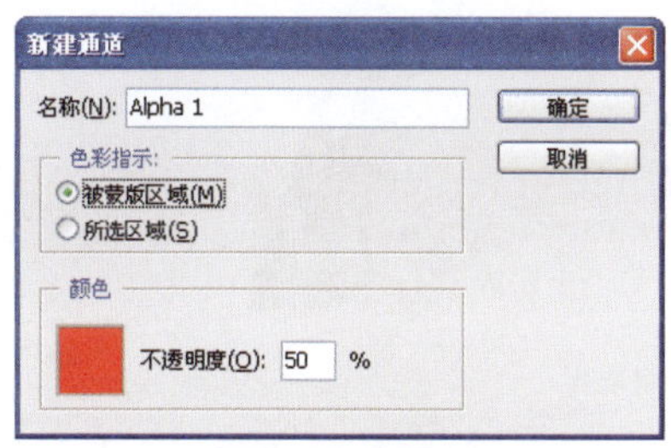

图7-16 新建Alpha 1通道

在该对话框中，单击“被蒙版区域”单选按钮，则新建的通道显示为黑色，黑色对应的是非选择区域，白色对应的是选择区域，如图 7-17 所示。

选中“所选区域”单选按钮，则新建的通道显示为白色，对应的是非选择区域，黑色对应的是选择区域，如图 7-18 所示。

- 单击“通道”面板右上方的扩展按钮，在弹出的下拉菜单中选择“新建通道”命令，也可弹出“新建通道”对话框，如图 7-19 所示。

图7-17 选中“被蒙版区域”单选按钮

图7-18 选中“所选区域”单选按钮

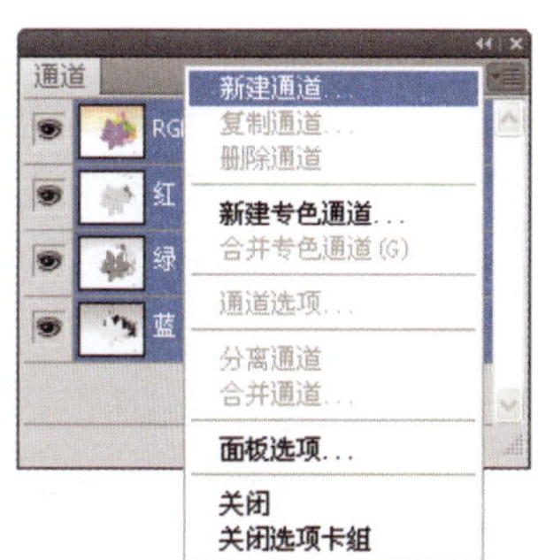

图7-19 选择“新建通道”命令

妙笔生花：使用Alpha通道抠取图像

难度级别

01 打开“光盘\素材与源文件\素材\第7章\美丽女孩.jpg”文件，如图7-20所示。

图7-20 打开素材文件

02 打开“通道”面板，依次单击“红”、“绿”、“蓝”通道，查看这三个通道的效果，可以看出“蓝”通道中的人物与背景的明暗对比最强烈，如图7-21所示。

“红”通道

“绿”通道

“蓝”通道

图7-21 查看通道

03 将“蓝”通道拖动到下方的按钮上将其复制，如图7-22所示。

04 选择工具箱中的画笔工具，设置前景色为黑色，在人物外的背景上进行涂抹，将其涂为黑色；然后设置前景色为白色，在人物上进行涂抹，将其涂抹为白色，如图7-23所示。

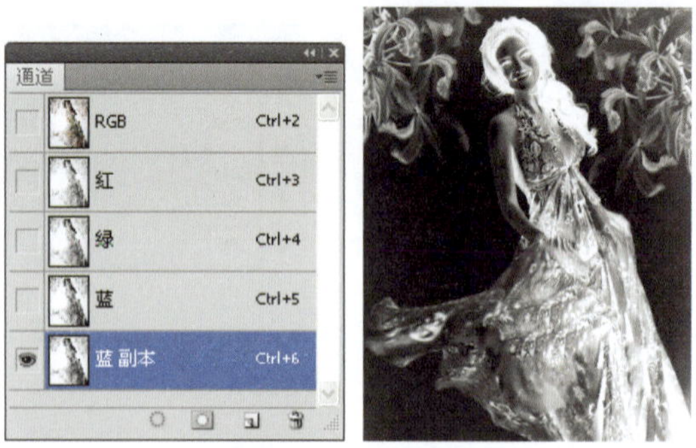

图7-22 查看通道

图7-23 涂抹图像

05 在“通道”面板的底部单击按钮，载入“蓝副本”通道的选区，如图7-24所示。

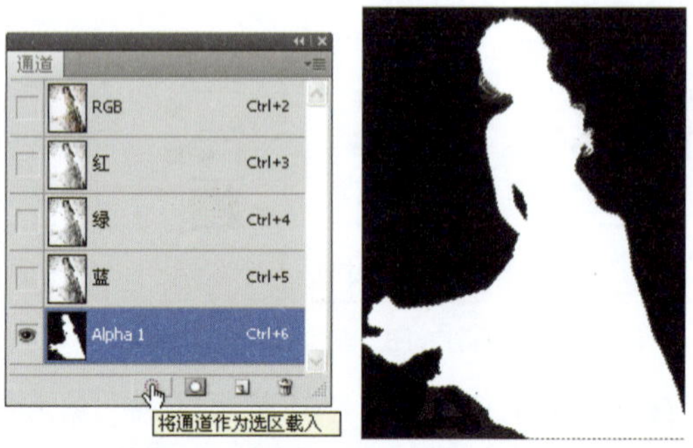

图7-24 载入选区

06 在“通道”面板中单击RGB通道，将复合通道显示出来，然后单击Alpha通道前的眼睛图标，将其隐藏，如图7-25所示。

图7-25 隐藏Alpha通道

07 打开“图层”面板，将“背景”图层设置为工作层，按【Ctrl+J】组合键将选区中的图像复制，生成“图层 1”图层，隐藏“背景”图层此时的图像效果如图 7-26 所示。

提示

【Ctrl+J】组合键，是复制当前图层或选区内图像的快捷方式。

图7-26 复制图像

STUDY 02 通道与选区的转换

★ Work1 将通道转换为选区　★ Work2 将选区存储为Alpha通道

在 Photoshop CS4 中，选区与 Alpha 通道之间具有相互依存的关系，并且可以相互转换。

Work1 将通道转换为选区

要将通道转换为选区，有以下几种方法：

- 在“通道”面板中选择一个通道，单击“将通道作为选区载入”按钮，即可将通道转换为选区，如图 7-27 所示。

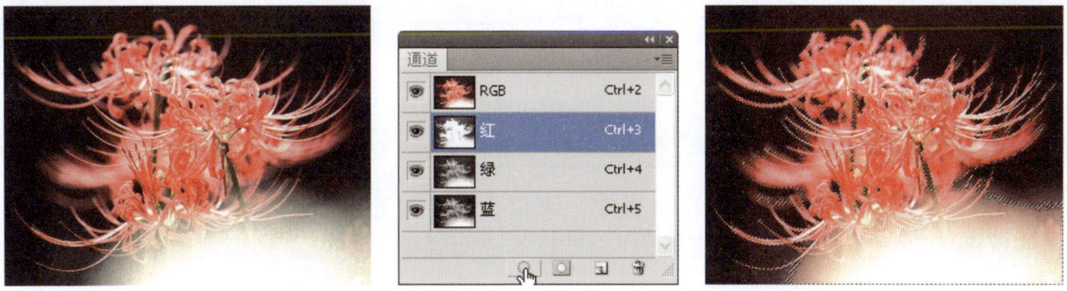

图7-27 单击“将通道作为选区载入”按钮载入选区

- 按住【Ctrl】键单击通道的缩览图，也可载入选区，如图 7-28 所示。

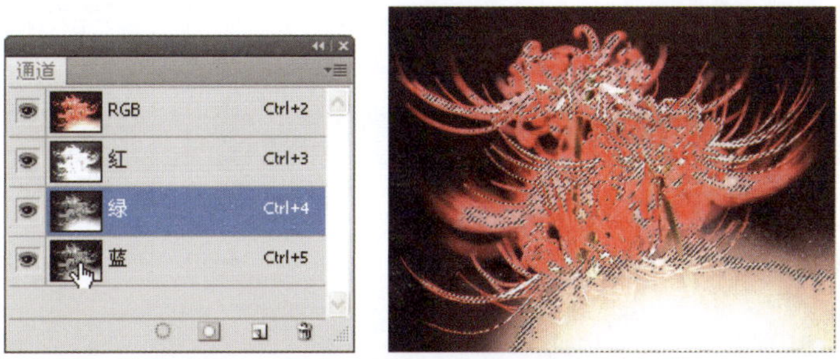

图7-28 单击通道的缩览图载入选区

- 对于 Alpha 通道，除了以上两种载入方法外，还可以选择“选择”|“载入选区”命令，在弹出的“载入选区”对话框中单击“确定”按钮即可将通道转换为选区，如图 7-29 所示。

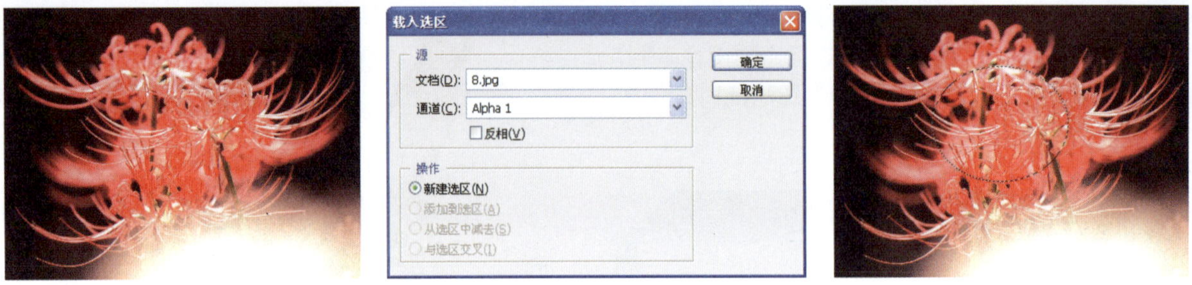

图7-29 载入Alpha通道选区

实例大本营

难度级别

01 打开“光盘\素材与源文件\素材\第 7 章\花与楼.jpg”文件，如图 7-30 所示。

图7-30 打开素材文件

02 在“通道”面板中选择“红”通道，单击面板底部的“将通道作为选区载入”按钮，即可载入选区，如图 7-31 所示。

图7-31 载入选区

03 选择“图像”|“调整”|“色相/饱和度”命令，在弹出的“色相/饱和度”对话框中设置参数，然后单击“确定”按钮关闭对话框，然后按【Ctrl+D】组合键取消选区，效果如图 7-32 所示。

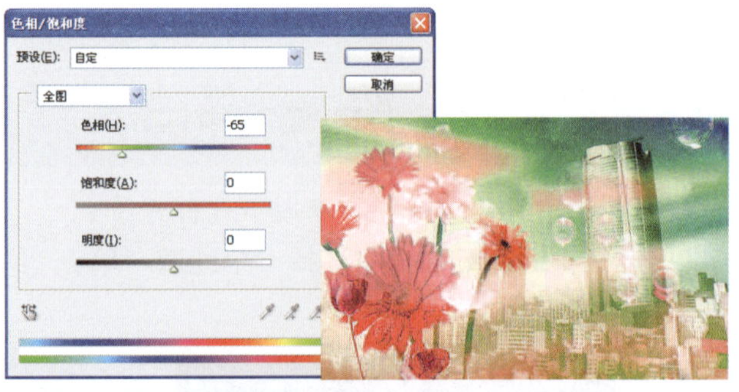

图7-32 调整色相/饱和度

Work2 将选区存储为Alpha通道

在图像中想将创建的选区转换为 Alpha 通道，有以下几种方法：

● 创建选区后，单击“通道”面板底部的“将选区存储为通道”按钮，即可将选区转换为 Alpha 通道，如图 7-33 所示。

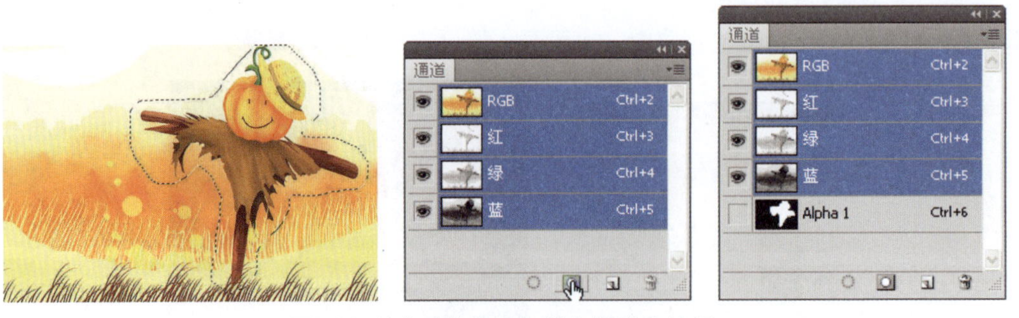

图7-33 单击“将选区存储为通道”按钮

● 创建选区后，按住【Alt】键的同时单击“通道”面板底部的“将选区存储为通道”按钮，将弹出“新建通道”对话框，如图 7-34 所示。在对话框中设置好参数，单击“确定”按钮，即可将选区转换为 Alpha 通道。

● 选择“选择”|“存储选区”命令，弹出“存储选区”对话框，如图 7-35 所示。

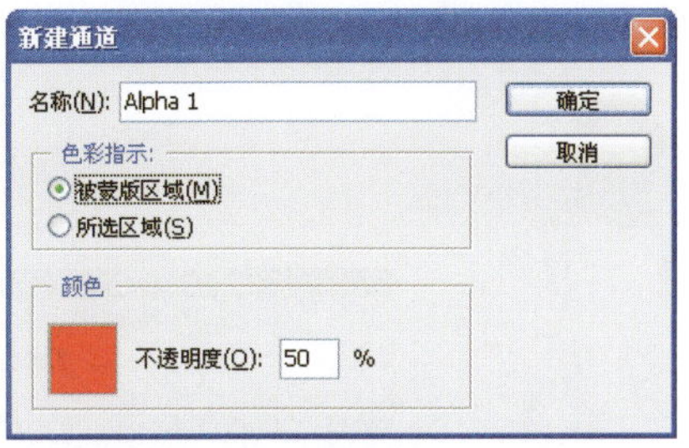

图7-34 “新建通道”对话框

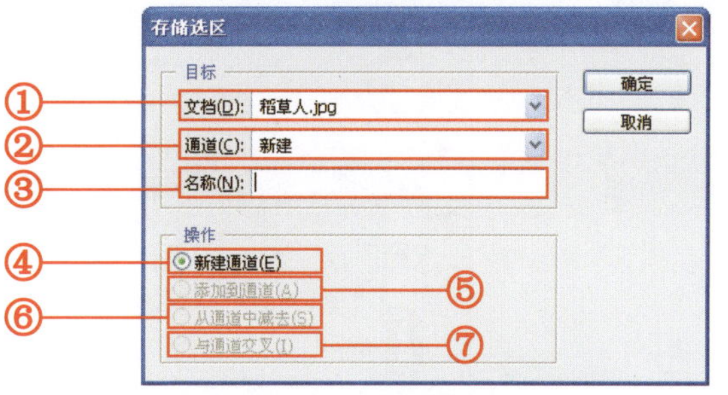

图7-35 “存储选区”对话框

其中各选项的含义如下：

①文档	用于选择选区所要存储的目标文件，默认存储到当前文件中。可以将其存储到 Photoshop 中打开且与当前文件大小相同、分辨率相同的其他文件中，也可以将其存储为一个新的文件
②通道	用来选择存储选区的通道
③名称	设定通道的名称
④新建通道	将选区转换为一个新的 Alpha 通道
⑤添加到通道	选中该单选按钮，可以将选区添加到现有的通道中，取它们的并集
⑥从通道中减去	选中该单选按钮，将从现有的通道中减去选区，取它们的差集
⑦与通道交叉	选中该单选按钮，将取现有的通道和选区的重叠部分作为新的 Alpha 通道

在该对话框中设置完毕后，单击“确定”按钮即可将选区存储为 Alpha 通道。

STUDY 03 通道与蒙版的转换

★ Work1 将Alpha通道转换为图层蒙版　　★ Work2 将图层蒙版转换为Alpha通道

通道和蒙版之间不能直接转换，而要通过选区来转换。当用户在图层中创建图层蒙版时，在通道中会自动生成临时通道。

Work1 将Alpha通道转换为图层蒙版

要将 Alpha 通道转换为图层蒙版，先将 Alpha 通道载入选区，然后再通过选区创建图层蒙版。

实例大本营　　难度级别

01 打开“光盘\素材与源文件\素材\第 7 章\女人.psd”文件，如图 7-36 所示。

02 在“通道”面板中选择 Alpha 1 通道，按住【Ctrl】键的同时单击其缩览图，载入选区，如图 7-37 所示。

图7-36 打开素材文件

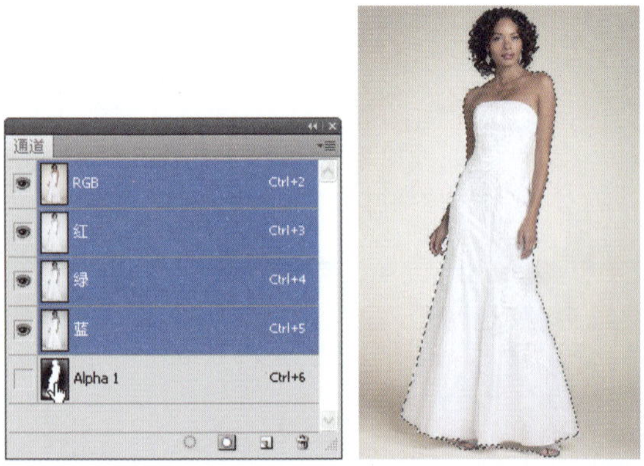

图7-37 载入选区

03 打开“图层”面板，单击“添加图层蒙版”按钮，添加图层蒙版，选区将自动消失，效果如图 7-38 所示。

图7-38 添加蒙版

提示

在蒙版缩览图中，白色区域代表选区，黑色区域代表非选区。

Work2 将图层蒙版转换为Alpha通道

要将图层蒙版转换为通道，先要将其转换为选区，然后再将其转换为通道。

实例大本营

难度级别

01 打开“光盘\素材与源文件\素材\第 7 章\草地 .psd”文件，如图 7-39 所示。

图7-39 打开素材文件

图7-40 载入选区

02 按住【Ctrl】键单击图层蒙版缩览图，载入选区，选择“窗口”|“通道”命令，弹出“通道”面板，可以看到其中已自动创建了一个临时通道，如图 7-40 所示。

03 单击“创建新通道”按钮，新建 Alpha 1 通道，设置前景色为白色，按【Alt+Delete】组合键将选区填充为白色，此时 Alpha 1 通道的形状如图 7-41 所示。

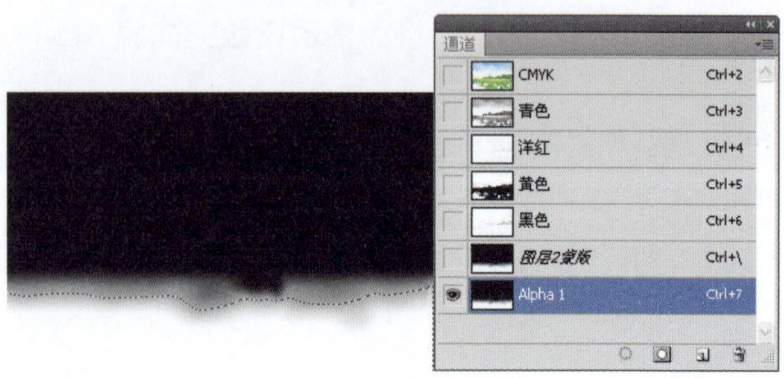

图7-41 填充通道选区

临时通道会随着图层蒙版的产生而产生，同时也会随着蒙版的删除或应用而消失，用户也可以将临时通道保留下来，以便后面的使用。

实例大本营

难度级别

01 打开“光盘\素材与源文件\素材\第7章\叶子.psd”文件，如图7-42所示。

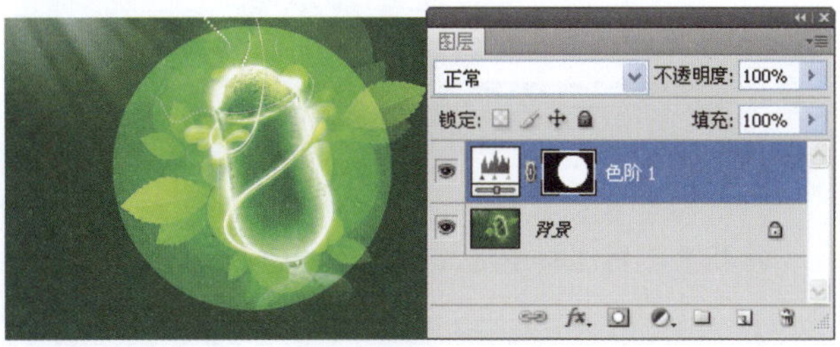

图7-42 打开素材文件

02 在“通道”面板中拖动“色阶1蒙版”临时通道到“创建新通道”按钮上，得到“色阶1蒙版副本”通道，复制出的通道即图层蒙版转换后的Alpha 1通道，如图7-43所示。

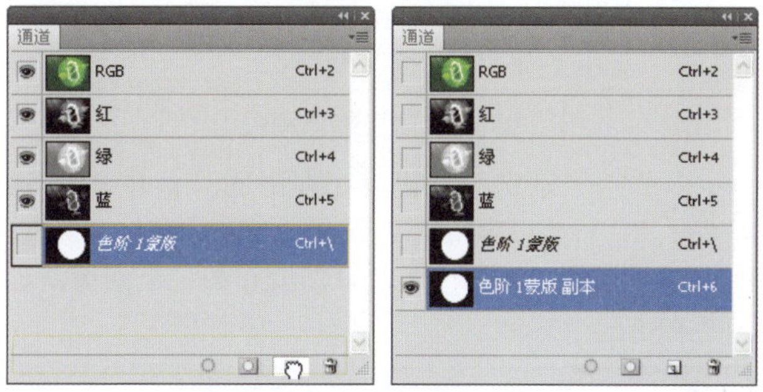

图7-43 复制通道副本

STUDY 04 分离与合并通道

使用“分离通道”命令，可以根据图像的颜色模式将原图像分离成多个灰度图像。当原图像中有Alpha通道时，执行“分离通道”命令，也会将Alpha通道分离成一个灰度图像。通过“合并通道”命令，能够将分离后的多个灰度图像重新组合成一个图像。

当图像中只有一个“背景”图层时，“分离通道”命令才可用。使用“分离通道”命令可创建一些特殊效果。

实例大本营

难度级别

01 打开“光盘\素材与源文件\素材\第7章\琴.jpg”文件，选择“窗口”|“通道”命令，在调出的“通道”面板的右上角单击按钮，在弹出的下拉菜单中选择“分离通道”命令，如图7-44所示。

图7-44 打开素材文件

02 此时在图像窗口中可以看到，原图像分离为三个图像，如图7-45所示。

图7-45 分离的图像

03 选择其中一个通道文件，在“通道”面板的右上角单击按钮，在弹出的下拉菜单中选择“合并通道”命令，在弹出的“合并通道”对话框中选择颜色模式，如图7-46所示。

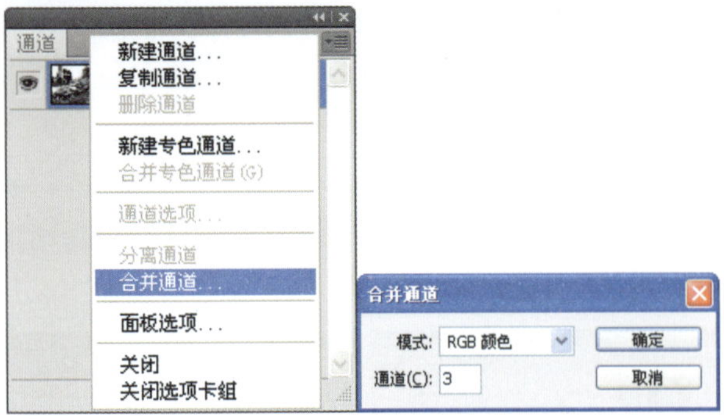

图7-46 选择颜色模式

04 单击“确定”按钮，在弹出的“合并RGB通道”对话框中指定某个通道，单击“确定”按钮，即可将分离的三个灰度图像重新组合为一个图像，如图7-47所示。

图7-47 重新组合的图像

提示

如果要合并的通道超过了色彩模式所应用的数量，则选择多通道模式进行合并。

STUDY 05 使用通道抠取图像

使用通道可以抠选出图像的细节和具有透明度的图像，如人物或动物的毛发、新娘的透明婚纱等。下面将结合几个实例进行介绍。

妙笔生花：使用通道扣取黑底火焰

难度级别

01 打开“光盘\素材与源文件\素材\第7章\火焰.jpg”文件，如图7-48所示。

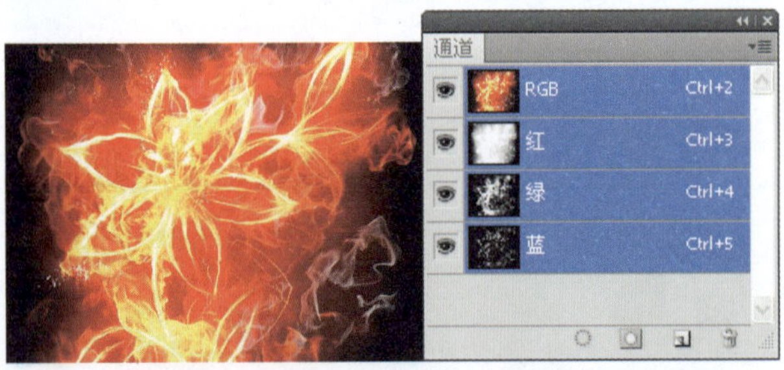

图7-48 打开素材文件

02 按住【Ctrl】键的同时单击“蓝”通道的缩览图，载入选区，如图7-49所示。

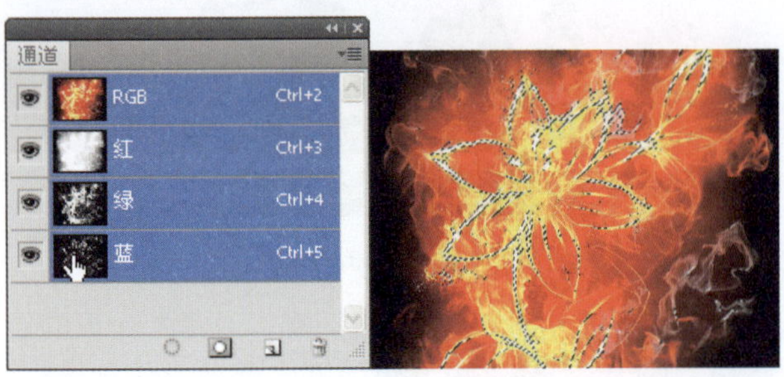

图7-49 载入选区

03 返回到“图层”面板，单击“创建新的填充或调整图层”按钮，在弹出的下拉菜单中选择“纯色”命令，在弹出的拾色器中设置颜色参数为（R：0，G：0，B：255），如图7-50所示。

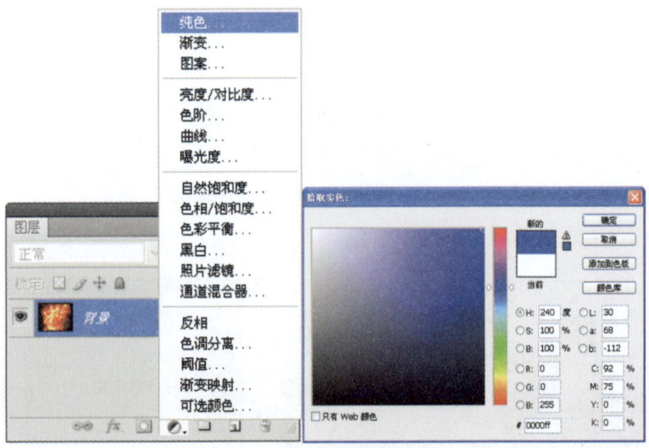

图7-50 设置纯色参数

04 单击“确定”按钮关闭对话框，然后隐藏“背景”图层，此时的图像效果如图7-51所示。

05 隐藏“颜色填充1”图层，显示“背景”图层，切换至“通道”面板，按住【Ctrl】键的同时单击“绿”通道的缩览图，载入选区，如图7-52所示。

图7-51 隐藏“背景”图层

图7-52 载入选区

06 返回到“图层”面板，单击“创建新的填充或调整图层”按钮，在弹出的下拉菜单中选择“纯色”命令，在弹出的拾色器中设置颜色参数为（R：0，G：255，B：0），如图 7-53 所示。

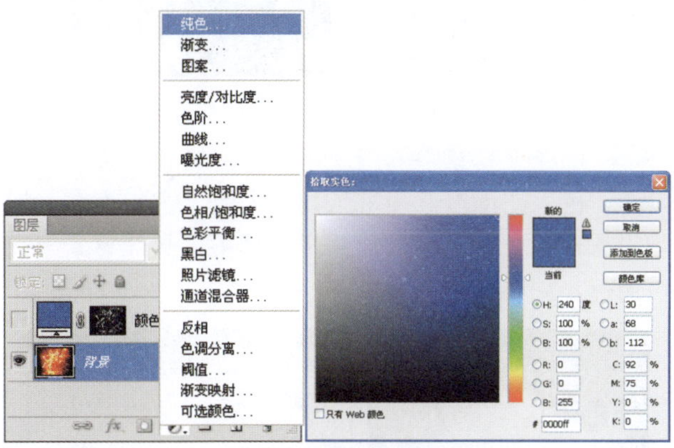

图7-53 设置纯色参数

07 单击“确定”按钮关闭对话框，然后隐藏“背景”和“颜色填充 1”图层，并设置“颜色填充 2”图层的混合模式为“滤色”，此时的图像效果如图 7-54 所示。

图7-54 图像效果

08 用同样的方法载入“红”通道的选区，并创建“颜色填充 3”图层，设置其填充色为（R：255，G：0，B：0），图层混合模式为“滤色”，如图 7-55 所示。

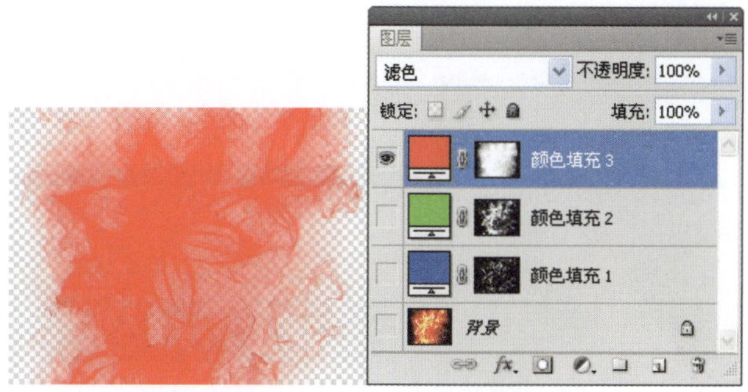

图7-55 设置图层混合模式

09 隐藏“背景”图层，显示出其他两个颜色填充图层，然后将除“背景”图层的三个图层合并，如图 7-56 所示。

图7-56 合并图层

10 打开“光盘\素材与源文件\素材\第 7 章\战士.jpg”文件，将前面抠出的“火焰”图层拖入，并设置图层混合模式为“变亮”，如图 7-57 所示。

图7-57 拖入图像并设置图层混合模式

妙笔生花：使用通道抠取凌乱的长发

难度级别

01 打开“光盘\素材与源文件\素材\第7章\长发女孩.jpg”文件，如图7-58所示。

图7-58 打开素材文件

02 拖动“背景”图层到“创建新图层”按钮上，得到“背景副本”图层，并设置图层的混合模式为“滤色”，此时可以看到，人物头发与背景图像的对比度得到增强，如图7-59所示。

图7-59 图像效果

03 打开“通道”面板，观察各个通道的图像状态，可以看到，在“蓝”通道中，头发和背景的对比度较好，如图7-60所示。

“红”通道　“绿”通道　“蓝”通道

图7-60 各通道不同效果

04 选中“蓝”通道，将其拖动到“创建新通道”按钮上，生成“蓝副本”通道。选中“蓝副本”通道，选择“图像”|“调整”|“色阶”命令，在弹出的“色阶”对话框中设置参数，如图7-61所示。

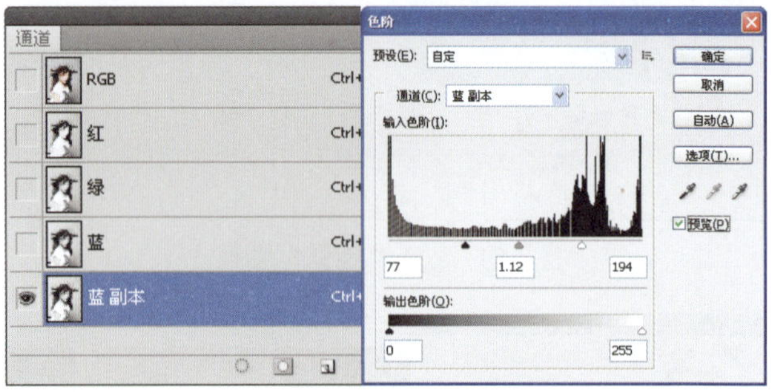

图7-61 调整色阶参数

05 单击“确定”按钮，关闭对话框，然后按【Ctrl+I】组合键将图像反相，如图7-62所示。

图7-62 调整色阶与反相

06 选择工具箱中的画笔工具，设置前景色为白色，使用白色画笔工具在人物上进行涂抹，然后设置前景色为黑色，使用黑色画笔工具在背景上进行涂抹，如图7-63所示。

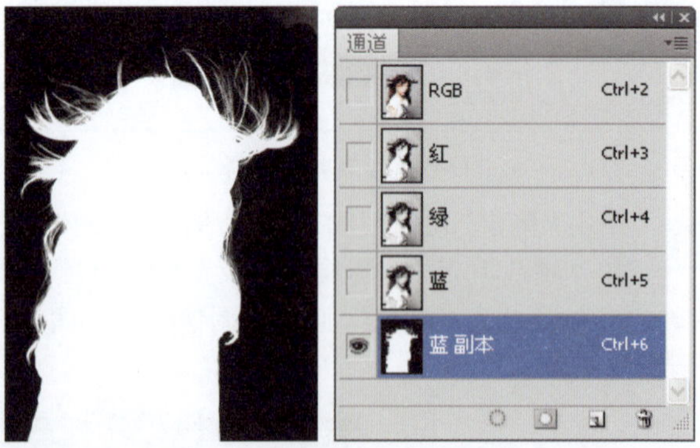

图7-63 涂抹图像

07 选择“图像”|“调整”|“色阶”命令，在弹出的“色阶”对话框中单击“设置白场”按钮，然后单击人物灰色的头发丝上，将其设置为白色，如图7-64所示。

08 单击“确定”按钮关闭对话框，然后设置前景色为黑色，使用黑色画笔工具在背景右上角进行涂抹，将右上角的灰色涂抹为白色，如图7-65所示。

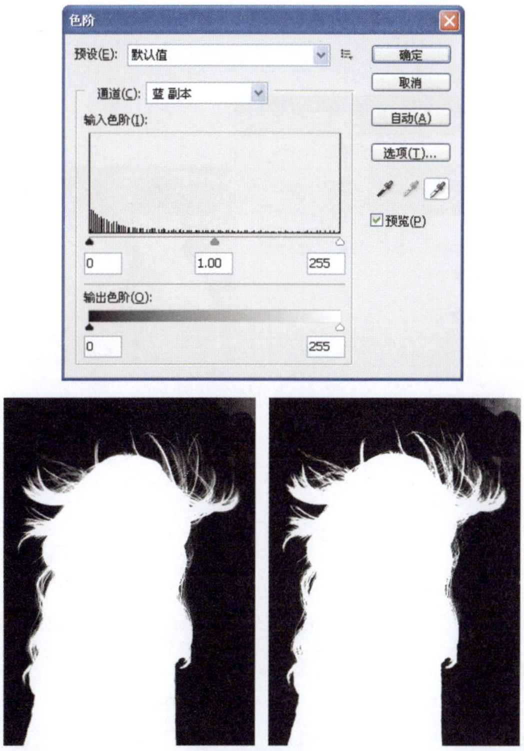

图7-64 设置白场

图7-65 涂抹背景

09 在“通道”面板的底部单击按钮，载入“蓝副本”通道的选区，如图 7-66 所示。

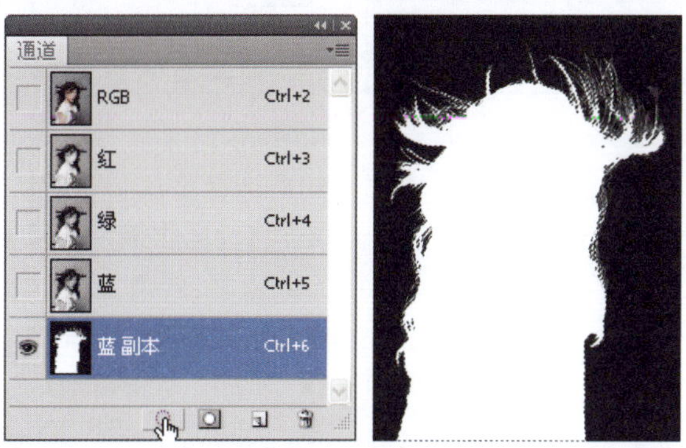

图7-66 载入选区

10 在“通道”面板中单击 RGB 通道，将复合通道显示出来，然后单击 Alpha 通道前的眼睛图标，将其隐藏，如图 7-67 所示。

图7-67 隐藏Alpha通道

11 打开“图层”面板，将“背景 副本”图层设置为工作层，按【Ctrl+J】组合键将选区中的图像复制，生成“图层 1”图层，隐藏“背景”和“背景 副本”图层，效果如图 7-68 所示。

图7-68 复制图像并隐藏图层

12 打开“光盘\素材与源文件\素材\第 7 章\背景.jpg”文件，然后将抠选出的人物移到背景图像中，如图 7-69 所示。

图7-69 图像效果

13 在“图层”面板中单击按钮，在弹出的下拉菜单中选择“色阶”命令，在弹出的“调整”面板中设置色阶参数，如图 7-70 所示。

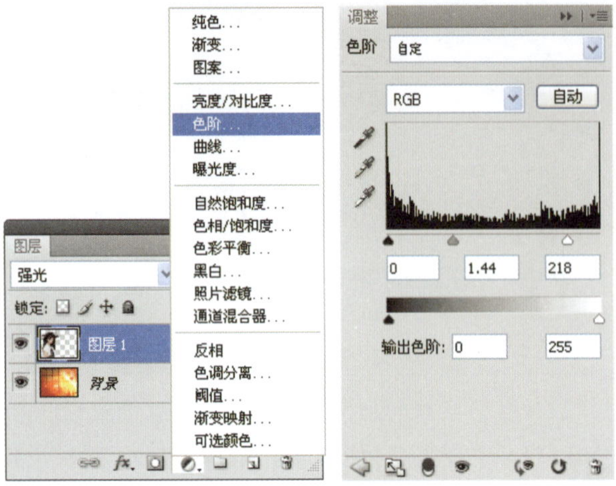

图7-70 设置色阶参数

14 此时的图像效果如图 7-71 所示。

图7-71 图像效果

妙笔生花：使用通道抠取带镂空的图像

难度级别

01 打开“光盘\素材与源文件\素材\第 7 章\蒲公英.jpg”文件，然后选择对比度比较强的“红”通道将其复制，如图 7-72 所示。

图7-72 打开素材文件

02 选择“红 副本”通道，选择“图像”|“调整”|“曲线”命令，在弹出的“曲线”对话框中设置参数，单击“确定”按钮，得到的图像如图 7-73 所示。

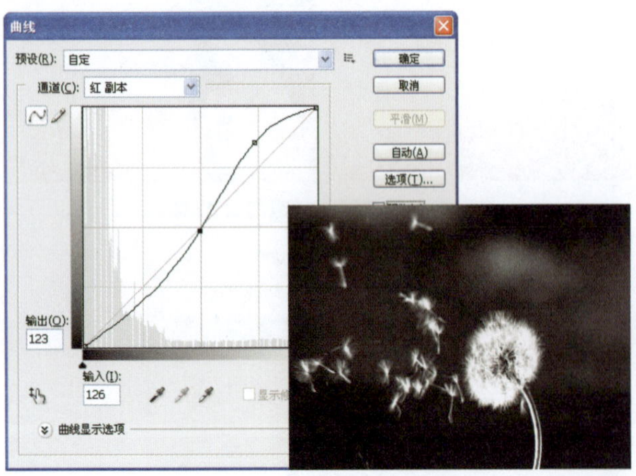

图7-73 调整曲线参数

03 在“通道”面板的底部单击按钮，载入“红 副本”通道的选区，然后在“通道”面板中单击 RGB 通道，将复合通道显示出来，单击 Alpha 通道前的眼睛图标，将其隐藏，如图 7-74 所示。

图7-74 载入选区

04 选择“选择”|“修改”|“收缩”命令，在弹出的“收缩选区”对话框中设置收缩量为 1 像素，单击“确定”按钮关闭对话框。选择“背景”图层，按【Ctrl+J】组合键将选区中的图像复制，生成“图层 1”图层，如图 7-75 所示。

图7-75 复制图层

05 选择“背景”图层，然后选择工具箱中的快速选择工具创建选区，同样将选区收缩为 1 像素，按【Ctrl+J】组合键复制选区中的图像，如图 7-76 所示。

图7-76 复制图像

06 合并“图层 1”和“图层 2”图层，然后打开“光盘\素材与源文件\素材\第 7 章\油画 .jpg”文件，如图 7-77 所示。

图7-77 合并图层

07 将合并后的蒲公英图片拖入到当前图像中来，并设置“图层 1”的图层混合模式为“滤色”，如图 7-78 所示。

图7-78 图像效果

STUDY 06 使用通道制作特殊效果

除了抠图外，通道更多地用于调整图像的色调，其功能强大，往往可以很轻松地实现其他命令所无法达到的效果，下面通过几个实例进行介绍。

妙笔生花：使用通道制作梦幻婚纱效果

难度级别

01 打开“光盘\素材与源文件\素材\第 7 章\婚纱照 .jpg”文件，选择“背景”图层，按【Ctrl+J】组合键复制“背景”图层，得到“图层 1”图层，如图 7-79 所示。

图7-79 打开素材文件

02 在“通道”面板中选择“绿”通道，按【Ctrl+A】组合键全选，按【Ctrl+C】组合键进行复制，然后选择“蓝”通道，按【Ctrl+V】组合键进行粘贴，最后按【Ctrl+D】组合键取消选区，并在“通道”面板中单击 RGB 通道，将复合通道显示出来，效果如图 7-80 所示。

图7-80 复制通道

03 选择“图像”|“调整”|“色彩平衡”命令，在弹出的“色彩平衡”对话框中设置参数，单击“确定”按钮关闭对话框，效果如图 7-81 所示。

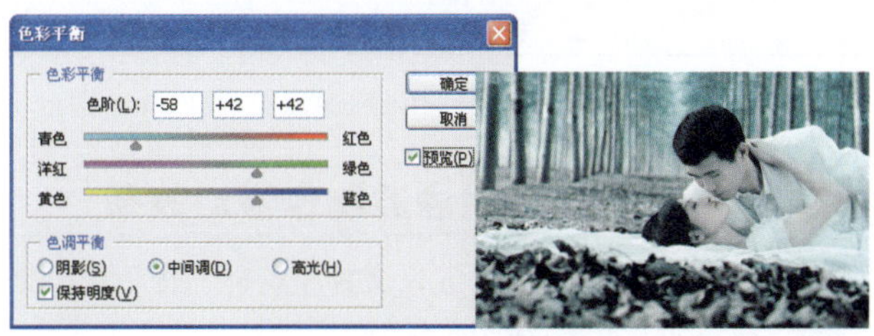

图7-81 色彩平衡效果

04 选择“图像”|“调整”|“曲线”命令，在弹出的“曲线”对话框中设置参数，单击“确定”按钮关闭对话框，效果如图 7-82 所示。

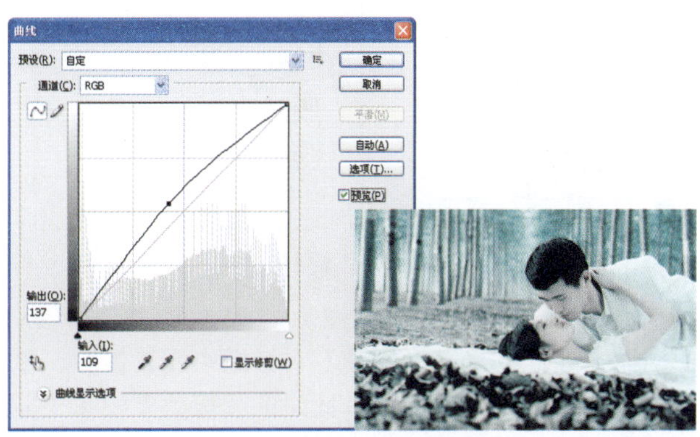

图7-82 曲线效果

妙笔生花：使用通道制作黑白效果

难度级别

01 打开“光盘\素材与源文件\素材\第7章\白衣女孩.jpg”文件，选择“图像”|“调整”|“Lab颜色”命令，将图像由RGB模式转换为Lab颜色模式，如图7-83所示。

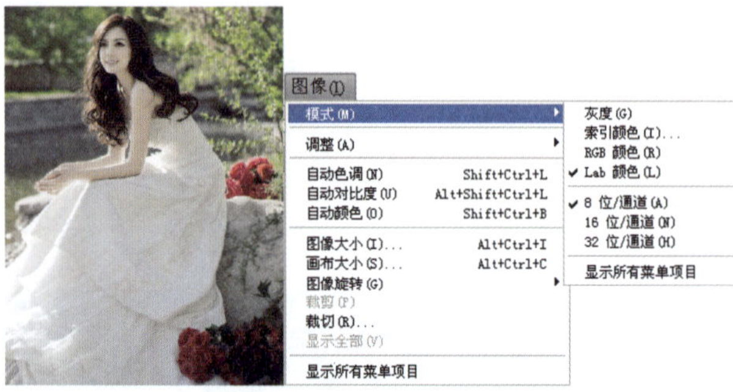

图7-83 调整图像模式

02 打开“通道”面板，选择“明度”通道，注意不要激活其他通道。选择“图像”|“模式”|“灰度”命令，在弹出的提示对话框中单击“确定”按钮，如图7-84所示。

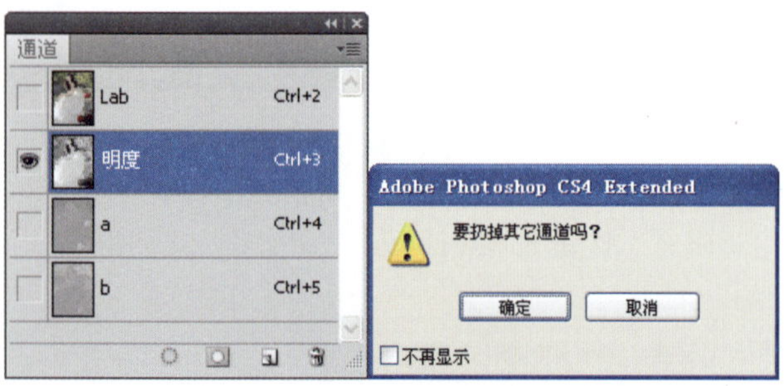

图7-84 转换图像模式

03 选择“图像”|“调整”|“色阶”命令，在弹出的“色阶”对话框中设置参数，如图7-85所示。

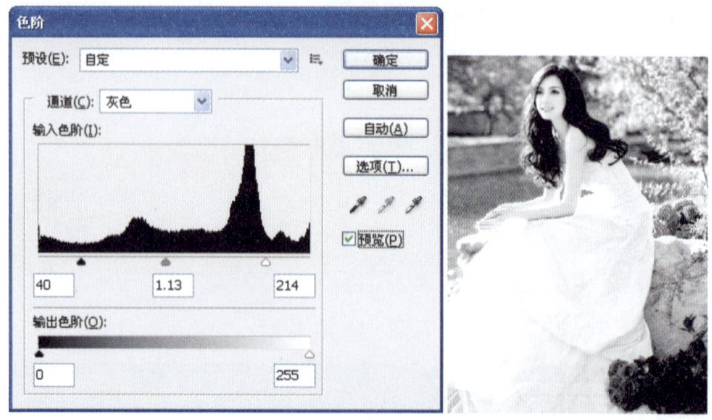

图7-85 调整色阶

提示

由Lab通道转换的黑白图像，效果更加细腻，而直接在RGB模式下使用“去色”或“灰度”命令，得到的效果要灰暗一些，细节层次也较差。

妙笔生花：使用通道制作梦幻效果

难度级别

01 打开“光盘\素材与源文件\素材\第7章\女孩.jpg”文件，在“通道”面板中选择“红”通道，并显示其他通道，如图7-86所示。

图7-86 打开素材文件

02 选择“滤镜”|“模糊”|“表面模糊”命令，在弹出的“表面模糊”对话框中设置参数，单击“确定”按钮关闭对话框，此时的图像效果如图7-87所示。

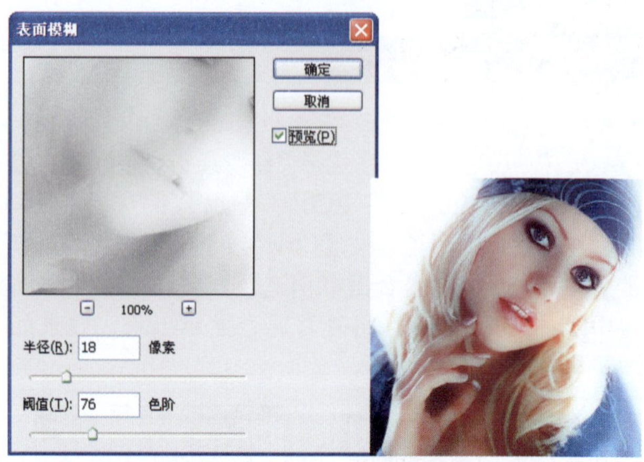

图7-87 表面模糊效果

03 选择“蓝”通道，并显示其他通道，选择“滤镜”|“扭曲”|“极坐标”命令，在弹出的“极坐标”对话框中设置参数，如图7-88所示。

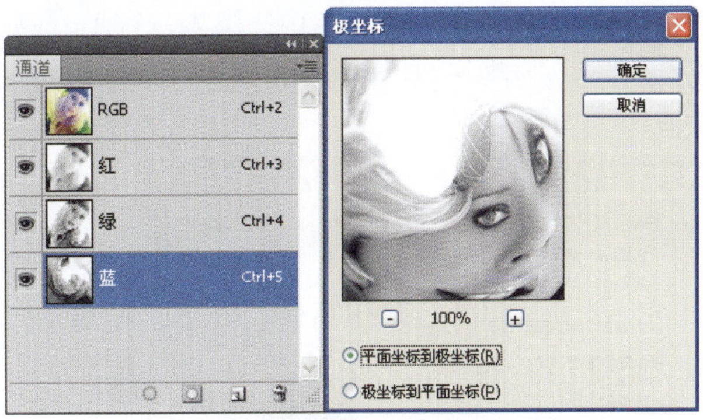

图7-88 设置极坐标参数

04 单击“确定”按钮关闭对话框，得到的图像效果如图 7-89 所示。

图7-89 极坐标效果

05 在“通道”面板中单击 RGB 通道，选择所有的颜色通道，选择“图像”|“调整”|“自然饱和度”命令，在弹出的“自然饱和度”对话框中设置参数，然后单击“确定”按钮关闭对话框，如图 7-90 所示。

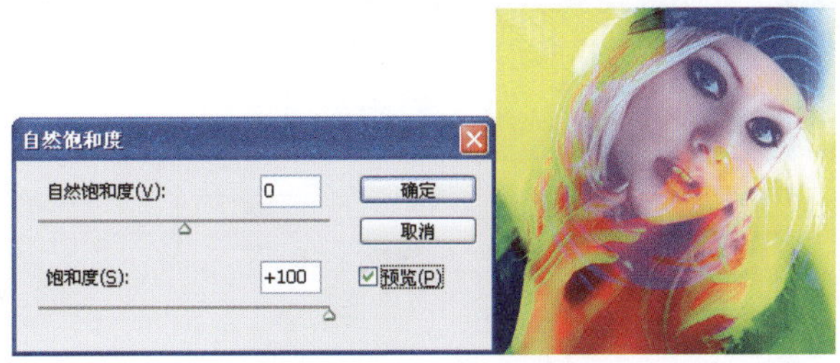

图7-90 自然饱和度效果

06 选择“图像”|“调整”|“亮度 / 对比度”命令，在弹出的“亮度 / 对比度”对话框中设置参数，然后单击“确定”按钮关闭对话框，如图 7-91 所示。

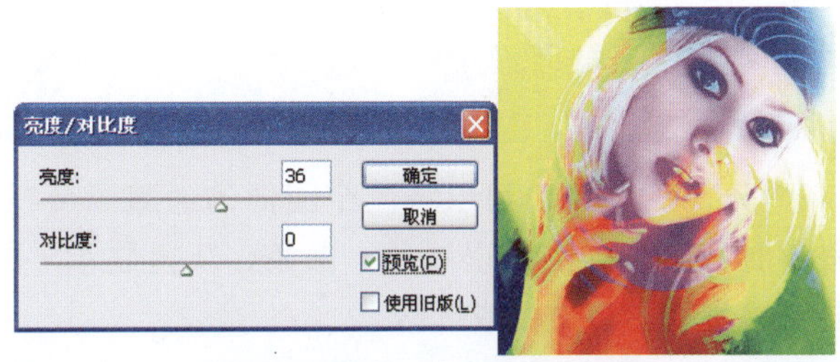

图7-91 调整“亮度/对比度”

STUDY 07 通道计算

使用通道计算功能，可以将不同的图像中的通道混合起来，或者把同一幅图像中的两个通道混合起来，然后将所创建通道的新组合用通道计算功能加在一个新的通道或文档中，一般用于生成特效。通道计算命令包括图像菜单下的“应用图像”和“计算”两个命令。

Work1 “应用图像”命令

使用“应用图像”命令，可以将一个图像的图层和通道与先用图像的图层和通道进行混合。使用“应用图像”命令，可以将两个图像进行混合，也可以在同一图像中选择不同的通道来进行应用。打开源图像和目标图像，在目标图像中选择所需要的图层和通道。图像的像素尺寸必须与“应用图像”对话框中出现的图像名称匹配。

妙笔生花：使用“应用图像”命令制作特效

难度级别

01 打开“光盘\素材与源文件\素材\第 7 章\海边 .jpg”和“蝴蝶 .jpg”文件，如图 7-92 所示。

02 在“海边 .jpg”图像中选择“图像”|“应用图像”命令，在弹出的“应用图像”对话框中的“源”下拉列表框中选择“蝴蝶 .jpg”文件，在“混合”下拉列表框中选择“强光”命令，此时的图像效果如图 7-93 所示。

图7-92 打开两个素材文件

图7-93 设置参数

03 在“应用图像”对话框中选择某一个通道（如“红”通道），可以混合出原图像中的黑白效果，如图 7-94 所示。

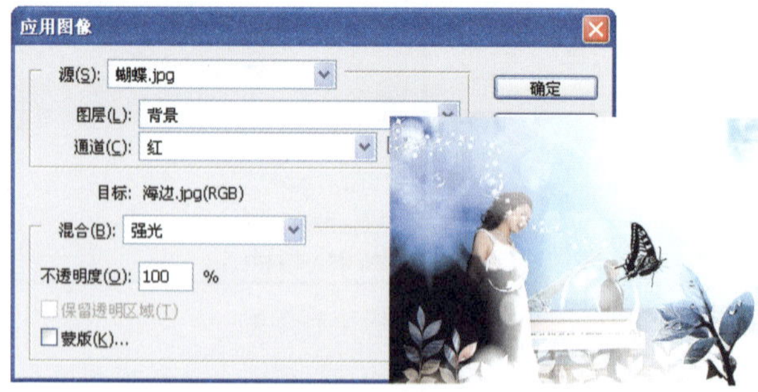

图7-94 选择某一个通道

Work2 “计算”命令

“计算”命令，可以将两个图像的通道混合在一起，它与“应用图像”命令不同的是，使用“计算”命令混合出来的图像以黑色、白色、灰色显示，并且通过“计算”面板中的参数设置，可以将混合的结果创建为通道、文档或选区。

妙笔生花：使用“计算”命令制作特效

难度级别

01 打开“光盘\素材与源文件\素材\第 7 章\手机 .jpg”和“羽毛 .jpg”文件，如图 7-95 所示。

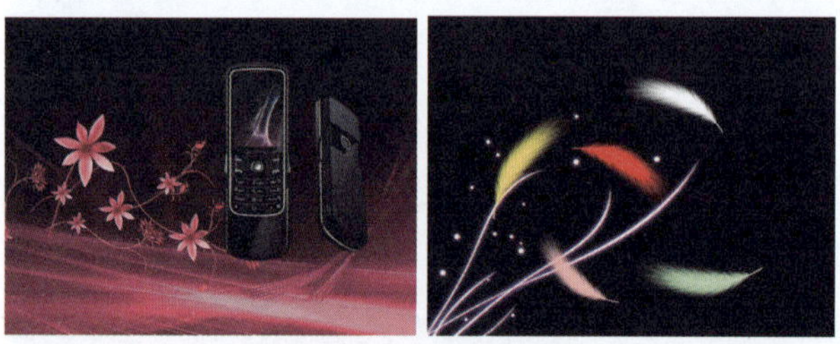

图7-95 打开素材文件

02 在“手机 .jpg”图像中选择“图像”|“计算”命令，在弹出的“计算”对话框中的“源 2”下拉列表框中选择“羽毛 .jpg”文件，在“混合”下拉列表框中选择“滤色”选项，此时的计算效果如图 7-96 所示。

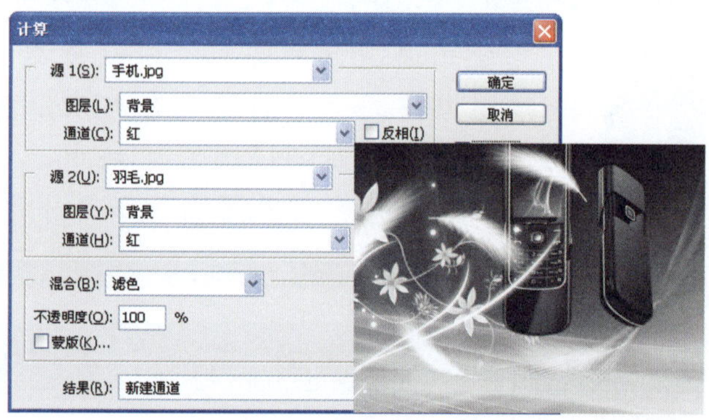

图7-96 “计算”效果

滤镜的应用

Chapter 08

滤镜是 Photoshop 中比较重要的功能，使用滤镜可以制作出各种精彩的图像艺术效果。Photoshop CS4 的所有滤镜都按类别放置在“滤镜”菜单中，使用时只需选择这些命令，在弹出的对话框中进行设置即可。

本章知识索引

实例效果展示

STUDY 01 了解滤镜

滤镜源于摄影领域，是一种用于调节聚焦和光照效果的特殊镜头。在 Photoshop 中，滤镜通过分析图像中的每一个像素，用数学算法将其转换，生成特定的形状、颜色和亮度等效果。

Photoshop 中的滤镜包括特殊滤镜、内置滤镜和外挂滤镜三种。

- 特殊滤镜：在 Photoshop 中，特殊滤镜共包括三个，分别为“滤镜库”、“液化”和“消失点”滤镜，如图 8-1 所示。
- 内置滤镜：内置滤镜包括了上百种滤镜，这些滤镜共分为 14 个滤镜组，被广泛应用于图像处理和特效的制作中，如图 8-2 所示。
- 外挂滤镜：外挂滤镜不是 Photoshop 自带的滤镜，而是由第三方厂商为 Photoshop 所生产的，它需要用户自行安装，不但数量庞大、种类繁多、功能各异，而且版本和种类也在不断地升级和更新，是用户进行图像处理的得力帮手。如 KPT、Eye、Candy 等都是比较常用的外挂滤镜。

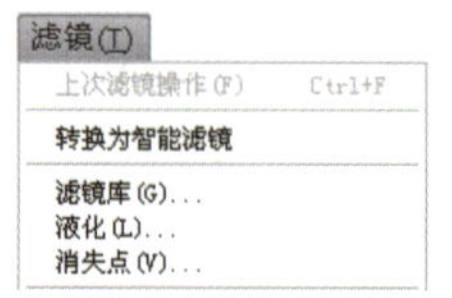

图8-1 特殊滤镜

图8-2 内置滤镜

STUDY 02 滤镜库

Work1 滤镜库的使用　　Work2 认识滤镜库中的滤镜

滤镜库是 Photoshop 滤镜的一个集合体，可以提供许多特殊效果滤镜的设置和预览，方便用户使用。

Work1 滤镜库的使用

下面介绍“滤镜库”对话框，使读者掌握滤镜库的使用。

1. 预览图像效果

选择“滤镜”|“滤镜库”命令，弹出“滤镜库”对话框，在其中可以设置滤镜，制作多种特殊效果，并可以通过预览框直接预览设置的滤镜效果，如图 8-3 所示。

在预览框中可以对图像进行放大、缩小等调整，当图像像素过大时，在预览框中不能查看到图像的所有效果，这时可以通过调整图像的大小进行预览。方法是通过单击预览框左下角的⊟和⊞按钮进行调整，在右侧的文本框中将显示当前图像的缩放比例，如图 8-4 所示。

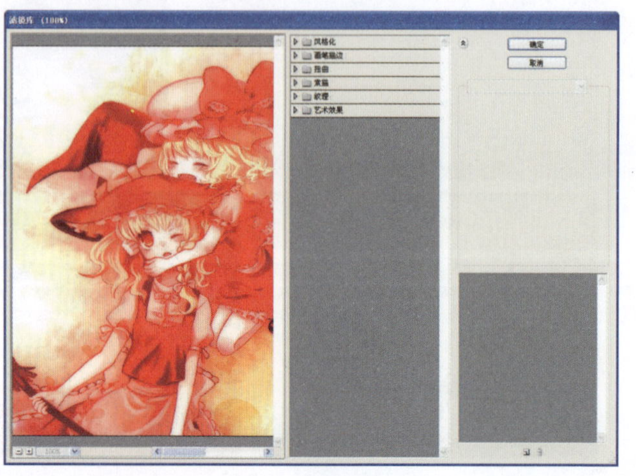
图8-3 滤镜库

图8-4 缩小和放大预览

提示

在“滤镜库”中，按【Ctrl++】组合键，可以放大预览框中的图像；按【Ctrl+ —】组合键，可以缩小预览框中的图像。

2. 选择滤镜效果

在“滤镜库”对话框中，单击滤镜组文件夹右侧的▶按钮将其展开，选择滤镜图标，即可选择该滤镜效果，如图 8-5 所示。

提示

也可以在右侧“取消”按钮下方的下拉列表框中选择其他的滤镜，其中包含“滤镜库”中的所有滤镜，如图 8-6 所示。

图8-5 展开滤镜组

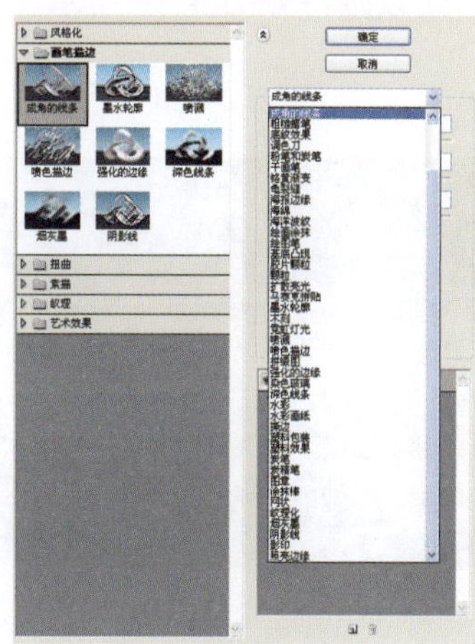

图8-6 滤镜列表

3. 新建和删除效果图层

通过“滤镜”对话框，不仅可以创建单个滤镜，还可以通过选项的设置为一幅图像同时添加多个滤镜效果。可以通过“滤镜库”对话框右下方的滤镜图层管理框进行管理，如图 8-7 所示。

①	单击“显示 / 隐藏滤镜图层”按钮，可以显示或隐藏设置的滤镜效果
②	单击“新建效果图层”按钮，可以添加制作滤镜，方便地在图像上应用多个滤镜，如图 8-8 所示

图8-7 滤镜图层管理框

③	选中要删除的效果图层，单击“删除效果图层”按钮，即可将其删除。注意，最后的图层不能删除，如图 8-9 所示

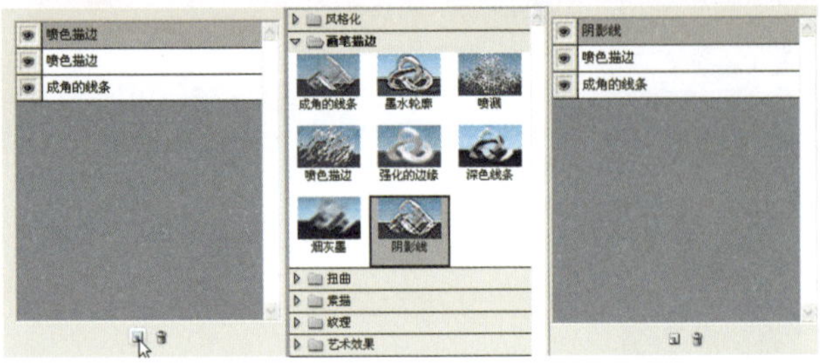

图8-8 新建效果图层

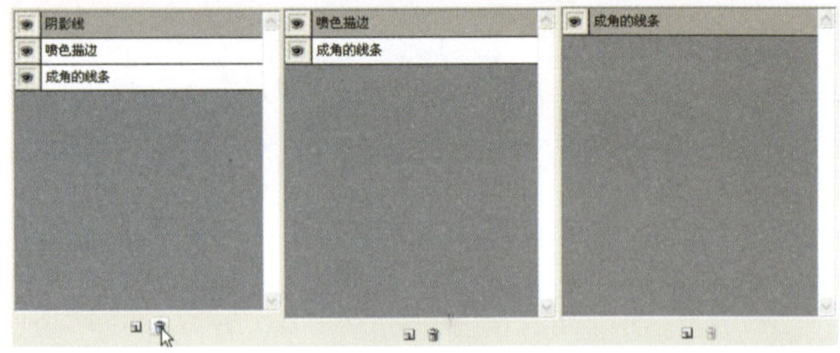

图8-9 删除效果图层

Work2 认识滤镜库中的滤镜

滤镜库中共有六组滤镜，分别为“风格化”、“画笔描边”、“扭曲”、“素描”、“纹理”和“艺术效果”。在对图像应用这些滤镜时，可以直接在“滤镜库”对话框中预览设置的效果，通过右侧相应的滤镜选项进行调整。

1. “风格化”滤镜组中的“照亮边缘”滤镜

“照亮边缘”滤镜可以描绘图像的轮廓，通过调整轮廓的亮度、宽度，设置出类似霓虹灯的发光效果，如图 8-10 所示。

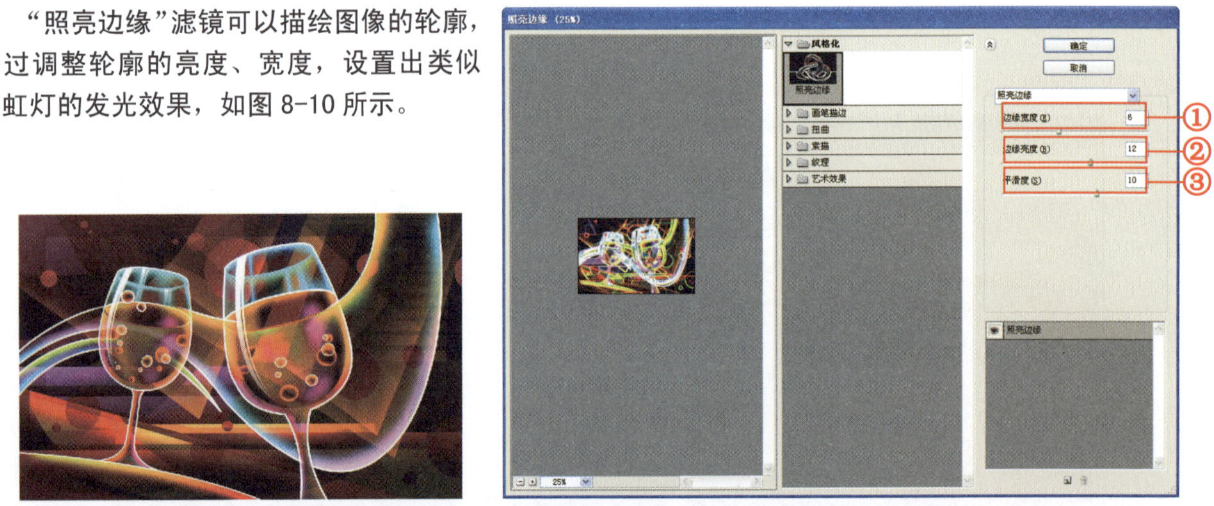

图8-10 “照亮边缘”滤镜

①边缘宽度	设置转换图像边缘的宽度
②边缘亮度	设置转换图像边缘的亮度
③平滑度	设置转换图像边缘的柔和性和平滑性

2. “画笔描边”滤镜组

“画笔描边”滤镜组主要通过模拟不同画笔或油墨笔来勾绘图像，产生绘画效果。在 Photoshop CS4 中有八种画笔描边滤镜，如图 8-11 所示。

● 成交的线条：“成交的线条”滤镜可以利用一定方向的笔画表现油墨效果，还可以制作出如同用油墨笔在对角线上绘制的感觉，如图 8-12 所示。

图8-11 “画笔描边”滤镜

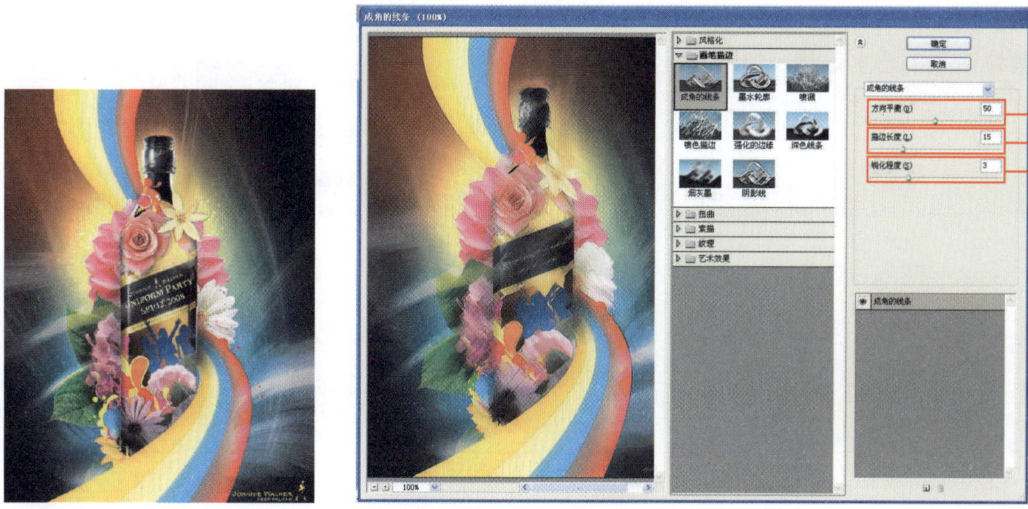

图8-12 成交的线条

①方向平衡	当值设置的比较大时，就会从右上端向左下端应用笔画；值比较小时，则会从左上端向右下端应用画笔
②描边长度	设置的参数越大，笔画越长
③锐化程度	用于设置画笔的锋利程度

● 墨水轮廓：使用“墨水轮廓”滤镜，可以在图像的轮廓上绘制出钢笔勾画的效果，如图8-13所示。

图8-13 “墨水轮廓”滤镜

①描边长度	设置画笔长度
②深色强度	设置的参数越大，阴影部分越大，笔画越深
③光照强度	设置的参数越大，高光部分越大

提示

墨水轮廓滤镜是画笔描边滤镜的一种，用细线画出原始图像中的细节部分，可产生颜色边界的黑色轮廓。

● 喷溅：使用“喷溅”滤镜，可以产生画面颗粒飞溅的沸水效果，如图 8-14 所示。

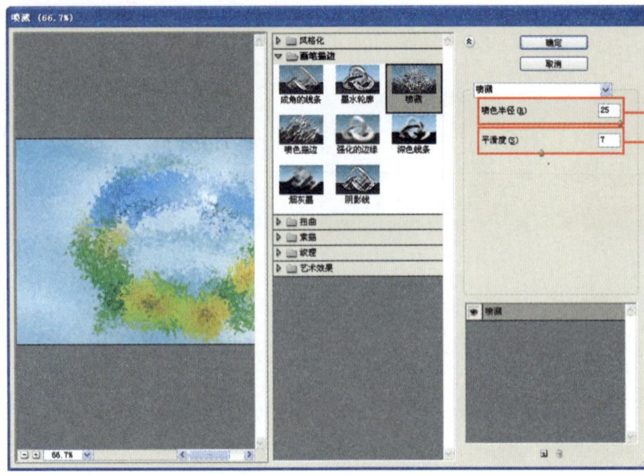

图8-14 喷溅

①颜色半径	设置喷射浪花的辐射范围
②平滑度	设置飞溅浪花的光滑度

● 喷色描边：“喷色描边”滤镜比“喷溅”滤镜产生的效果更均匀一些，而且可以选择喷射的角度，产生倾斜的飞溅效果，如图 8-15 所示。

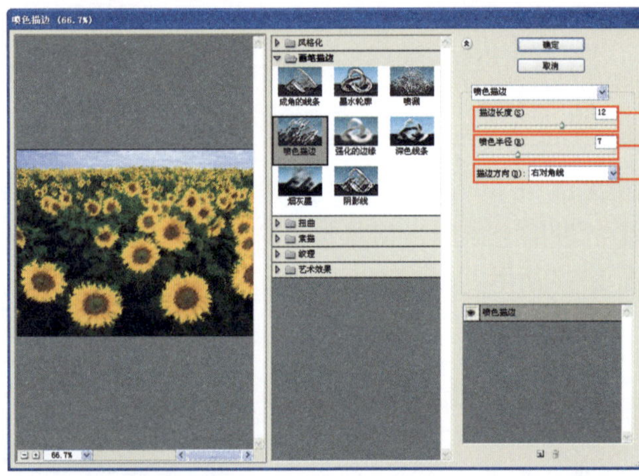

图8-15 “喷色描边”滤镜

①描边长度	数值越大，图像渲染时的半径越大，点越大
②喷色半径	数值越大，图像渲染时的平滑度越高，图像越柔和
③描边方向	设置笔画的方向

● 强化的边缘：“强化的边缘”滤镜可强调图像边缘，可以在图像的边缘部分上绘制，形成颜色对比的图像，如图 8-16 所示。

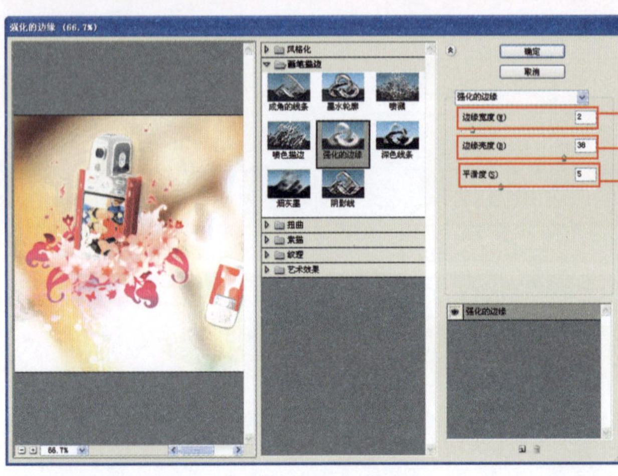

图8-16 “强化的边缘”滤镜

①边缘宽度	数值越大，所画图像轮廓的边缘越亮
②边缘亮度	数值越大，所画图像轮廓的边缘线越亮
③平滑度	数值越大，所画图像轮廓的边缘线越平滑

- 深色线条："深色线条"滤镜可以使图像产生一种很强烈的黑色阴影效果，如图 8-17 所示。

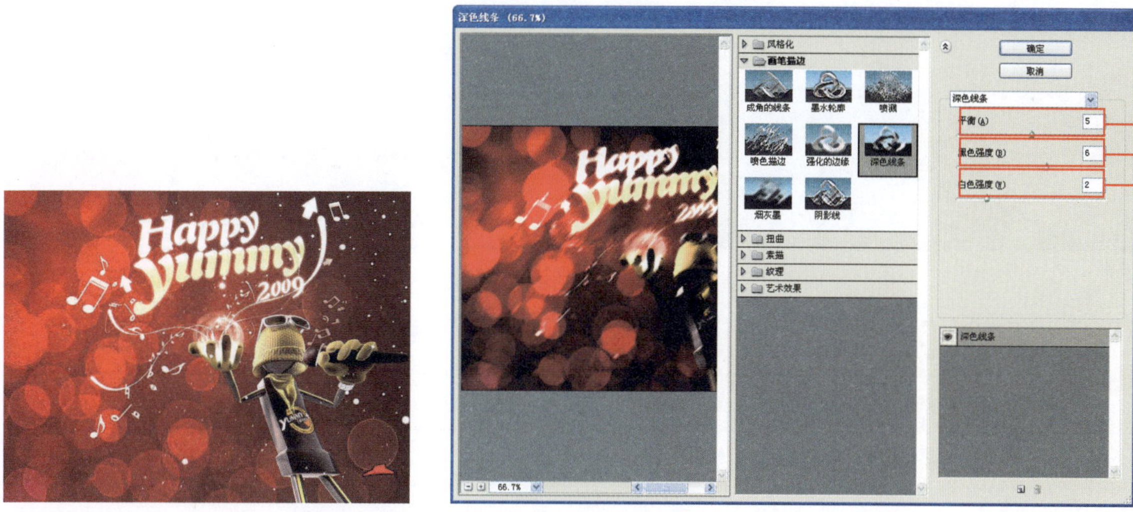

图8-17 "深色线条"滤镜

①平衡	数值越大，所制作的图像平衡度越高，图像线条越清晰
②黑色强度	数值越大，所制作的图像黑色阴影度越高
③白色强度	数值越大，所制作的图像白色强度越高

- 烟灰墨：使用"烟灰墨"滤镜，可以表现出木炭或墨水被宣纸吸收后洇开的效果，如图 8-18 所示。

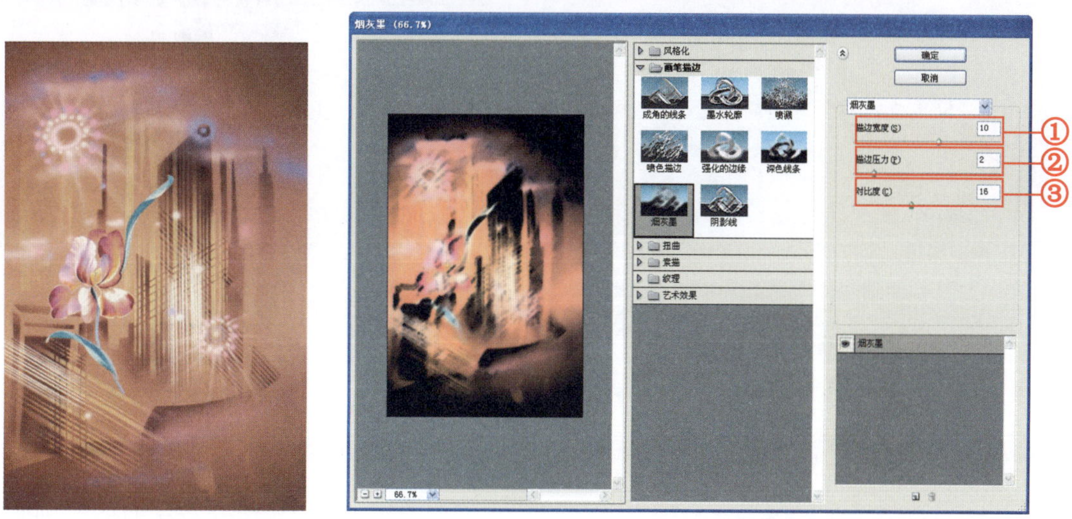

图8-18 "烟灰墨"滤镜

①描边宽度	可设置画笔的宽度
②描边压力	用于设置画笔的压力值
③对比度	设置图像中颜色的对比值

● 阴影线：使用"阴影线"滤镜，可以使图像产生用交叉网线描绘或雕刻的效果，产生一种网状的阴影，如图 8-19 所示。

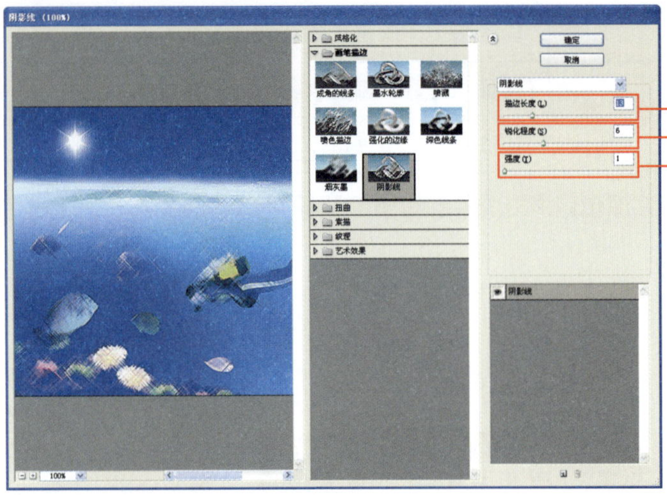

图8-19 "阴影线"滤镜

①描边长度	数值越大，所使用画笔笔触长度越大
②锐化程度	数值越大，所制作的图像锐度越高，交叉网线越清晰
③强度	数值越大，所绘制的图像的画笔笔触力量越大

妙笔生花：使用"画笔描边"滤镜组制作艺术效果

难度级别

01 打开"光盘\素材与源文件\素材\第 8 章\插画.jpg"文件，选择"滤镜"|"滤镜库"命令，在弹出的对话框中选择"画笔描边"滤镜组中的"强化的边缘"滤镜，在右侧设置"边缘宽度"为 2、"边缘亮度"为 36、平滑度为 3，如图 8-20 所示。

图8-20 设置"强化的边缘"滤镜参数

02 在该对话框右下方单击"新建效果图层"按钮，新建一个效果图层，如图 8-21 所示。

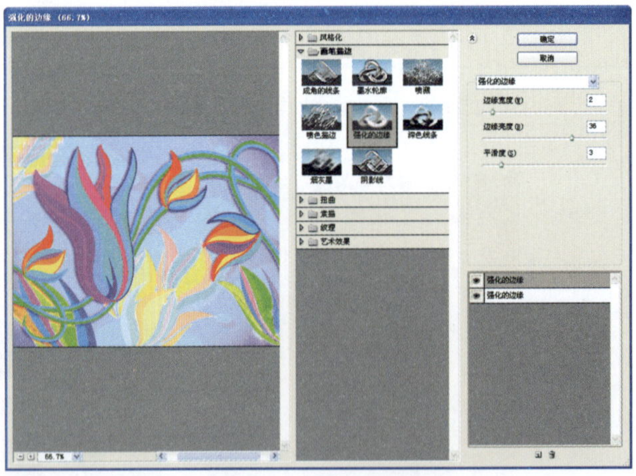

图8-21 新建效果图层

03 为新建的图层选择"成角的线条"滤镜，并设置其"方向平衡"为 50、"描边长度"为 15、"锐化程度"为 3，如图 8-22 所示。

04 单击"确定"按钮关闭对话框，此时的效果如图 8-23 所示。

05 选择"图像"|"调整"|"曲线"命令，在弹出的"曲线"对话框中调整曲线，单击"确定"按钮，得到的图像效果如图 8-24 所示。

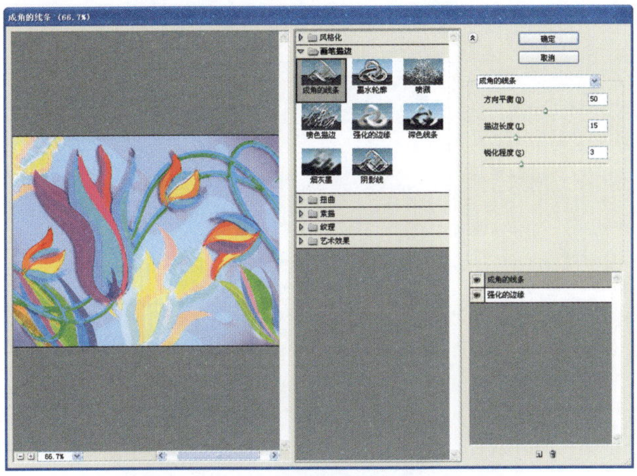

图8-22 设置“成角的线条”滤镜

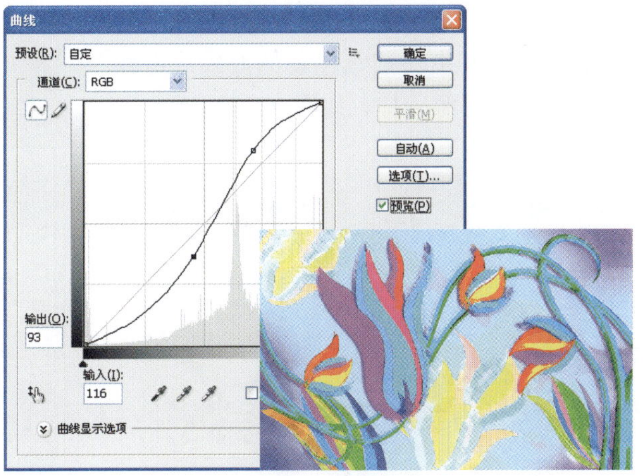

图8-24 图像效果

图8-23 曲线调整效果

提示

用户也可以对图像的色彩进行调整，从而得到更加丰富的效果。

3. “扭曲”滤镜组

在滤镜库中的“扭曲”滤镜组中有“玻璃”、“海洋波纹”和“扩散亮光”三个滤镜，可以将图像中的像素制作成玻璃或波纹等扭曲效果，如图 8-25 所示。

图8-25 “扭曲”滤镜组

● 玻璃：使用“玻璃”滤镜，可以产生透过玻璃看图像的效果，如图 8-26 所示。

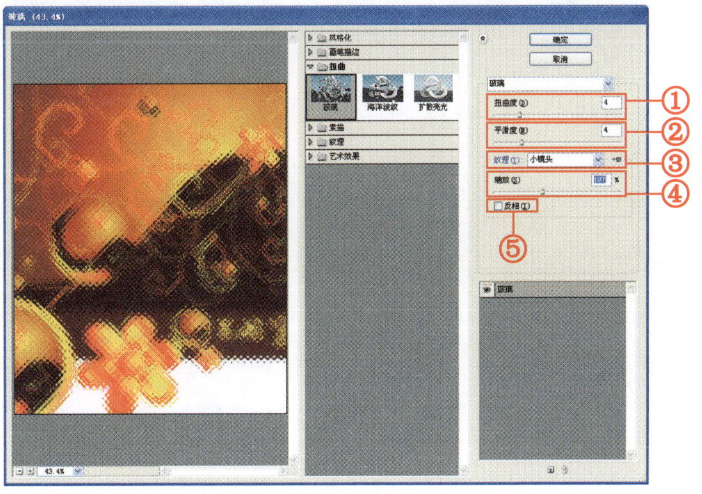

图8-26 “玻璃”滤镜组

①扭曲度	设置的参数越大，扭曲的效果就越明显
②平滑度	调整滤镜效果的柔和程度
③纹理	根据玻璃的形态，可以选择四种纹理效果
④缩放	值越大，设置的纹理效果也就越明显
⑤反相	翻转应用的纹理效果

● 海洋波纹：使用“海洋波纹”滤镜，可以使图像产生一层水波纹的效果，好像透过水面看图像一样，如图 8-27 所示。

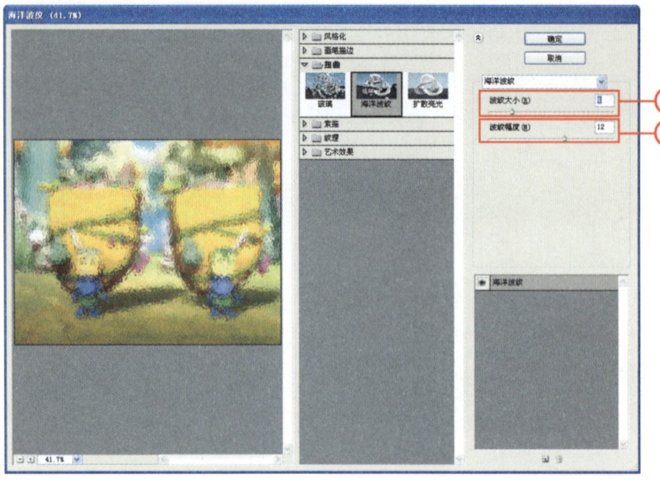

图8-27 “海洋波纹”滤镜

①波纹大小	设置波纹的大小，参数越大，海浪效果就越明显
②波纹幅度	值越大，波纹的强度就越大

● 扩散亮光：使用“扩散亮光”滤镜，可以在图像中加入白色的光芒，形成光芒四射的效果，如图 8-28 所示。

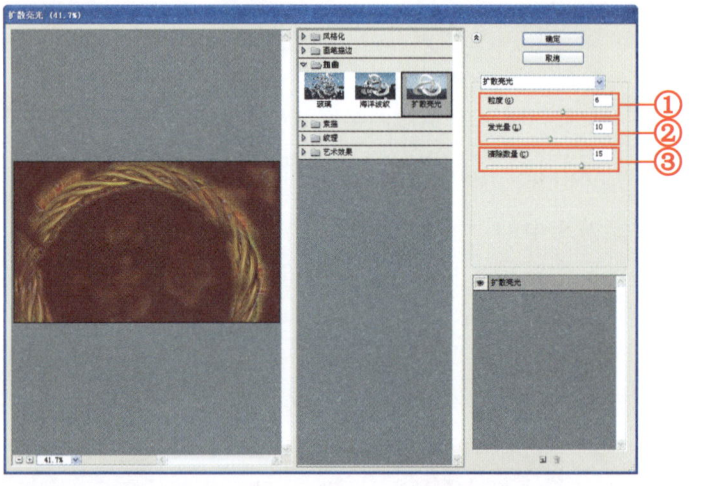

图8-28 “扩散亮光”滤镜

①粒度	设置的参数越小，颗粒就越细致，可以更柔和地反光
②发光量	设置的参数越大，光芒越强
③清除数量	设置的参数越小，表现滤镜的范围越大

妙笔生花：使用“扭曲”滤镜组制作个性图像效果

难度级别

01 打开“光盘\素材与源文件\素材\第 8 章\手机广告.jpg”文件，选择工具箱中的快速选择工具，在图像中的人物上拖动鼠标，创建选区，如图 8-29 所示。

02 按【Ctrl+J】组合键，将选区内的图像复制为一个新的图层并命名为“图层 1”图层，如图 8-30 所示。

图8-29 创建人物选区

图8-30 复制图像

03 在“图层”面板中选择“背景”图层，选择“滤镜”|“滤镜库”命令，在弹出的“玻璃”对话框中选择“扭曲”滤镜组中的“玻璃”滤镜，在右侧设置“扭曲度”为5、“平滑度”为3、“纹理”为“小镜头”、“缩放”为150，如图8-31所示。

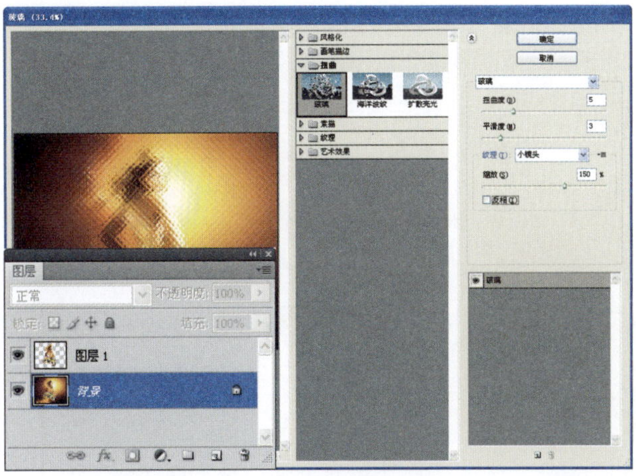

图8-31 应用“玻璃”滤镜

04 单击“确定”按钮，在图像窗口中可以看到，“背景”图层中图层已经更改为玻璃质感的效果，因为复制了一个人物图层，所以不会对复制图层中的人物造成影响，如图8-32所示。

图8-32 应用“玻璃”滤镜效果

05 将“图层1”图层拖动到“创建新图层”按钮上，生成“图层1副本”图层，设置其图层混合模式为“滤色”，效果如图8-33所示。

图8-33 复制图层

4. “素描”滤镜组

“素描”滤镜组可以表现用钢笔或木炭绘制图像草图的效果，适当设置钢笔的粗细或使用前景色、背景色，可以得到更好的效果。滤镜组中的滤镜都是用前景色代表暗部，背景色代表亮部，因此颜色的设置会直接影响到滤镜的效果，如图8-34所示。

- 半调图案：使用“半调图案”滤镜，可以把一幅图像处理成用前景色和背景色组成的带有网板图案的效果，从而使图像具有某种色彩倾向的怀旧感觉，如图8-35所示。

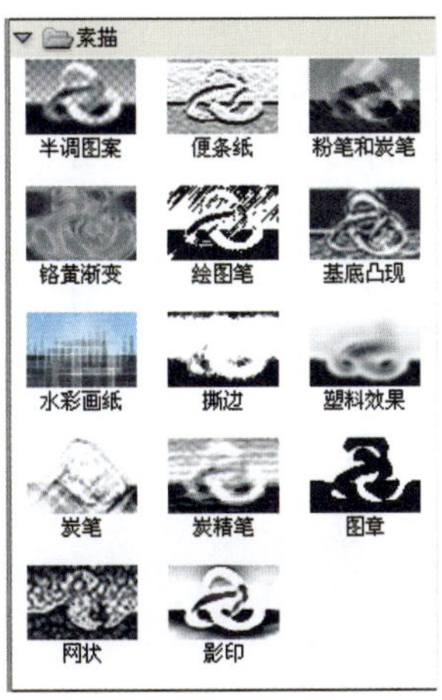

图8-34 “素描”滤镜组

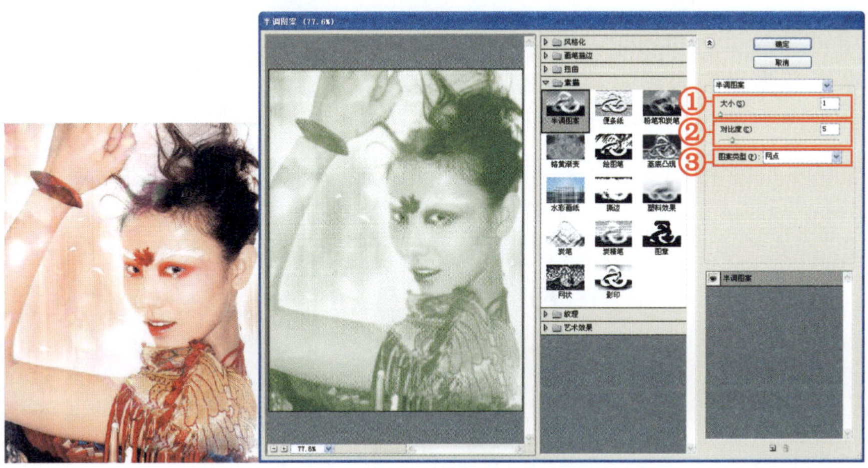

图8-35 “半调图案”滤镜

①大小	设置网格的大小，参数设置的越大，网格就越大；反之，网格就越小
②对比度	设置前景色和背景色的对比度，即图像中亮度与暗度之间的对比效果
③图案类型	设置网格图案的类型，有“网点”、“圆环”和“线型”三种类似的图案，如图 8-36 所示

图8-36 不同图案类型效果

● 便条纸：“便条纸”滤镜用于简化图像色彩，使图像沿着边缘线产生凹陷，生成类似浮雕的凹陷压抑图像，如图 8-37 所示。

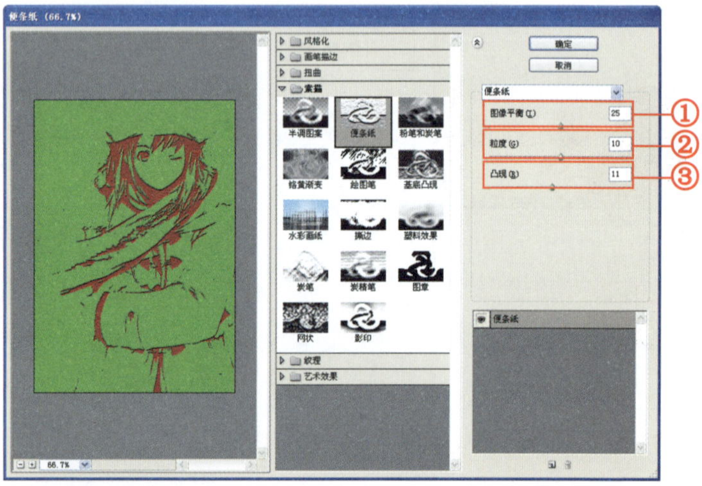

图8-37 “便条纸”滤镜

①图像平衡	用于控制图像前景色和背景色在效果中的平衡
②粒度	用于调节图案颗粒的大小，参数越大，颗粒越明显
③凸现	用于控制浮雕的凹陷程度，参数设置的越大，浮雕的凹陷效果越明显

● 粉笔和炭笔：“粉笔和炭笔”滤镜以粉笔画的笔触和效果，用背景色替代源图像中高光区和中间色调部分，以倾斜 45° 的笔触和效果用前景色替代源图像中的阴暗部分，如图 8-38 所示。

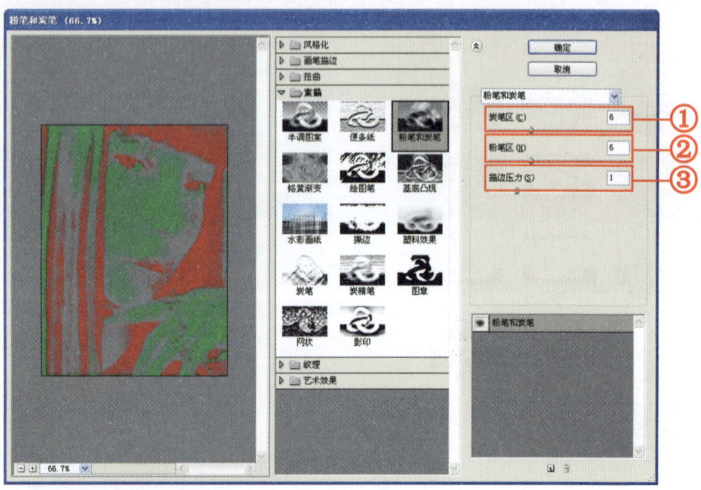

图8-38 “粉笔和炭笔”滤镜

①炭笔区	炭精所代表的颜色在图像中的范围
②粉笔区	粉笔所代表的颜色在图像中的范围
③描边压力	用炭笔或粉笔的力度，参数越大，颜色越浓

● 铬黄渐变：该滤镜可以把一幅图像处理成发亮光液体金属的样子，能制作出高光部分向外凸，而阴影部分向内凹的感觉，如图 8-39 所示。

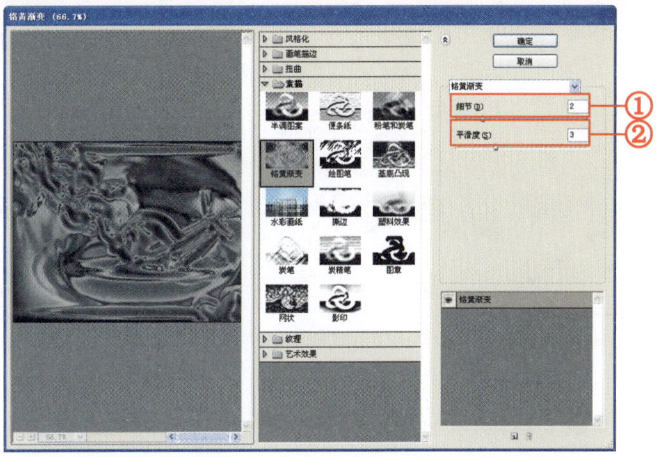

图8-39 “铬黄渐变”滤镜

①细节	控制图像细节处的清晰度
②平滑度	控制图像细节处的平滑度

● 绘画笔：该滤镜可以使图像产生钢笔描画的效果，如图 8-40 所示。

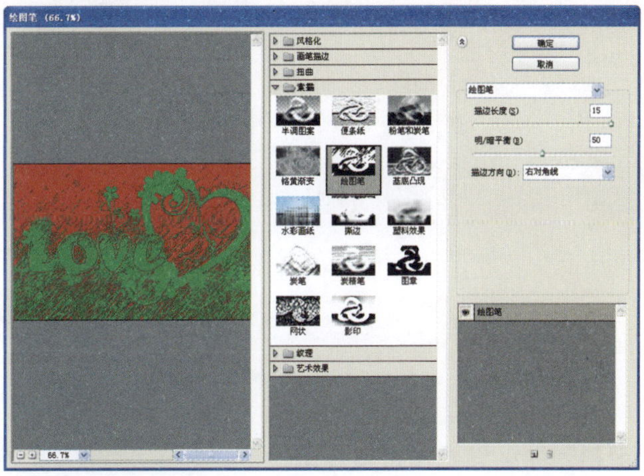

图8-40 “绘画笔”滤镜

● 基底凸现：该滤镜可以使图像产生一种具有凹凸的粗糙边缘及纹理的浮雕效果，如图 8-41 所示。

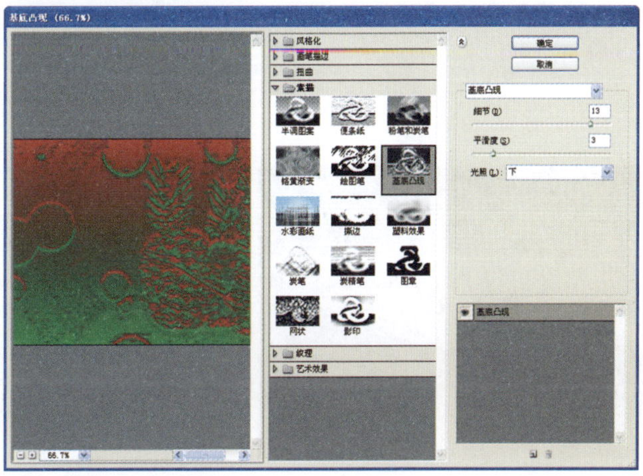

图8-41 “基底凸现”滤镜

● 水彩画纸：该滤镜可以生成纸张扩散和画面浸湿的效果，如图 8-42 所示。

图8-42 “水彩画纸”滤镜

● 撕边：该滤镜可以在前景色和背景色交界处制作溅射分裂的效果，如图 8-43 所示。

图8-43 “撕边”滤镜

● 塑料效果：该滤镜可以在图像的轮廓中产生填充石膏粉效果，然后再用前景色和背景色渲染成彩色图像，如图 8-44 所示。

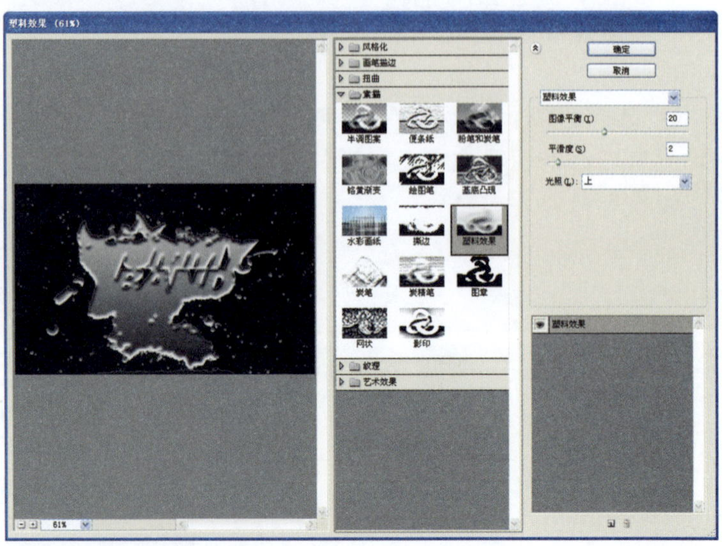

图8-44 “塑料效果”滤镜

● 炭笔：该滤镜可以把图像处理成用炭精条画的图像，背景色设置为纸的颜色，前景色设置为木炭颜色，如图 8-45 所示。

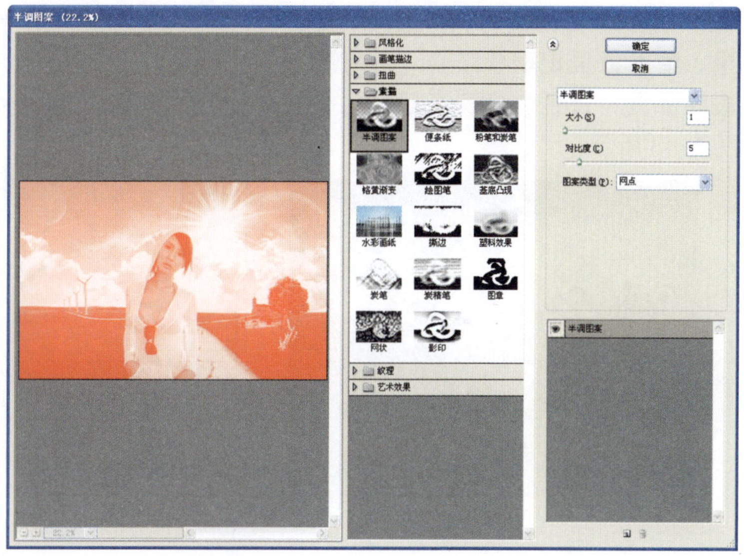

图8-45 “炭笔”滤镜

● 炭精笔：该滤镜可以利用前景色和背景色，表现出蜡笔质感的绘画效果，如图 8-46 所示。

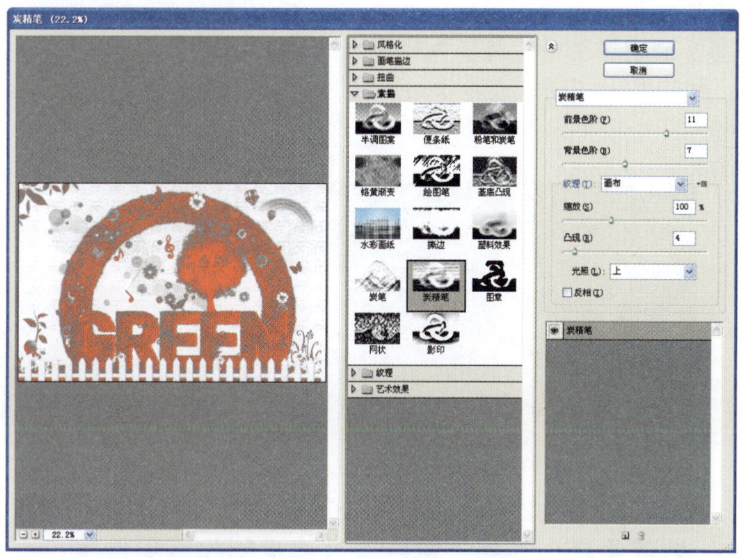

图8-46 “炭精笔”滤镜

● 图章：该滤镜可以将图像的轮廓做成图章，产生类似图像但却是图章的效果，如图 8-47 所示。

图8-47 “图章”滤镜

● 网状：该滤镜可以产生网眼覆盖效果，使图像呈现网状结构，用前景色代表暗部分，背景色代表亮部分，效果如图 8-48 所示。

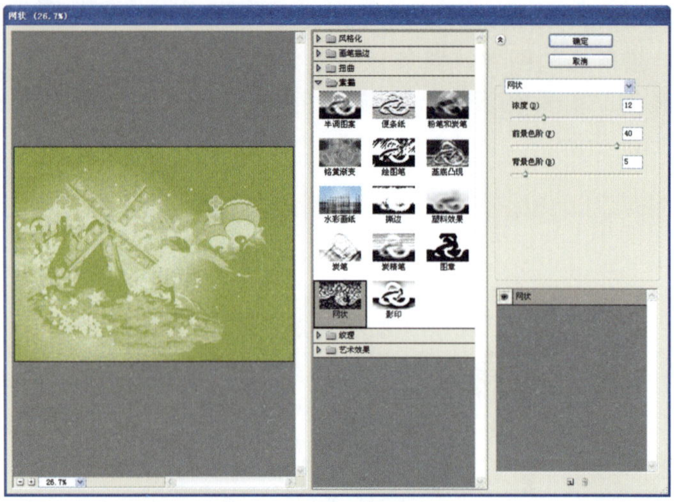

图8-48 “网状”滤镜

● 影印：该滤镜可以将图像表现为使用复印机复印后的效果，用前景色代表图像的阴影部分，背景色代表高光部分，如图 8-49 所示。

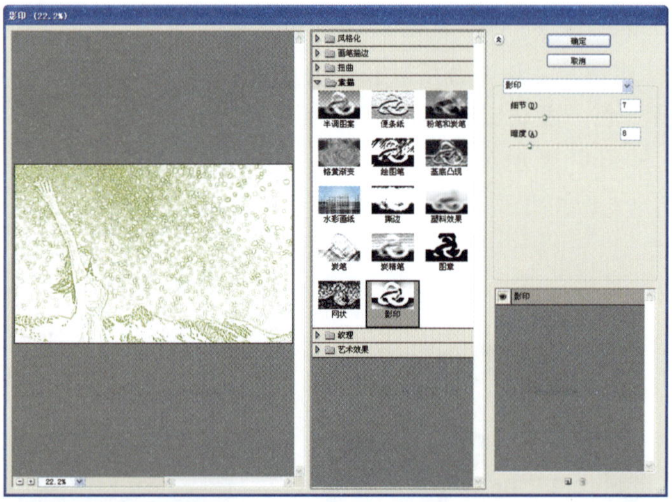

图8-49 “影印”滤镜

妙笔生花：使用“素描”滤镜组制作石雕效果

难度级别

01 打开“光盘\素材与源文件\素材\第 8 章\花.jpg”文件，如图 8-50 所示。

图8-50 打开素材文件

02 在“图层”面板中复制“背景”图层，生成“背景副本”图层，然后选择“滤镜”|“滤镜库”命令，在弹出的对话框中选择“素描”滤镜组中的“基底凸现”滤镜，在右侧设置“细节”为 15、“平滑度”为 3、“光照”为“下”，如图 8-51 所示。

图8-51 “基底凸现”滤镜

03 单击“确定”按钮，关闭对话框，此时的图像效果如图 8-52 所示。

图8-52 “基底凸现”滤镜

04 设置“背景副本”图层的图层混合模式为“明度”、不透明度为70%，如图8-53所示。

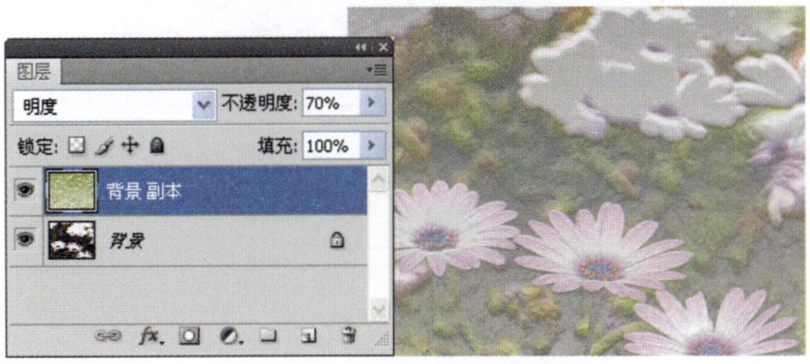

图8-53 调整图层混合模式

05 选择“图像”|“调整”|“色阶”命令，在弹出的“色阶”对话框中设置参数，然后单击“确定”按钮关闭对话框，效果如图8-54所示。

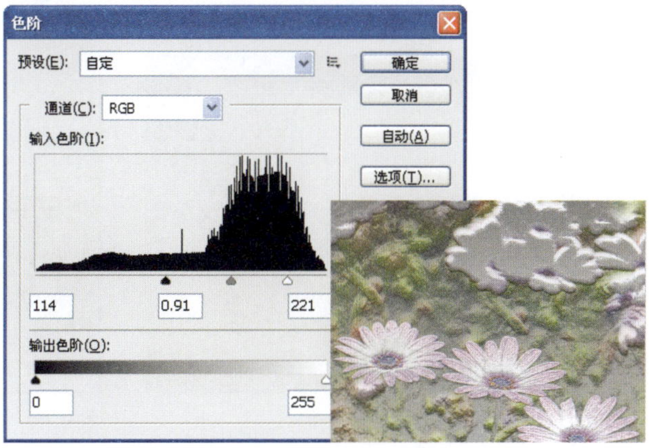

图8-54 图像效果

5. “纹理”滤镜组

“纹理”滤镜组可以在图像上添加特殊的纹理材质，如“龟裂缝”、“颗粒”、“马赛克拼贴”和“染色玻璃”等，如图8-55所示。

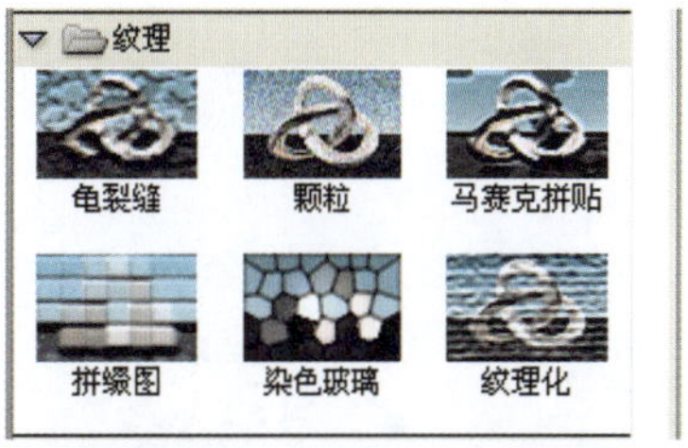

图8-55 “纹理”滤镜组

● 龟裂缝：使用该滤镜，可以在图像中顺着图像和轮廓产生浮雕和石制品特有的裂变效果，如图8-56所示。

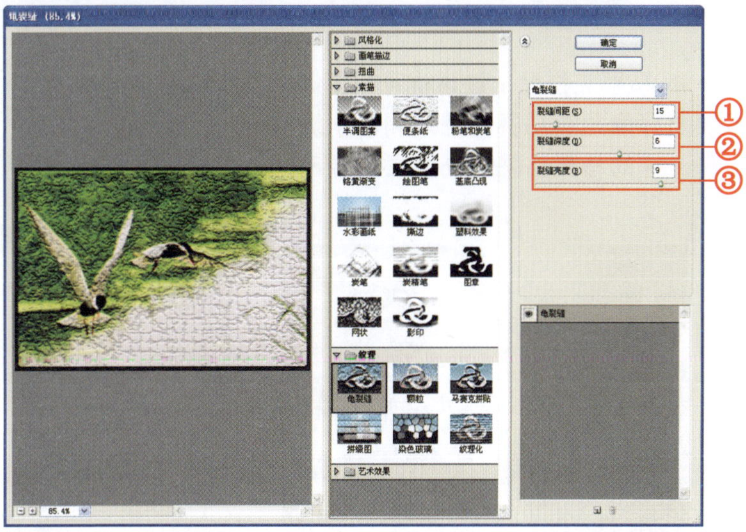

图8-56 “龟裂缝”滤镜

①裂缝间距	控制裂缝之间的距离，数值越大，裂缝的间距就越大
②裂缝深度	控制裂缝之间的深度，数值越大，深度也就越深
③裂缝亮度	控制裂缝之间的明暗程度，数值越大，也就越亮

● 颗粒：该滤镜可以在图像上设置杂点效果，可用不同状态的颗粒改变图像的表面纹理，如图 8-57 所示。

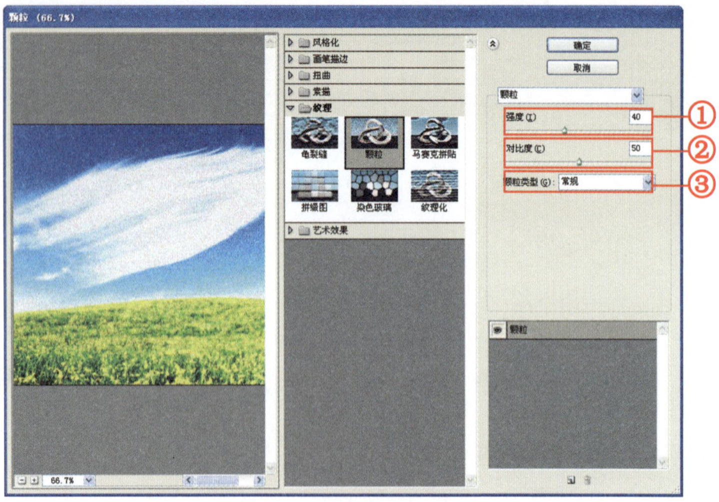

图8-57 “颗粒”滤镜

①强度	控制图像上滤镜作用的强度和颗粒的密度
②对比度	控制图像上像素之间的对比度
③颗粒类型	可以设置多种不同的颗粒效果，如图 8-58 所示

“喷洒”颗粒效果

“扩大”颗粒效果

“水平”颗粒效果

“垂直”颗粒效果

图8-58 不同颗粒效果

● 马赛克拼贴：该滤镜可在图像中添加出好像是有马赛克瓷砖和着水泥铺出来一样的马赛克贴壁效果，如图 8-59 所示。

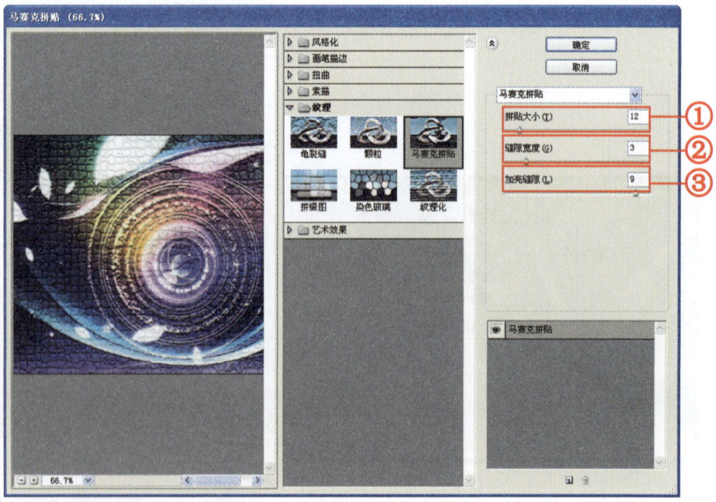

图8-59 “马赛克拼贴”滤镜

①拼贴大小	控制图像上马赛克的大小，设置的参数越大，马赛克块就越大
②缝隙宽度	控制图像上马赛克之间的宽度
③加亮缝隙	控制图像上马赛克之间的亮度

● 拼缀图：该滤镜可以表现出矩形的瓷砖效果，而且通过设置，还可以产生浓重的阴影，如图 8-60 所示。

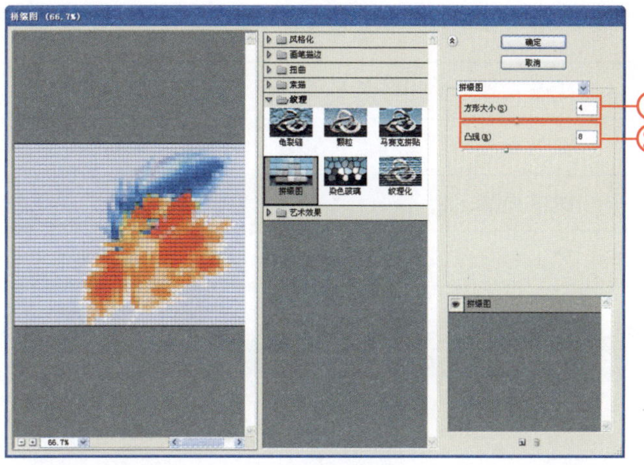

图8-60 “拼缀图”滤镜

①方形大小	控制图像上方块的大小，参数越大，方块就越大；反之，方块就越小
②凸现	控制方块的突出效果

● 染色玻璃：该滤镜可以用前景色把图像分成像植物细胞般的小块，制作出蜂巢一样的拼贴纹理效果，如图 8-61 所示。

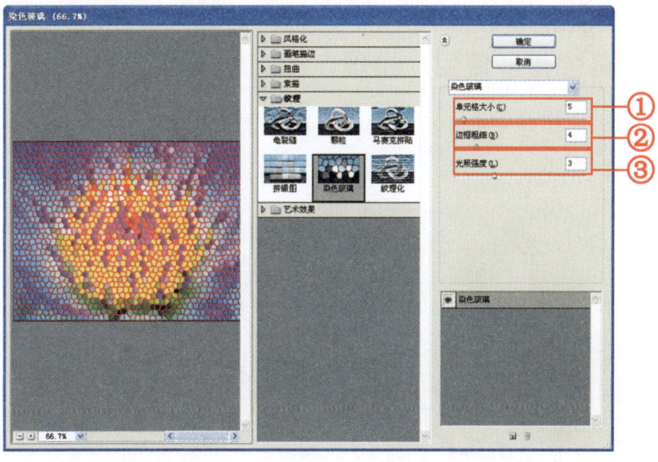

图8-61 “染色玻璃”滤镜

①单元格大小	控制图像上拼贴纹理的大小，设置的值越大，纹理就越大
②边框粗细	控制单元块之间的距离
③光照强度	控制图像的明暗程度

● 纹理化：该滤镜可以选择多种纹理替代图像的表面纹理，产生不同的纹理效果，如图 8-62 所示。

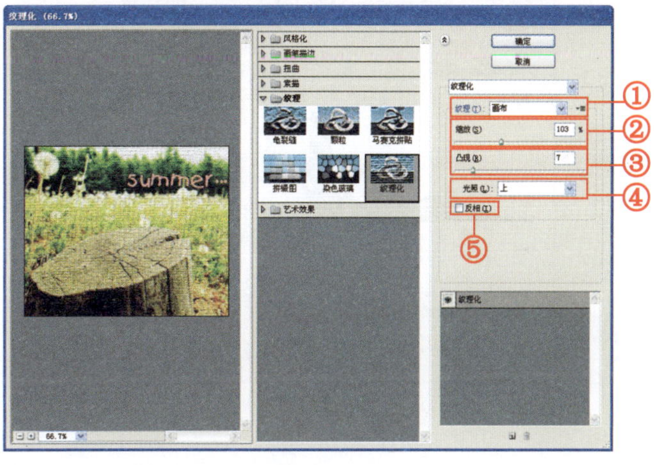

图8-62 “纹理化”滤镜

①纹理	可选择“砖形”、“粗麻布”、“画布”和“砂岩”四种纹理类型，如图 8-63 所示
②缩放	调整纹理的大小，值越大，纹理就越大
③凸现	设置纹理的扭曲程度，值越大，扭曲程度就越深
④光照	设置光照方向
⑤反相	可反转纹理来表现图像效果

砖形　粗麻布　画布　砂岩

图8-63 不同纹理类型

妙笔生花：使用“纹理”滤镜组制作石雕效果

难度级别

01 打开“光盘\素材与源文件\素材\第 8 章\短发女孩.jpg”文件，如图 8-64 所示。

图8-64 打开素材文件

02 复制“蓝”通道，得到“蓝 副本”通道，按【Ctrl+L】组合键，在弹出的“色阶”对话框中调整参数，如图 8-65 所示。

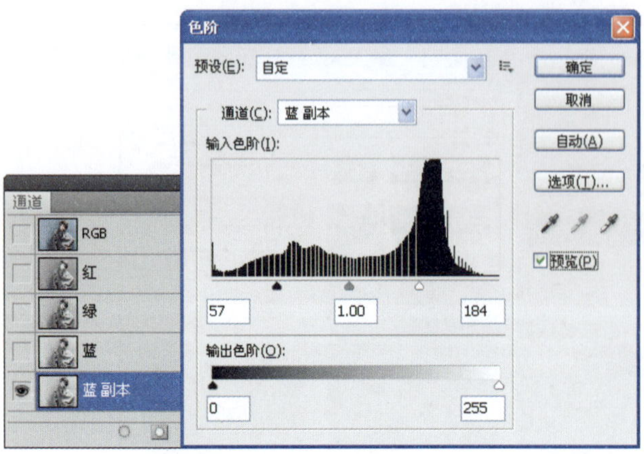

图8-65 调整色阶参数

03 单击“确定”按钮关闭对话框，此时的图像效果如图 8-66 所示。

图8-66 图像效果

04 继续使用画笔工具编辑通道图像，如图 8-67 所示。

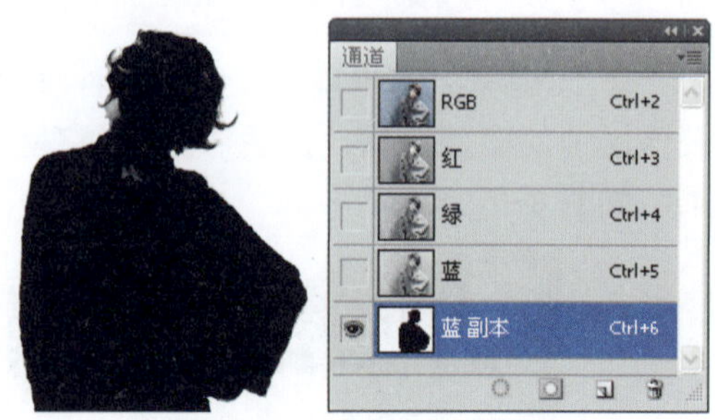

图8-67 编辑通道

05 按住【Ctrl】键单击“蓝 副本”通道缩览图，载入选区，然后显示出 RGB 通道，隐藏“蓝 副本”通道，如图 8-68 所示。

图8-68 隐藏“蓝副本”通道

06 选择“滤镜”|“滤镜库”命令，在弹出的对话框中选择“纹理”滤镜组中的“纹理化”滤镜，在右侧设置“纹理”为“砖形”、“缩放”为200、“凸现”为13、“光照”为“左上”，单击“确定”按钮关闭对话框，然后按【Ctrl+D】组合键取消选区，此时的图像效果如图 8-69 所示。

图8-69 图像效果

6. “艺术效果”滤镜组

“艺术效果”滤镜组可以使一幅普通的图像具有艺术风格，它能生成油画、水彩画、铅笔画、粉笔画和水粉画等艺术风格。此类滤镜可以在RGB和灰度模式中应用，但在CMYK模式中不能应用，如图8-70所示。

- 壁画：使用该滤镜，可以使图像产生一种古壁的斑点效果，如图8-71所示。

图8-70 “艺术效果”滤镜组

图8-71 “壁画”滤镜

- 彩色铅笔：该滤镜可以模拟彩色铅笔绘制图像的效果，即根据前景色和背景色，使图像产生铅笔斜线的效果，如图8-72所示。

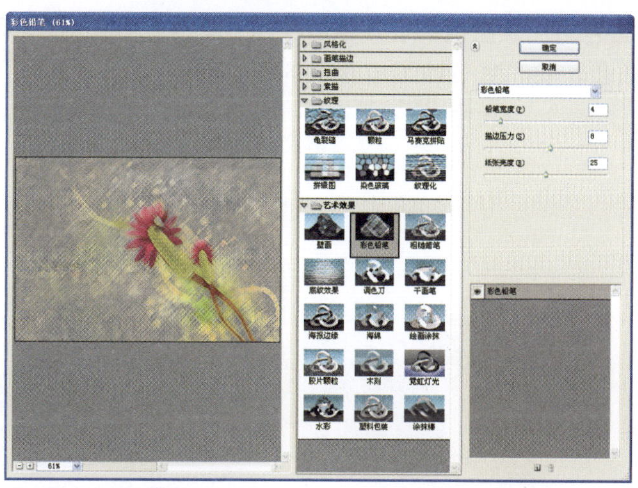

图8-72 “彩色铅笔”滤镜

● 粗糙蜡笔：该滤镜可在图像表面产生一种不平衡、浮雕感的纹理效果，如图 8-73 所示。

图8-73 “粗糙蜡笔”滤镜

①描边长度	设置笔画的长短，值越大，笔画越粗
②描边细节	设置的值越小，绘画效果越精细
③纹理	用于选择纹理的图样，有“砖形”、“粗麻布”、“画布”和“砂岩”四种纹理效果
④光照	设置光照的方向

● 底纹效果：该滤镜可以根据纹理的类型和色值在图像上产生一种纹理描绘的效果，如图 8-74 所示。

图8-74 “底纹效果”滤镜

● 调色刀：该滤镜可以使相近的颜色相互融合，以产生一种国画写意的笔法效果，如图 8-75 所示。

图8-75 “调色刀”滤镜

● 干画笔：该滤镜可以使画面产生一种不饱和且不湿润的油画效果，如图 8-76 所示。

图8-76 “干画笔”滤镜

● 海报边缘：该滤镜可以在图像的阴影部分设置黑色轮廓，既能表现出海报的感觉，又能将图像转换为美观的招贴画效果，如图 8-77 所示。

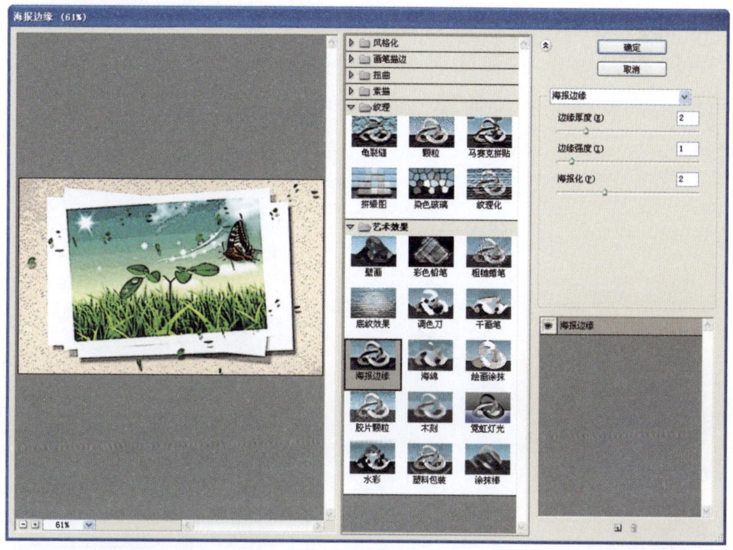

图8-77 “海报边缘”滤镜

● 海绵：该滤镜是模仿海绵的吸水功能，使画面产生浸湿的效果，如图 8-78 所示。

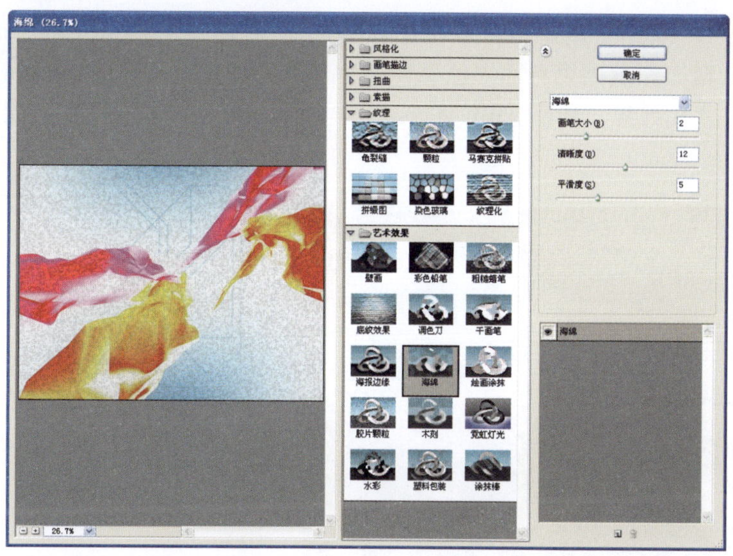

图8-78 “海绵”滤镜

● 绘画涂抹：该滤镜相当于使用画笔在图像上随意涂抹，使画面变模糊，如图 8-79 所示。

图8-79 “绘画涂抹”滤镜

● 胶片颗粒：该滤镜可以使图像产生一种在薄膜上布满黑色微粒的效果，可以用来制作老照片效果，如图 8-80 所示。

图8-80 “胶片颗粒”滤镜

● 木刻：该滤镜可以使图像看起来像精心修剪的彩色图，使图像产生剪纸、木刻效果，如图 8-81 所示。

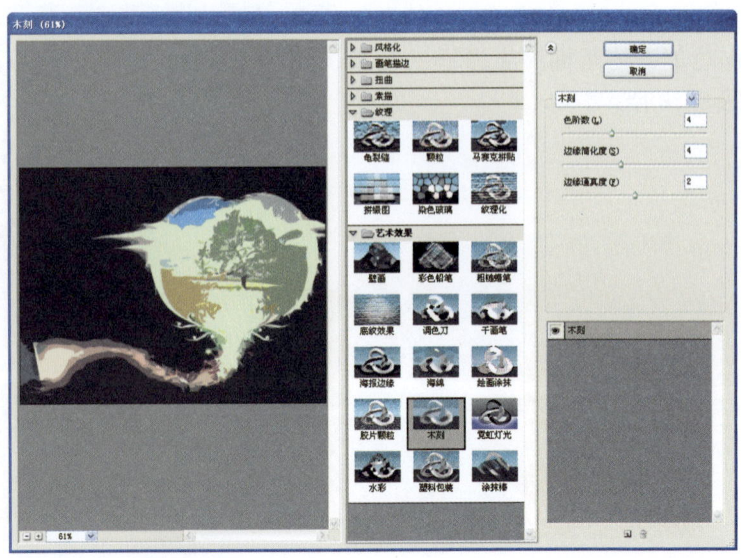

图8-81 “木刻”滤镜

● 霓虹灯光：该滤镜可以实现相当于使用彩色氖光灯照射画面后的效果。前景色用于显示图像高光的霓虹灯效果，而在滤镜参数设置对话框中，设置的颜色可将图像的轮廓部分表现为霓虹灯效果，如图 8-82 所示。

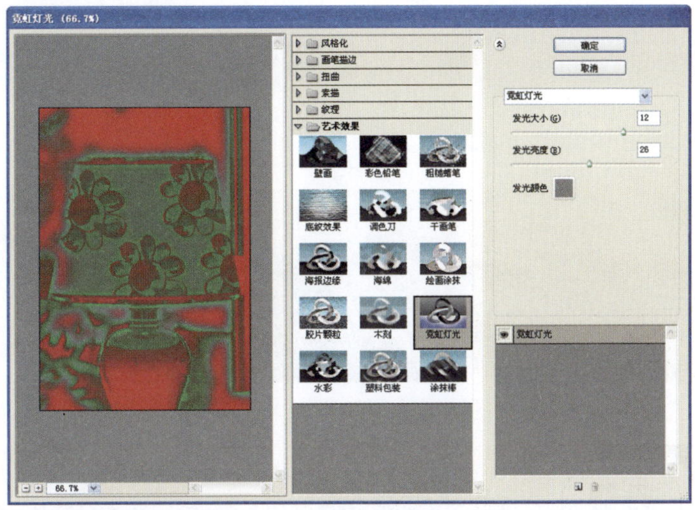

图8-82 “霓虹灯光”滤镜

● 水彩：该滤镜可以用较深的颜色表现边缘部分，制作出水彩画的效果，如图 8-83 所示。

图8-83 “水彩”滤镜

● 塑料包装：该滤镜可以使图像表面产生一种质感很强的塑料包装物效果，就像在图像上蒙上了一层塑料薄膜，多用于制作具有柔和光色的效果，如图 8-84 所示。

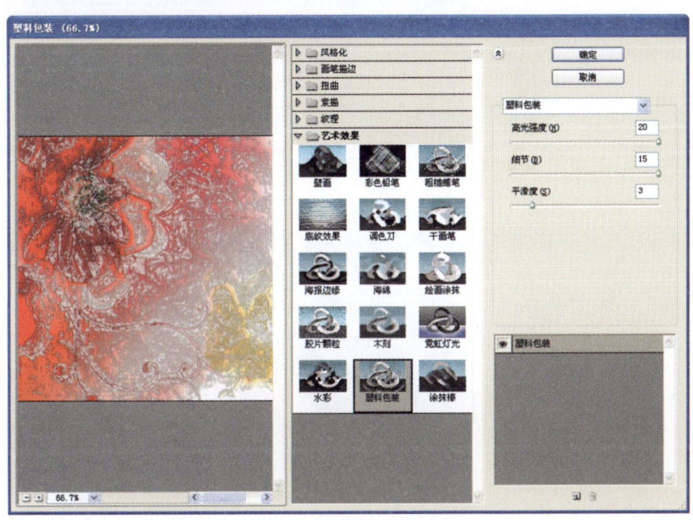

图8-84 “塑料包装”滤镜

● 涂抹棒：该滤镜可以表现出水彩画的效果，一般在制作比较暗的图像时使用，如图 8-85 所示。

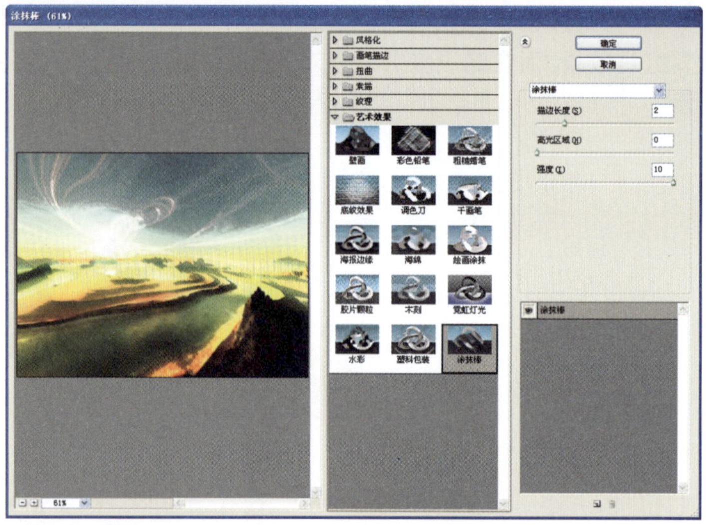

图8-85 “涂抹棒”滤镜

STUDY 03 独立滤镜

☆ Work1 “液化”滤镜　　☆ Work2 “消失点”滤镜

在 Photoshop CS4 中，“液化”和“消失点”滤镜是两个独立的滤镜。它们具有奇特的功效，可以制作出不一样的图像效果。

Work1 “液化”滤镜

“液化”滤镜可以将图像任意部分进行扭曲、收缩、膨胀等液化变形处理，常用于人物数码照片的后期处理中，可以对照片中的人物进行瘦脸、瘦身、放大眼睛、缩小嘴唇、调整人物表情、制作卷发效果等操作，是非常实用的滤镜之一。

选择“滤镜”|“液化”命令，在弹出的“液化”对话框中，设置其中的参数即可对图像进行液化处理，如图 8-86 所示。

图8-86 “液化”滤镜

①向前变形工具	使用该工具，通过拖动鼠标，可以推动像素，从而使图像变形
②重建工具	使用重建工具拖动变形部分，可以将图像恢复为原始状态
③顺时针旋转扭曲工具	按照顺时针或逆时针方向旋转图像
④褶皱工具	使用该工具，可像使用凹透镜以一样缩小图像，进行变形
⑤膨胀工具	使用该工具，可像使用凸透镜以一样放大图像，进行变形
⑥左推工具	向左移动图像的像素，扭曲图像
⑦镜像工具	使用该工具，可以将图像扭曲为反射形态
⑧湍流工具	将图像扭曲为类似风或气流流动的形态
⑨冻结蒙版工具	用于设置蒙版，使被蒙版区域不会变形
⑩解冻蒙版工具	用于解除蒙版区域
⑪工具选项	设置图像扭曲使用的画笔大小和压力程度等
⑫重建选项	用于恢复被扭曲的图像
⑬蒙版选项	用于编辑、修改蒙版区域
⑭视图选项	设置在画面中显示或隐藏蒙版区域或网格

妙笔生花：使用“液化”滤镜制作非主流效果

难度级别

01 打开“光盘\素材与源文件\素材\第8章\漂亮女孩.jpg”文件，如图8-87所示。

图8-87 打开素材文件

02 选择“滤镜”|“液化”命令，在打开的“液化”对话框中单击向前变形工具，设置“画笔大小”为100，然后在人物右脸颊边向左拖动进行变形，如图8-88所示。

图8-88 变形人物右脸颊

03 用同样的方法对人物左侧脸颊进行变形，然后单击膨胀工具，设置“画笔大小”为50，如图8-89所示。

图8-89 变形人物左脸颊

04 在人物的眼睛上各单击四下，将眼睛放大，然后单击“确定”按钮关闭“液化”对话框，效果如图 8-90 所示。

图8-90 液化效果

05 选择“图像”|“调整”|“色彩平衡”命令，在弹出的“色彩平衡”对话框中设置参数，然后单击“确定”按钮关闭对话框，如图 8-91 所示。

图8-91 色彩平衡效果

Work2 “消失点”滤镜

使用“消失点”滤镜命令能够改变平面的角度，制作出具有立体效果的图像。选择“滤镜”|“消失点”命令，即可打开“消失点”对话框，如图 8-92 所示。

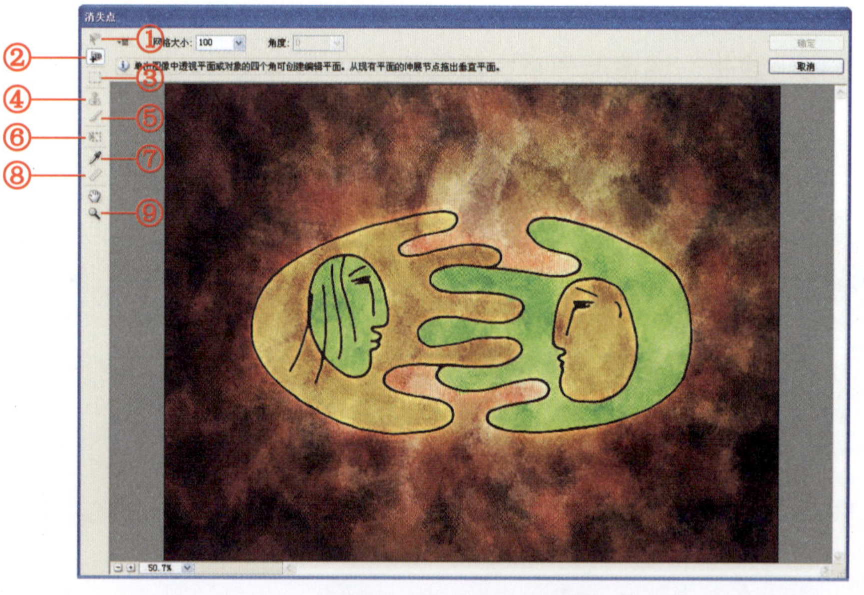

图8-92 “消失点”对话框

①“编辑平面工具”按钮	单击该按钮，可以选择、编辑、移动平面并调整大小
②“创建平面工具”按钮	单击该按钮，可以定义平面的四个角节点、调整大小和形状，并拉出新的平面
③“选框工具”按钮	单击该按钮，可以创建方形或矩形选区，可同时移动或仿制选区。双击该按钮，可以选择整个平面
④“图章工具”按钮	单击该按钮，可以使用图像的一个样本绘图，但不能仿制其他图像中的元素
⑤“画笔工具”按钮	单击该按钮，可以在平面中使用选定的颜色进行绘画
⑥“变换工具”按钮	单击该按钮，可以通过移动外框手柄来缩放、旋转和移动浮动选区

⑦ "吸管工具"按钮	单击该按钮，可以在预览图像中选择一种颜色用于绘画
⑧ "测量工具"按钮	单击该按钮，可以在平面中测量项目的距离和角度
⑨ "缩放工具"按钮	单击该按钮，可以在预览窗口中缩放图像的视图

妙笔生花：使用"消失点"滤镜合成图像

难度级别

01 打开"光盘\素材与源文件\素材\第8章\手牵手.jpg"和"情侣.jpg"文件，如图8-93所示。

图8-93 打开素材文件

02 选择"情侣.jpg"文件，按【Ctrl+A】组合键全选图像，按【Ctrl+C】组合键复制图像；打开"手牵手.jpg"文件窗口，选择"滤镜"|"消失点"命令，弹出"消失点"对话框，如图8-94所示。

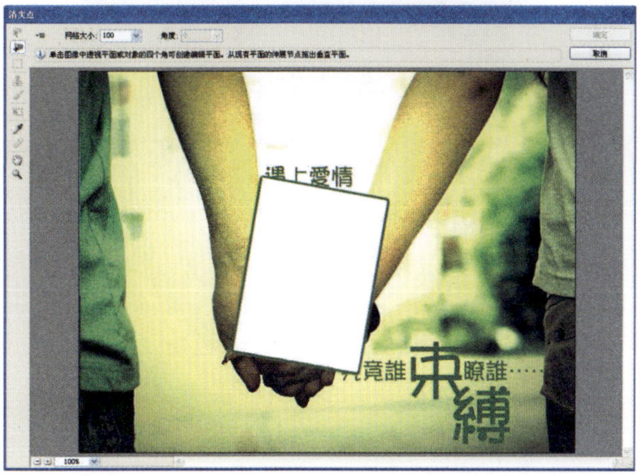

图8-94 "消失点"对话框

03 在"消失点"对话框中单击创建平面工具，单击中间图像的四个边角，创建一个表格，按【Ctrl+V】组合键将刚才复制的图像粘贴到"消失点"对话框中，可以看到粘贴的图像边缘以选区显示，如图8-95所示。

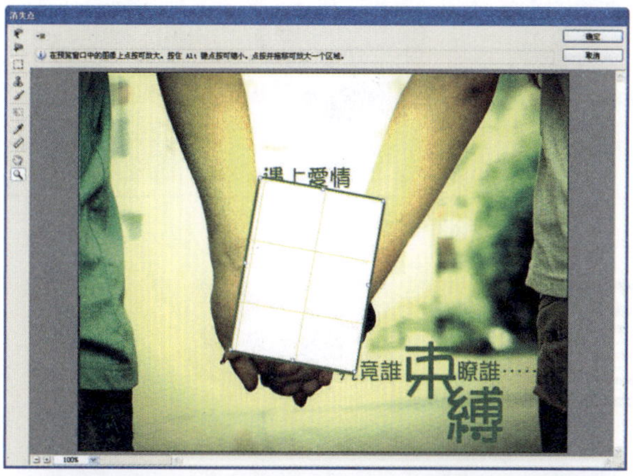

图8-95 粘贴图像

04 单击"变换工具"按钮，在粘贴图像出现的变换框上拖动控制点，将图像缩小；将粘贴的图像拖动到蓝色的边框内，图像即自动形成透视关系，合成在蓝框内，并通过移动图像位置，调整到合适的区域，效果如图8-96所示。

图8-96 缩小并拖入图像

05 单击“确定”按钮关闭对话框，在图像中即应用设置的消失点效果，如图 8-97 所示。

图8-97 应用消失点效果

STUDY 04 其他滤镜

- Work1 “风格化”滤镜组
- Work2 “模糊”滤镜组
- Work3 “扭曲”滤镜组
- Work4 “锐化”滤镜组
- Work5 “像素化”滤镜组
- Work6 “渲染”滤镜组
- Work7 “杂色”滤镜组
- Work8 “其他”滤镜组

在“滤镜”菜单中有 13 个滤镜组，每个滤镜组中都有其相应的单个滤镜。使用这些滤镜可以在图像中快速方便地制作出漂亮的艺术效果。

Work1 “风格化”滤镜组

“风格化”滤镜在图像上应用质感或亮度，使图像在样式上产生改变。其中包括九个单独滤镜，如图 8-98 所示。

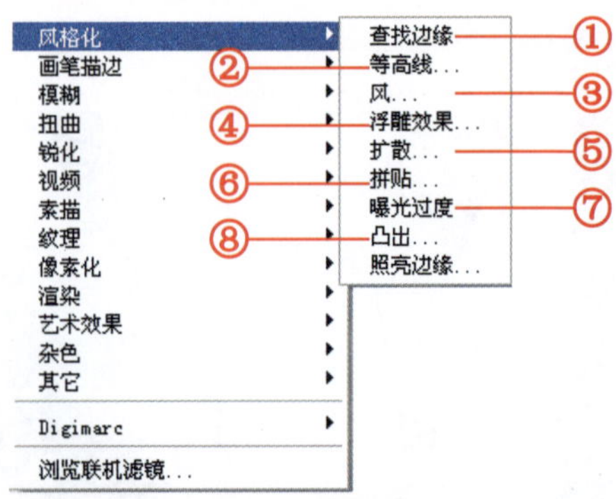

图8-98 “风格化”滤镜组

1. 查找边缘

“查找边缘”滤镜可以找出图像的边线，用深色表现出来，其他部分则填充上白色。当图像边线部分的颜色变化比较大的时候，可以使用粗轮廓线；而变化较小的时候，则可以使用细轮廓线，如图 8-99 所示。

图8-99 “查找边缘”滤镜

2. 等高线

“等高线”滤镜可以拉长图像的边线部分，找到颜色的边线，用阴影颜色表现，其他部分则用白色表现，如图 8-100 所示。

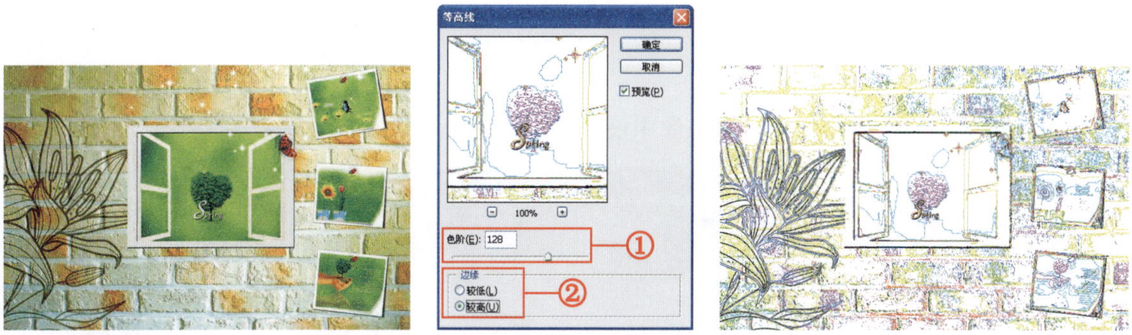

图8-100 “等高线”滤镜

①色阶	用于设置边线的颜色等级
②边缘	用于选择边线的显示方式

3. 风

“风”滤镜可以在图像上设置被风吹过的效果，如图 8-101 所示。

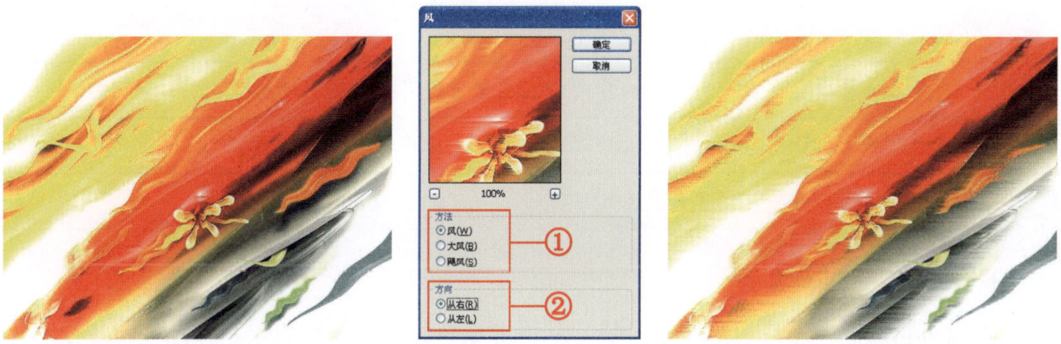

图8-101 “风”滤镜

①方法	用于调整风的强度
②方向	用于设置风吹的方向

4. 浮雕效果

“浮雕效果”滤镜可以在图像上应用明暗来表现出浮雕效果，图像中的边线部分显示颜色，表现出立体感，如图 8-102 所示。

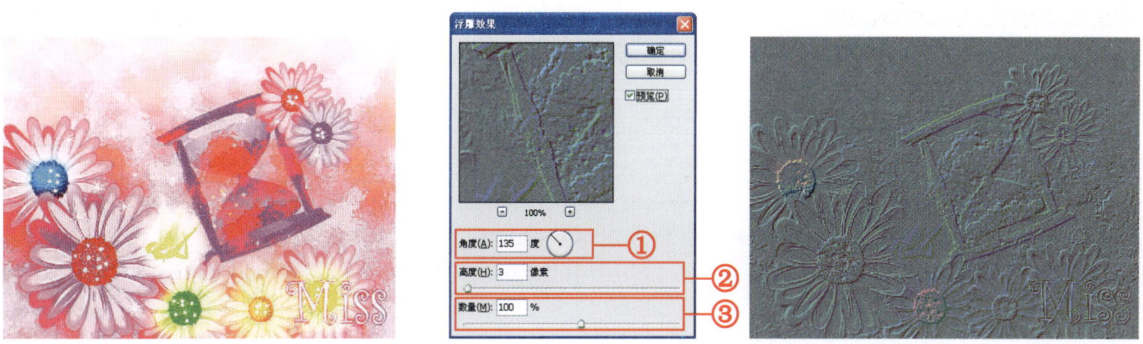

图8-102 “浮雕效果”滤镜

①角度	用于设置浮雕效果中光的角度
②高度	设置图像中表现层次的高度值
③数量	设置“浮雕效果”滤镜的应用程度，参数越大，浮雕效果越明显

5. 扩散

“扩散”滤镜可扩散图像的像素，在图像中设置具有绘画般的效果，如图 8-103 所示。

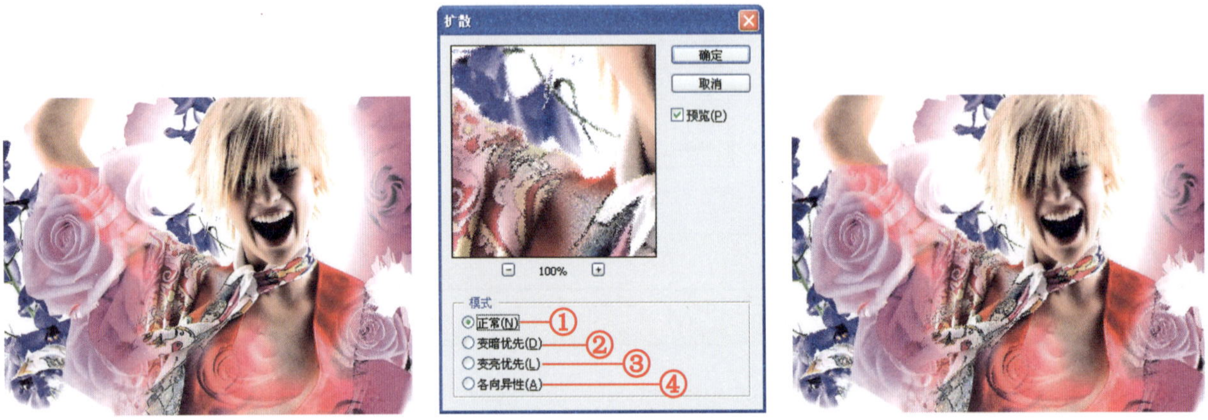

图8-103 “扩散”滤镜

①正常	在整个图像上应用“扩散”滤镜效果
②变暗优先	选中该单选按钮，以阴影部分为中心，在图像上应用会有绘画的感觉
③变亮优先	选中该单选按钮，以高光部分为中心，在图像上应用会有绘画的感觉
④各向异性	选中该单选按钮，可以柔和地表现图像

6. 拼贴

“拼贴”滤镜可将图像分割成有规则的分块，从而形成拼图状的瓷砖效果，如图 8-104 所示。

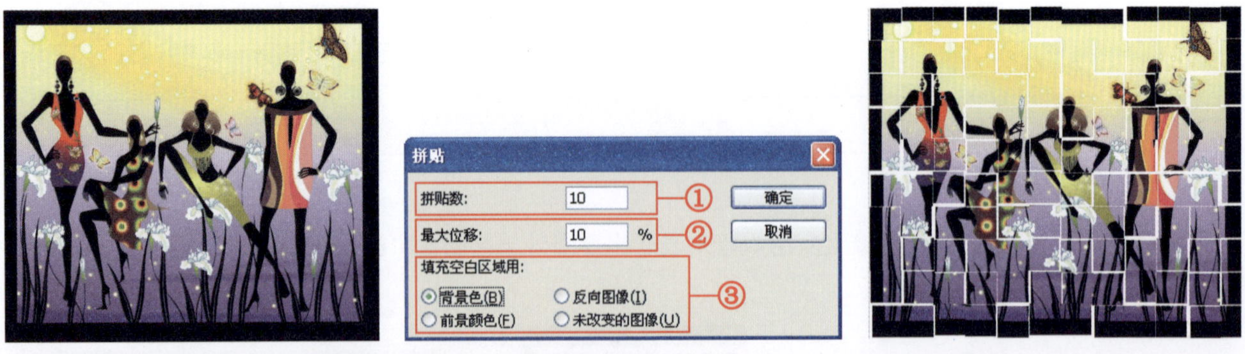

图8-104 “拼贴”滤镜

①拼贴数	用于设置拼贴瓷砖的个数
②最大位移	设置每个拼贴之间的空间
②填充空白区域用	设置瓷砖之间的颜色处理方法

7. 曝光过度

“曝光过度”滤镜可将图像正片和负片混合，从而产生摄影中的曝光过度效果，如图 8-105 所示。

图8-105 “曝光过度”滤镜

8. 凸出

“凸出”滤镜可以产生一个三维的立体效果，使像素挤压出许多正方形或三角形，可将图像转换为三维立体图或椎体，从而生成三维背景效果，如图 8-106 所示。

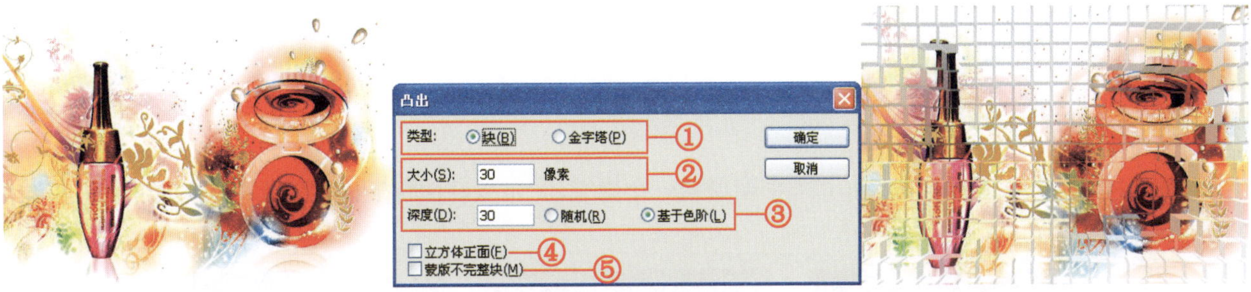

图8-106 “凸出”滤镜

①类型	可以选择控制三维效果的形状，为块或金字塔
②大小	设置变形的尺寸，即立方体或椎体的底面大小
③深度	控制立体化的高度或图像从屏幕突起的深度
④立方体正面	选中该复选框，可以将立体化后的图像颜色达到平均
⑤蒙版不完整块	选中该复选框，可使图像立体化后，超出界面部分保持不变

妙笔生花：使用“风格化”滤镜组编辑图像

难度级别

01 打开“光盘\素材与源文件\素材\第 8 章\舞者.psd”文件，如图 8-107 所示。

图8-107 打开素材文件

02 选择“背景”图层，选择“滤镜”|“风格化”|“风”命令，弹出“风”对话框，从中设置滤镜参数，然后单击“确定”按钮关闭对话框，如图 8-108 所示。

图8-108 应用“风”滤镜

03 按【Ctrl+F】组合键，将“风”滤镜重复两次，效果如图 8-109 所示。

图8-109 重复两次“风”滤镜

04 选择“图层 1”图层，并设置图层混合模式为“变暗”，如图 8-110 所示。

图8-110 设置图层混合模式

Work2 “模糊”滤镜组

“模糊”滤镜组可以对图像进行柔和处理，可以将图像像素的边线设置为模糊状态，在图像上表现出晃动感。

1. 表面模糊

“表面模糊”滤镜是 Photoshop CS4 中新增的一个滤镜，它可以将图像表面设置出模糊效果，如图 8-111 所示。

图8-111 “表面模糊”滤镜

①半径	用来设置图像像素的模糊程度，参数越高就越模糊
②阈值	设置图像模糊效果的阶层，参数越大，图像越模糊

2. 动感模糊

“动感模糊”滤镜可以模拟拍摄运动的物体，使图像产生一种动态效果，如图 8-112 所示。

图8-112 “动感模糊”滤镜

①角度	设置动感模糊的方向
②距离	用于控制图像动感模糊的程度

3. 方块模糊

通过“方块模糊”滤镜可以使需要模糊的区域呈小方块的形式进行模糊。在“方块模糊”对话框中，设置的“半径”参数越大，图像就越模糊，如图 8-113 所示。

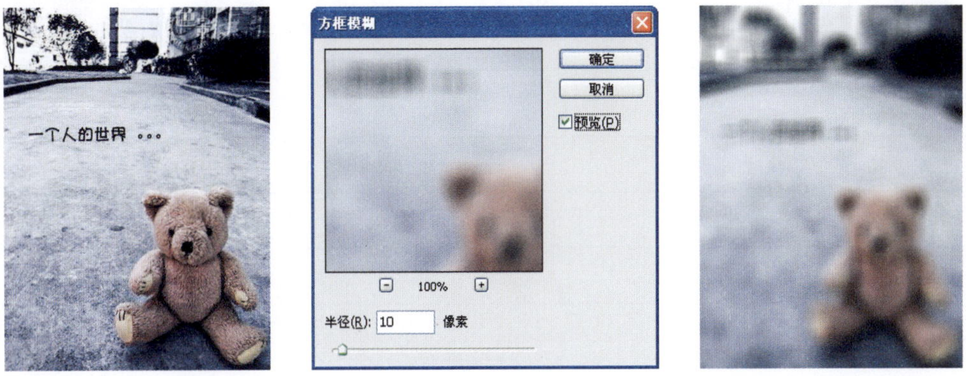

图8-113 “方块模糊”滤镜

4. 高斯模糊

“高斯模糊”滤镜可以通过“半径”选项来调节像素色值，控制模糊效果，如图 8-114 所示。

图8-114 “高斯模糊”滤镜

5. 进一步模糊

“进一步模糊”滤镜命令可对图像做强烈的柔化处理，其模糊程度是“模糊”滤镜的 3 ～ 4 倍，如图 8-115 所示。

> **提示**
>
> “进一步模糊”滤镜可以在图像中有显著颜色变化的地方消除杂色。

图8-115 “进一步模糊”滤镜

6. 径向模糊

“径向模糊”滤镜能模拟摄影时旋转相机或聚焦、变焦的效果，从而可以将图像旋转成中心辐射，如图 8-116 所示。

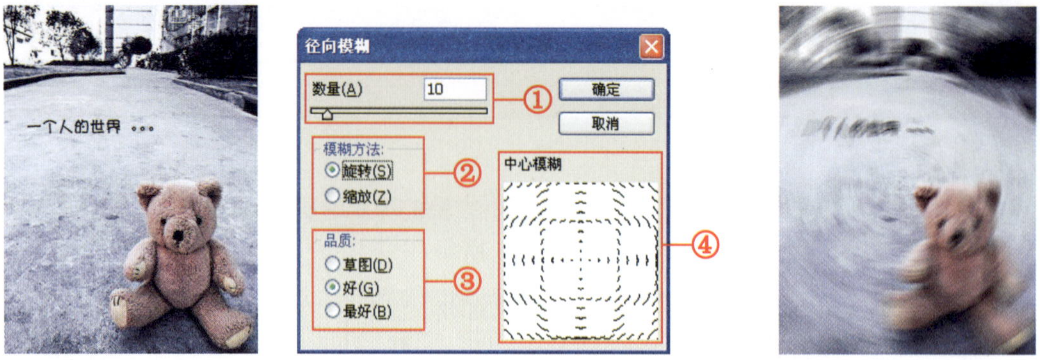

图8-116 “径向模糊”滤镜

①数量	参数越大，模糊效果越明显
②模糊方法	设置效果的应用方法
③品质法	设置模糊的质量方式
④中心模糊	设置基准的中心

7. 镜头模糊

“镜头模糊”滤镜可以表现类似使用照相机镜头的模糊效果，如图 8-117 所示。

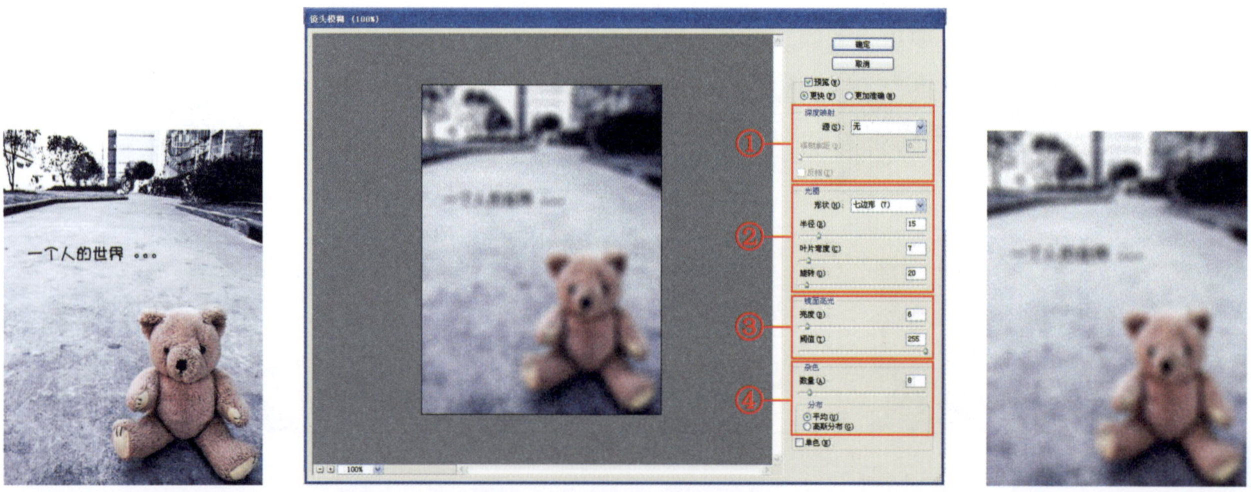

图8-117 “镜头模糊”滤镜

①深度映射	拖动滑块，可以调整模糊的程度
②光圈	拖动滑块更改参数，可表现出在表面逐渐模糊的效果
③镜面高光	调整光的反射量
④杂色	在图像中设置添加杂点

8. 模糊

“模糊”滤镜可以表现出好像焦距没有调准而造成的模糊效果，可对图像做轻微的柔和处理，使图像对比度减小，趋于模糊，主要用于消除图像中色彩过渡中的噪点，如图 8-118 所示。

9. 平均

使用“平均”滤镜可以根据图像中颜色最多的颜色进行模糊处理，使模糊后的图像呈现一种颜色，如图 8-119 所示。

图8-118 “模糊”滤镜

图8-119 “平均”滤镜

10. 特殊模糊

“特殊模糊”滤镜可以使图像生成一种清晰边界的模糊效果，如图 8-120 所示。

图8-120 “特殊模糊”滤镜

①数量	设置的参数越大，应用模糊的像素越多
②阈值	设置应用在相似颜色上的模糊程度
③品质	设置结果的品质
④模式	设置效果的应用方法。选择“仅限边缘”选项，将轮廓表现为黑白阴影；选择“叠加边缘”选项，则将轮廓表现为白色

11. 形状模糊

“形状模糊”滤镜可以将选择的形状应用到图像的模糊效果中，如图 8-121 所示。

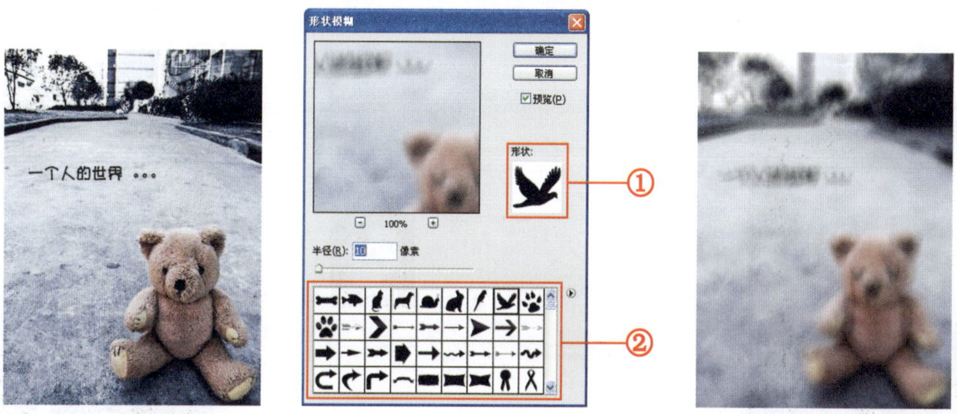

图8-121 “形状模糊”滤镜

①形状	显示当前选中的形状效果
②形状列表框	用于选择模糊形状中的形状

妙笔生花：使用“模糊”滤镜组编辑图像

难度级别

01 打开“光盘\素材与源文件\素材\第8章\望.jpg”文件，如图8-122所示。

图8-122 打开素材文件

02 复制“背景”图层，得到“背景 副本”图层，然后选择“滤镜”|“模糊”|“径向模糊”命令，在弹出的“径向模糊”对话框中设置参数，如图8-123所示。

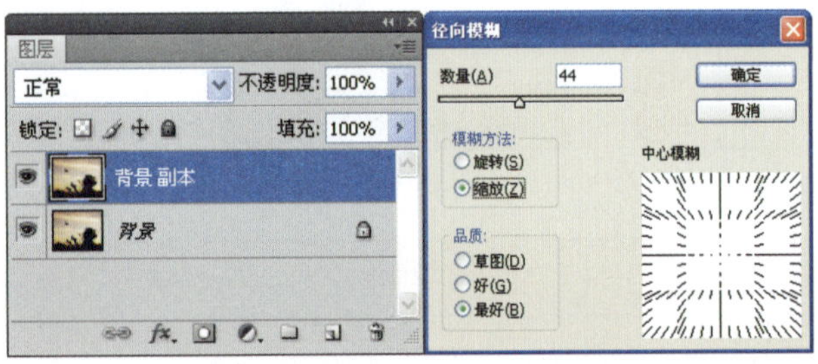

图8-123 设置“径向模糊”参数

03 单击“确定”按钮，使用“径向模糊”滤镜，然后单击“图层”蒙版中的按钮为“背景 副本”图层添加图层蒙版，如图8-124所示。

图8-124 添加图层蒙版

04 设置前景色为黑色，在工具箱中选择画笔工具，然后选择一个柔边笔刷，在蒙版中进行涂抹，如图8-125所示。

图8-125 编辑图层蒙版

Work3 “扭曲”滤镜组

使用“扭曲”滤镜组中的滤镜可以移动、扩展或缩小构成图像的像素，将原图像变换为各种形态，如图8-126所示。

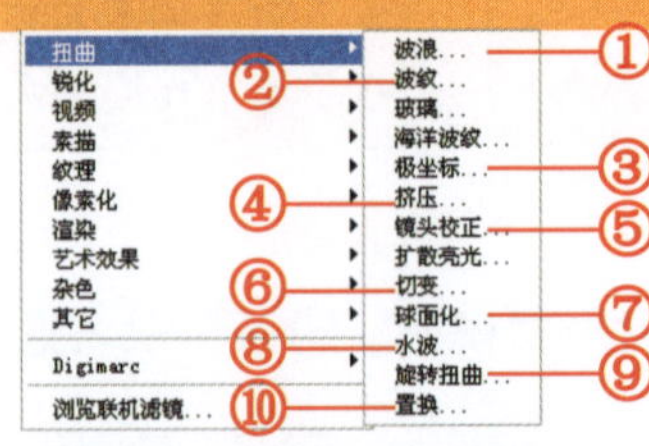

图8-126 “扭曲”滤镜组

1. 波浪

使用“波浪”滤镜可以使图像产生强烈波纹起伏的波浪效果，如图8-127所示。

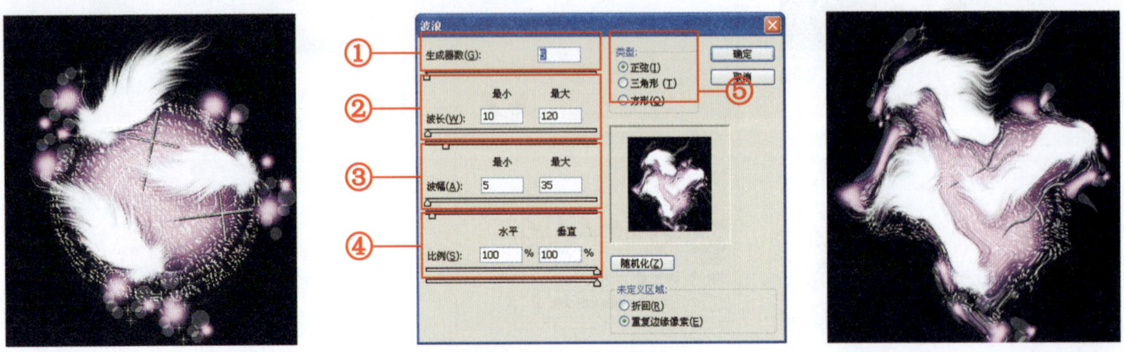

图8-127 “波浪”滤镜组

①生成器数	用于设置波浪的数量
②波长	设置波浪的长度
③波幅	设置波浪的振幅
④比例	设置波浪的大小
⑤类型	可设置“正弦”、“三角形”和“方形”三种波浪形态

2. 波纹

和“波浪”滤镜相似,“波纹”滤镜同样可以产生波纹起伏的效果,但效果较为柔和,如图 8-128 所示。

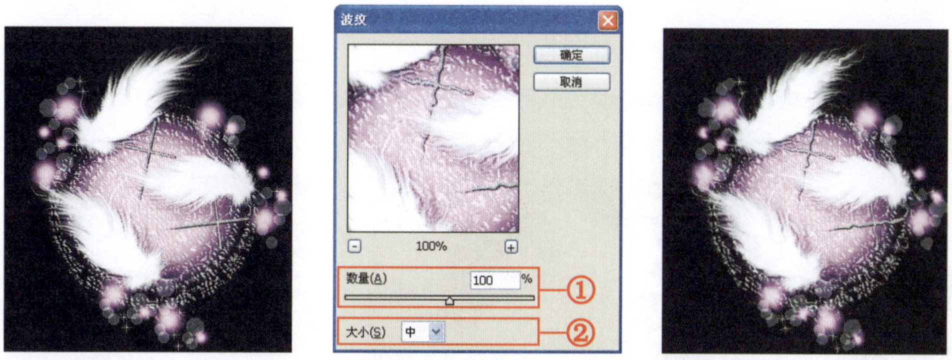

图8-128 “波纹”滤镜

①数量	设置的参数越大，图像的波纹密度和扭曲范围就越大
②大小	用于设置波纹效果的大小

3. 极坐标

“极坐标”滤镜将图形中假设的直角坐标转换为极坐标，把矩形的上边往里压缩，下边向外延伸，最后上面的区域形成圆心部分，下面变成圆周部分，从而使图形畸形失真，如图 8-129 所示。

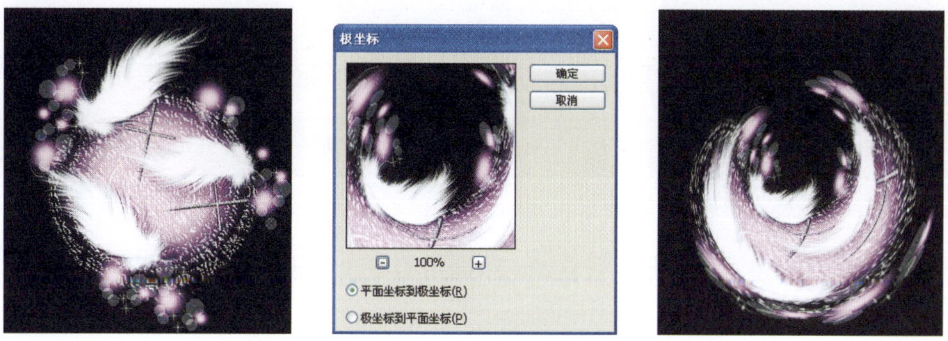

图8-129 “极坐标”滤镜

提示

“极坐标”滤镜可以将指定的图像从平面坐标转换到极坐标，或从极坐标转换到平面坐标。

4. 挤压

使用“挤压”滤镜可以把图像挤压变形，收缩膨胀，产生一些奇妙的效果，如图 8-130 所示。

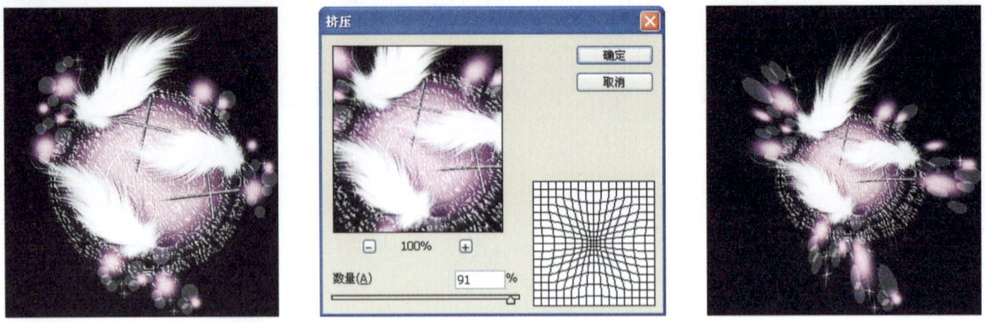

图8-130 “挤压”滤镜

5. 镜头校正

使用“镜头校正”滤镜可以对照片中的透视效果进行校正，如图 8-131 所示。

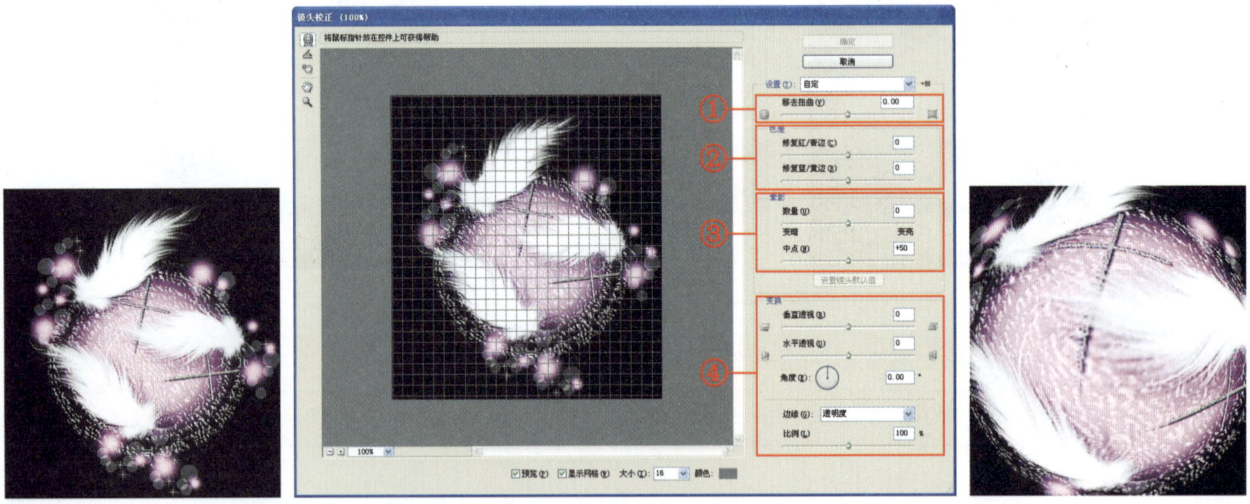

图8-131 “镜头校正”滤镜

①移去扭曲	向左拖动滑块，可以修正枕形变形；向右调整滑块，可以修正桶状变形
②色差	用于修复照片边缘的颜色
③晕影	在照片边缘设置晕影效果，可以变亮或变暗
④变换	可设置照片的垂直或水平面方向的透视效果，通过“角度”选项来设置图像的旋转角度

6. 切变

使用“切变”滤镜可以使图像沿着对话框中一条指定的曲线扭曲图像，如图 8-132 所示。

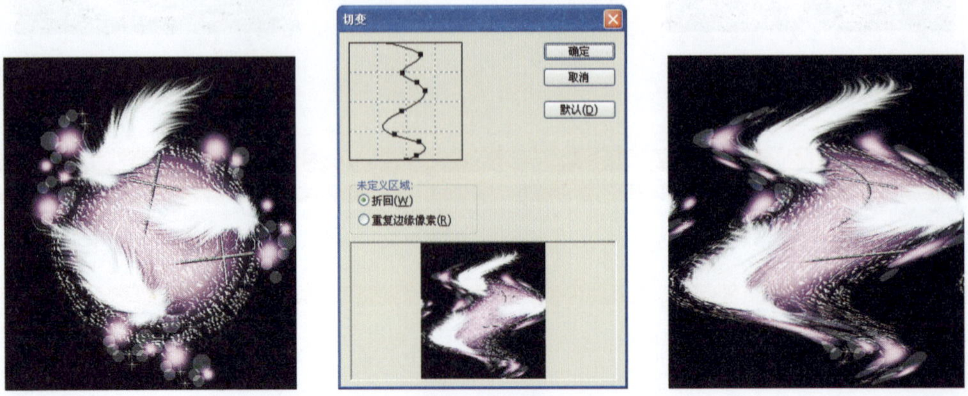

图8-132 “切变”滤镜

7. 球面化

使用“球面化”滤镜可以通过立体球形的镜头形态扭曲图像，还可以在垂直、水平方向上进行变形，如图 8-133 所示。

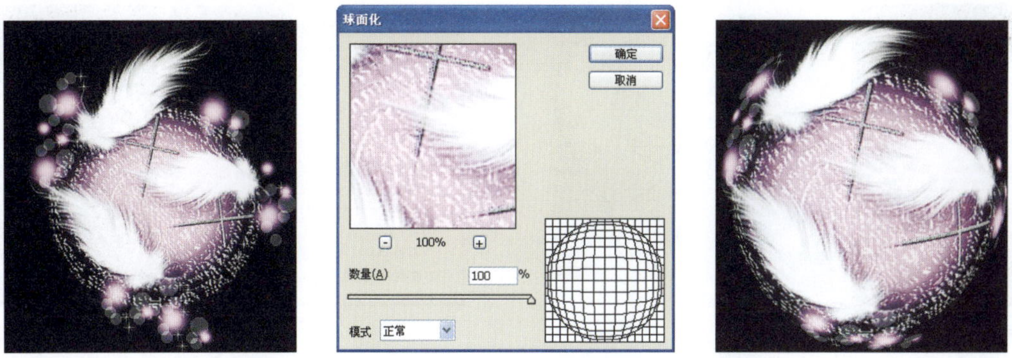

图8-133 “球面化”滤镜

8. 水波

使用“水波”滤镜可以在图像上设置水面上出现的同心圆的水波形态，如图 8-134 所示。

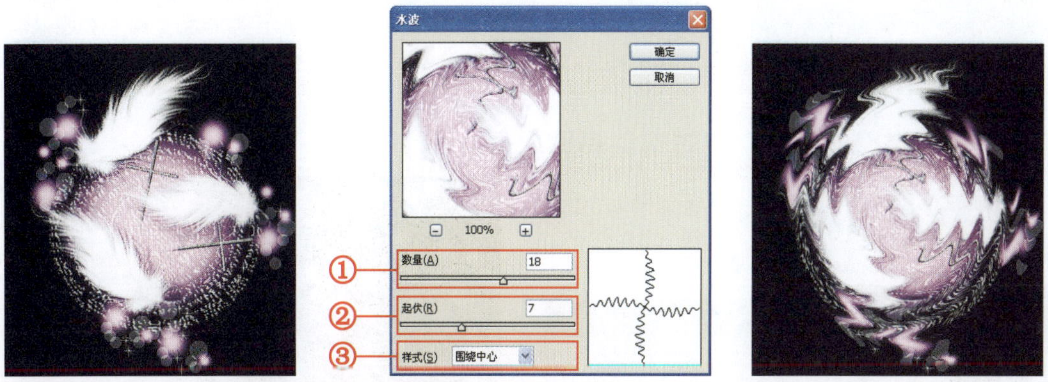

图8-134 “水波”滤镜

①数量	用于设置水波效果的密度
②起伏	设置水波的个数
③样式	设置变形的形态

9. 旋转扭曲

使用“旋转扭曲”滤镜可以在图形的选择区域内产生旋转的效果，此时选择区域中心旋转的强度比边缘大，如图 8-135 所示。

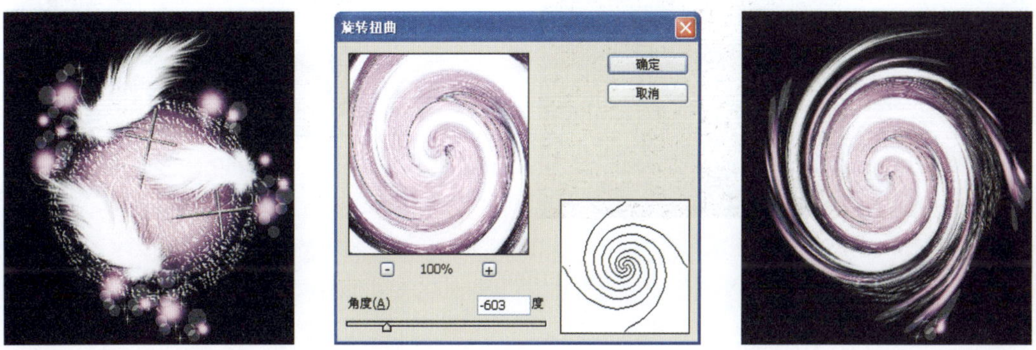

图8-135 “旋转扭曲”滤镜

10. 置换

使用“置换”滤镜可以用另一幅 psd 格式的图像中的颜色和形状来确定当前图像中图形的改变样式，如图 8-136 所示。

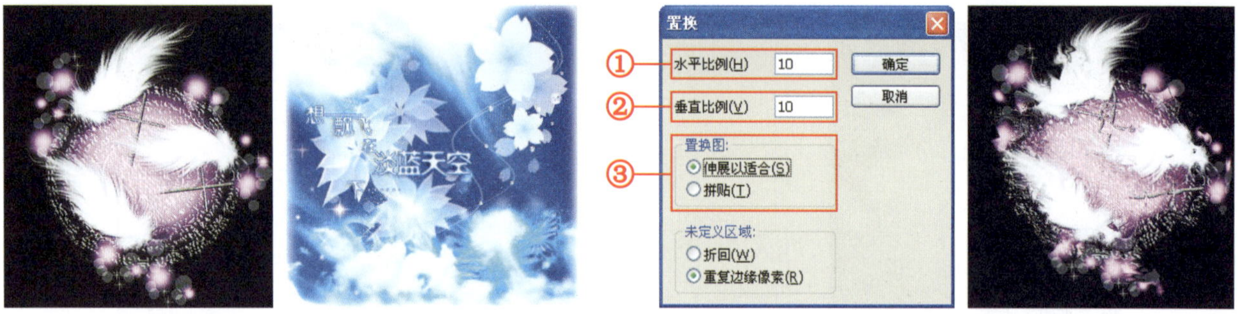

原图像　置换图像　“置换”对话框　置换效果

图8-136 “置换”滤镜

①水平比例	控制水平方向上变形的比例，即设置 psd 文件的长度
②垂直比例	设置 psd 文件的宽度
③置换图	选择将作为贴图使用的图像表现方式。“伸展以适合”将变形范围覆盖到整张图像；“拼贴”可直接按照 psd 文件的尺寸使用

妙笔生花：使用“扭曲”滤镜组编辑图像

难度级别

01 打开“光盘\素材与源文件\素材\第 8 章\舞 .jpg”文件，如图 8-137 所示。

图8-137 打开素材文件

02 在“图层”面板底部单击“创建新图层”按钮，新建一个空白图层命名为“图层 1”，然后填充为黑色，如图 8-138 所示。

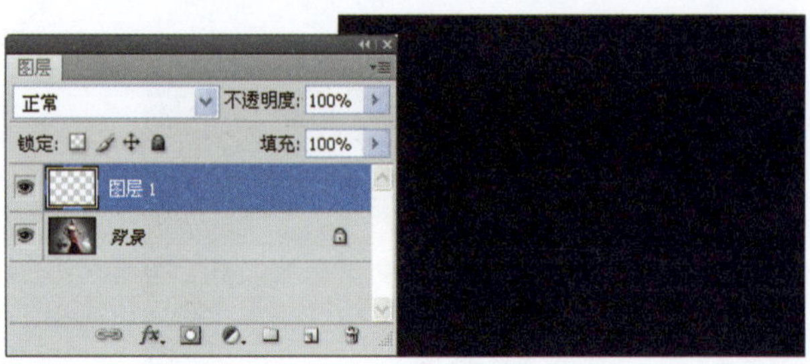

图8-138 新建并填充图层

03 设置前景色为白色，选择工具箱中的画笔工具在图像上单击，添加一些白色的小点，效果如图 8-139 所示。

图8-139 添加白色的小点

04 选择工具箱中的渐变工具，设置白色到透明的渐变，并在工具属性栏中按下“菱形渐变”按钮，在图像上从中心向边缘拖动鼠标，渐变效果如图 8-140 所示。

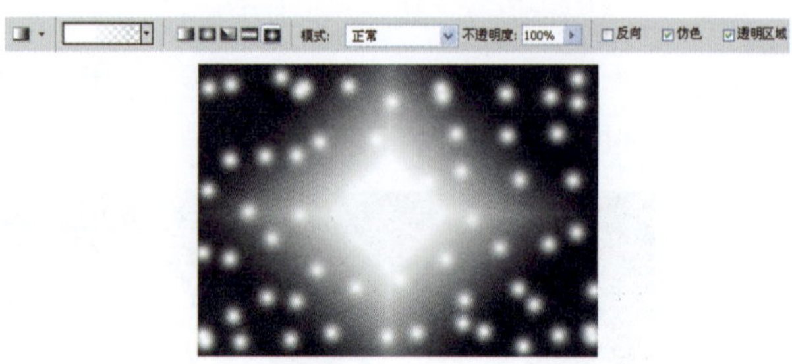

图8-140 填充渐变

05 选择“滤镜”|“扭曲”|“旋转扭曲”命令，在弹出的“旋转扭曲”对话框中将“角度”设置为 500，单击“确定”按钮，得到的效果如图 8-141 所示。

06 设置“图层 1”的图层混合模式为“叠加”，效果如图 8-142 所示。

图8-141　旋转扭曲

图8-142　更改图层混合模式

Work4　“锐化”滤镜组

“锐化”滤镜组中的命令可以使图像更加清晰，画面更加鲜明，如图 8-143 所示。

图8-143 “锐化”滤镜组

1. USM锐化

“USM 锐化”滤镜可以调整图像的对比度，使画面更加清晰，如图 8-144 所示。

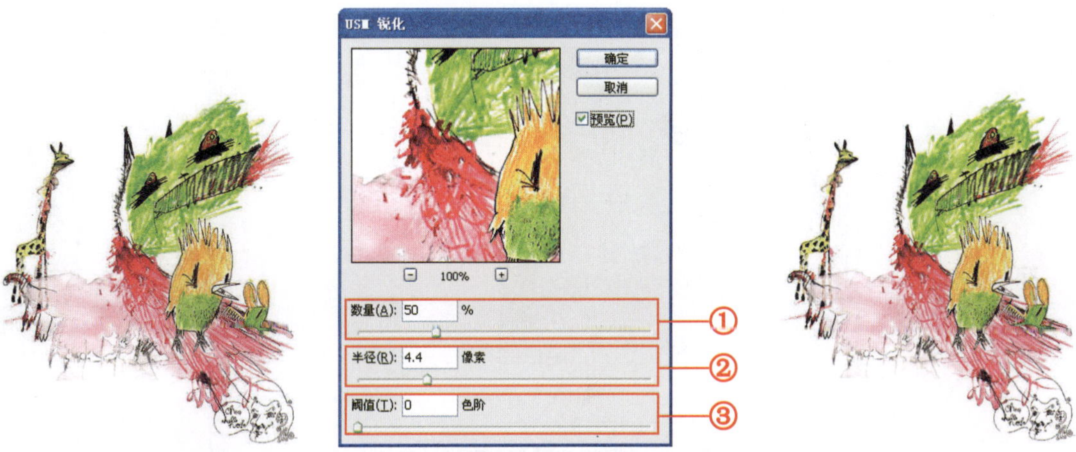

图8-144 USM锐化

①数量	用于设置锐化的程度，参数越大，锐化越明显
②半径	设置像素的平均范围
③阈值	设置应用在平均颜色上的范围，设置的参数越大，范围越大，锐化效果越淡

2. 进一步锐化

执行“进一步锐化”命令可以对图像实现进一步锐化，即多次执行“锐化”滤镜的效果，如图 8-145 所示。

3. 锐化

使用“锐化”滤镜可以提高图像的颜色对比，使画面更加鲜明，如图 8-146 所示。

图8-145 进一步锐化

4. 锐化边缘

“锐化边缘”滤镜只锐化图像的边缘，表现出细致的颜色对比。一般不用于锐化类似的颜色，而只锐化对比强烈的边缘，如图 8-147 所示。

图8-146 锐化

图8-147 锐化边缘

5. 智能边缘

使用“锐化边缘”滤镜可以对图像的锐化程度做智能的调整，得到更好的锐化清晰效果，如图 8-148 所示。

图8-148 智能边缘

妙笔生花：使用“锐化”滤镜组将模糊的图像调清楚

难度级别

01 打开“光盘\素材与源文件\素材\第 8 章\画.jpg”文件，选择“图像”|“调整”|“色阶”命令，在弹出的“色阶”对话框中设置参数，如图 8-149 所示。

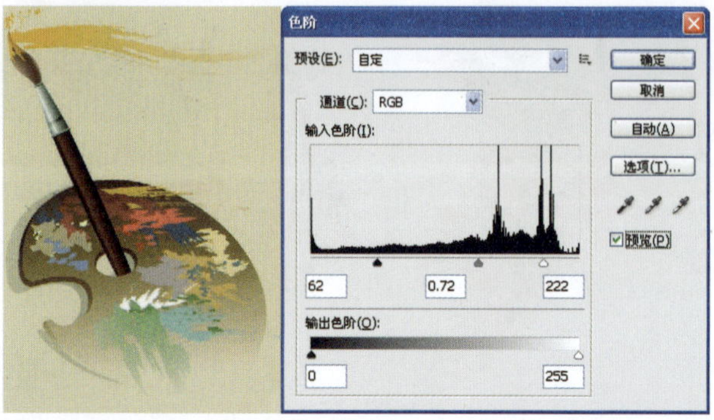

图8-149 打开素材文件并选择“色阶”命令

02 单击“确定”按钮关闭对话框，然后选择“滤镜”|“锐化”|“USM 锐化”命令，在弹出的“USM 锐化”对话框中设置参数，如图 8-150 所示。

图8-150 USM锐化

03 单击“确定”按钮，此时的图像效果，如图 8-151 所示。

提示

使用锐化滤镜时要合理设置参数，否则会使画面失真。

图8-151 USM锐化效果

Work5 “像素化”滤镜组

使用“像素化”滤镜组可以改变图像的像素，并对这些像素进行重新组建后，达到不同的图像效果，如图 8-152 所示。

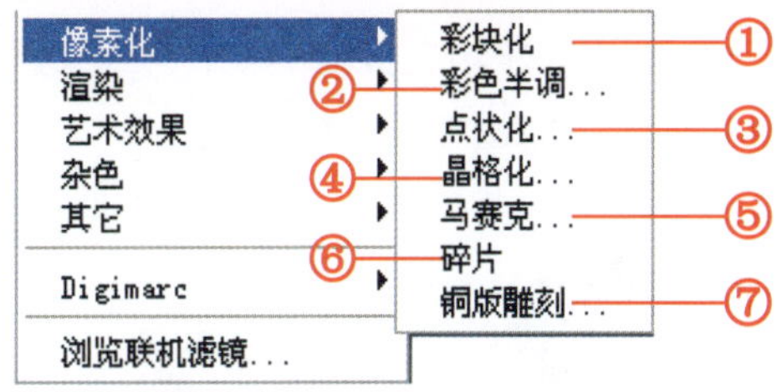

图8-152 “像素化”滤镜组

1. 彩块化

“彩块化”滤镜通过对图像像素进行分组，产生颜色相似的像素块，产生手绘效果，如图 8-153 所示。

图8-153 “彩块化”滤镜

提示

“彩块化”滤镜是将图像中纯色或颜色相似的像素转换为像素色块。

2. 彩色半调

使用“彩色半调”滤镜可以表现出放大彩色印刷品所看到的效果，如图 8-154 所示。

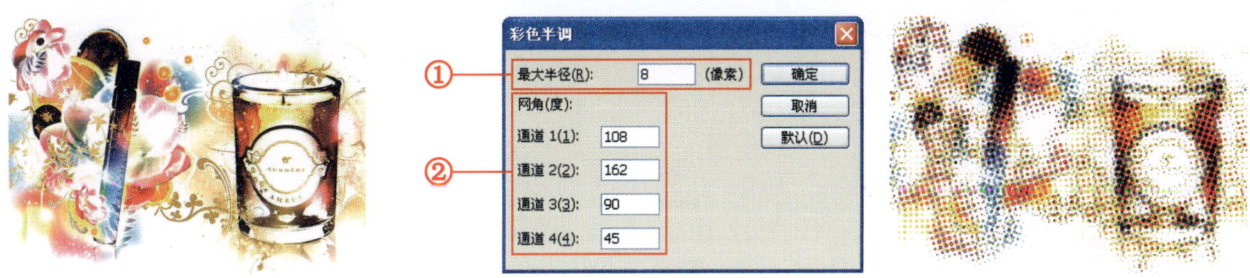

图8-154 “彩色半调”滤镜

①最大半径	用于调整像素，即网格的大小
②网角（度）	灰度模式只使用 1 通道，RGB 使用 1、2、3 通道，CMYK 使用四个通道，每个格位代表网格中颗粒点阵的角度，每个通道代表每种颜色

3. 点状化

“点状化”滤镜通过将图像中的颜色分解为随机分布的网点，产生斑点化的效果，在去掉图像边缘的情况下，以单元格为基准，表现出具有绘画感觉的图像，如图 8-155 所示。

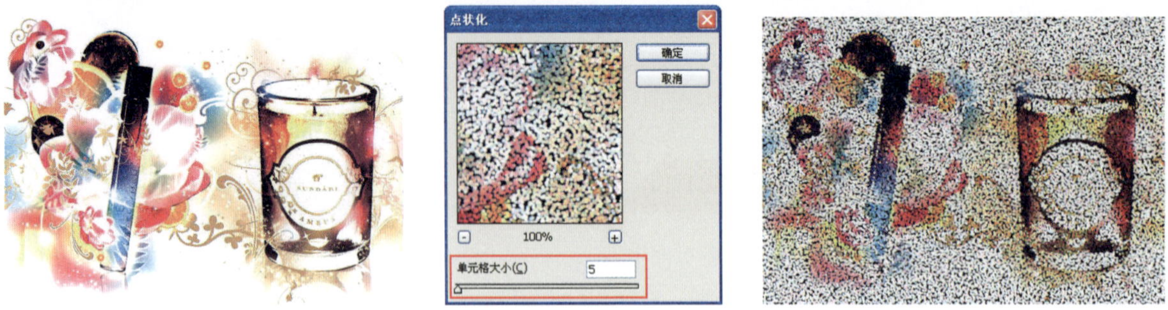

图8-155 “点状化”滤镜

单元格大小	在“点状化”对话框中，“单元格大小”选项用于设置斑点的大小，设置值越大，单元格就越大

4. 晶格化

“晶格化”滤镜可以使图形产生像结晶一样的效果，结晶后的每一个小面的色彩由原图像位置中的主要色彩替代，如图 8-156 所示。

图8-156 “晶格化”滤镜

5. 马赛克

“马赛克”滤镜通过将一个单元格内所有的像素统一为同一颜色，从而产生一种模糊化的马赛克效果，如图 8-157 所示。

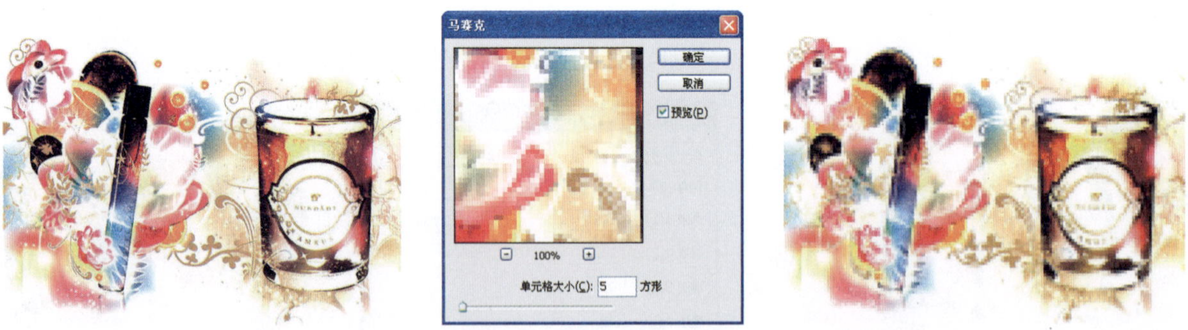

图8-157 “马赛克”滤镜

6. 碎片

使用“碎片”滤镜可以对图像模拟摄像时镜头晃动的效果，通过四次复制图像像素，可快速形成一个聚焦背景，产生模糊重叠的效果，如图 8-158 所示。

图8-158 “碎片”滤镜

7. 铜版雕刻

使用“铜版雕刻”滤镜可以在图像中通过使用点线、笔画重新生成图像，产生一种凹版的效果，如图 8-159 所示。

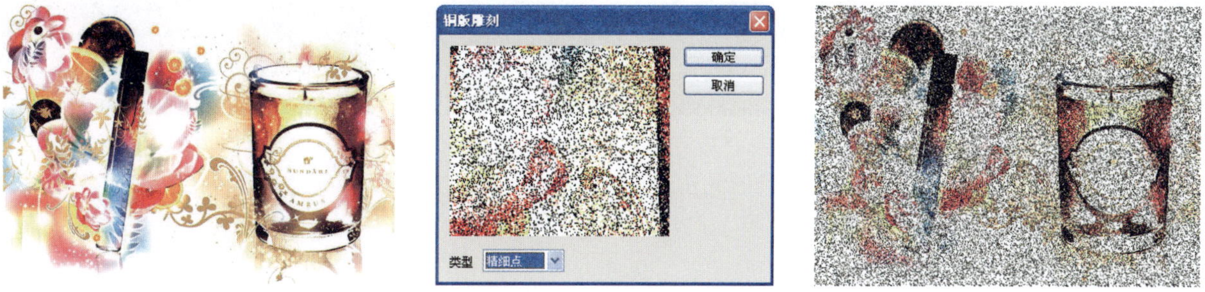

图8-159 “铜版雕刻”滤镜

妙笔生花：使用“像素化”滤镜组将模糊的图像调清楚

难度级别

01 打开“光盘\素材与源文件\素材\第 8 章\江边.psd”文件，如图 8-160 所示。

图8-160 打开素材文件

02 选择“背景”图层，选择“滤镜”|“像素化”|“彩色半调”命令，在弹出的“彩色半调”对话框中设置参数，单击“确定”按钮关闭对话框，效果如图 8-161 所示。

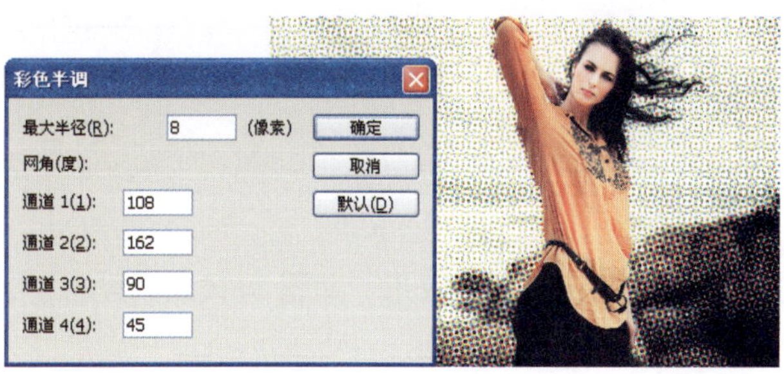

图8-161 “彩色半调”效果

03 选择“滤镜”|“像素化”|“碎片”命令，然后按三次【Ctrl+F】组合键，重复使用“碎片”滤镜，效果如图 8-162 所示。

图8-162 “碎片”效果

04 选择“图层 1”图层，设置图层混合模式为“强光”，效果如图 8-163 所示。

图8-163 更改图层混合模式

Work6 “渲染”滤镜组

在“渲染”滤镜组中可以对图像进行云彩动态、照明和镜头光晕效果的设置，其中包含五个滤镜命令，如图 8-164 所示。

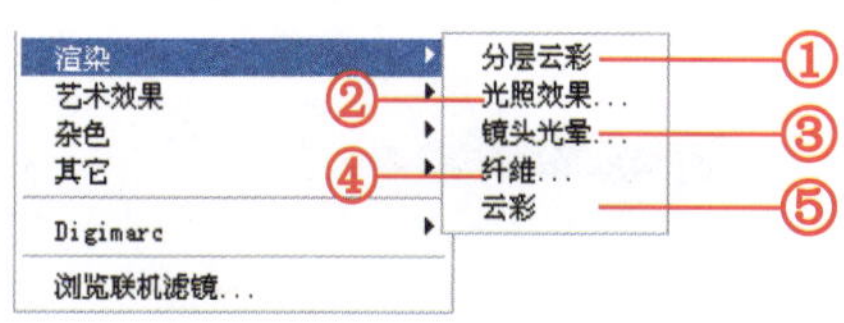

图8-164 “渲染”滤镜

1. 分层云彩

“分层云彩”滤镜使用前景色、背景色和原图像的色彩造型，混合出云的造型，如图 8-165 所示。

原图像　　应用一次分层云彩效果　　应用多次分层云彩效果

图8-165 “分层云彩”滤镜

2. 光照效果

“光照效果”滤镜可以在图像上产生由不同的光源、不同的光类型、不同的光特效造成的灯光效果，如图 8-166 所示。

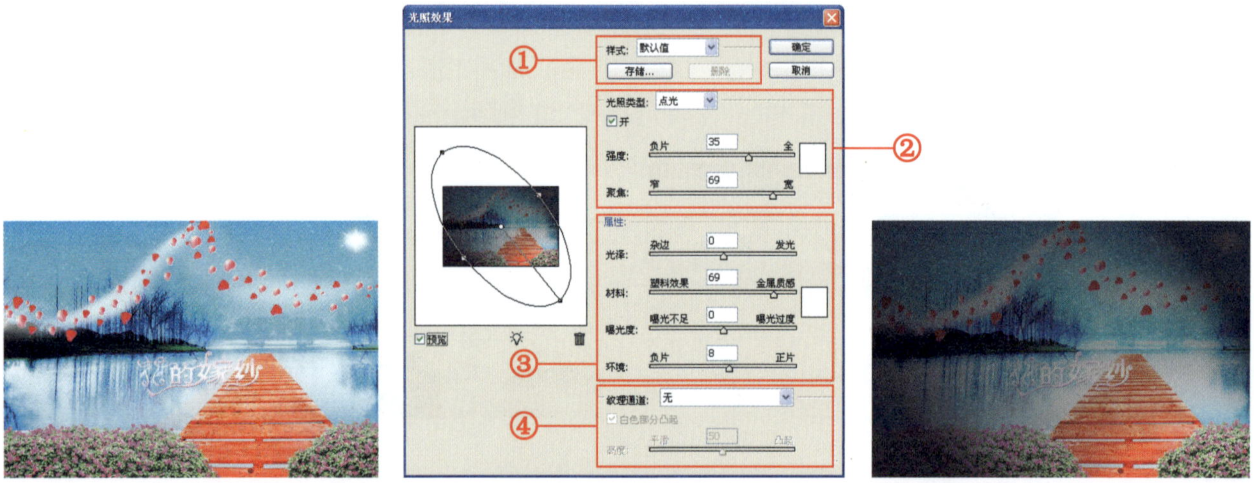

图8-166 “光照效果”滤镜

①样式	可选择滤镜上使用的 17 种照明样式
②光照类型	提供了“点光”、“平行光”和“全光源”三种照明类型
③属性	设置照明的属性
④纹理通道	利用通道制作出浮雕效果

3. 镜头光晕

通过“镜头光晕”滤镜可以使图像产生明亮光线进入摄像机镜头的眩光效果，如图 8-167 所示。

图8-167 “镜头光晕”滤镜

4. 纤维

“纤维”滤镜可以利用前景色和背景色在图像上表现纤维材质，如图 8-168 所示。

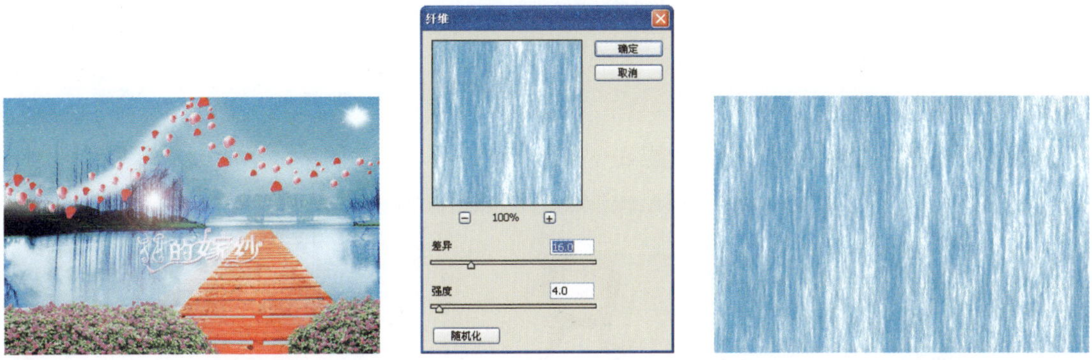

图8-168 “纤维”滤镜

①差异	设置的参数值越大，表现的纤维材质就越多
②强度	参数值越大，越能强烈地表现材质
③随机化	单击“随机化”按钮，即可自动根据图像效果来设置纤维的效果

5. 云彩

“云彩”滤镜可以利用前景色和背景色之间的随机像素值将图像转换为柔和的云彩效果，如图 8-169 所示。

图8-169 “云彩”滤镜

妙笔生花：使用“渲染”滤镜组编辑图像

难度级别

01 打开“光盘\素材与源文件\素材\第 8 章\跳舞 .jpg”文件，复制“背景”图层，得到“背景 副本”图层，如图 8-170 所示。

图8-170 复制“背景”图层

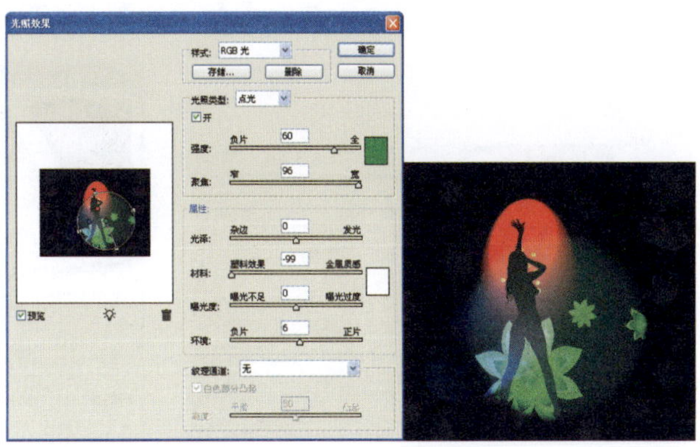

图8-171 “光照效果”滤镜效果

02 选择“滤镜”|“渲染”|“光照效果”命令，在弹出的“光照效果”对话框中设置参数，然后单击“确定”按钮，如图 8-171 所示。

03 选择“背景 副本”图层，设置其图层混合模式为“叠加”，效果如图 8-172 所示。

图8-172 最终效果

Work7 “杂色”滤镜组

“杂色”滤镜组是在图像上使用杂点，或者删除因为扫描而产生的杂点来表现图像效果的。如图 8-173 所示。

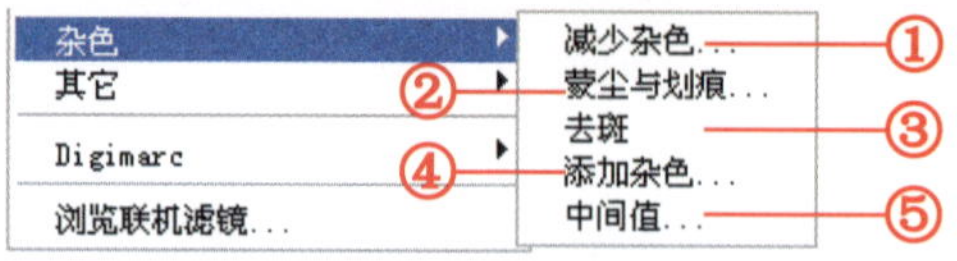

图8-173 “杂色”滤镜组

1. 减少杂色

使用该滤镜可以减少图像中的杂色，如图 8-174 所示。

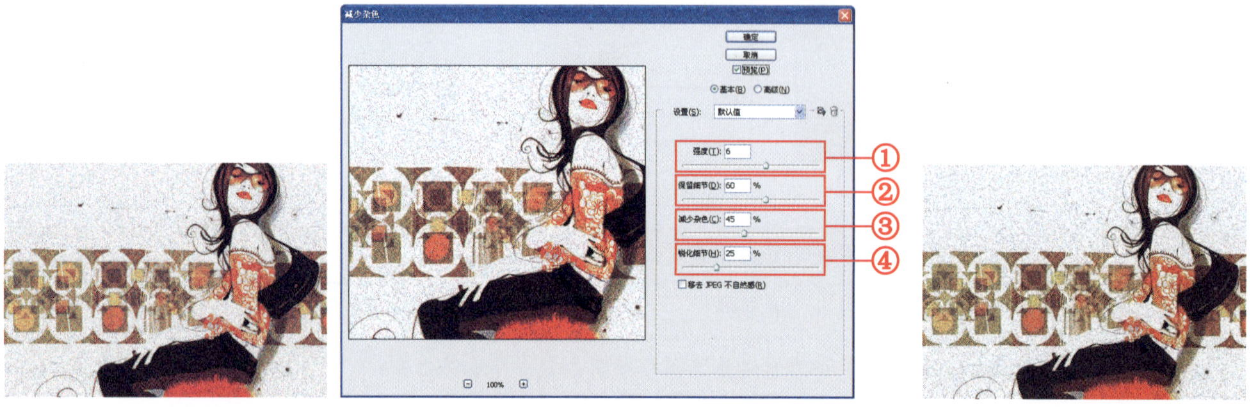

图8-174 “减少杂色”滤镜

①强度	用于设置减少杂点的强度
②保留细节	对图像像素进行调节
③减少杂色	设置减少杂色的数量
④锐化细节	可对图像像素边缘进行锐化处理

2. 蒙尘与划痕

使用“蒙尘与划痕”滤镜不仅可以删除图像上的灰尘、瑕疵等痕迹，还可以删除图像轮廓以外的其他部分上的杂色点，使画面更加柔和，如图 8-175 所示。

图8-175 “蒙尘与划痕”滤镜

3. 去斑

使用“去斑”滤镜可以删除图像上的杂点，使画面更加清晰，对于颜色对比强烈部分以外的杂点，可以设置为周围颜色的平均值，如图 8-176 所示。

图8-176 “去斑”滤镜

4. 添加杂点

使用“添加杂点”滤镜可以在图像上按照像素形态颜色生成杂点，表现出陈旧的感觉，如图 8-177 所示。

图8-177 “添加杂点”滤镜

①数量	设置的参数越大，杂点的数量越多，杂点的颜色或位置可以随意设置
②分布	选择杂点应用形态：选中“平均分布”单选按钮，可按照一定的形态生成杂点；选中“高斯分布”单选按钮，可任意生成杂点
③单色	用单色表现杂点

5. 中间值

使用“中间值”滤镜通过平均值应用周围颜色去掉杂点，设置的“半径”参数值越高，像素的相似颜色范围就越大，如图 8-178 所示。

图8-178 “中间值”滤镜

妙笔生花：使用“杂色”滤镜组制作老照片效果

难度级别

01 打开“光盘\素材与源文件\素材\第 8 章\晨曦女孩.jpg”文件，在“图层”面板底部单击“创建新图层”按钮，创建“图层 1”图层，如图 8-179 所示。

02 设置前景色为(R:82,G:66,B:2)，按【Alt+Delete】组合键为其进行填充，如图 8-180 所示。

图8-179 创建“图层1”图层

图8-180 填充图层

03 在“图层”面板中设置“图层 1”的图层混合模式为“颜色”，如图 8-181 所示。

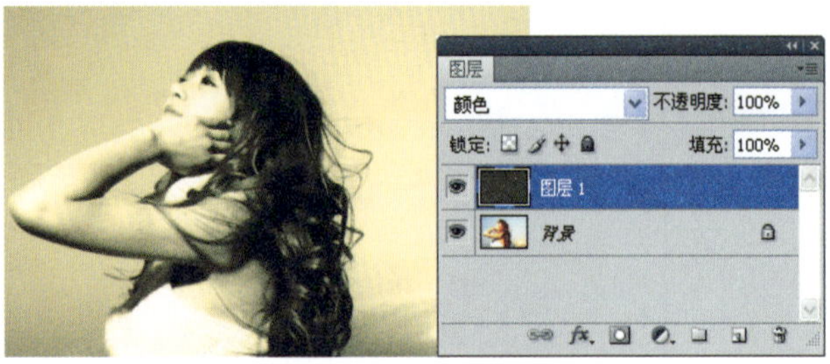

图8-181 设置图层混合模式

04 再次单击“图层”面板底部“创建新图层”按钮，新建“图层 2”图层。设置前景色为（R：204，G：204，B：204），按【Alt+Delete】组合键为其进行填充，如图 8-182 所示。

图8-182 填充图层

05 选择“滤镜”|“杂色”|“添加杂色”命令，在弹出的“添加杂色”对话框中设置参数，然后单击“确定”按钮关闭对话框，如图 8-183 所示。

图8-183 添加杂色

06 在“图层”面板中设置“图层 2”的图层混合模式为“颜色加深”，如图 8-184 所示。

图8-184 设置图层混合模式

Work8 “其他”滤镜组

“其他”滤镜组主要用于改变构成图像的像素排列，如图 8-185 所示。

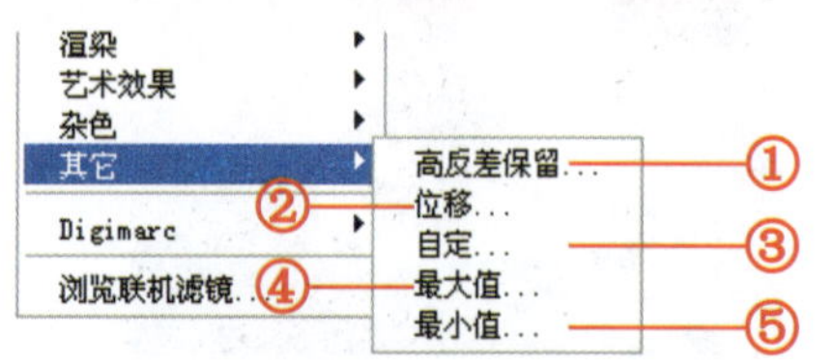

图8-185 “其他”滤镜组

1. 高反差保留

使用“高反差保留”滤镜可以调整图像的亮度，降低阴影部分的饱和度，如图 8-186 所示。

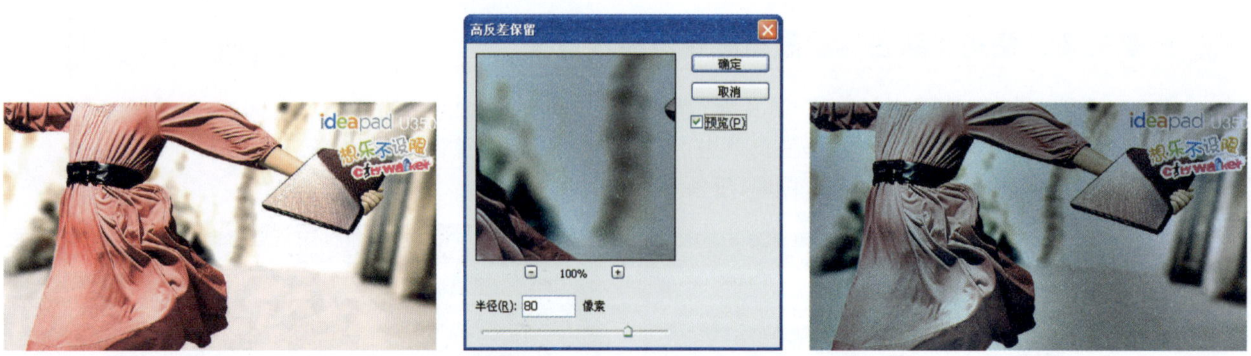

图8-186 “高反差保留”滤镜

2. 位移

使用“位移”滤镜可以通过输入水平和垂直方向值来移动图像，如图 8-187 所示。

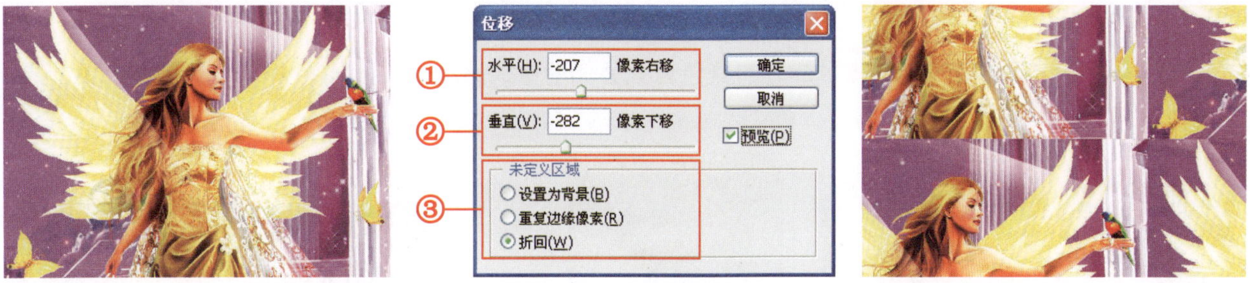

图8-187 “位移”滤镜

①水平	横向移动图像
②垂直	纵向移动图像
③未定义区域	选择被设置区域的表现方式

3. 自定

该滤镜可以通过数学运算使图像的颜色发生变化，也可以在 25 个区域上应用多种效果，如图 8-188 所示。

图8-188 “自定”滤镜

4. 最大值

使用“最大值”滤镜可以用高光颜色的像素替代图像的边线部分，如图 8-189 所示。

图8-189 “最大值”滤镜

提示

“最大值”命令是将图像中亮度区域扩大，暗度区域缩小，从而产生较明亮的图像效果。

5．最小值

使用“最小值”滤镜可以用阴影部分的颜色像素替代图像的边线部分，如图 8-190 所示。

图8-190 “最小值”滤镜

Chapter 09

滤镜经典特效制作

前面介绍了滤镜的使用方法，本章将通过一些实例来介绍滤镜的强大功能，使读者掌握一些经典特效的制作。

本章知识索引

实例效果展示

妙笔生花1：巧用滤镜给照片添加光芒四射效果

难度级别

01 打开“光盘\素材与源文件\素材\第9章\情侣.jpg”文件，如图9-1所示。

图9-1 打开素材文件

02 新建“图层1”图层，并为其填充黑白渐变，如图9-2所示。

图9-2 新建并填充图层

03 选择“滤镜”|“扭曲”|“波浪”命令，在弹出的“波浪”对话框中设置好参数，然后单击“确定”按钮，如图9-3所示。

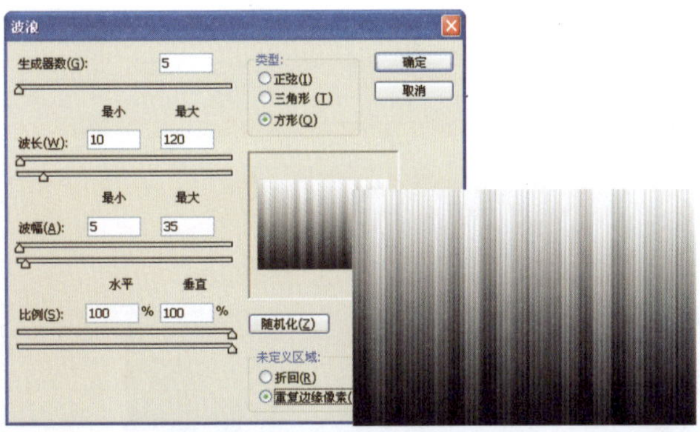

图9-3 应用“波浪”滤镜

04 选择“滤镜”|“扭曲”|“极坐标”命令，在弹出的“极坐标”对话框中设置参数，然后单击“确定”按钮，如图9-4所示。

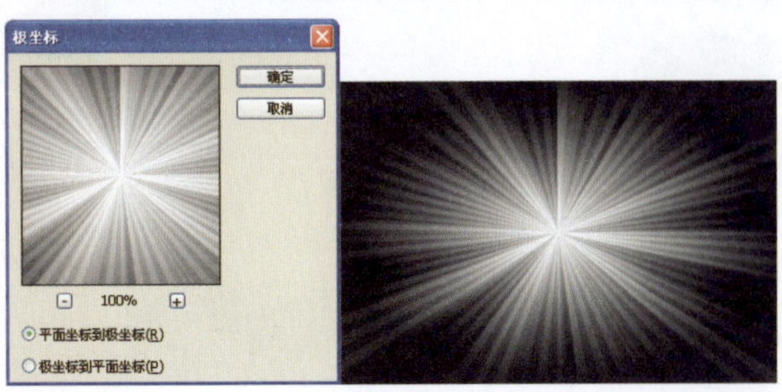

图9-4 应用“极坐标”滤镜

05 选择“滤镜”|“扭曲”|“径向模糊”命令，在弹出的“径向模糊”对话框中设置参数，然后单击“确定”按钮，如图9-5所示。

图9-5 应用“径向模糊”滤镜

06 设置“图层1”的图层混合模式为“叠加”，效果如图9-6所示。

图9-6 修改图层混合模式

07 新建“图层2”图层，并为其填充黄白色的径向渐变，如图9-7所示。

图9-7 新建并填充图层

08 设置“图层2”的图层混合模式为“颜色加深”，效果如图9-8所示。

图9-8 图像效果

妙笔生花2：巧用滤镜打造透视球体

难度级别

01 打开“光盘\素材与源文件\素材\第9章\建筑.jpg”文件，如图9-9所示。

图9-9 打开素材文件

02 选择“图像”|“图像大小”命令，在弹出的“图像大小”对话框中取消选择“约束比例”复选框，然后设置像素的宽度和高度等参数，使图像宽度和高度一致，如图9-10所示。

图9-10 调整图像大小

03 选择“图像”|“旋转画布”|“180度”命令，将图像旋转180°，如图9-11所示。

04 单击“滤镜”|“扭曲”|“极坐标”命令，将图像旋转180°，如图9-12所示。

图9-11 将图像旋转180°

图9-12 “极坐标”效果

05 选择工具箱中的仿制图章工具、修补工具修复拼合处的缝隙，然后可以根据自己的喜好对图像的色彩进行调整，效果如图9-13所示。

图9-13 图像修补效果

妙笔生花3：巧用滤镜打造绚丽色彩

难度级别

01 选择“文件”|“新建”命令，创建一个“宽度”和“高度”均为400像素、背景为黑色的图像，如图9-14所示。

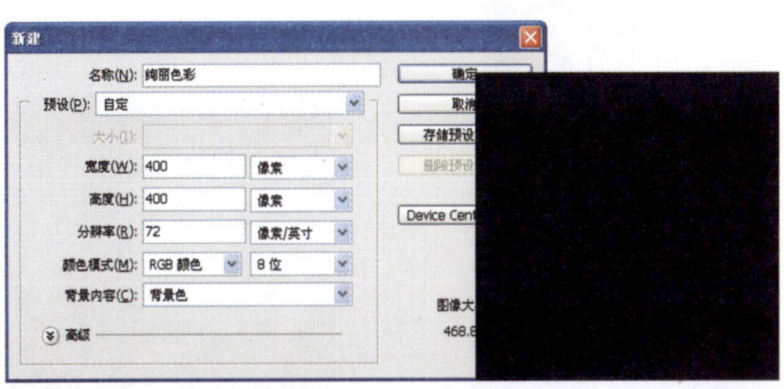

图9-14 新建文档

02 选择“滤镜”|“渲染”|“镜头光晕”命令，在弹出的“镜头光晕”对话框中单击“电影镜头”单选按钮，设置“亮度”为100%，并将光晕拖放到图像中心处，然后单击“确定”按钮，效果如图9-15所示。

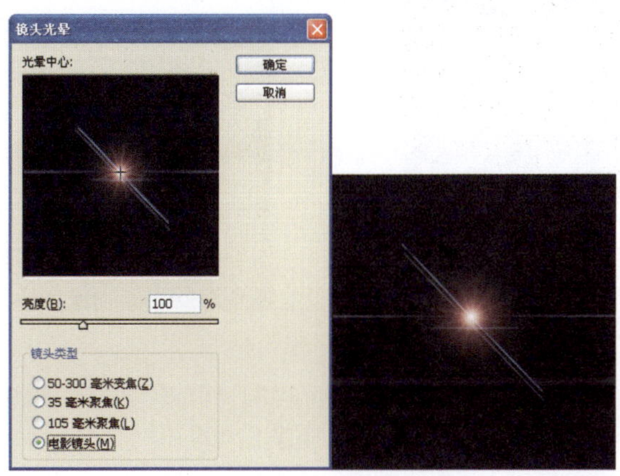

图9-15 “镜头”光晕效果

03 分别再在其他两处创建镜头光晕，并尽量使三者在一条直线上，如图 9-16 所示。

图9-16 创建光晕

04 选择“滤镜”|“扭曲”|“极坐标”命令，在弹出的“极坐标”对话框中单击“平面坐标到极坐标”单选按钮，然后单击“确定”按钮，效果如图 9-17 所示。

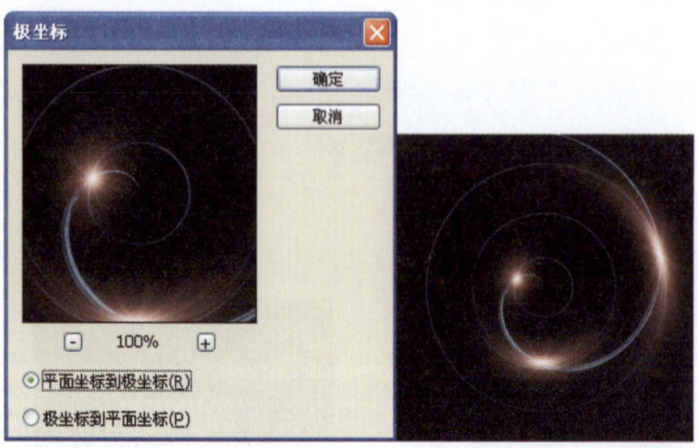

图9-17 应用“极坐标”命令

05 复制“背景”图层，得到“背景 副本”图层，然后选择“编辑”|“变换”|“旋转 180 度”命令，效果如图 9-18 所示。

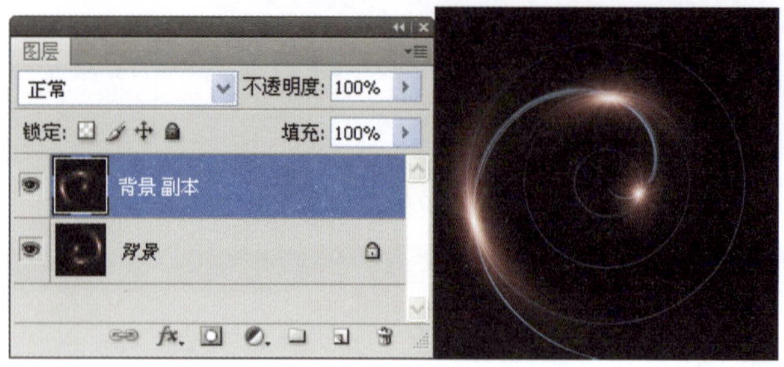

图9-18 旋转图层

06 设置“背景 副本”图层的“图层混合模式”为“滤色”，然后按【Ctrl+E】组合键合并图层得到“背景”图层，如图 9-19 所示。

图9-19 合并图层

07 选择“滤镜”|“扭曲”|“水波”命令，在弹出的“水波”对话框中设置“数量”为 -16、“起伏”为 6、“样式”为“水池波纹”，单击“确定”按钮，效果如图 9-20 所示。

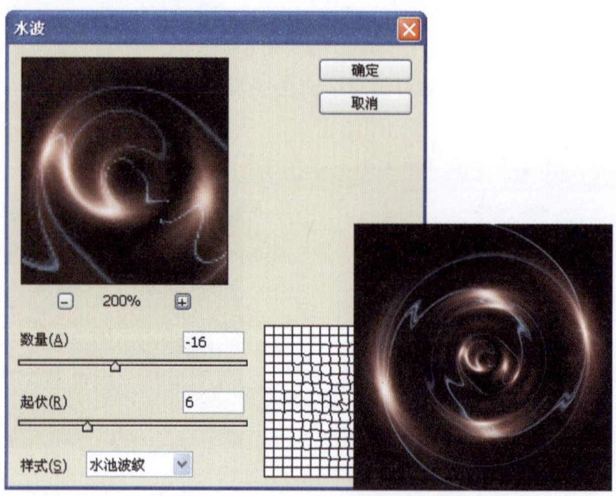

图9-20 “水波”滤镜

08 选择“滤镜”|“模糊”|“高斯模糊”命令，在弹出的“高斯模糊”对话框中设置参数，效果如图 9-21 所示。

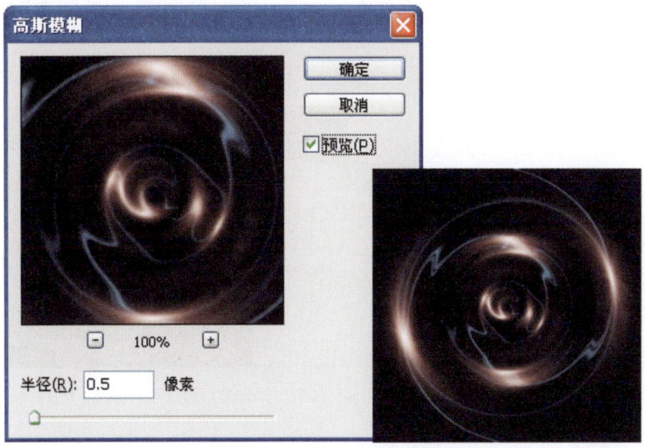

图9-21 “高斯模糊”滤镜

09 新建一个图层，然后选择工具箱中的渐变工具，填充彩虹渐变色，如图 9-22 所示。

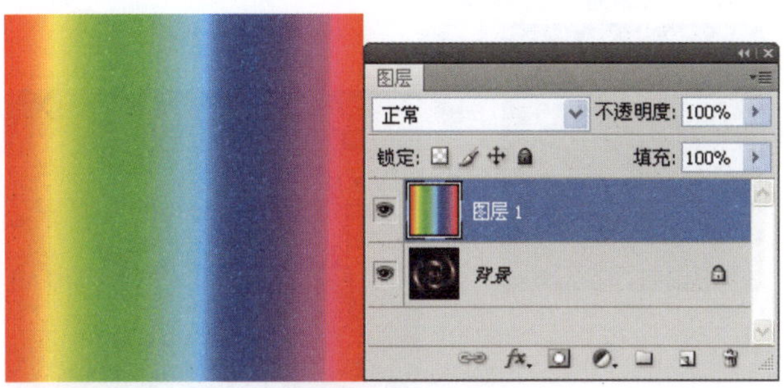

图9-22 填充渐变色

10 修改“图层 1”图层的图层混合模式为“叠加”，效果如图 9-23 所示。

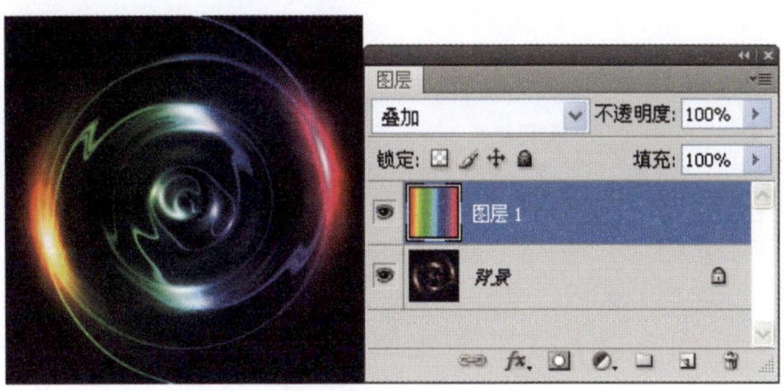

图9-23 更改图层混合模式

11 打开“光盘\素材与源文件\素材\第 9 章\蝴蝶.jpg”文件，选择工具箱中的魔棒工具，单击选择白色背景，如图 9-24 所示。

12 按【Ctrl+Shift+I】组合键反选选区，选中蝴蝶图案，然后选择工具箱中的“移动工具”，将其移动到前面编辑的图像中，如图 9-25 所示。

图9-24 创建选区

图9-25 拖入蝴蝶图像

13 按【Ctrl+T】组合键调整蝴蝶图像到合适大小，并设置图层图层混合模式为“变亮”，如图 9-26 所示。

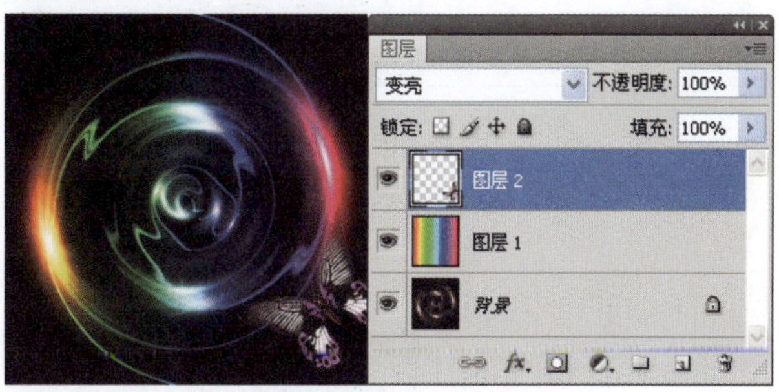

图9-26 调整蝴蝶图像

14 也可以为图像添加其他一些装饰图案或进行颜色的调整，效果如图 9-27 所示。

图9-27 制作其他效果

提示

用户可以尝试使用“镜头光晕”滤镜、“极坐标”滤镜和“扭曲”滤镜制作其他绚丽效果。

妙笔生花4：巧用滤镜打造雪花纷飞效果

难度级别

01 打开“光盘\素材与源文件\素材\第9章\风雪夜归人.jpg”文件，如图9-28所示。

图9-28 打开素材文件

02 新建“图层1”图层，并将其填充为黑色，如图9-29所示。

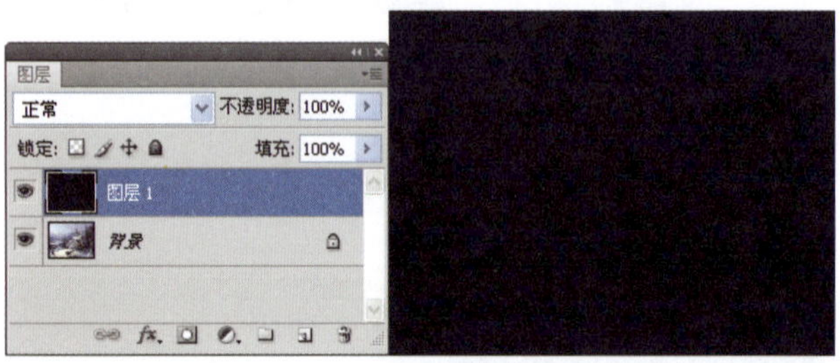

图9-29 新建并填充图层

03 选择“滤镜”|“像素化”|“铜版雕刻”命令，在弹出的“铜版雕刻”对话框中设置参数，然后单击“确定”按钮，如图9-30所示。

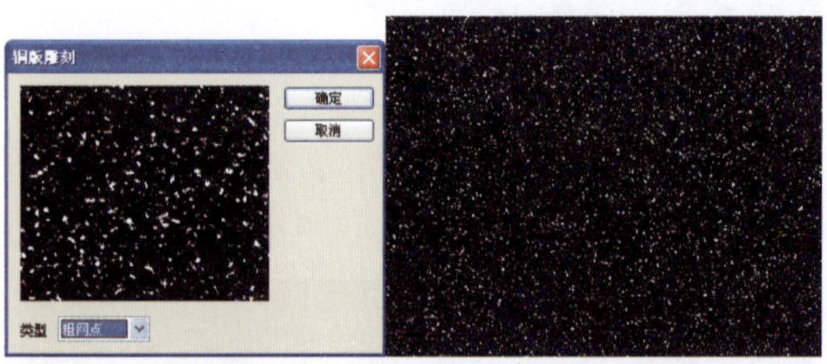

图9-30 “铜版雕刻”滤镜效果

04 选择“滤镜”|“模糊”|“高斯模糊”命令，在弹出“高斯模糊”的对话框中设置参数，然后单击“确定”按钮，如图9-31所示。

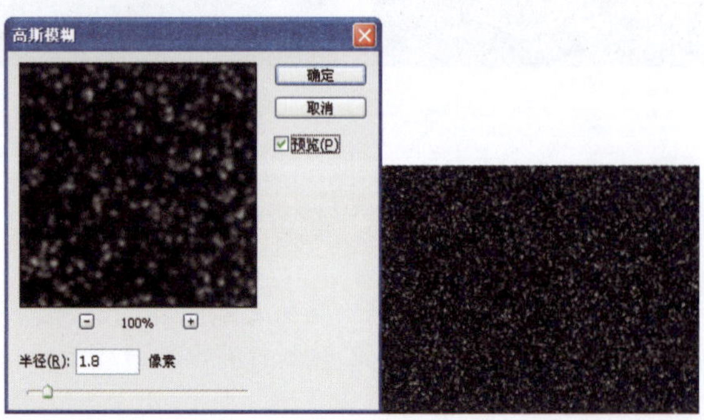

图9-31 “高斯模糊”滤镜效果

05 选择“图像”|“调整”|“阈值”命令，在弹出的“阈值”对话框中设置参数，然后单击“确定”按钮，如图9-32所示。

图9-32 “阈值”命令效果

06 选择“滤镜”|“模糊”|“高斯模糊”命令，在弹出的经“高斯模糊”对话框中设置参数，然后单击“确定”按钮，如图9-33所示。

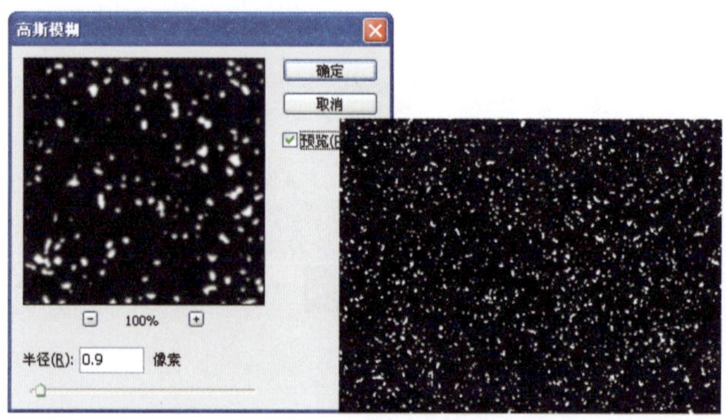

图9-33 “高斯模糊”滤镜效果

07 设置“图层1”的图层混合模式为“滤色”,“不透明度”为80%，最终效果如图9-34所示。

图9-34 最终效果

提示

任一颜色与黑色进行滤色将保持不变，与白色进行滤色，将产生白色。

妙笔生花5：巧用滤镜打造照片梦幻艺术效果

难度级别

01 打开“光盘\素材与源文件\素材\第 9 章\树林.jpg”文件，如图 9-35 所示。

图9-35 打开素材文件

02 按两次【Ctrl+J】组合键，复制“背景”图层，得到“图层 1 副本”和“图层 1”图层，然后选择“滤镜”|“模糊”|“动感模糊”命令，在弹出的“动感模糊”对话框中设置参数，效果如图 9-36 所示。

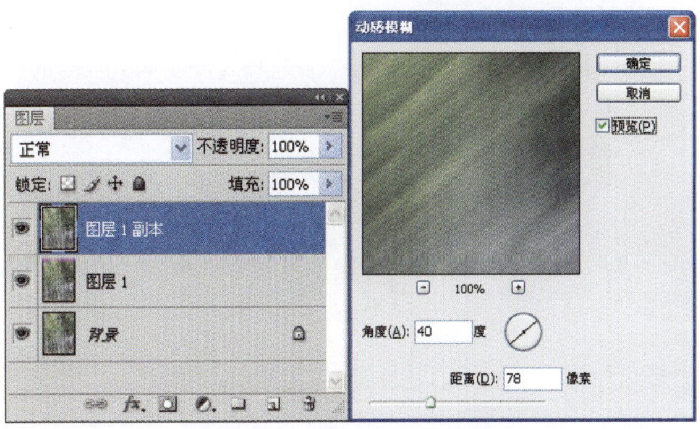

图9-36 设置动感模糊参数

03 单击“确定”按钮，使用动感模糊滤镜，然后在“图层”面板中选择“图层 1”图层，如图 9-37 所示。

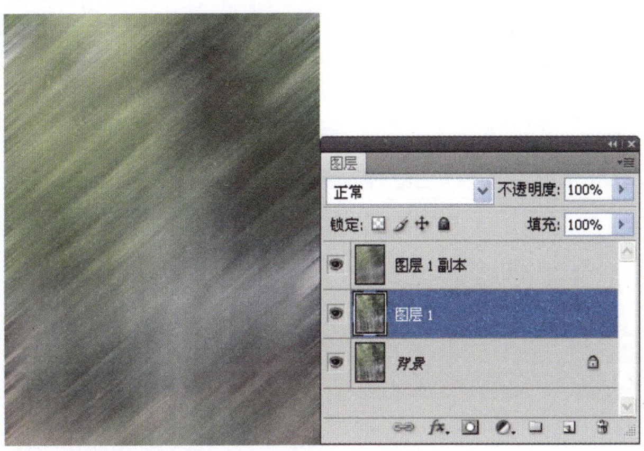

图9-37 选择“图层1”

04 选择“滤镜”|“模糊”|“动感模糊”命令，在弹出的“动感模糊”对话框中设置参数，效果如图 9-38 所示。

图9-38 对“图层1”应用动感模糊滤镜

05 将“图层 1”和“图层 1 副本”图层的图层混合模式均设置为“叠加”，效果如图 9-39 所示。

图9-39 更改图层混合模式

06 选择“图层”|“合并可见图层”命令，合并所有图层，然后选择“滤镜”|“艺术效果”|“底纹效果”命令，在弹出的“底纹效果”对话框中设置参数，效果如图 9-40 所示。

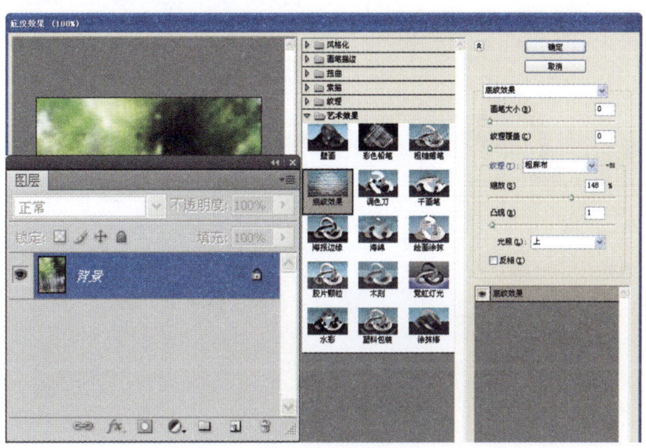

图9-40 应用“底纹效果”滤镜

07 单击“确定”按钮，使用“底纹效果”滤镜，然后选择“编辑”|“渐隐底纹效果”命令，效果如图 9-41 所示。

图9-41 选择“渐隐底纹效果”命令

08 在弹出的“渐隐”对话框中设置参数，单击“确定”按钮，最终效果如图 9-42 所示。

图9-42 最终效果

妙笔生花6：巧用滤镜制作逼真布画效果

难度级别

01 打开“光盘\素材与源文件\素材\第 9 章\女孩.jpg”文件，如图 9-43 所示。

图9-43 打开素材文件

02 按住【Alt】键双击“背景”图层，将其变为普通图层即“图层 0”图层，然后选择“滤镜”|“纹理”|“纹理化”命令，在弹出的“纹理化”对话框中设置参数，效果如图 9-44 所示。

图9-44 设置“纹理化”参数

03 单击“确定”按钮，得到纹理化后的图像效果，然后按【Ctrl+J】组合键复制“图层 0”，得到“图层 0 副本”图层，如图 9-45 所示。

图9-45 “纹理化”效果

04 选择“滤镜”|“画笔描边”|“阴影线”命令，在弹出的“阴影化”对话框中设置参数，然后单击“确定”按钮，如图 9-46 所示。

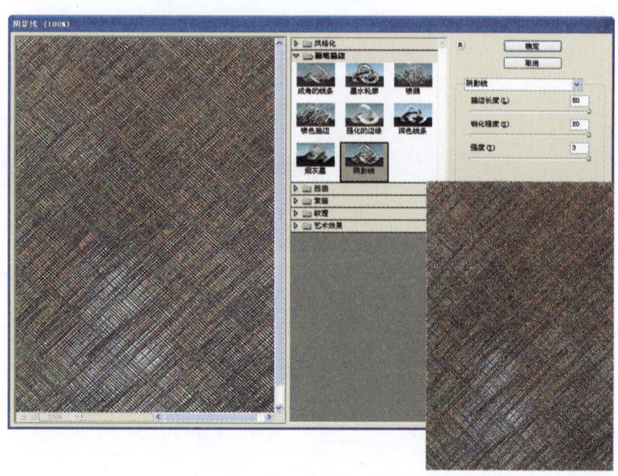

图9-46 “阴影线”效果

05 设置“图层 1”图层的图层混合模式为“叠加”，“不透明度”为 50%，效果如图 9-47 所示。

提示

在叠加图层混合模式下，对颜色进行正片叠加或过滤，结果取决于基色。混合色在基色上叠加，同时保留基色的明暗对比，不替换基色，但基色与混合色叠加可以反映原色的亮暗程度。

图9-47 最终效果

妙笔生花7：巧用滤镜制作漫画效果

难度级别

01 打开“光盘\素材与源文件\素材\第 9 章\水边.jpg”文件，如图 9-48 所示。

图9-48 打开素材文件

02 选择“滤镜”|“艺术效果”|“海报边缘”命令，在默认设置下，单击右下角的“新建效果图层”按钮，新建一个效果图层，再选择“木刻”滤镜，并保持默认设置，如图 9-49 所示。

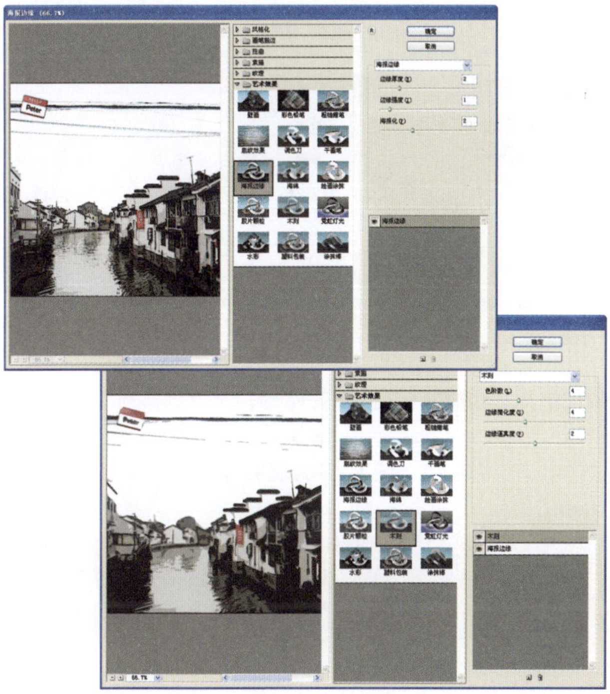

图9-49 应用“海报边缘”和“木刻”滤镜

03 单击“确定”按钮，然后选择“图像”|“调整”|“亮度 / 对比度”命令，在弹出的“亮度 / 对比度”对话框中设置参数，效果如图 9-50 所示。

图9-50 选择“亮度/对比度”命令

04 单击“确定”按钮，然后选择“图像”|“调整”|“阴影 / 高光”命令，在弹出的“阴影 / 高光”对话框中设置参数，效果如图 9-51 所示。

图9-51 选择“阴影/高光”命令

05 单击“确定”按钮，然后选择“滤镜”|“锐化”|“USM 锐化”命令，在弹出的 USM 锐化对话框中设置参数，效果如图 9-52 所示。

06 单击“确定”按钮，即可得到最终效果，如图 9-53 所示。

图9-52 选择“USM锐化”命令

图9-53 最终效果

妙笔生花8：巧用滤镜制作素描画效果

难度级别

01 打开“光盘\素材与源文件\素材\第 9 章\长发美女 .jpg”文件，如图 9-54 所示。

图9-54 打开素材文件

02 选择“图像”|“调整”|“去色”命令将图像去色，然后复制“背景”图层，得到“背景 副本”图层，如图 9-55 所示。

图9-55 复制图层

03 按【Ctrl+I】组合键反选图像，然后设置图层混合模式为“颜色减淡”，此时图像变为白色，如图 9-56 所示。

图9-56 调整图层混合模式

04 选择“滤镜”|“其他”|“最小值”命令，在弹出的“最小值”对话框中设置参数，然后单击“确定”按钮，即可得到最终效果，如图 9-57 所示。

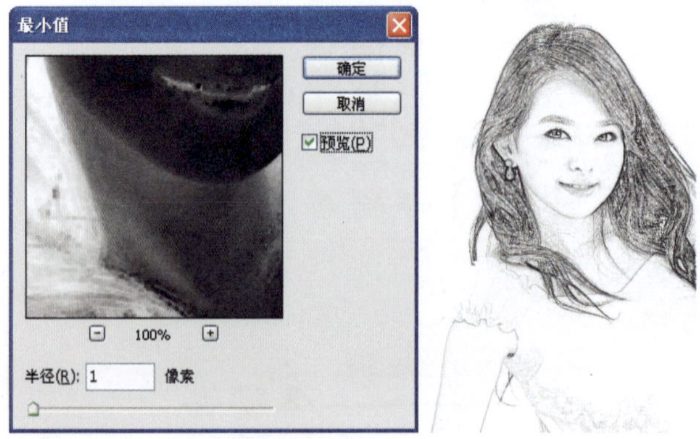

图9-57 最终效果

提示

“最小值”命令是将图像中亮部区域缩小、将暗部区域扩大，产生较暗的图像效果。

妙笔生花9：巧用变形滤镜制作对称的花朵

难度级别

01 选择“文件”|“新建”命令，新建一个白色背景的文档，然后选择工具箱中的渐变工具，绘制线性渐变，对图像进行渐变填充，如图 9-58 所示。

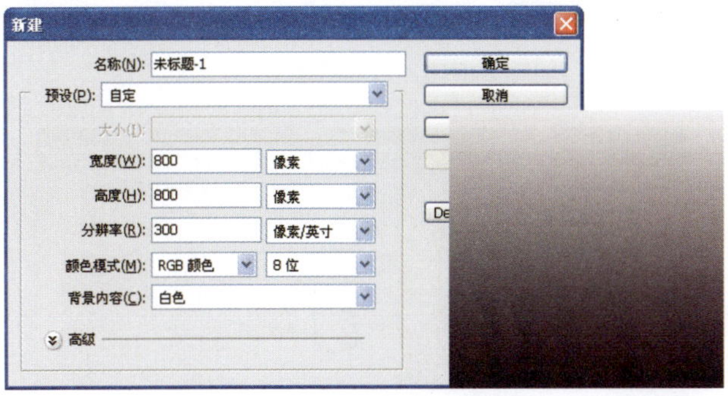

图9-58 新建文档并进行填充

02 选择“滤镜”|“扭曲”|“波浪”命令，在弹出的“波浪”对话框中设置参数，然后单击“确定”按钮，效果如图 9-59 所示。

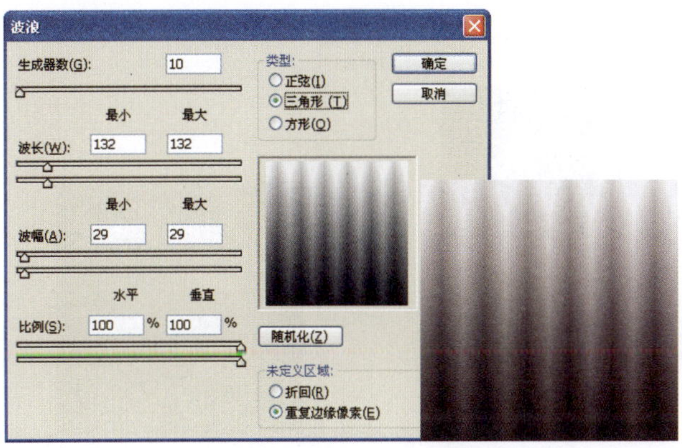

图9-59 “波浪”滤镜

03 选择“滤镜”|“扭曲”|“极坐标”命令，在弹出的“极坐标”对话框中设置参数，然后单击“确定”按钮，效果如图 9-60 所示。

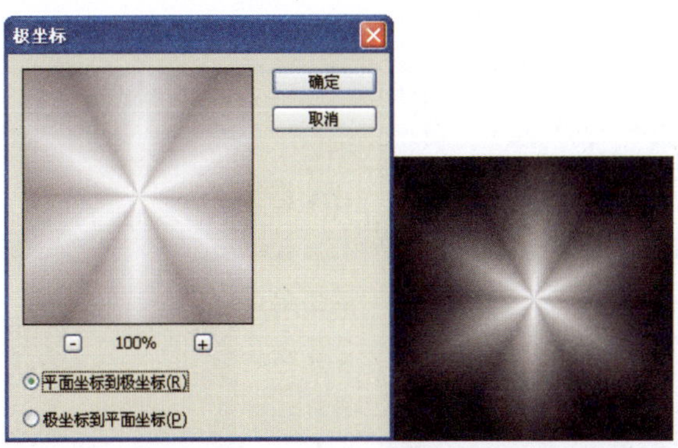

图9-60 使用“极坐标”滤镜

04 选择“滤镜”|“素描”|“铬黄”命令，在弹出的“铬黄渐变”对话框中设置参数，然后单击“确定”按钮，效果如图 9-61 所示。

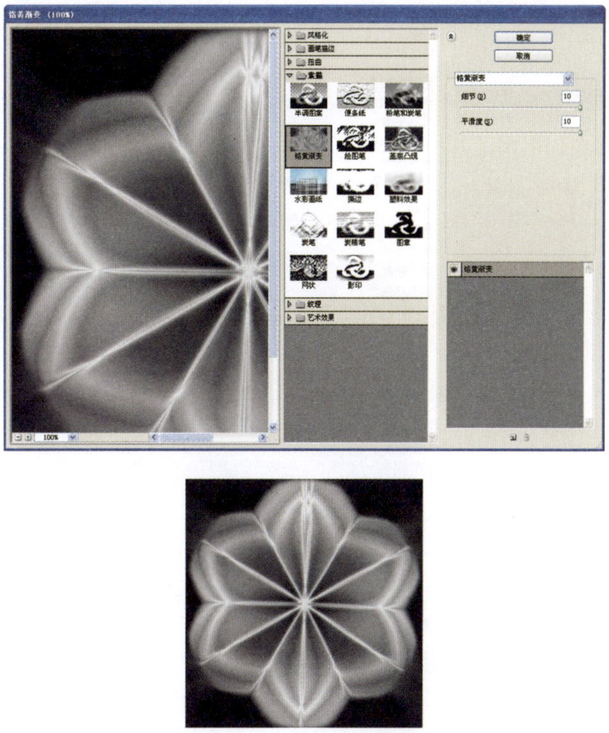

图9-61 “铬黄”滤镜

05 选择“图像”|“调整”|“色彩平衡”命令，在弹出的“色彩平衡”对话框中设置参数，然后单击“确定”按钮，效果如图 9-62 所示。

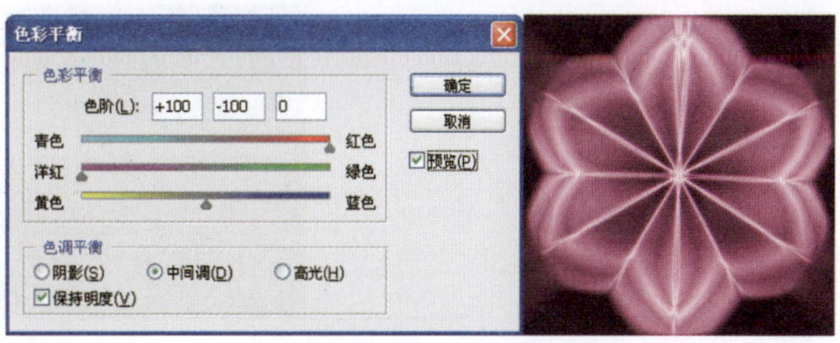

图9-62 调整色彩平衡

06 选择“图像”|“调整”|“亮度/对比度”命令，在弹出的“亮度/对比度”对话框中设置参数，然后单击“确定”按钮，效果如图 9-63 所示。

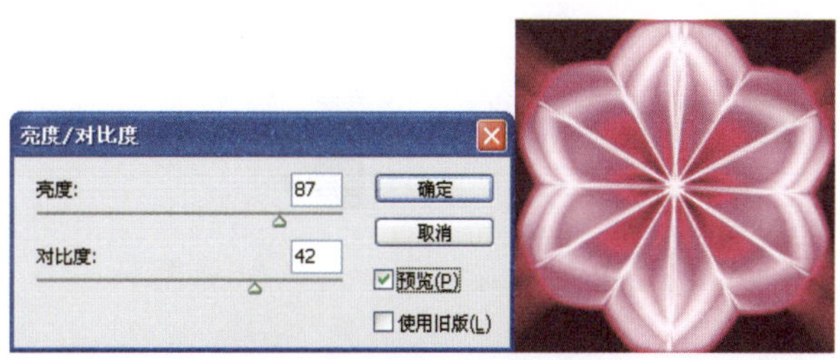

图9-63 调整亮度/对比度

07 在“图层”面板中单击按钮，在弹出的下拉菜单中选择“渐变”命令，在弹出的“渐变填充”对话框中调整各项参数，效果如图 9-64 所示。

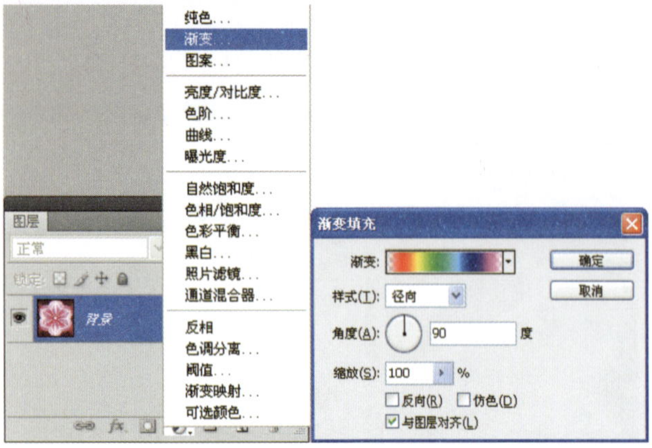

图9-64 设置渐变参数

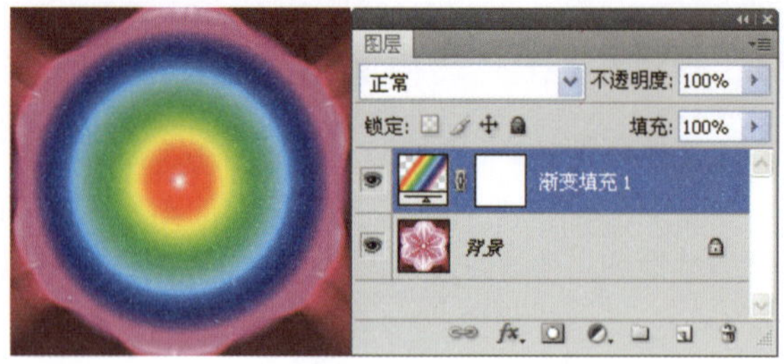

图9-65 渐变效果

08 单击“确定”按钮，得到的图像效果如图 9-65 所示。

09 设置“渐变填充 1”的图层混合模式为“叠加”，最终效果如图 9-66 所示。

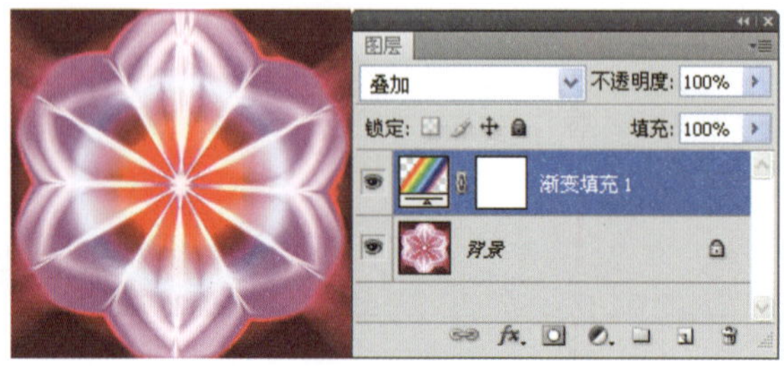

图9-66 最终效果

妙笔生花10：巧用滤镜制作蓝魔圈

难度级别

01 按【Ctrl+N】组合键，新建一个“宽度”和“高度”均为 500 像素，背景颜色为黑色的文档，如图 9-67 所示。

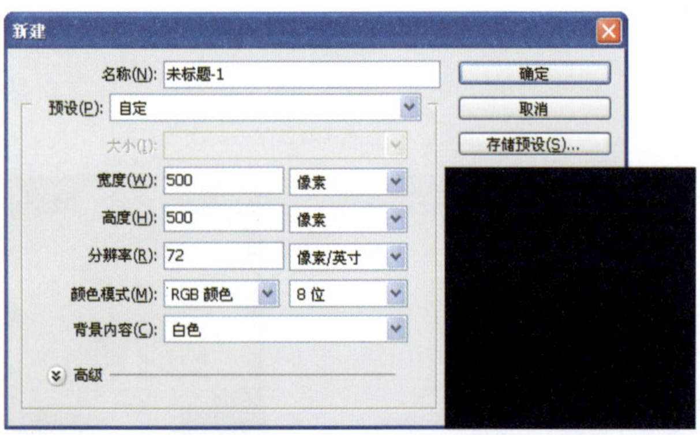

图9-67 新建文档

02 按【Ctrl+J】组合键复制“背景”图层，得到“图层 1”图层，如图 9-68 所示。

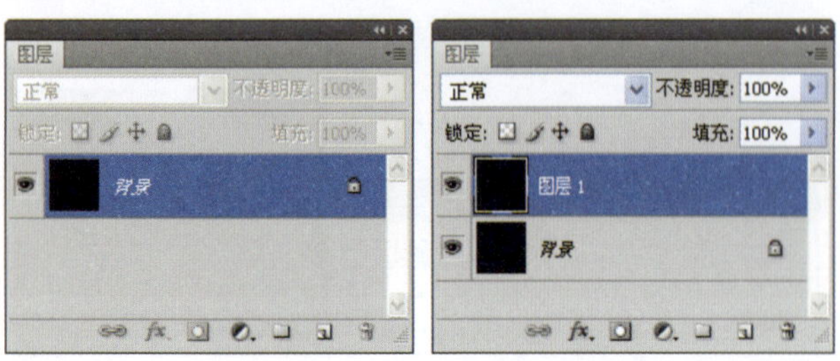

图9-68 复制“背景”图层

03 选择“滤镜”|“渲染”|“镜头光晕”命令，在弹出的“镜头光晕”对话框中设置参数（注意一定要将光晕中心放在中间的位置），然后单击“确定”按钮，如图 9-69 所示。

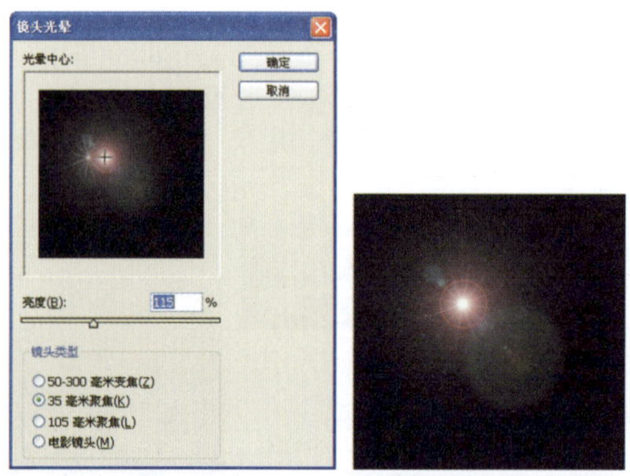

图9-69 “镜头光晕”效果

04 选择“滤镜”|“艺术效果”|“塑料包装”命令，在弹出的“塑料包装”对话框中设置参数（注意一定要将光晕中心放在中间的位置），然后单击“确定”按钮，如图 9-70 所示。

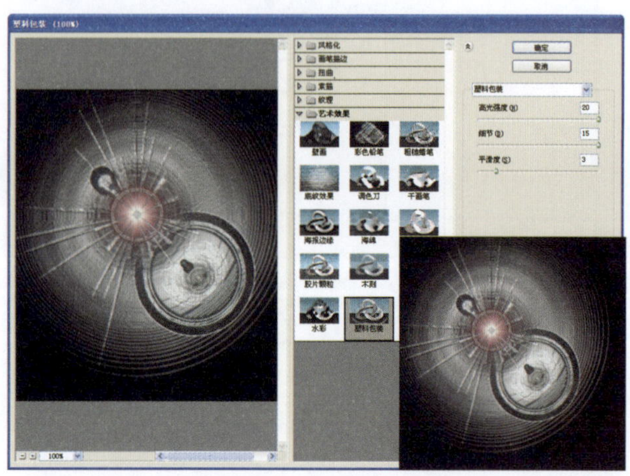
图9-70 “塑料包装”效果

05 复制“背景 副本”图层，得到“背景 副本 2”图层，设置其图层混合模式为“叠加”，效果如图 9-71 所示。

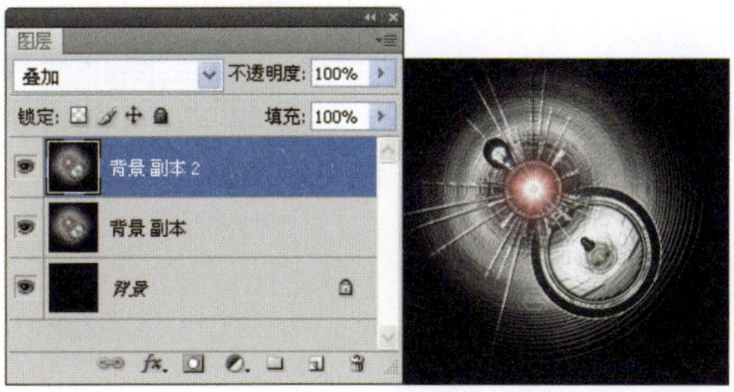

图9-71 复制“背景”图层

06 选择“图像”|“调整”|“色相/饱和度”命令，在弹出的“色相/饱和度”对话框中设置参数，然后单击“确定”按钮，如图 9-72 所示。

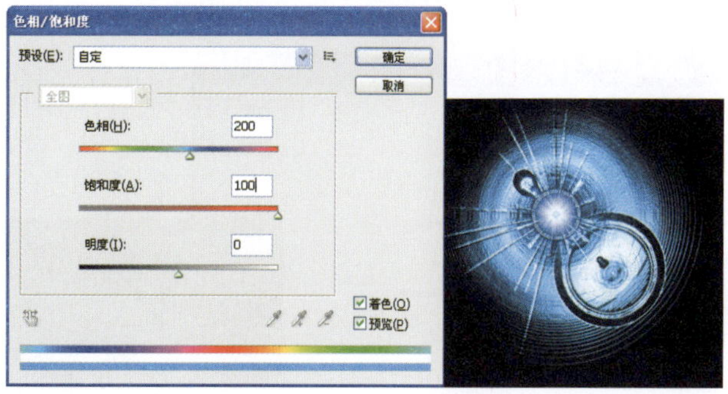

图9-72 调整“色相/饱和度”

妙笔生花11：巧用滤镜制作抽象涡轮效果

难度级别

01 按【Ctrl+N】组合键，新建一个“宽度”和“高度”均为 400 像素，设置前景色和背景色分别为亮灰色和黑色。选择工具箱中的渐变填充工具，在工具属性栏中单击按钮，从右下方向左上方拖动鼠标，填充渐变色，如图 9-73 所示。

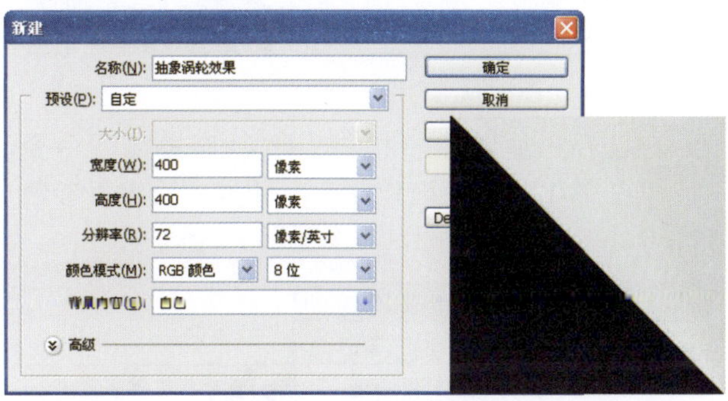

图9-73 填充渐变色

02 选择“滤镜”|“渲染”|“分层云彩”命令，使用“分层云彩”滤镜，然后按 20 次【Ctrl+F】组合键，重复使用滤镜，如图 9-74 所示。

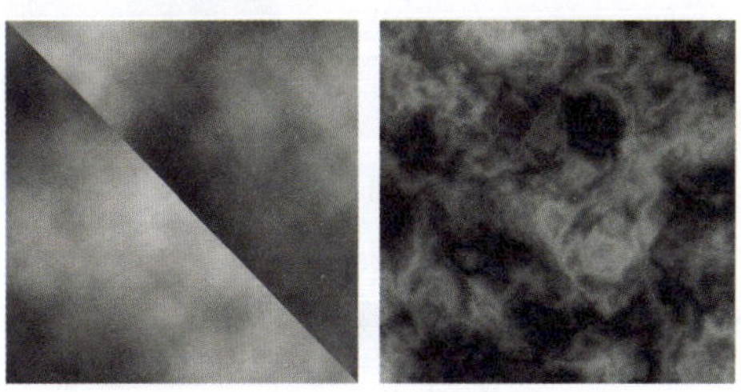

图9-74 使用“分层云彩”滤镜

03 按两次【Ctrl+J】组合键复制“背景”图层，得到“图层 1 副本”图层如图 9-75 所示。

04 选择“图层 1”图层，选择“滤镜”|“扭曲”|“波浪”命令，在弹出的“波浪”对话框中设置参数，并在对话框中单击“随机化”按钮，然后单击“确定”按钮，如图 9-76 所示。

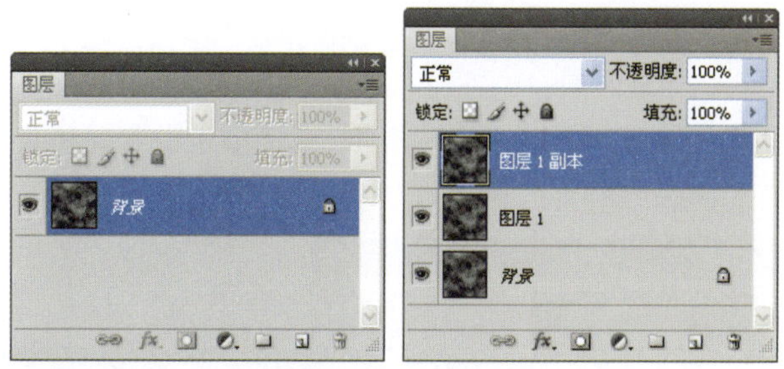

图9-75 复制图层

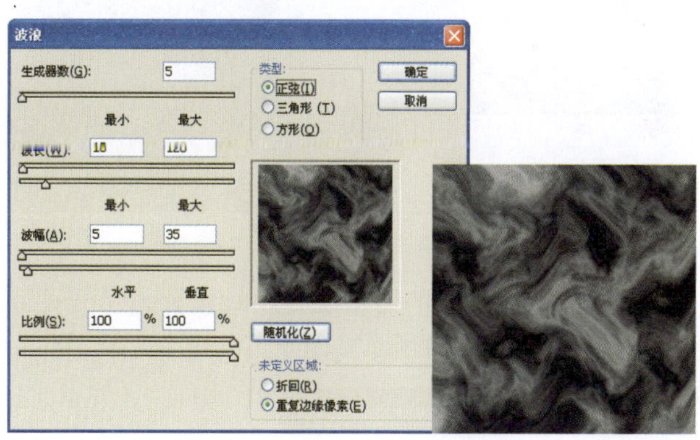

图9-76 应用“波浪”滤镜

05 选择“图层 1 副本”图层，按五次【Ctrl+F】组合键，将“波浪”滤镜重复应用五次，并设置“图层 1 副本”图层的图层混合模式为“变亮”，效果如图 9-77 所示。

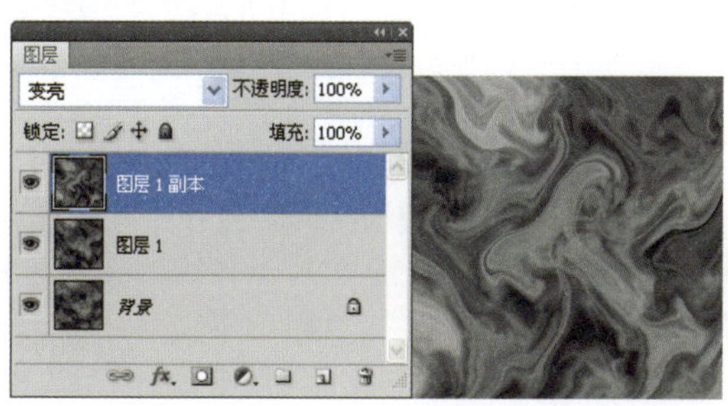

图9-77 重复应用“波浪”滤镜

06 选择“图层”|“合并可见图层”命令，合并所有可见图层。选择“图像”|“调整”|“色相/饱和度”命令，在弹出的“色相/饱和度”对话框中设置好参数，单击“确定”按钮，如图 9-78 所示。

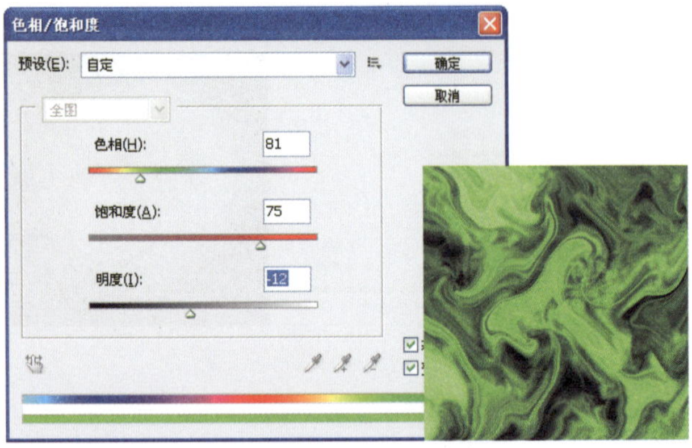

图9-78 调整效果

07 按【Ctrl+J】组合键复制“背景”图层，得到“图层 1”图层。选择“滤镜”|“扭曲”|“旋转扭曲”命令，在弹出的“旋转扭曲”对话框中设置好参数，然后单击“确定”按钮，如图 9-79 所示。

图9-79 应用“旋转扭曲”滤镜

08 将“图层 1”的图层混合模式设置为“变亮”，效果如图 9-80 所示。

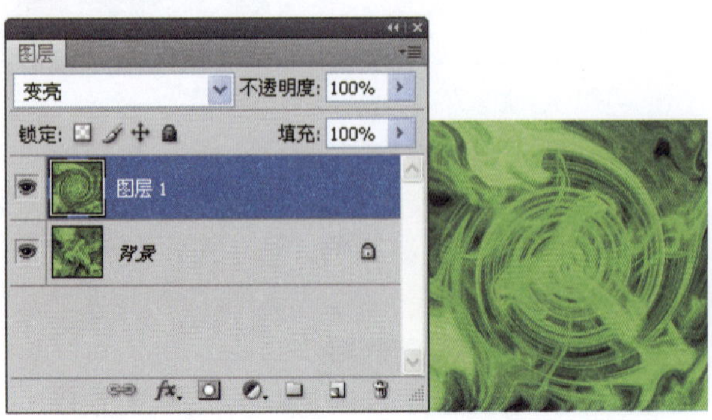

图9-80 更改图层混合模式

09 按【Ctrl+Shift+E】组合键，合并所有可见图层。按【Ctrl+J】组合键复制合并后的图层，然后选择“滤镜”|“像素化”|“彩色半调”命令，在弹出的“彩色半调”对话框中设置艰险参数，然后单击“确定”按钮，如图 9-81 所示。

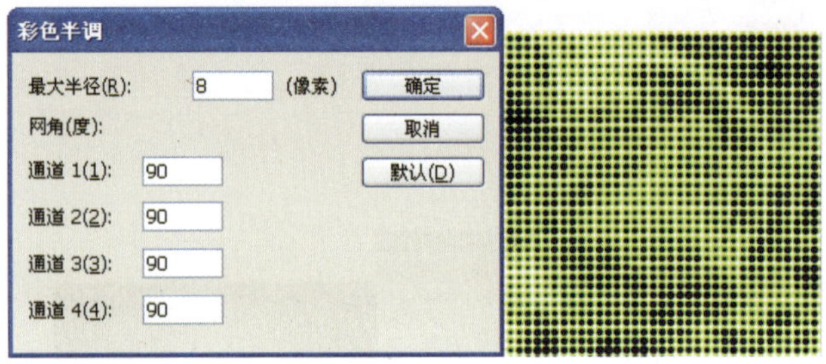

图9-81 应用“彩色半调”滤镜

10 选择“滤镜”|“扭曲”|“极坐标”命令，在弹出的“极坐标”对话框中设置好参数，然后单击“确定”按钮，如图 9-82 所示。

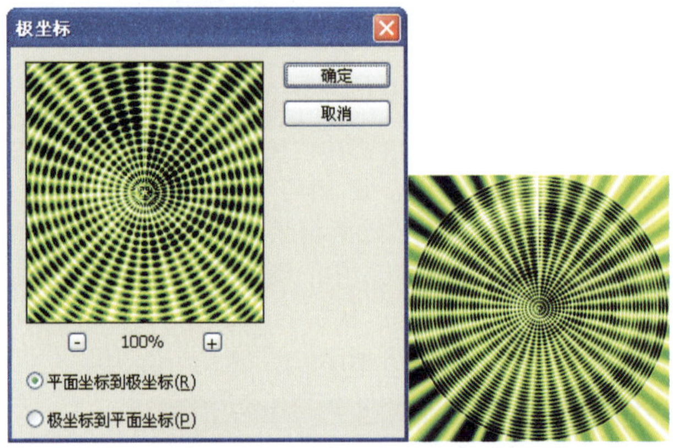

图9-82 应用“极坐标”滤镜

11 选择“滤镜”|“模糊”|“径向模糊”命令，在弹出的“径向模糊”对话框中设置好参数，然后单击“确定”按钮，如图 9-83 所示。

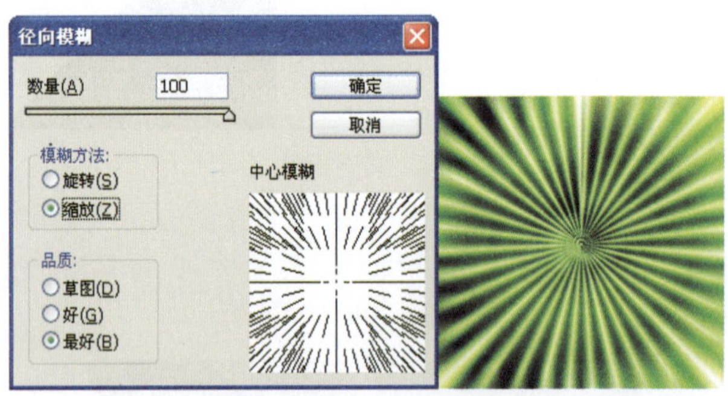

图9-83 应用“径向模糊”滤镜

12 设置“图层 1”的图层混合模式为“变亮”，效果如图 9-84 所示。

图9-84 设置图层混合模式

13 选择“图像”|“调整”|“色阶”命令，在弹出的“色阶”对话框中调整设置参数，单击“确定”按钮，即可得到最终效果，如图 9-85 所示。

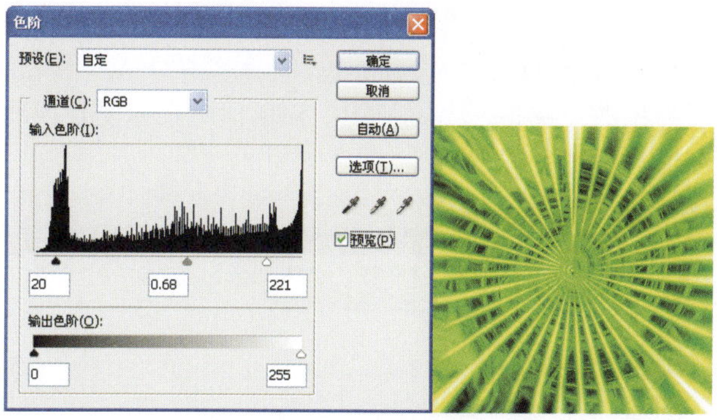

图9-85 最终效果

提示

此处使用“色阶”命令，是为了使图像对比度更加强烈，画面更加清晰。

妙笔生花12：巧用“置换”滤镜制作褶皱特效

难度级别

01 按【Ctrl+N】组合键，新建一个“宽度”为 5.2 厘米、“高度”为 4.2 厘米、“分辨率”为 300 像素 / 英寸、RGB 模式、背景色为白色的文件。确认工具箱中的前景色和背景色为默认的黑色和白色，选择“滤镜”|“渲染”|“云彩”命令，如图 9-86 所示。

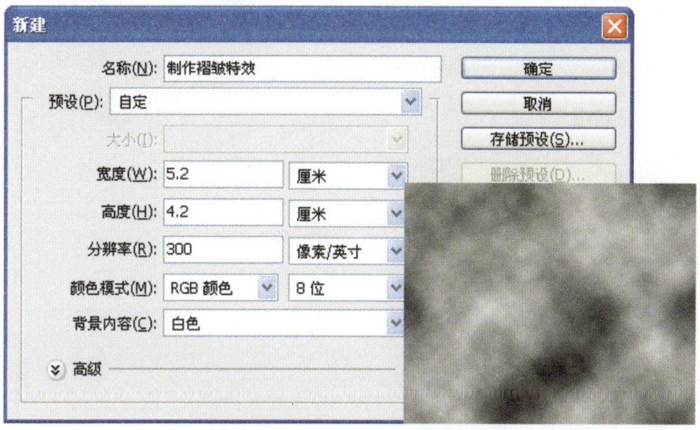

图9-86 使用“云彩”滤镜

02 选择“滤镜”|“渲染”|“分层云彩”命令，然后多按几次【Ctrl+F】组合键，重复使用“分层云彩”滤镜，如图 9-87 所示。

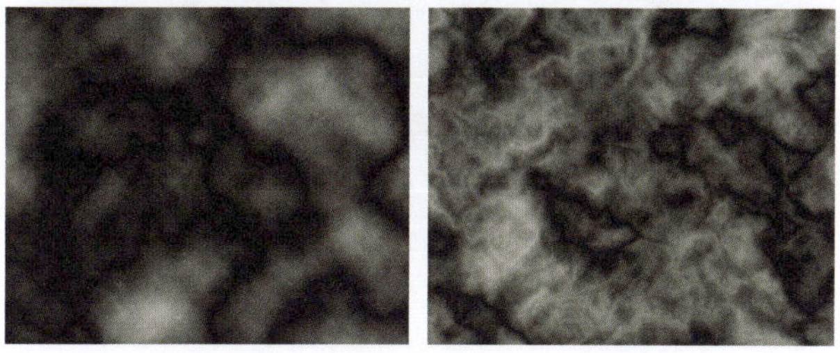
图9-87 使用“分层云彩”滤镜

03 选择“滤镜”|“风格化”|“浮雕效果”命令，在弹出的“浮雕效果”对话框中设置好参数，然后单击“确定”按钮，如图 9-88 所示。

04 选择“滤镜”|“模糊”|“高斯模糊”命令，在弹出的“高斯模糊”对话框中设置好参数，然后单击“确定”按钮，如图 9-89 所示。

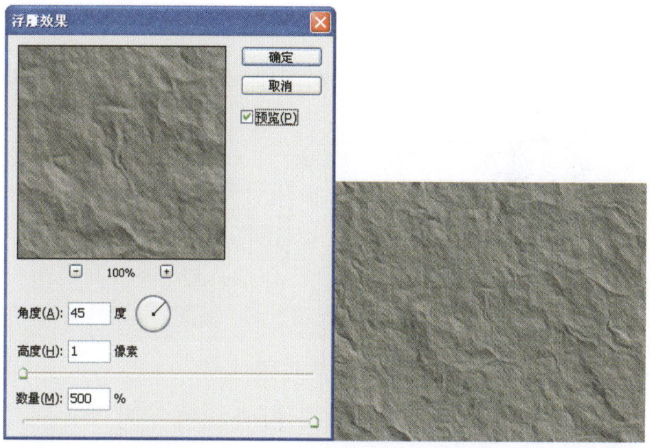

图9-88 应用“浮雕效果”滤镜

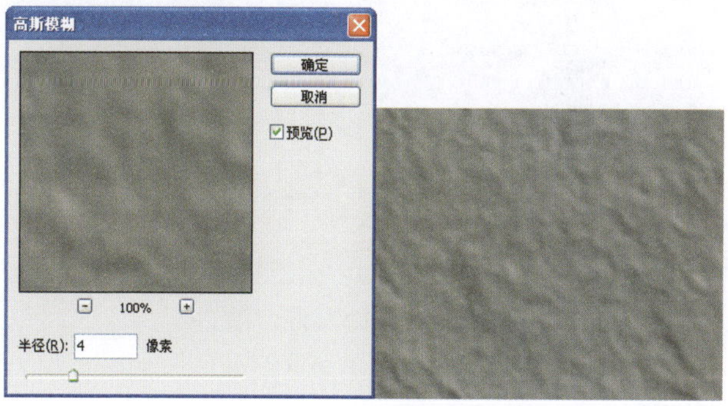

图9-89 应用“高斯模糊”滤镜

05 按【Ctrl+Alt+S】组合键，将褶皱纹理存储，然后按【Ctrl+Z】组合键返回到图像模糊处理前。打开素材文件“画 .jpg”，并将其移动到褶皱图像中，生成“图层 1”图层，如图 9-90 所示。

图9-90 移动图像

06 选择“滤镜”|“扭曲”|“置换”命令，在弹出的对话框中设置参数，然后单击“确定”按钮，在弹出的“选择一个置换图”对话框中选择要置换的图像，如图 9-91 所示。

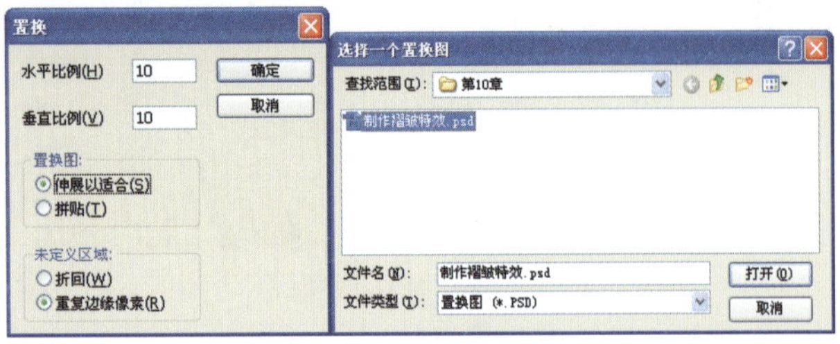

图9-91 移动图像

07 单击“打开”按钮，为图像添加褶皱效果，如图 9-92 所示。

图9-92 添加褶皱效果

08 设置“图层 1”的图层混合模式”为“叠加”，如图 9-93 所示。

图9-93 设置图层混合模式

09 选择“背景”图层，选择“图像”|“调整”|“色阶”命令，在弹出的“色阶”对话框中设置参数，单击“确定”按钮，得到的效果如图 9-94 所示。

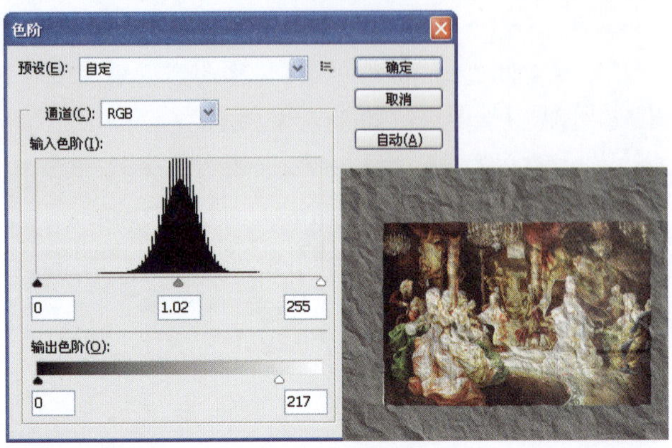

图9-94 调整色阶

10 按住【Ctrl】键单击“图层 1”图层的缩览图，载入选区，然后按【Ctrl+J】组合键复制选区内的背景图像，如图 9-95 所示。

图9-95 复制选区内的背景图像

11 把“背景”图层填充为白色，双击“图层 1”图层，弹出“图层样式”对话框，选择“投影”样式，设置“大小”为 20，其余值为默认，单击“确定”按钮，即可得到最终效果，如图 9-96 所示。

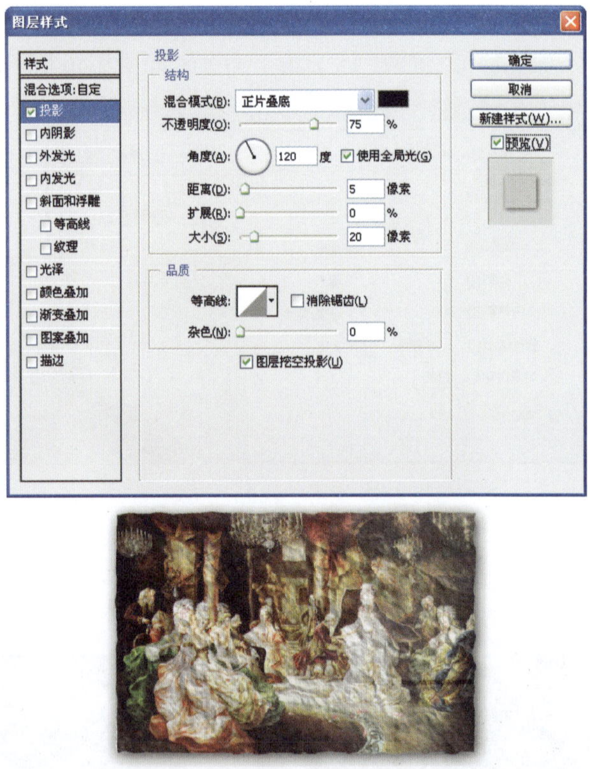

图9-96 最终效果

提示

添加“投影”样式，可以使画面效果更加真实。

妙笔生花13：巧用“模糊”滤镜制作数字景深

难度级别

01 打开“光盘\素材与源文件\素材\第9章\舞.jpg”文件，如图9-97所示。

图9-97 打开素材文件

02 按【Ctrl+J】组合键复制“背景”图层，得到“图层1”图层。选择“滤镜”|“模糊”|“高斯模糊”命令，在弹出的“高斯模糊”对话框中设置参数，单击“确定”按钮，效果如图9-98所示。

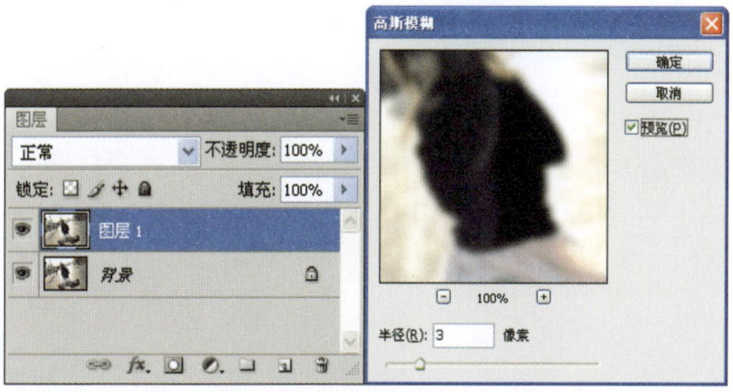

图9-98 “高斯模糊”对话框

03 单击“确定”按钮，即可得到模糊后的效果。在“图层”面板中单击按钮，为“图层1”图层添加图层蒙版，效果如图9-99所示。

图9-99 添加图层蒙版

04 设置前景色为黑色，选择工具箱中的画笔工具，在人物身体上进行涂抹，制作出景深效果，最终效果如图9-100所示。

图9-100 最终效果

Chapter 10

商业广告设计

优秀的商业广告设计人员与普通设计人员的区别在于能否运用自如地将各种技术融合到商业广告创意当中，能否创造出满足客户与市场需求的作品，能否在基本功能的组合中取长补短，并不断积累经验。本章将通过两个典型案例详细介绍商业广告设计技术。

本章知识索引

实例效果展示

妙笔生花1：观赏瓷器招贴广告

难度级别

创意分析

本例将讲解如何在Photoshop CS4中制作“观赏瓷器招贴广告”。其中运用粉红色、黄色为主色调，彰显古典瓷器的文化底蕴。整体设计典雅大方，主题突出，具有较强的视觉冲击力和感染力。

设计流程

本例讲解“观赏瓷器招贴广告”制作（光盘\素材与源文件\源文件\第10章\观赏瓷器招贴广告.psd），设计的流程如图10-1所示。

图10-1 设计流程图

制作步骤

01 选择“文件”|“新建”命令，弹出“新建”对话框，在“名称”文本框中输入“观赏瓷器招贴广告”，设置各项参数，单击“确定”按钮，如图10-2所示。

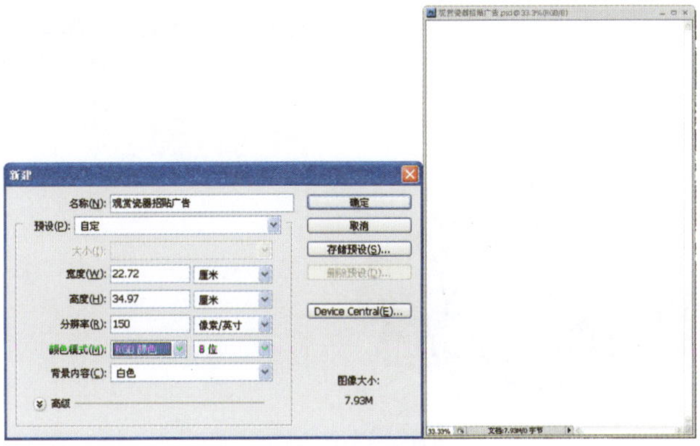

图10-2 新建文件

02 按【Ctrl+Shift+N】组合键，新建“图层1”图层。选择工具箱中的渐变工具，单击工具属性栏上的“编辑渐变”按钮，弹出“渐变编辑器”对话框，设置各项参数，其中颜色值分别为（R:201, G:1, B:116）和黑色，单击“确定”按钮。单击工具属性栏上的“径向渐变”按钮，在窗口中拖动绘制渐变，如图10-3所示。

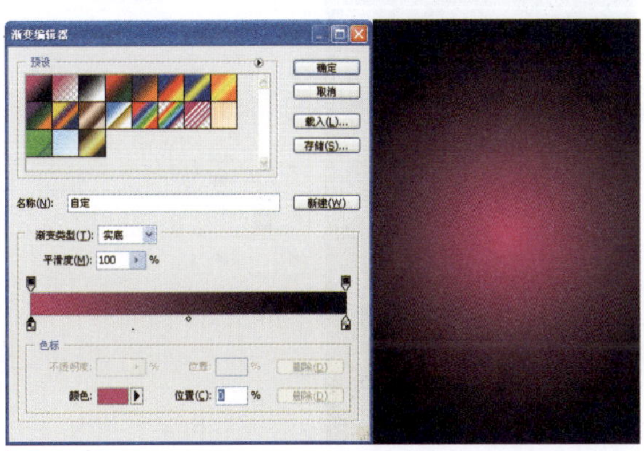

图10-3 绘制径向渐变

03 按【Ctrl+O】组合键，打开“光盘\素材与源文件\素材\第10章\10.1 观赏瓷器招贴广告\云.jpg”，如图10-4所示。

图10-4 打开素材文件

04 选择工具箱中的移动工具，拖动“云”图像到“观赏瓷器招贴广告”文件窗口中。按【Ctrl+T】组合键的同时调整图像的大小和位置，如图10-5所示。

图10-5 导入素材图像并调整

05 单击“图层”面板底部的“添加图层蒙版”按钮，选择工具箱中的画笔工具，设置前景色为黑色，选择适当的画笔大小和硬度，在图层蒙版上进行涂抹，绘制蒙版，如图 10-6 所示。

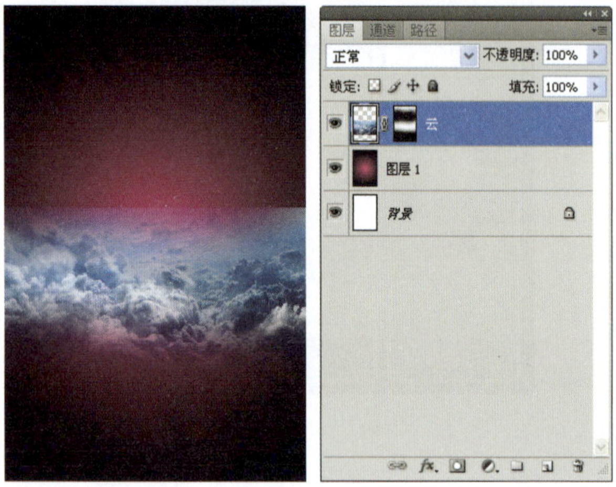

图10-6 绘制蒙版

06 单击“图层”面板底部的“创建新的填充或调整图层”按钮，在弹出的下拉菜单中选择“色相/饱和度”命令，在“调整”面板中单击按钮，设置各项参数，如图 10-7 所示。

图10-7 调整色相/饱和度

07 在“图层”面板中设置“云”图层的图层混合模式为“明度”，“不透明度”为 20%，如图 10-8 所示。

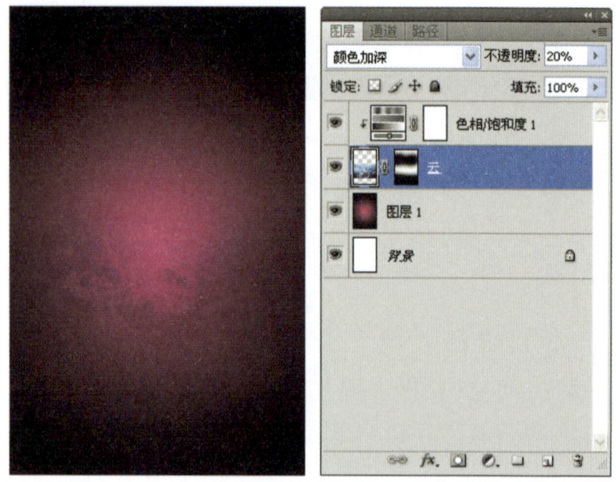

图10-8 设置图层混合模式和不透明度

08 按【Ctrl+O】组合键，打开“光盘\素材与源文件\素材\第 10 章\10.1 观赏瓷器招贴广告\花 1.psd”，如图 10-9 所示。

图10-9 打开素材文件

09 选择工具箱中的移动工具，拖动“花 1”图像到“观赏瓷器招贴广告”文件窗口中。按【Ctrl+T】组合键的同时调整图像的大小和位置，如图 10-10 所示。

图10-10 导入素材图像并进行调整

10 选择工具箱中的橡皮擦工具，选择适当的笔触大小和硬度，擦除“花 1”图像右侧边较生硬部分，如图 10-11 所示。

图10-11 擦除部分图像

11 单击“图层”面板底部的“添加图层蒙版”按钮，选择工具箱中的画笔工具，设置前景色为黑色，选择适当的画笔大小和硬度，在图层蒙版上进行涂抹，绘制蒙版，如图 10-12 所示。

图10-12 绘制蒙版

12 在“图层”面板中设置“花 1”的图层混合模式为“强光”，“不透明度”为 20%，如图 10-13 所示。

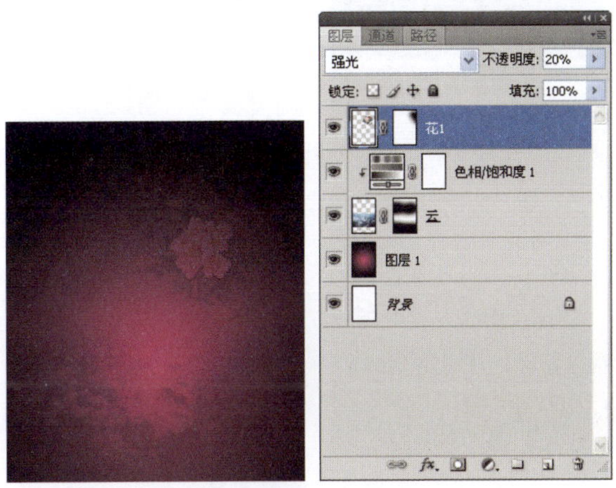

图10-13 设置图层混合模式和不透明度

13 按【Ctrl+O】组合键，打开“光盘\素材与源文件\素材\第 10 章\10.1 观赏瓷器招贴广告\花 2.psd”，按照步骤 8~12 的方法制作“花 2”图像，如图 10-14 所示。

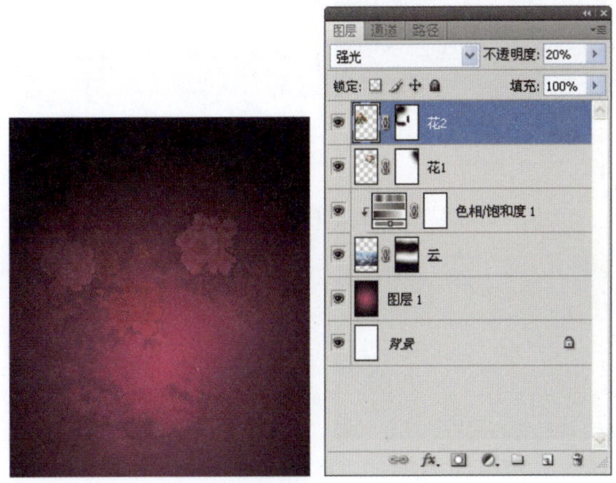

图10-14 制作图像

14 按【Ctrl+O】组合键，打开“光盘\素材与源文件\素材\第 10 章\14.1 观赏瓷器招贴广告\花 3.psd”，如图 10-15 所示。

图10-15 打开素材文件

15 选择工具箱中的移动工具，拖动“花 3”图像到“观赏瓷器招贴广告”文件窗口中。按【Ctrl+T】组合键，调整图像的大小和位置，如图 10-16 所示。

图10-16 导入素材图像并进行调整

16 在“图层”面板中设置“花 3”图层的图层混合模式为“强光”,“不透明度”为 30%，如图 10-17 所示。

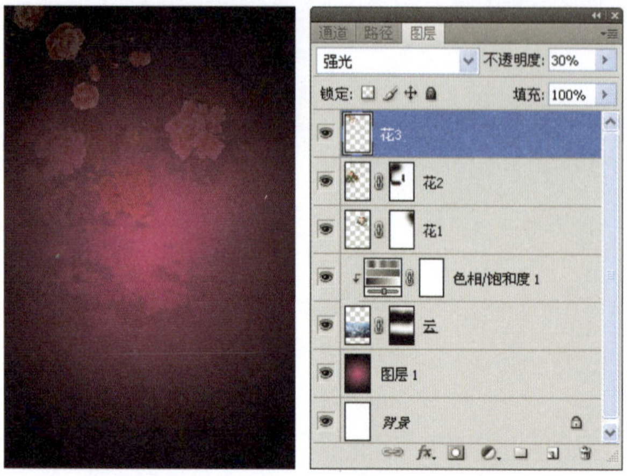

图10-17 设置图层混合模式和不透明度

17 按【Ctrl+O】组合键，打开“光盘\素材与源文件\素材\第 10 章\10.1 观赏瓷器招贴广告\瓷碗 .jpg”，如图 10-18 所示。

图10-18 打开素材文件

18 选择工具箱中的钢笔工具，沿着瓷碗的边缘绘制路径，然后按【Ctrl+Enter】组合键将路径转换为选区，如图 10-19 所示。

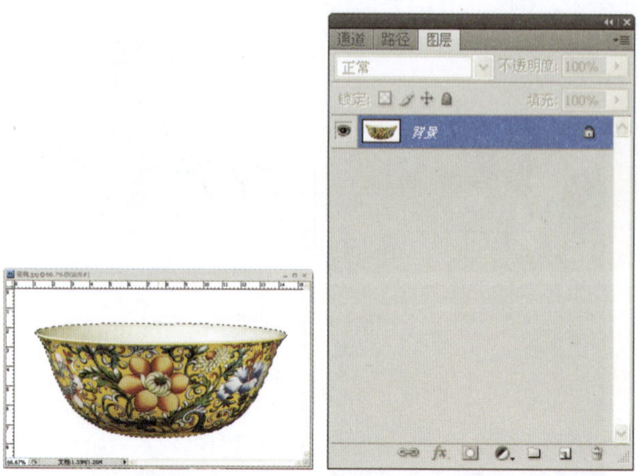

图10-19 绘制路径并转换为选区

19 选择工具箱中的移动工具，拖动选区内的图像到“观赏瓷器招贴广告”文件窗口中。按【Ctrl+T】组合键，调整图像的大小和位置，如图 10-20 所示。

图10-20 导入图像并调整

20 选择“图像”|“调整”|“色相 / 饱和度”命令，在弹出的“色相 / 饱和度”对话框中设置各项参数，单击“确定”按钮，如图 10-21 所示。

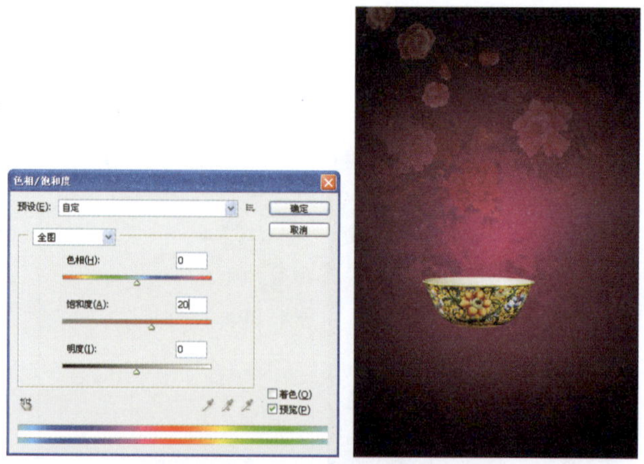

图10-21 调整色相/饱和度

21 按【Ctrl+J】组合键，复制图层“瓷碗”，得到“瓷碗 副本”图层，如图 10-22 所示。

图10-22 复制图层

22 按【Ctrl+T】组合键，垂直翻转图像，然后再调整图像的位置，如图 10-23 所示。

图10-23 垂直翻转图像

23 单击“图层”面板底部的“添加图层蒙版”按钮，选择工具箱中的渐变工具，单击工具属性栏上的“编辑渐变”按钮，弹出“渐变编辑器”窗口，设置各项参数，选择预设中的“黑，白渐变”，单击“确定”按钮。单击工具属性栏上的“线性渐变”按钮，在蒙版中拖动绘制渐变，如图 10-24 所示。

图10-24 绘制渐变蒙版

24 按【Ctrl+O】组合键，打开“光盘\素材与源文件\素材\第 10 章\10.1 观赏瓷器招贴广告\瓷壶 .jpg”。按照步骤 17~19 的方法制作“瓷壶”图像，得到的效果如图 10-25 所示。

图10-25 导入素材图像并垂直翻转

25 在“图层”面板中，将“瓷壶”图层拖动到“瓷碗”图层的下方，如图 10-26 所示。

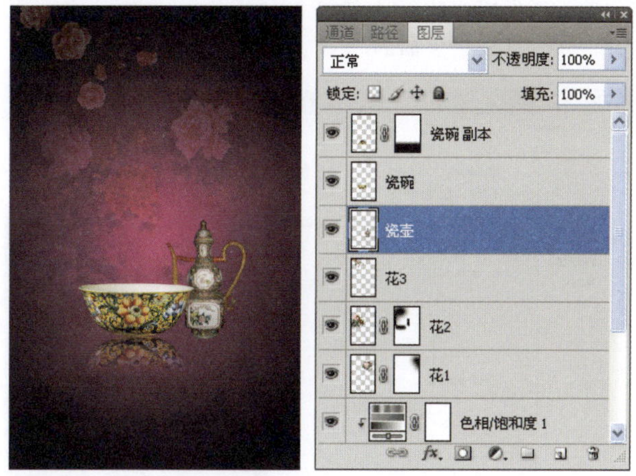

图10-26 移动图层位置

26 选择“图像”|“调整”|“色相 / 饱和度”命令，在弹出的“色相 / 饱和度”对话框中设置各项参数，单击“确定”按钮，如图 10-27 所示。

图10-27 调整色相/饱和度

27 按照步骤 21~23 的方法为“瓷壶”制作倒影，效果如图 10-28 所示。

图10-28 制作倒影效果

28 在“图层”面板中选择“瓷壶”图层，单击底部的“添加图层样式”按钮 fx，在弹出的下拉菜单中选择“投影”命令，在弹出的对话框中设置各项参数，单击“确定”按钮，如图 10-29 所示。

图10-29 添加投影效果

29 右击“图层”面板中的“瓷壶”图层，在弹出的快捷菜单中选择“拷贝图层样式”命令，然后右击“瓷碗”图层，在弹出的快捷菜单中选择“粘贴图层样式”命令，如图 10-30 所示。

图10-30 复制图层样式

30 按【Ctrl+O】组合键，打开“光盘\素材与源文件\素材\第 10 章\10.1 观赏瓷器招贴广告\瓷盘 .psd”，如图 10-31 所示。

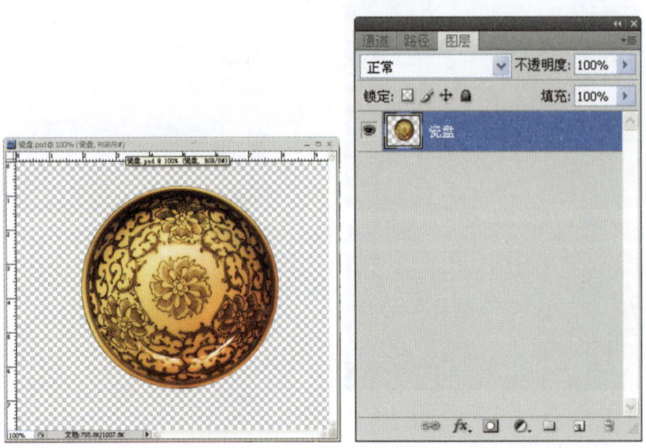

图10-31 打开素材文件

31 选择工具箱中的移动工具，拖动“瓷盘”图像到“观赏瓷器招贴广告”文件窗口中。按【Ctrl+T】组合键，调整图像的大小和位置，如图 10-32 所示。

图10-32 导入素材图像并调整

32 选择“图像”|“调整”|“色阶”命令，在弹出的“色阶”对话框中设置各项参数，单击“确定”按钮，如图 10-33 所示。

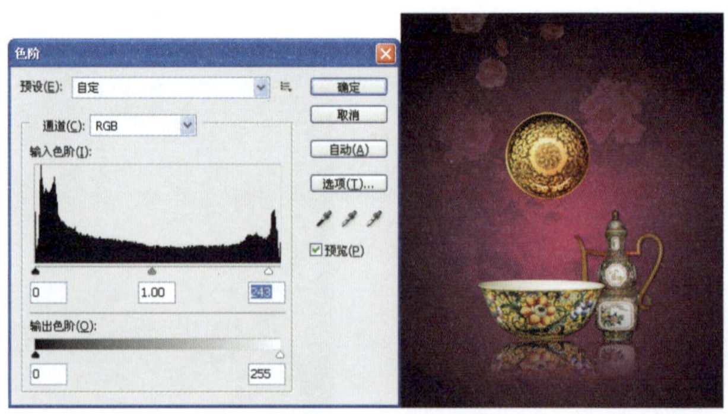

图10-33 调整色阶

33 选择“图像”|“调整”|“色彩平衡”命令，在弹出的“色彩平衡”对话框中设置各项参数，单击“确定”按钮，如图 10-34 所示。

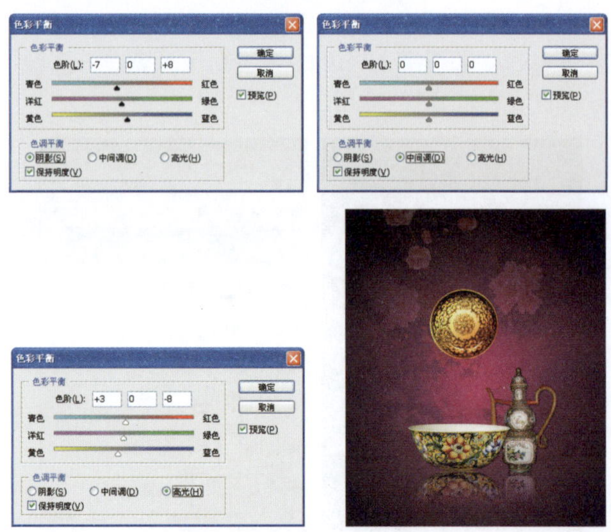

图10-34 调整色彩平衡

34 在“图层”面板中选择“瓷盘”图层，单击底部的“添加图层样式”按钮 fx.，在弹出的下拉菜单中选择“投影”命令，在弹出的对话框中设置各项参数，单击“确定”按钮，如图 10-35 所示。

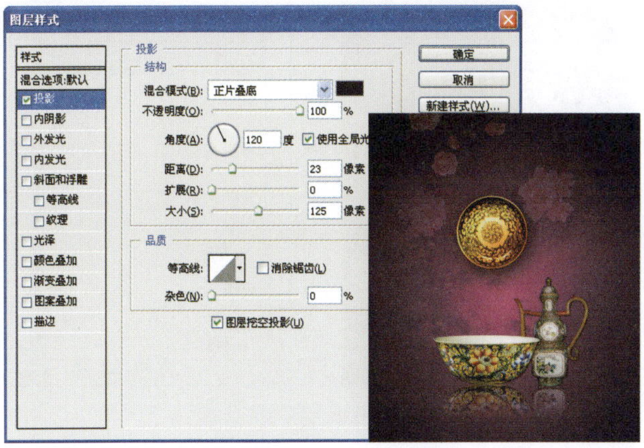

图10-35 添加投影样式

35 按【Ctrl+O】组合键，打开“光盘\素材与源文件\素材\第 10 章\10.1 观赏瓷器招贴广告\筷子.psd”。按照步骤 30~31 的方法制作“筷子”图像，效果如图 10-36 所示。

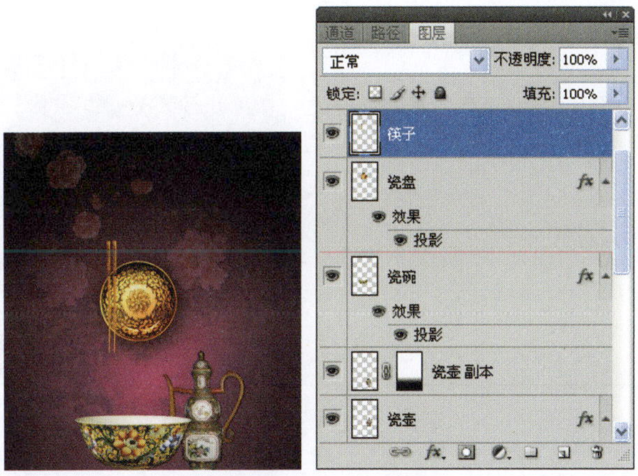

图10-36 制作筷子效果

36 在“图层”面板中选择“筷子”图层，选择“图像”|“调整”|“色彩平衡”命令，在弹出的“色彩平衡”对话框中设置各项参数，单击“确定”按钮，如图 10-37 所示。

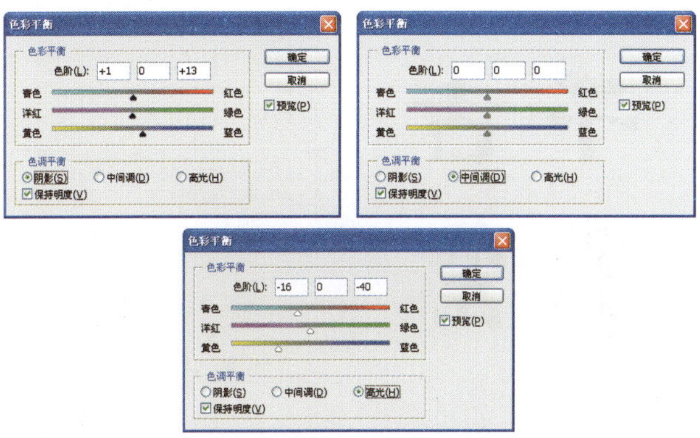

图10-37 调整色彩平衡

37 按【Ctrl+O】组合键，打开“光盘\素材与源文件\素材\第 10 章\10.1 观赏瓷器招贴广告\石头.jpg”，如图 10-38 所示。

图10-38 打开素材文件

38 选择工具箱中的魔棒工具，右击白色区域，在弹出的快捷菜单中选择“选择反向”命令，如图 10-39 所示。

图10-39 创建选区

39 选择工具箱中的移动工具，拖动“石头”图像到“观赏瓷器招贴广告”文件窗口中。按【Ctrl+T】组合键，调整图像的大小和位置，如图 10-40 所示。

图10-40 导入素材图像并调整

40 按【Ctrl+O】组合键，打开“光盘\素材与源文件\素材\第 10 章\10.1 观赏瓷器招贴广告\中国风 .jpg”。按照步骤 30~31 的方法制作“中国风”图像，效果如图 10-41 所示。

图10-41 导入素材文件并制作效果

41 设置前景色为（R：173，G：149，B：58），在“图层”面板中单击“锁定不透明度”按钮，然后按【Alt+Delete】组合键，用前景色进行填充，如图 10-42 所示。

图10-42 填充前景色

42 在“图层”面板中，设置“中国风”图层的图层混合模式为“颜色减淡”，如图 10-43 所示。

图10-43 设置图层混合模式

43 单击“图层”面板底部的“添加图层样式”按钮 fx.，在弹出的下拉菜单中选择“外发光”命令，在弹出的对话框中设置各项参数，单击“确定”按钮，如图 10-44 所示。

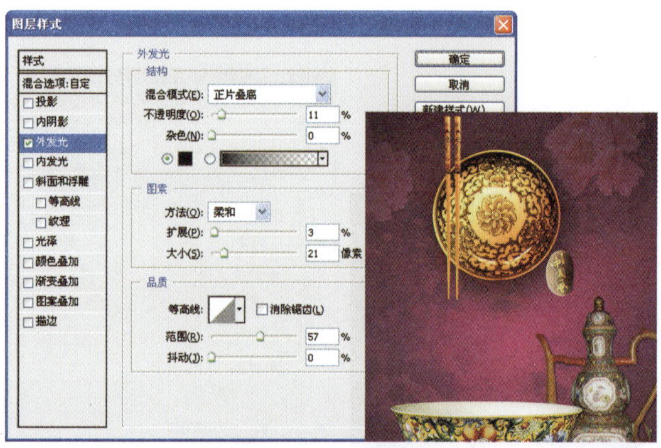

图10-44 添加外发光

44 按【Ctrl+O】组合键，打开“光盘\素材与源文件\素材\第 10 章\14.1 观赏瓷器招贴广告\千古名窑 .psd”，如图 10-45 所示。

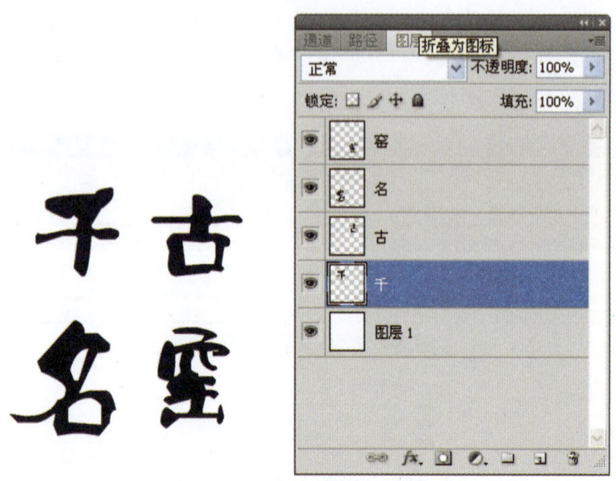

图10-45 打开素材文件

45 选择工具箱中的移动工具，依次拖动“千古名窑”四个图层到“观赏瓷器招贴广告”文件窗口中。按【Ctrl+T】组合键，调整图像的大小和位置，如图 10-46 所示。

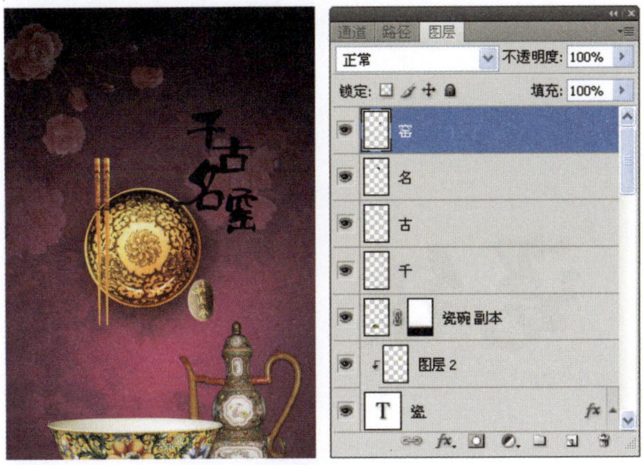

图10-46 导入素材文字并调整

46 设置前景色为白色，在“图层”面板中单击“锁定不透明度”按钮，按【Alt+Delete】组合键，用前景色进行填充，如图 10-47 所示。

图10-47 填充前景色

47 按照步骤 46 的方法分别制作“名”、“古”和“千”图层，得到的效果如图 10-48 所示。

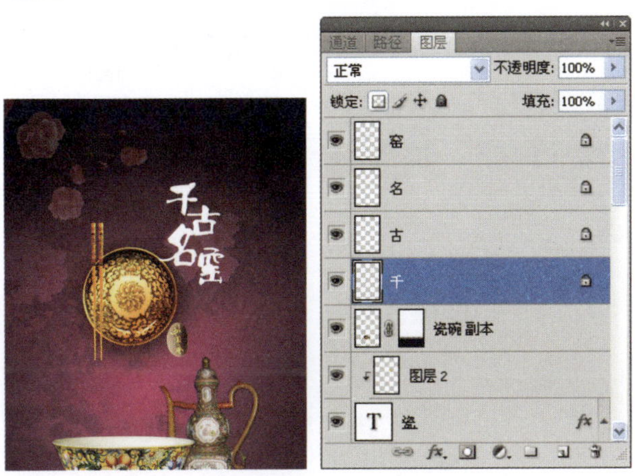

图10-48 制作文字效果

48 按【Ctrl+Shift+N】组合键，新建“图层 2”图层。选择工具箱中的椭圆选框工具，绘制选区。将前景色设置为（R：198，G：1，B：116），按【Alt+Delete】键填充选区，如图 10-49 所示。

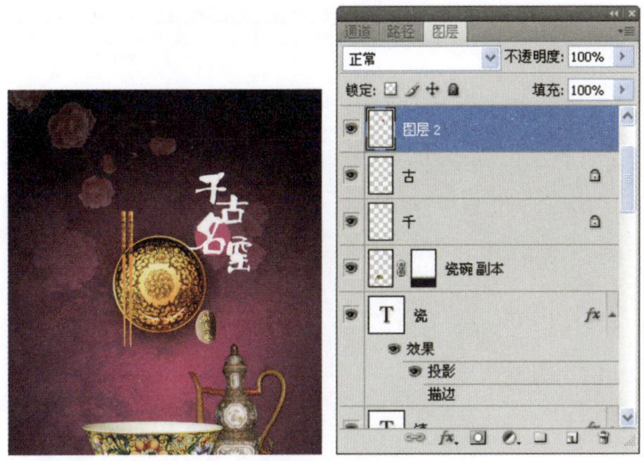

图10-49 绘制并填充选区

49 单击“图层”面板底部的“添加图层样式”按钮，在弹出的下拉菜单中选择“投影”命令，在弹出的对话框中设置各项参数，单击“确定”按钮，如图 10-50 所示。

图10-50 添加投影样式

50 在“图层”面板中选择“名”图层，单击底部的“添加图层样式”按钮，在弹出的下拉菜单中选择“投影”命令，在弹出的对话框中设置各项参数，单击“确定”按钮，如图 10-51 所示。

图10-51 在“名”图层中添加投影样式

51 右击“图层”面板中的“名”图层，在弹出的快捷菜单中选择“拷贝图层样式”命令，然后右击“千”图层，在弹出的快捷菜单中选择“粘贴图层样式”命令，如图 10-52 所示。

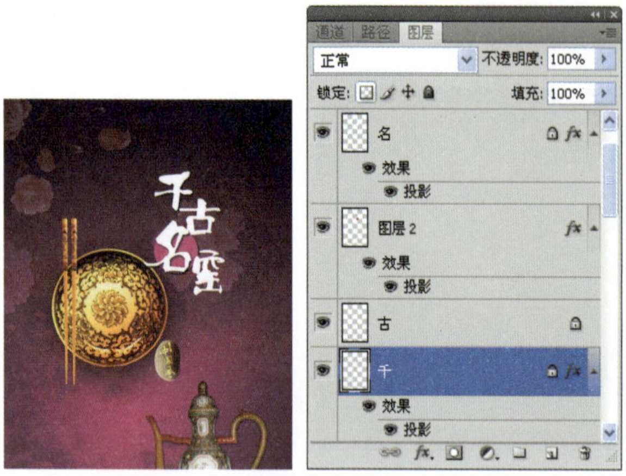

图10-52 复制并粘贴图层样式

52 按照步骤 51 的方法分别制作“古”和“窑”图层，效果如图 10-53 所示。

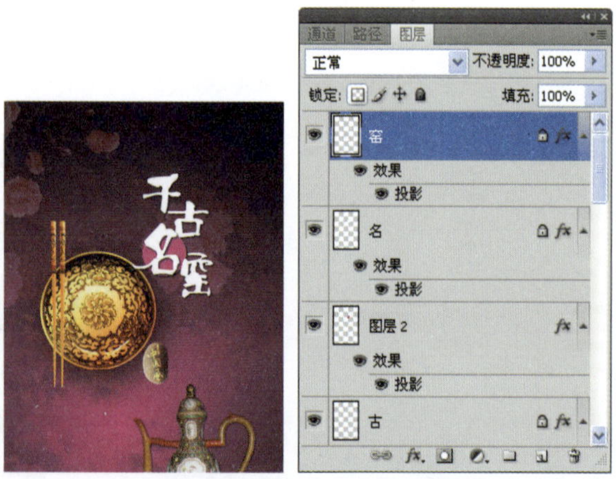

图10-53 制作文字投影效果

53 按【Ctrl+O】组合键，打开：光盘\素材与源文件\素材\第 10 章\10.1 观赏瓷器招贴广告\瓷镇.jpg”，如图 10-54 所示。

图10-54 打开素材文件

54 选择工具箱中的套索工具，绘制选区，如图 10-55 所示。

图10-55 绘制选区

55 选择工具箱中的移动工具，拖动选区内的图像到“观赏瓷器招贴广告”文件窗口中。按【Ctrl+T】组合键，调整图像的大小和位置，如图 10-56 所示。

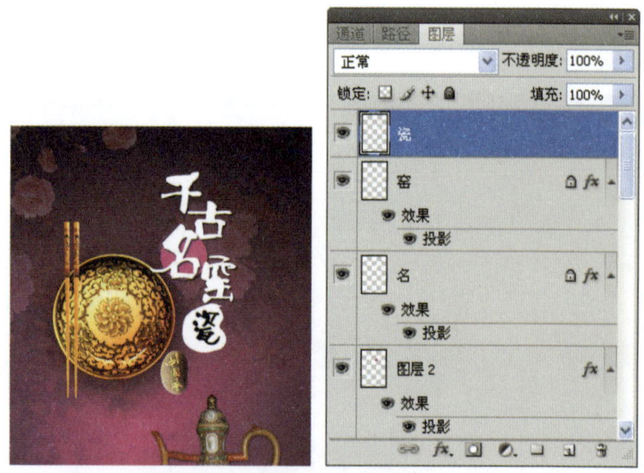

图10-56 导入素材图像并调整

56 选择工具箱中的魔棒工具，在其工具属性栏中设置各项参数，选择白色区域，按【Delete】键将其删除，如图 10-57 所示。

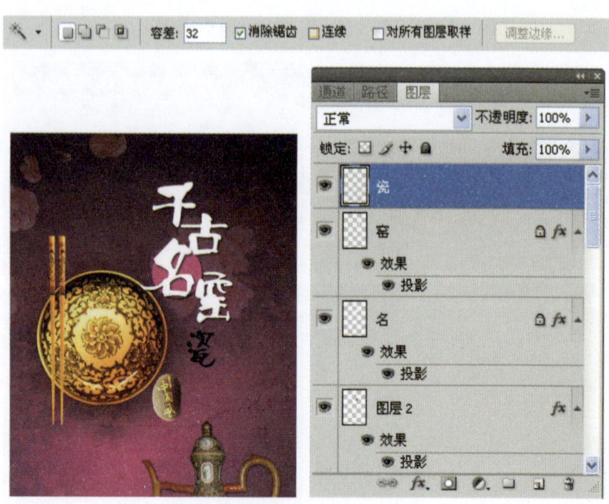

图10-57 删除选区图像

57 按照步骤 54~56 的方法制作“镇”图层，得到的效果如图 10-58 所示。

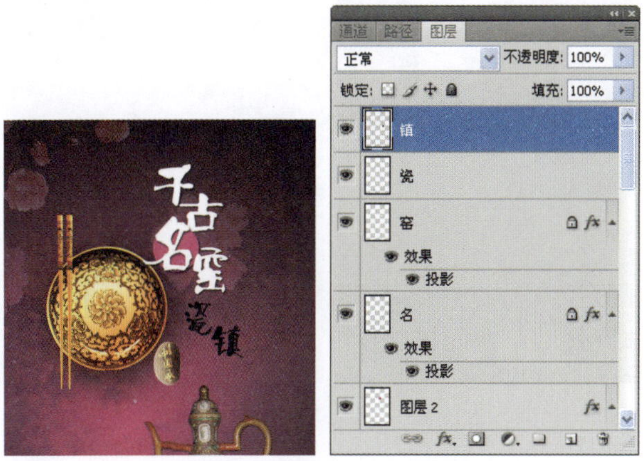

图10-58 制作文字效果

58 按【Ctrl+Shift+N】组合键，新建“图层 3”图层。选择工具箱中的矩形选框工具，绘制选区，如图 10-59 所示。

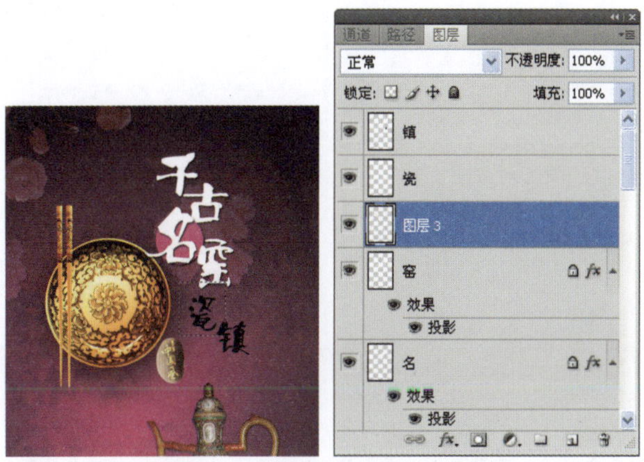

图10-59 新建图层并绘制选区

59 选择工具箱中的渐变工具，单击工具属性栏上的“编辑渐变”按钮，弹出“渐变编辑器”窗口，设置各项参数，其中颜色值分别为（R：148，G：101，B：37） 和（R：254，G：241，B：79），单击“确定”按钮。单击工具属性栏上的“线性渐变”按钮，在选区内拖动绘制渐变，如图 10-60 所示。

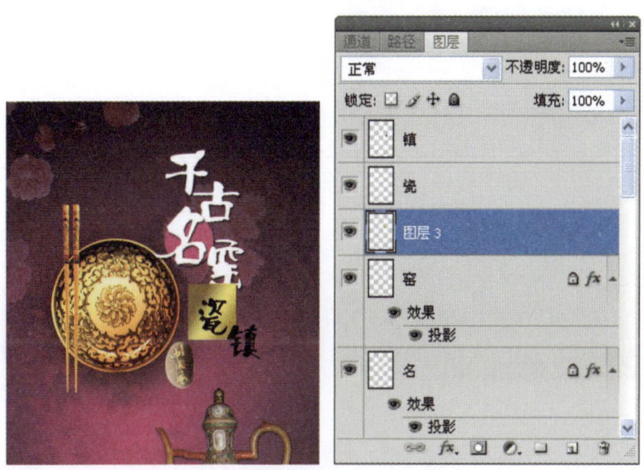

图10-60 绘制线性渐变

60 在“图层”面板中，将“图层 3”移动到“瓷”图层的上方，如图 10-61 所示。

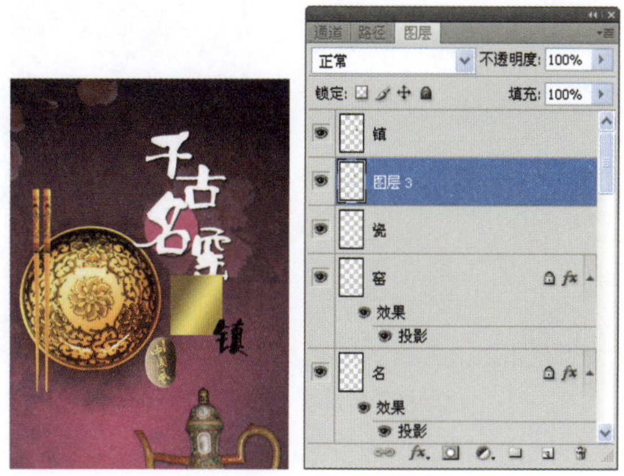

图10-61 移动图层位置

61 选择“图层”|“创建剪贴蒙版”命令，创建剪贴蒙版，如图 10-62 所示。

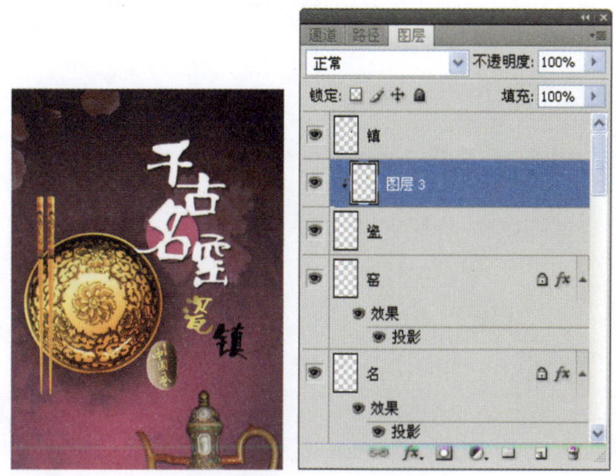

图10-62 创建剪贴蒙版

62 按照步骤 58~61 的方法制作“镇”图层，得到的效果如图 10-63 所示。

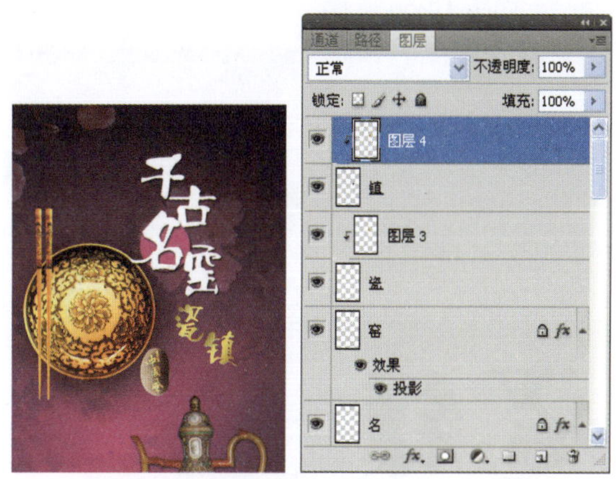

图10-63 制作文字效果

63 在“图层”面板中选择“瓷”图层，单击底部的“添加图层样式”按钮，在弹出的下拉菜单中选择“投影”命令，在弹出的对话框中设置各项参数，单击“确定”按钮，如图 10-64 所示。

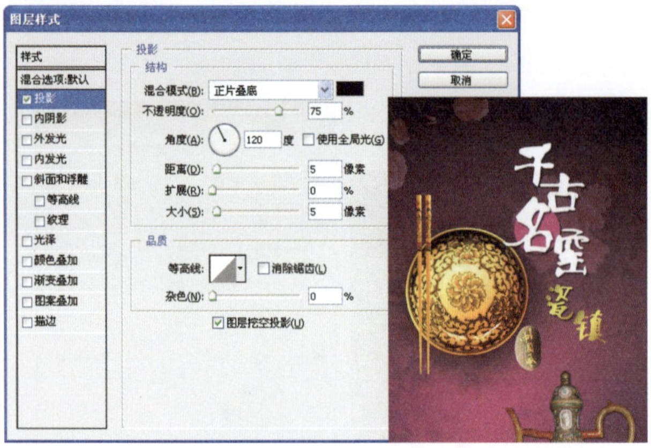

图10-64 添加投影样式

64 右击“图层”面板中的“瓷”图层，在弹出的快捷菜单中选择“拷贝图层样式”命令，然后右击“镇”图层，在弹出的快捷菜单中选择“粘贴图层样式”命令，如图 10-65 所示。

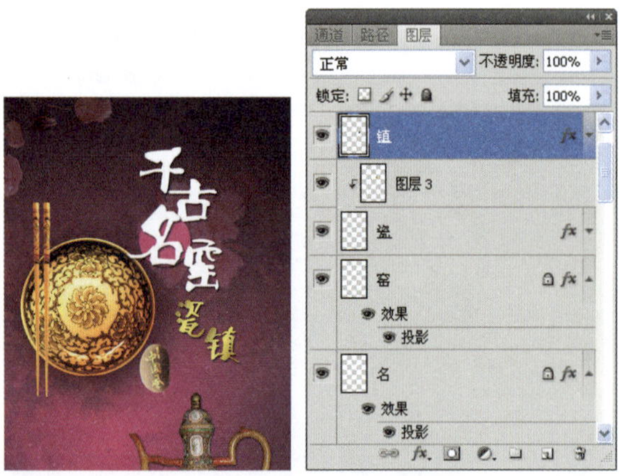

图10-65 复制并粘贴图层样式

65 按【Ctrl+O】组合键，打开“光盘\素材与源文件\素材\第 10 章\10.1 观赏瓷器招贴广告\瓷镇.jpg”，如图 10-66 所示。

图10-66 打开素材文字

66 选择工具箱中的移动工具，拖动文字图像到“观赏瓷器招贴广告”文件窗口中。按【Ctrl+T】组合键，调整图像的大小和位置，如图 10-67 所示。

图10-67 导入素材图像并调整

67 选择工具箱中的魔棒工具，在工具属性栏中设置各项参数，选择白色区域，按【Delete】键将其删除，如图 10-68 所示。

图10-68 创建选区删除区域

68 设置前景色为（R：255，G：254，B：28），在“图层”面板中单击“锁定不透明度”按钮，然后按【Alt+Delete】组合键进行填充，如图 10-69 所示。

图10-69 填充前景色

69 按【Ctrl+O】组合键，打开“光盘\素材与源文件\素材\第 10 章\10.1 观赏瓷器招贴广告\瓷镇的千古名窑 .psd”，如图 10-70 所示。

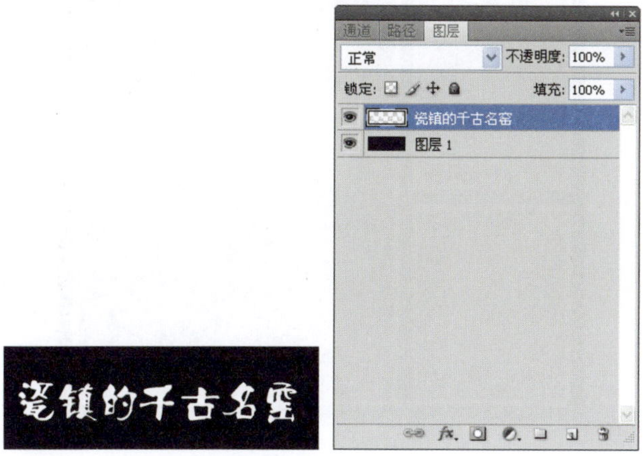

图10-70 打开素材文件

70 选择工具箱中的移动工具，拖动“瓷镇的千古名窑”图层到“观赏瓷器招贴广告”文件窗口中。按【Ctrl+T】组合键，调整图像的大小和位置，如图 10-71 所示。

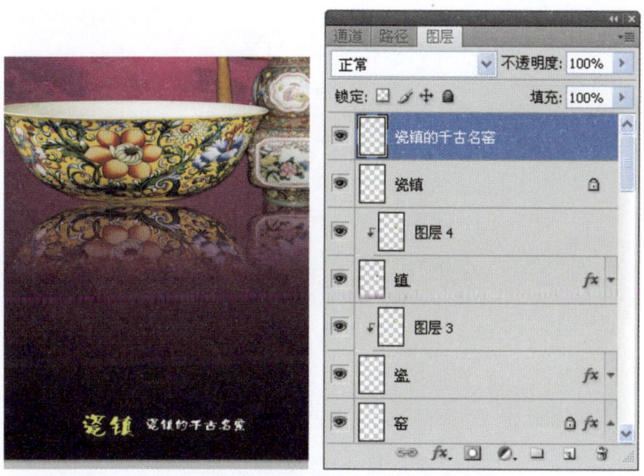

图10-71 导入素材图像并调整

71 按【Ctrl+Shift+N】组合键，新建“图层 5”图层。选择工具箱中的矩形选框工具，绘制选区，如图 10-72 所示。

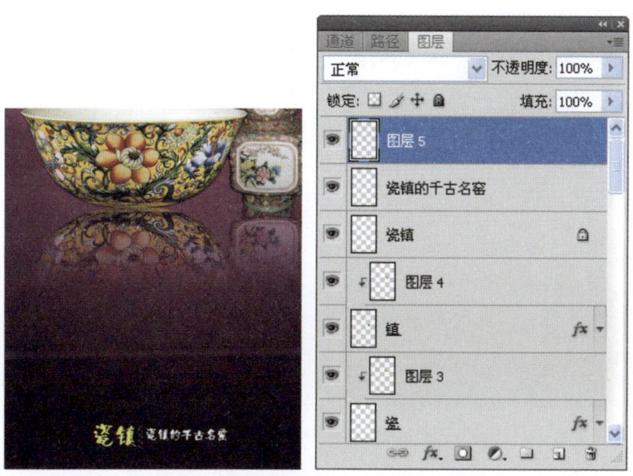

图10-72 新建图层并绘制选区

72 设置前景色为（R：255，G：254，B：28），按【Alt+Delete】组合键进行填充，如图 10-73 所示。

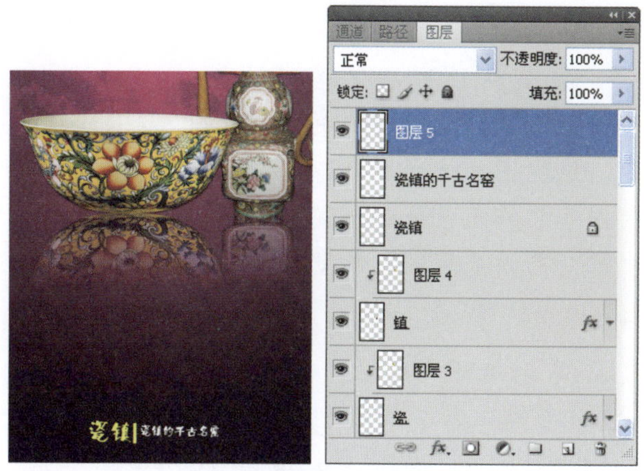

图10-73 填充前景色

73 选择工具箱中的文字工具，输入汉语拼音“CI ZHEN DE QIAN GU MING YAO”，如图 10-74 所示。

图10-74 输入汉语拼音

74 选择工具箱中的文字工具，在招贴上分别添加一些文字，即可得到图 10-75 所示的最终效果。

图10-75 最终效果

妙笔生花2：房地产招贴广告

难度级别

创意分析

本例将讲解如何在 Photoshop CS4 中制作“房地产招贴广告”。其中运用红色，金色为主色调，烘托出地产的典雅与尊贵；运用精致美观的配图和装饰元素使整个宣传画面完美融合，彰显个性，充满浓郁的艺术气息。

最终效果

本例讲解“房地产招贴广告”制作（光盘\素材与源文件\源文件\第 10 章\房地产招贴广告.psd），制作的流程如图 10-76 所示。

图10-76 设计流程图

制作步骤

01 选择“文件”|“新建”命令，弹出“新建”对话框，在“名称”文本框中输入“房地产招贴广告”，设置各项参数，单击“确定”按钮，如图 10-77 所示。

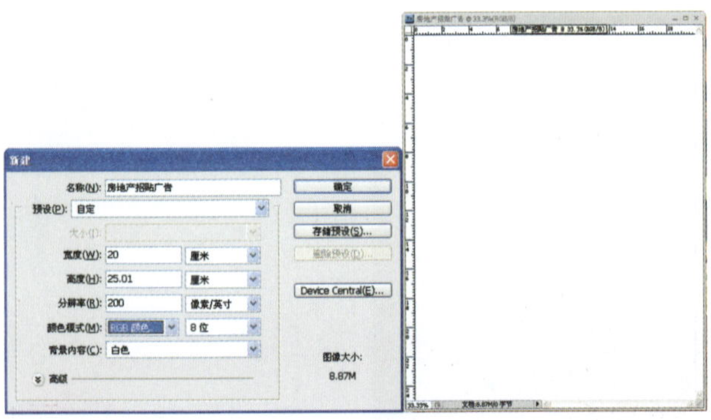

图10-77 新建文件

02 按【Ctrl+O】组合键，打开“光盘\素材与源文件\素材\第 10 章\10.2 房地产招贴广告\幕布.jpg”，如图 10-78 所示。

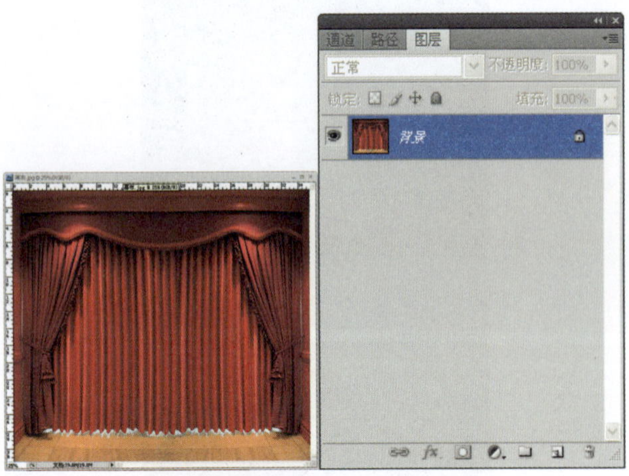

图10-78 打开素材文件

03 选择工具箱中的移动工具，拖动“幕布”图像到“房地产招贴广告”文件窗口中。按【Ctrl+T】组合键，调整图像的大小和位置，如图 10-79 所示。

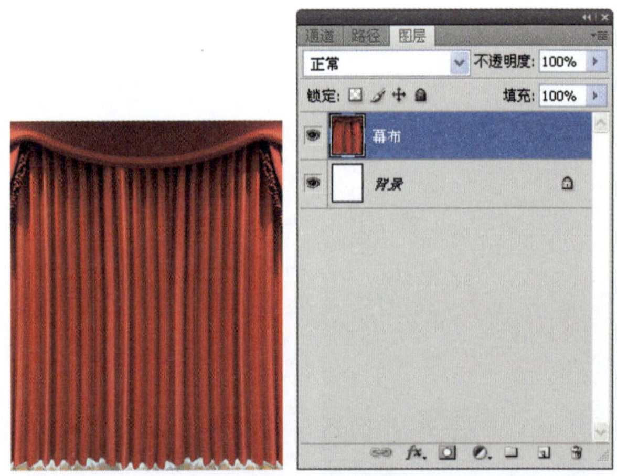

图10-79 导入素材图像并调整

04 按【Ctrl+T】组合键，调整“幕布”图像的水平大小，如图 10-80 所示。

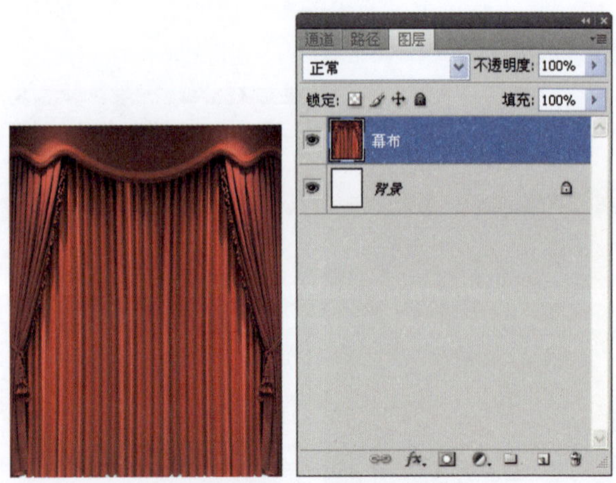

图10-80 调整图像大小

05 选择“图像”|“调整”|“色相/饱和度”命令，在弹出的“色相/饱和度”对话框中设置各项参数，单击“确定”按钮，如图 10-81 所示。

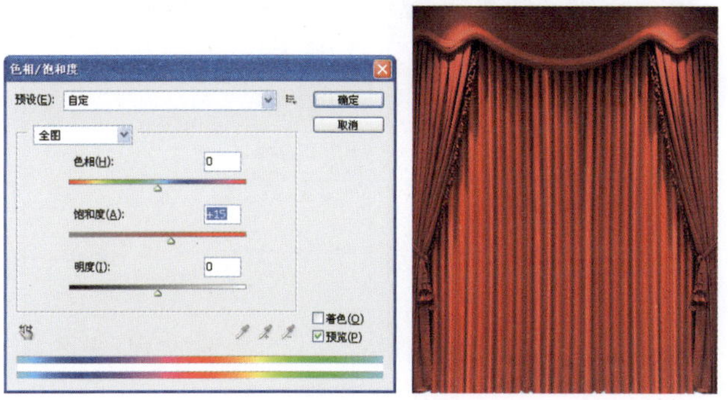

图10-81 调整色相/饱和度

06 选择“图像”|“调整”|“色彩平衡”命令，在弹出的“色彩平衡”对话框中设置各项参数，单击“确定”按钮，如图 10-82 所示。

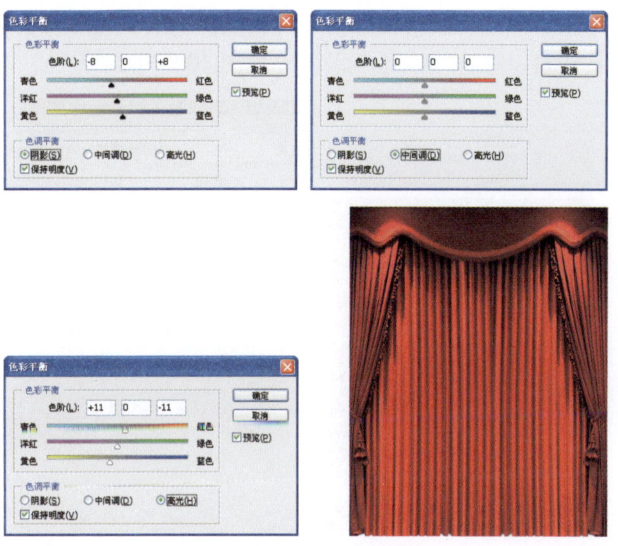

图10-82 调整色彩平衡

07 选择工具箱中的钢笔工具，沿着幕布两边的边缘绘制路径，然后按【Ctrl+Enter】组合键将路径转换为选区，如图 10-83 所示。

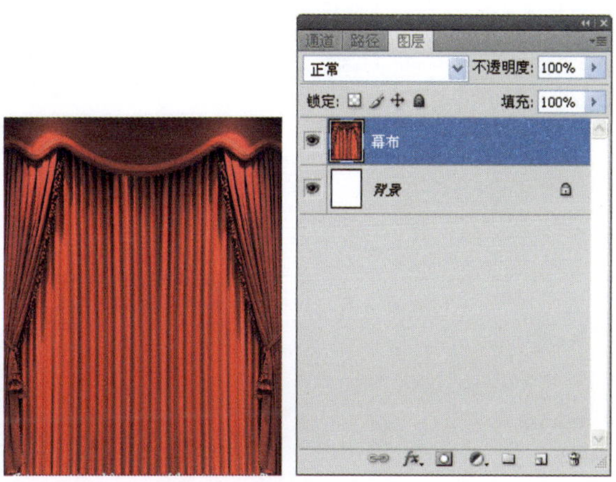

图10-83 绘制路径并转换为选区

08 按【Ctrl+Shift+N】组合键，新建“图层 1”图层。设置前景色为（R：149，G：12，B：2），按【Alt+Delete】组合键进行填充，如图 10-84 所示。

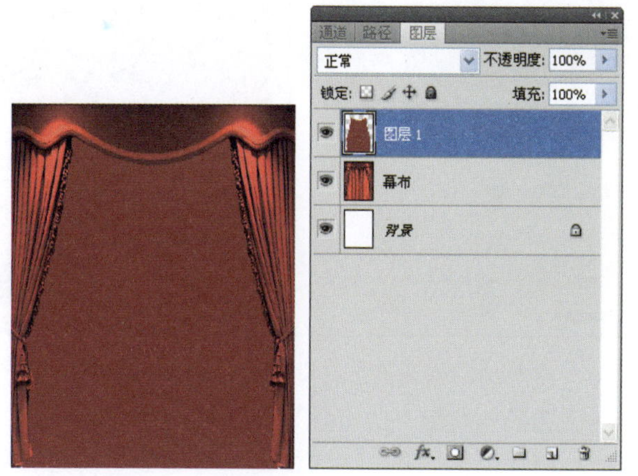

图10-84 填充前景色

09 选择“滤镜”|“杂色”|“中间值”命令，在弹出的“中间值”对话框中设置各项参数，单击“确定”按钮，如图 10-85 所示。

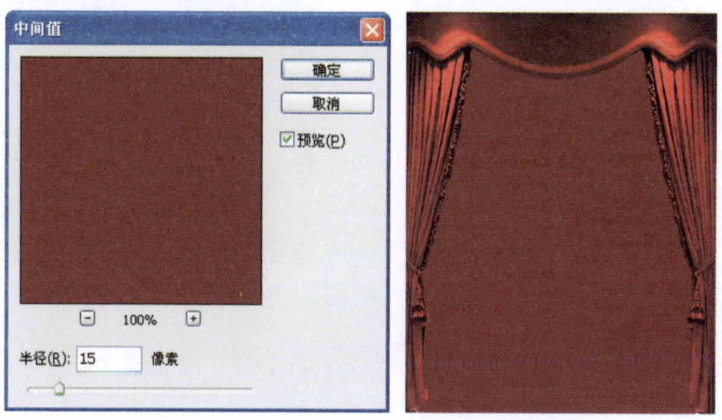

图10-85 使用“中间值”滤镜效果

10 选择“滤镜”|“杂色”|“添加杂色”命令，在弹出的“添加杂色”对话框中设置各项参数，单击“确定”按钮，如图 10-86 所示。

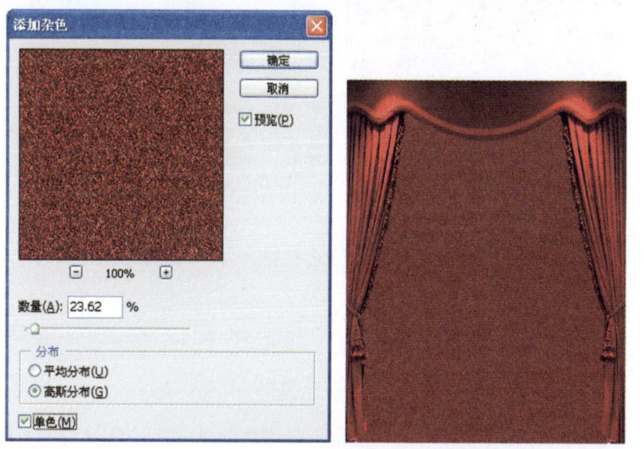

图10-86 使用“添加杂色”滤镜效果

11 再次选择“滤镜”|“杂色”|“添加杂色”命令，在弹出的“添加杂色”对话框中设置各项参数，单击“确定”按钮，如图 10-87 所示。

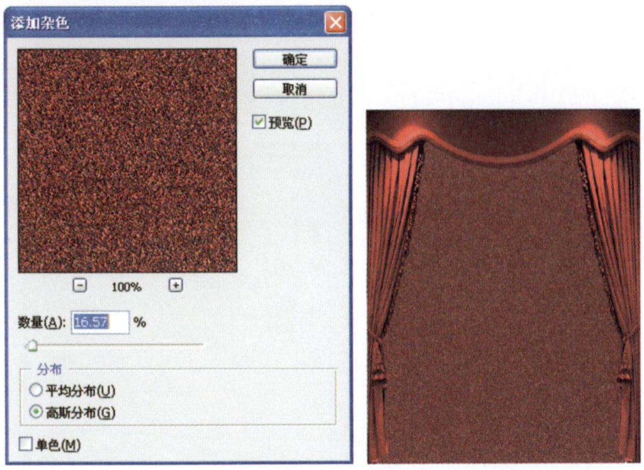

图10-87 再次使用“添加杂色”滤镜效果

12 选择“图像”|“调整”|“色相/饱和度”命令，在弹出的“色相/饱和度”对话框中设置各项参数，单击“确定”按钮，如图10-88所示。

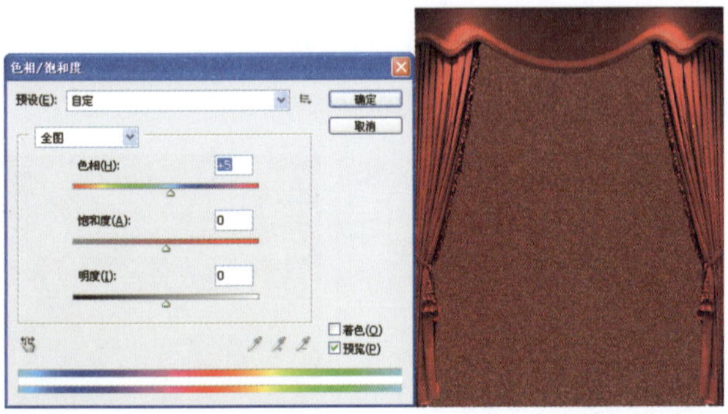

图10-88 调整色相/饱和度

13 按【Ctrl+Shift+N】组合键，新建“图层2”图层。在“图层”面板中单击“图层1”图层的缩略图，载入其选区，如图10-89所示。

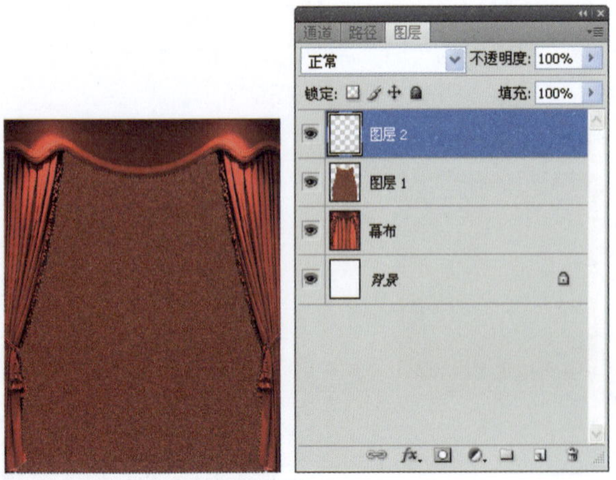

图10-89 新建图层并载入选区

14 选择工具箱中的矩形选框工具，在工具属性栏中设置各项参数，然后裁剪选区，如图10-90所示。

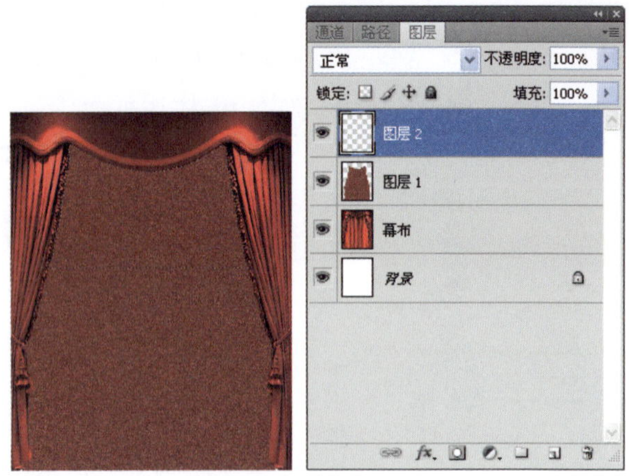

图10-90 裁剪选区

15 选择工具箱中的渐变工具，单击工具属性栏上的“编辑渐变”按钮，弹出“渐变编辑器”对话框，设置各项参数，其中颜色值分别为（R：245，G：227，B：18）和（R：242，G：130，B：26），单击“确定”按钮。单击工具属性栏上的“径向渐变”按钮，在选区内绘制渐变，如图10-91所示。

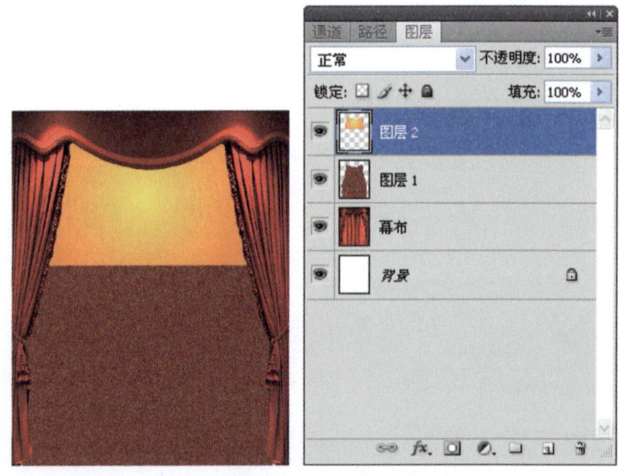

图10-91 绘制径向渐变

16 选择“滤镜”|“杂色”|“添加杂色”命令，在弹出的“添加杂色”对话框中设置各项参数，单击“确定”按钮，如图10-92所示。

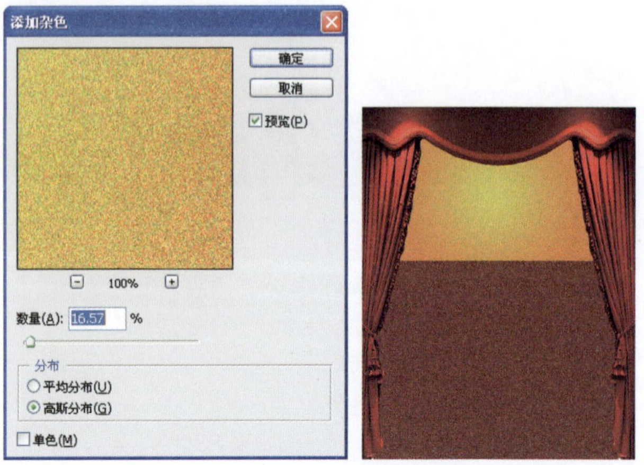

图10-92 使用“添加杂色”滤镜效果

17 按【Ctrl+Shift+N】组合键，新建“图层 3”图层，如图 10-93 所示。

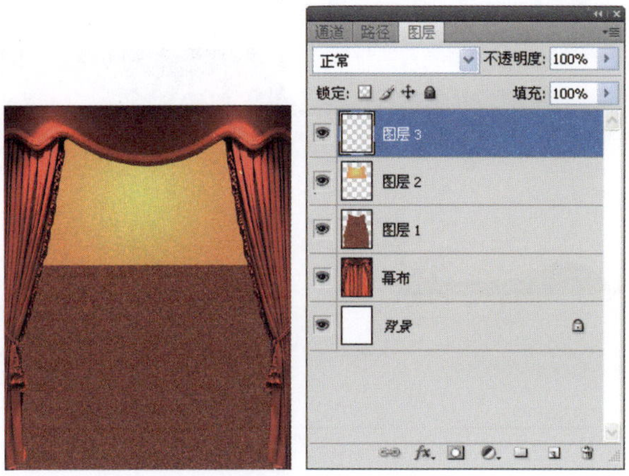

图10-93 新建图层

18 设置前景色为（R：238，G：75，B：18），选择工具箱中的画笔工具，选择适当的笔触大小和硬度，绘制图像，如图 10-94 所示。

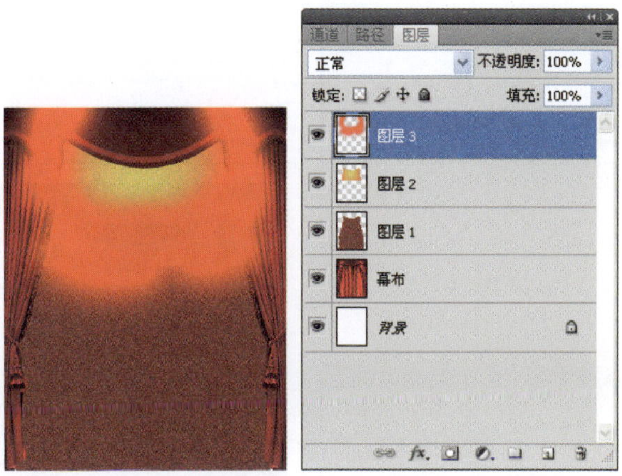

图10-94 绘制图像

19 在“图层”面板中，设置“图层 3”图层的图层混合模式为“变暗”，如图 10-95 所示。

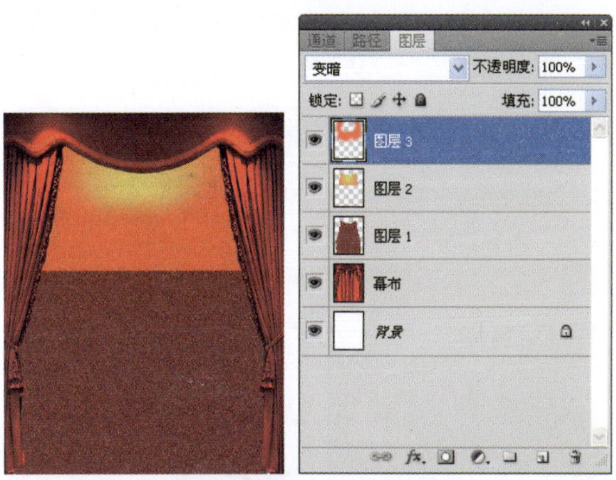

图10-95 设置图层混合模式

20 按【Ctrl+Shift+N】组合键，新建“图层 4”图层。在“图层”面板中单击“图层 1”图层的缩略图，载入其选区，如图 10-96 所示。

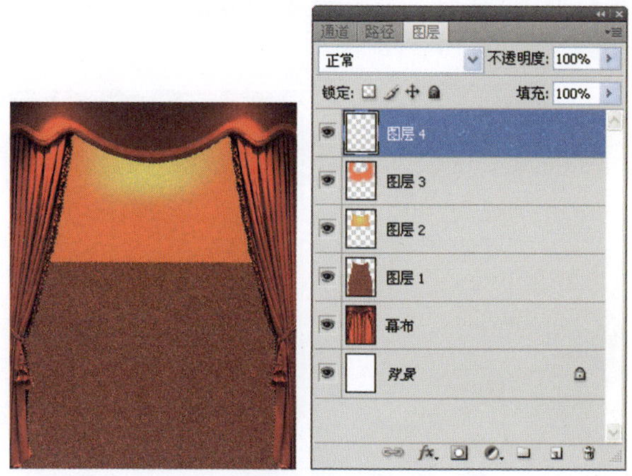

图10-96 新建图层并载入选区

21 选择工具箱中的矩形选框工具，在其工具属性栏中设置各项参数，然后裁剪选区，如图 10-97 所示。

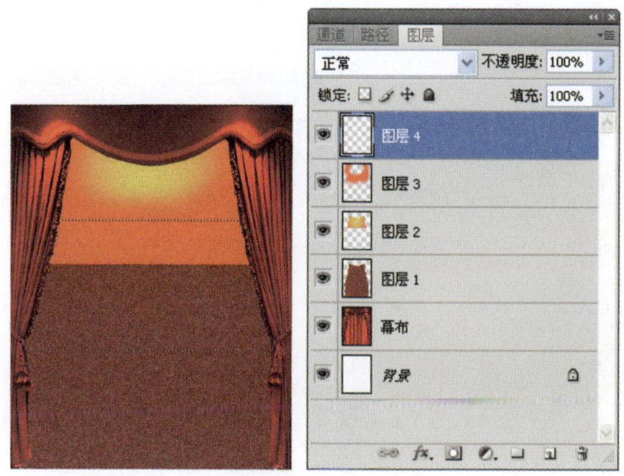

图10-97 裁剪选区

22 选择工具箱中的渐变工具，单击工具属性栏上的“编辑渐变”按钮，弹出“渐变编辑器”窗口，设置各项参数，其中颜色值分别为（R：255，G：255，B：105）和白色，单击“确定”按钮。单击工具属性栏上的“线性渐变”按钮，在窗口内拖动绘制渐变，如图 10-98 所示。

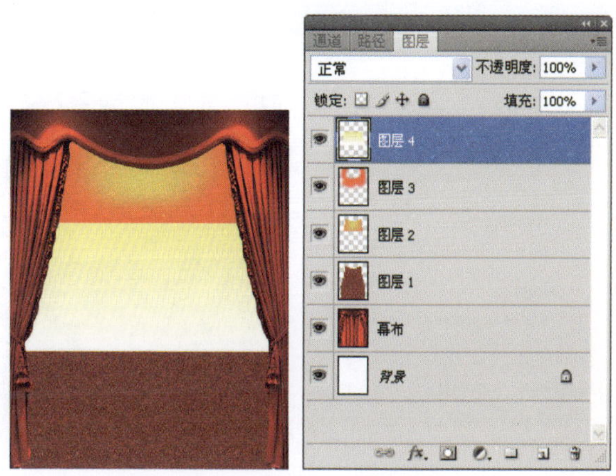

图10-98 绘制线性渐变

23 按【Ctrl+O】组合键，打开“光盘\素材与源文件\素材\第 10 章\10.2 房地产招贴广告\房子.jpg”，如图 10-99 所示。

图10-99 打开素材文件

24 选择工具箱中的移动工具，拖动“房子”图层到“房地产招贴广告”文件窗口中。按【Ctrl+T】组合键，调整图像的大小和位置，如图 10-100 所示。

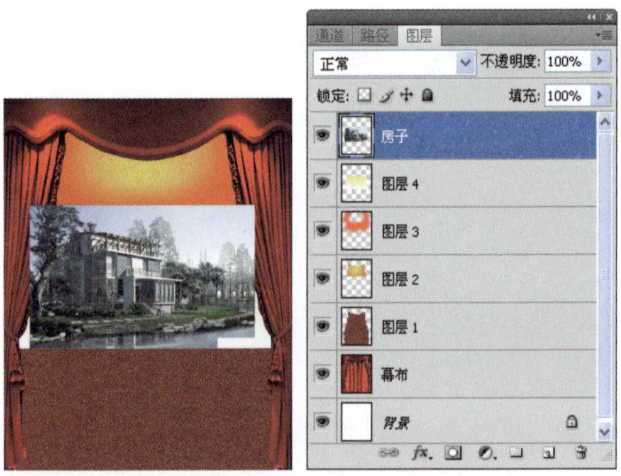

图10-100 导入素材图像并调整

25 选择“图像”|“调整”|“色相/饱和度”命令，在弹出的“色相/饱和度”对话框中设置各项参数，单击“确定”按钮，如图 10-101 所示。

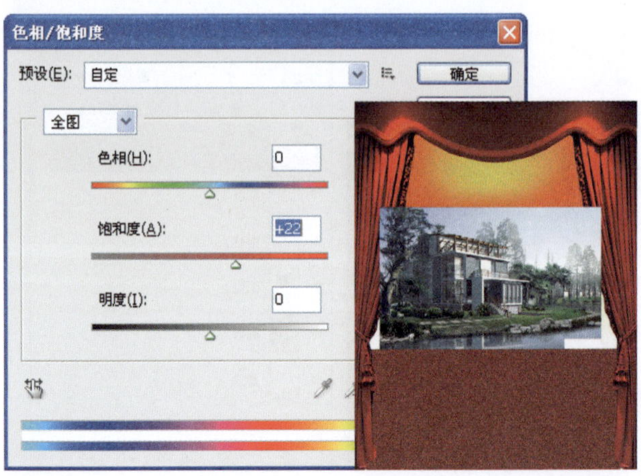

图10-101 调整色相/饱和度

26 选择“图像”|“调整”|“色阶”命令，在弹出的“色阶”对话框中设置各项参数，单击“确定”按钮，如图 10-102 所示。

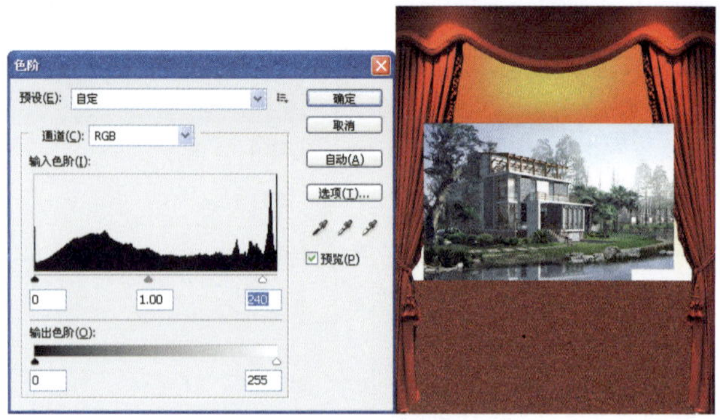

图10-102 调整色阶

27 选择“图像”|“调整”|“色彩平衡”命令，在弹出的“色彩平衡”对话框中设置各项参数，单击“确定”按钮，如图 10-103 所示。

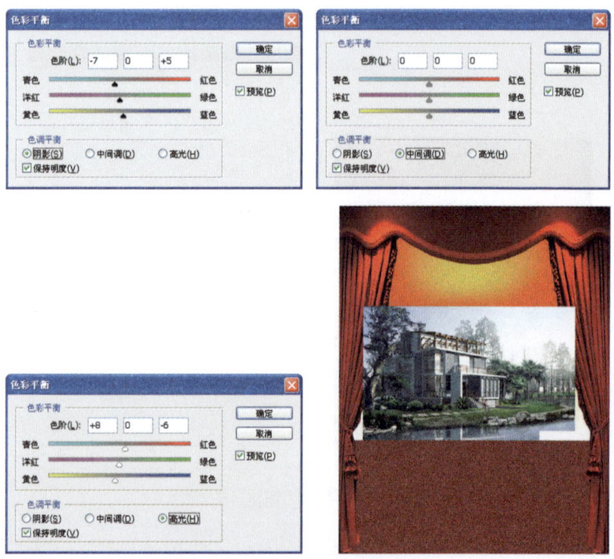

图10-103 调整色彩平衡

28 选择“图层”|“创建剪贴蒙版”命令，创建剪贴蒙版，如图 10-104 所示。

图10-104 创建剪贴蒙版

29 在“图层”面板中，设置“房子”图层的图层混合模式为“正片叠底”，如图 10-105 所示。

图10-105 设置图层混合模式

30 按【Ctrl+O】组合键，打开“光盘 \ 素材与源文件 \ 素材 \ 第 10 章 \10.2 房地产招贴广告 \ 草地 .jpg”，如图 10-106 所示。

图10-106 打开素材文件

31 选择工具箱中的魔棒工具，右击选中的白色区域，在弹出的快捷菜单中选择“选择反向”命令，如图 10-107 所示。

图10-107 创建选区

32 选择工具箱中的移动工具，拖动“草地”图层到“房地产招贴广告”文件窗口中。按【Ctrl+T】组合键的同时调整图像的大小和位置，如图 10-108 所示。

图10-108 导入素材图像并调整

33 选择“图像”|“调整”|“曲线”命令，在弹出的“曲线”对话框中设置各项参数，单击“确定”按钮，如图 10-109 所示。

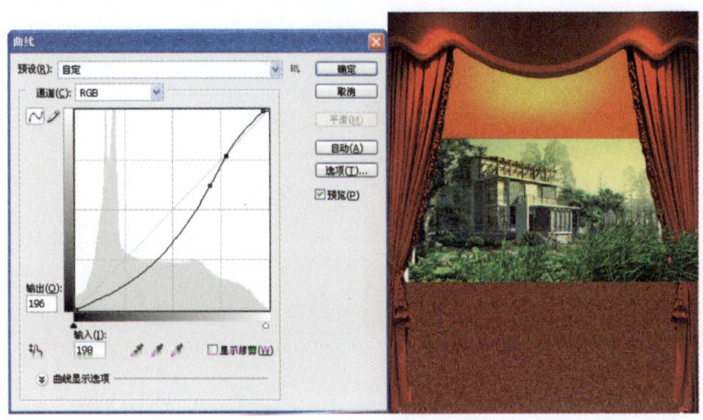

图10-109 调整曲线

34 选择“图像”|“调整”|“色相 / 饱和度”命令，在弹出的“色相 / 饱和度”对话框中设置各项参数，单击“确定”按钮，如图 10-110 所示。

图10-110 调整色相/饱和度

35 选择“图层”|“创建剪贴蒙版”命令，创建剪贴蒙版，如图 10-111 所示。

图10-111 创建剪贴蒙版

36 按【Ctrl+O】组合键，打开“光盘\素材与源文件\素材\第 10 章\10.2 房地产招贴广告\贵妇人.jpg”，如图 10-112 所示。

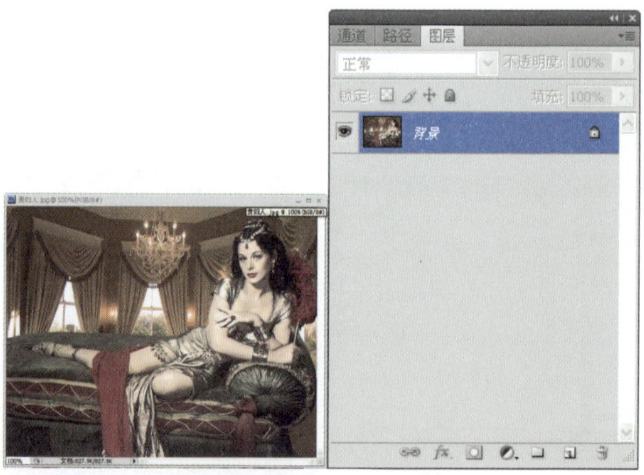

图10-112 打开素材文件

37 选择工具箱中的移动工具，拖动“草地”图层到“房地产招贴广告”文件窗口中。按【Ctrl+T】组合键，调整图像的大小和位置，如图 10-113 所示。

图10-113 导入素材图像并调整

38 选择“图像”|“调整”|“色相/饱和度”命令，在弹出的“色相/饱和度”对话框中设置各项参数，单击“确定”按钮，如图 10-114 所示。

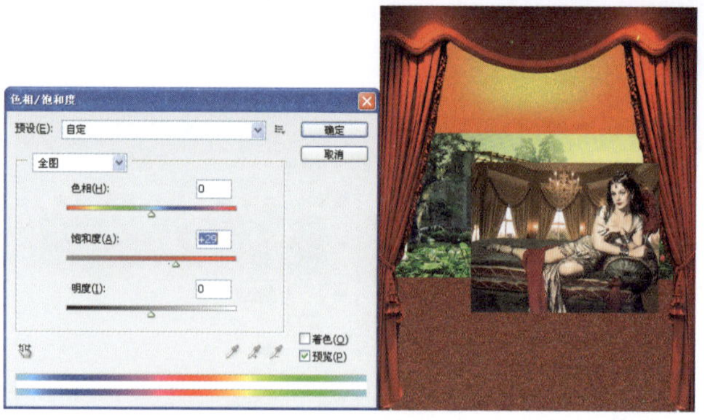

图10-114 调整色相/饱和度

39 选择“图像”|“调整”|“色彩平衡”命令，在弹出的“色彩平衡”对话框中设置各项参数，单击“确定”按钮，如图 10-115 所示。

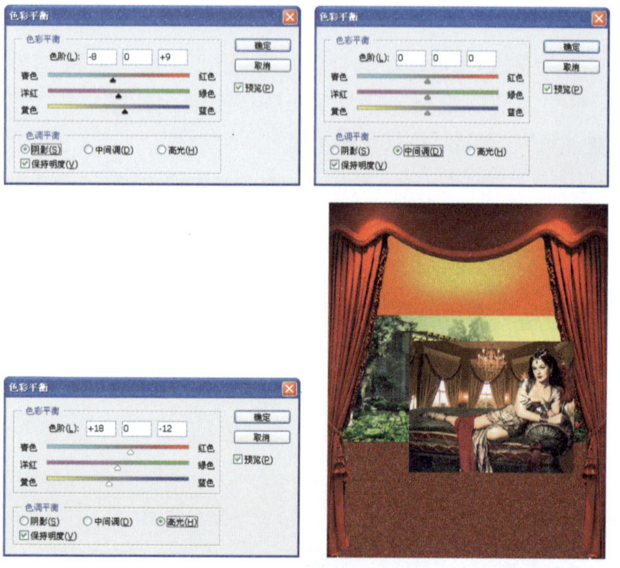

图10-115 调整色彩平衡

40 单击“图层”面板底部的“添加图层蒙版”按钮，选择工具箱中的画笔工具，设置前景色为黑色，选择适当的画笔大小和硬度，在图层蒙版上进行涂抹，隐藏女人身体以外的部分，如图 10-116 所示。

图10-116 添加图层蒙版

41 按【Ctrl+J】组合键，得到“贵妇人 副本”图层，如图 10-117 所示。

图10-117 复制图层

42 在“图层”面板中，单击“贵妇人 副本”图层前面的眼睛图标，隐藏其图层。选择“贵妇人”图层，选择“图像”|“调整”|“色彩平衡”命令，在弹出的“色彩平衡”对话框中设置各项参数，单击“确定”按钮，如图 10-118 所示。

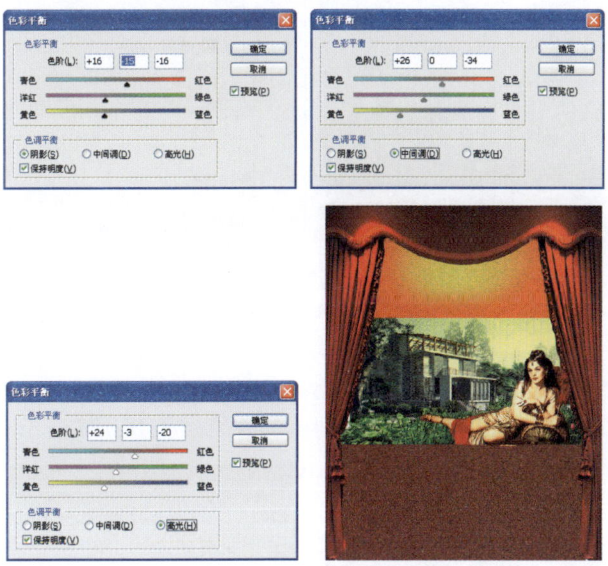

图10-118 调整色彩平衡

43 在“图层”面板中，单击“贵妇人 副本”图层前面的眼睛图标，显示其图层。选择“贵妇人 副本”图层的图层蒙版，选择工具箱中的画笔工具，设置前景色为黑色，选择适当的画笔大小和硬度，在图层蒙版上进行涂抹，隐藏女人头部皮肤外的部分，如图 10-119 所示。

图10-119 绘制蒙版

44 按【Ctrl+O】组合键，打开“光盘\素材与源文件\素材\第 10 章\10.2 房地产招贴广告\叶子.psd”，如图 10-120 所示。

图10-120 打开素材文件

45 选择工具箱中的移动工具，拖动“叶子”图层到“房地产招贴广告”文件窗口中。按【Ctrl+T】组合键，调整图像的大小和位置，如图 10-121 所示。

图10-121 导入素材图像并调整

46 按住【Alt】键，向左拖动得到新“叶子 副本”图层，如图 10-122 所示。

图10-122 复制图像

47 选择“叶子 副本”图层，按【Ctrl+T】组合键的同时旋转图像的角度，然后按【Enter】键确定，如图 10-123 所示。

图10-123 旋转图像

48 右击“图层”面板中的“叶子 副本”图层，在弹出的快捷菜单中选择“向下合并”命令得到“叶子”图层，如图 10-124 所示。

图10-124 合并图层

49 选择“图像”|“调整”|“色相 / 饱和度”命令，在弹出的“色相 / 饱和度”对话框中设置各项参数，单击“确定”按钮，如图 10-125 所示。

图10-125 调整色相/饱和度

50 在“图层”面板中选择“贵妇人”图层，然后在与“草地”图层相接的位置上，按住【Alt】键并单击，创建剪贴蒙版，如图 10-126 所示。

图10-126 创建剪贴蒙版

51 按照步骤 50 的方法分别制作“贵妇人 副本”和“叶子”图层，得到的效果如图 10-127 所示。

图10-127 制作图层效果

52 选择工具箱中的移动工具，向下拖动“叶子”图层，得到的效果如图 10-128 所示。

图10-128 移动图层位置

53 按【Ctrl+Shift+N】组合键，新建“图层 5”图层，如图 10-129 所示。

图10-129 新建图层

54 选择工具箱中的矩形选框工具，在其工具属性栏中设置各项参数，绘制选区，如图 10-130 所示。

图10-130 绘制选区

55 设置前景色为（R：250，G：243，B：18），按【Alt+Delete】组合键进行填充，如图 10-131 所示。

图10-131 填充前景色

56 按【Ctrl+J】组合键，复制“图层 5”图层，如图 10-132 所示。

图10-132 复制图层

57 按【Ctrl+T】组合键向右水平移动图像，然后按【Enter】键完成变换操作，如图 10-133 所示。

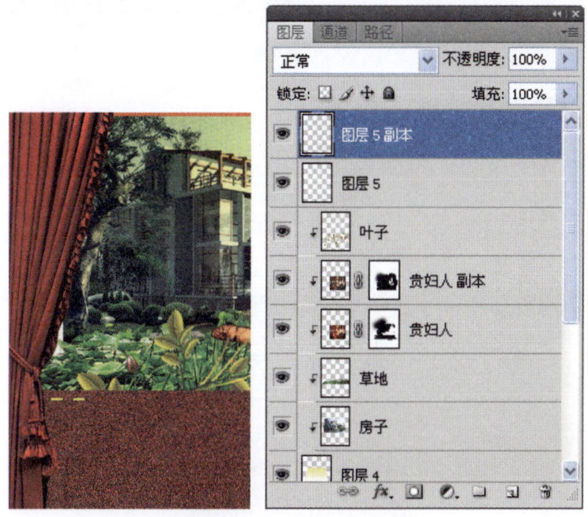

图10-133 移动图像

58 按【Ctrl+Alt+Shift+T】组合键，复制并再次变换图像，如图 10-134 所示。

图10-134 复制并再次变换图像

59 按照步骤 58 的方法制作多个图形，得到的效果如图 10-135 所示。

图10-135 制作多个图形

60 右击“图层”面板中的“图层 5”及其副本，在弹出的快捷菜单中选择“合并图层”命令，得到“图层 5 副本 23”图层，如图 10-136 所示。

图10-136 合并图层

61 选择工具箱中的移动工具，按住【Alt】键向上拖动“图层 5 副本 23”图层，生成“图层 5 副本 24”图层，如图 10-137 所示。

图10-137 移动并复制图层

62 选择工具箱中的矩形选框工具，在“图层 5 副本 24”图层中选中多余部分，然后按【Delete】键将其删除，如图 10-138 所示。

图10-138 删除多余图形

63 按【Ctrl+O】组合键，打开 " 光盘 \ 素材与源文件 \ 素材 \ 第 10 章 \10.2 房地产招贴广告 \ 花纹 .psd”，如图 10-139 所示。

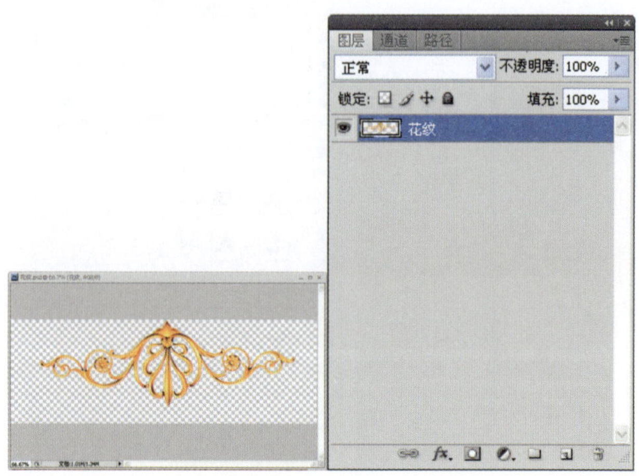

图10-139 打开素材文件

64 选择工具箱中的移动工具，拖动“花纹”图形到“房地产招贴广告”文件窗口中。按【Ctrl+T】组合键，调整图像的大小和位置，如图 10-140 所示。

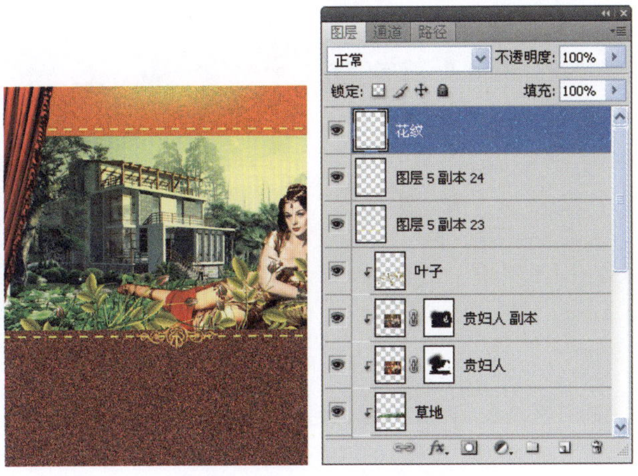

图10-140 导入图像并调整

65 选择工具箱中的移动工具，按住【Alt】键向上拖动“花纹”图层，得到“花纹 副本”图层，如图 10-141 所示。

图10-141 移动并复制图层

66 在“图层”面板中选择“图层 5 副本 23”图层，选择工具箱中的矩形选框工具，选中花纹中多余部分，按【Delete】键将其删除，如图 10-142 所示。

图10-142 删除多余图形

67 按照步骤 66 的方法制作“图层 5 副本 24”图层，如图 10-143 所示。

图10-143 制作图形效果

68 按【Ctrl+O】组合键，打开“光盘\素材与源文件\素材\第 10 章\10.2 房地产招贴广告\都市印象.jpg”，如图 10-144 所示。

图10-144 打开素材文件

69 选择工具箱中的钢笔工具，沿着相框边缘绘制路径，然后按【Ctrl+Enter】组合键将路径转换为选区，如图 10-145 所示。

图10-145 绘制路径并转换为选区

70 选择工具箱中的移动工具，拖动选区内的图像到“房地产招贴广告”文件窗口中。按【Ctrl+T】组合键再次调整图像的大小和位置，如图 10-146 所示。

图10-146 移动图像并调整

71 单击“图层”面板底部的“添加图层样式”按钮 fx，在弹出的下拉菜单中选择“外发光”命令，在弹出的对话框中设置各项参数，其中外发光的颜色为(R:104，G:54，B:0)，单击“确定”按钮，如图 10-147 所示。

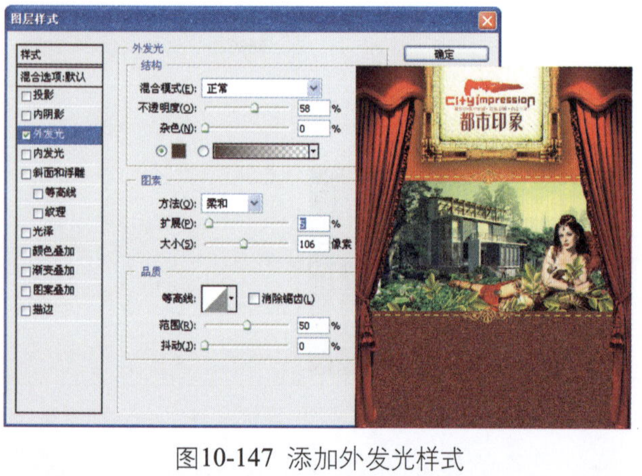

图10-147 添加外发光样式

72 选择工具箱中的文字工具，输入文字“垂询专线”，如图 10-148 所示。

图10-148 输入文字

73 再次选择工具箱中的文字工具，输入电话号码“010 00000000 11111111”，如图 10-149 所示。

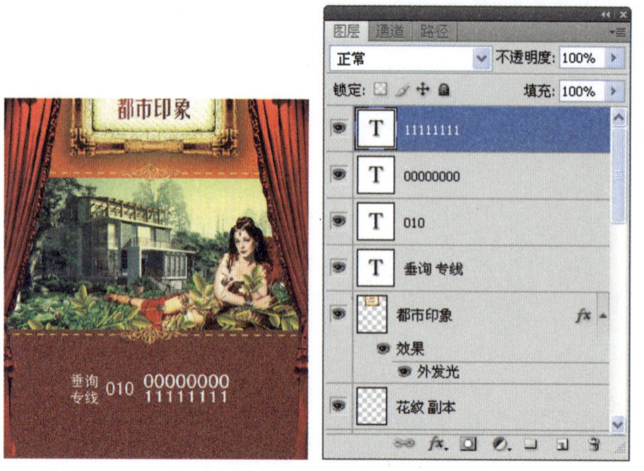

图10-149 输入数字

74 按【Ctrl+O】组合键，打开“光盘\素材与源文件\素材\第 10 章\10.2 房地产招贴广告\花纹 2.psd”，如图 10-150 所示。

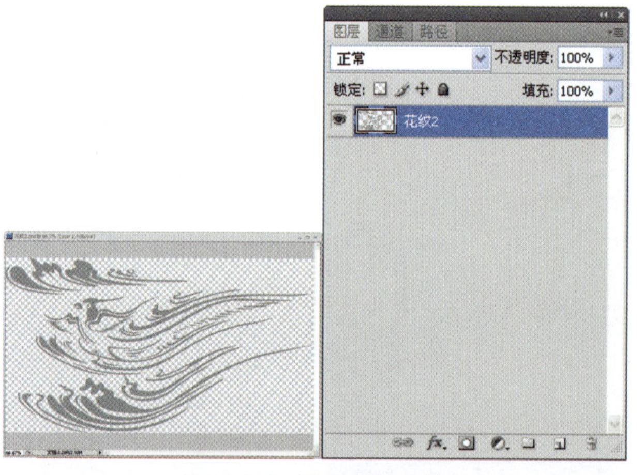

图10-150 打开素材文件

75 选择工具箱中的移动工具，拖动选区内的图形到“房地产招贴广告”文件窗口中。按【Ctrl+T】组合键，调整图形的大小和位置，如图 10-151 所示。

图10-151 导入素材图形并调整

76 设置前景色为白色，在“图层”面板中单击“锁定不透明度”按钮，然后按【Alt+Delete】组合键进行填充，如图 10-152 所示。

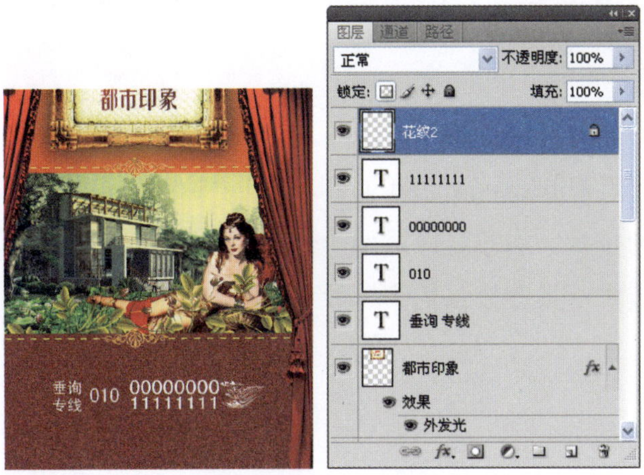

图10-152 填充前景色

77 选择工具箱中的移动工具，按住【Alt】键向左拖动“花纹 2”图层，生成“花纹 2 副本”图层，如图 10-153 所示。

图10-153 移动并复制图层

78 按【Ctrl+T】组合键的同时右击，在弹出的快捷菜单中选择“水平翻转”命令，如图 10-154 所示。

图10-154 水平翻转图形

79 按【Ctrl+Shift+N】组合键，新建“图层 5”图层。选择工具箱中的矩形选框工具，在其工具属性栏中设置各项参数，绘制选区，如图 10-155 所示。

图10-155 新建图层并绘制选区

80 设置前景色白色，然后按【Alt+Delete】组合键填充选区，如图 10-156 所示。

图10-156 填充选区

81 选择工具箱中的文字工具，再添加些文字，即可得到如图 10-157 所示的最终效果。

图10-157 最终效果

Chapter 11

婚纱写真设计

现在的数码婚纱与写真照片非常流行，熟练使用 Photoshop CS4 设计精美漂亮的婚纱写真照片是后期处理人员必须掌握的技术。本章将通过两个综合实例详细介绍婚纱照片和个性写真的后期制作技术，具有较强的实用参考价值。

本章知识索引

实例效果展示

妙笔生花1：浪漫婚纱照

难度级别

创意分析

本例将讲解如何在 Photoshop CS4 中制作“爱情的早晨”浪漫婚纱照。其中运用金黄色为主色调，彰显高贵、大气的风格；运用欧式底纹、金色相框等元素让整个婚纱写真变得更加华丽，充满爱情的甜美气息。

设计流程

本例讲解“爱情的早晨”浪漫婚纱照设计制作（光盘\素材与源文件\源文件\第 11 章\爱情的早晨浪漫婚纱照 .psd），设计的流程如图 11-1 所示。

图11-1 设计流程图

制作步骤

01 选择“文件”|“新建”命令，弹出“新建”对话框，在“名称”文本框中输入“爱情的早晨浪漫婚纱照”，设置各项参数，单击“确定”按钮，如图 11-2 所示。

图11-2 新建文件

02 设置前景色为黑色，按【Alt+Delete】组合键进行填充，如图 11-3 所示。

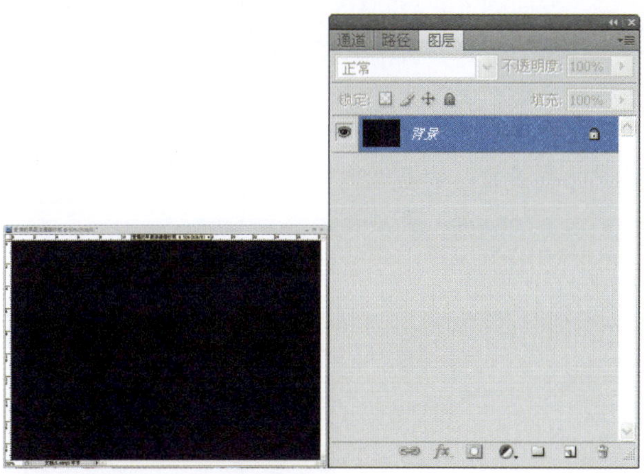

图11-3 填充图层

03 按【Ctrl+Shift+N】组合键，新建“图层 1”图层。设置前景色为黑色。按【Alt+Delete】组合键进行填充，如图 11-4 所示。

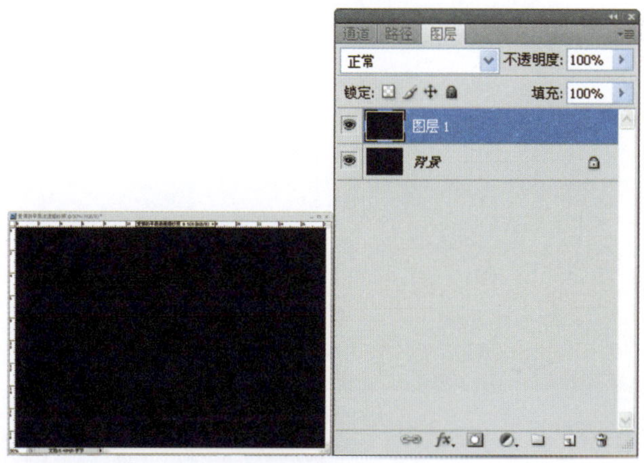

图11-4 填充前景色

04 按【D】键，将前景色和背景色复位。选择“滤镜”|“渲染”|“分层云彩”命令，调整图像，如图 11-5 所示。

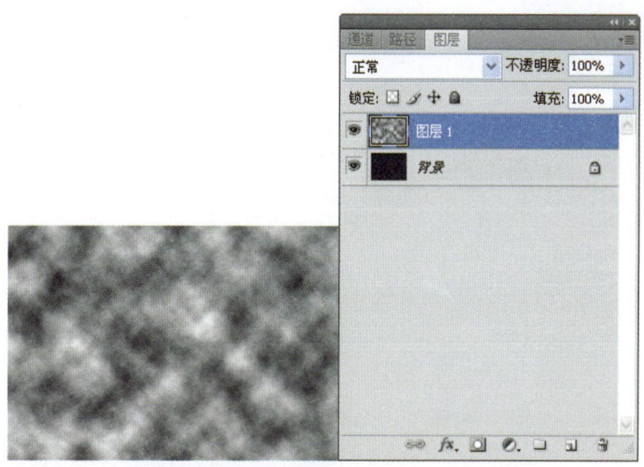

图11-5 渲染图层

05 选择“图像”|“调整”|“色相 / 饱和度”命令，在弹出的“色相 / 饱和度”对话框中设置各项参数，单击“确定”按钮，如图 11-6 所示。

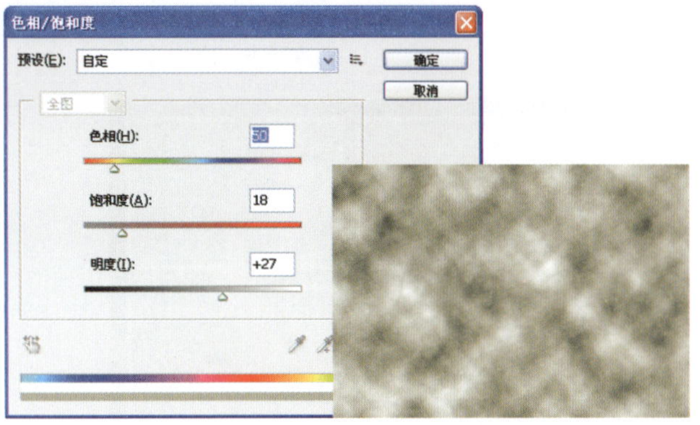

图11-6 调整色相/饱和度

06 按【Ctrl+O】组合键，打开“光盘\素材与源文件\素材\第 11 章\12.1 爱情的早晨浪漫婚纱照\底纹.jpg”，如图 11-7 所示。

图11-7 打开素材文件

07 选择“图像”|“调整”|“色阶”命令，在弹出的“色阶”对话框中单击“自动”按钮，单击“确定”按钮，如图 11-8 所示。

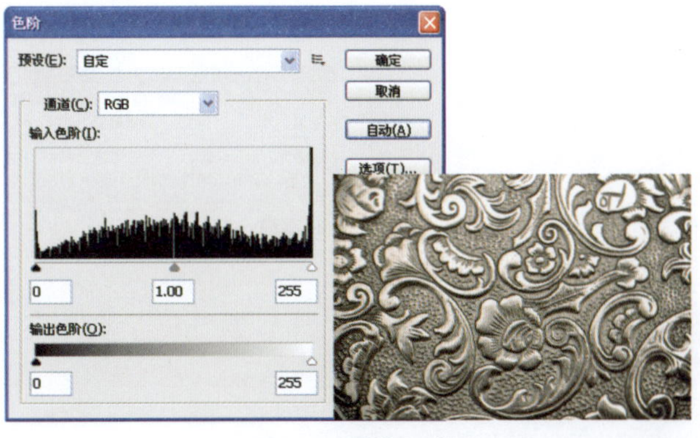

图11-8 调整色阶

08 选择“图像”|“调整”|“色相/饱和度”命令，在弹出的“色相/饱和度”对话框中设置各项参数，单击“确定”按钮，如图 11-9 所示。

09 选择“图像”|“调整”|“色彩平衡”命令，在弹出的“色彩平衡”对话框中设置各项参数，单击“确定”按钮，如图 11-10 所示。

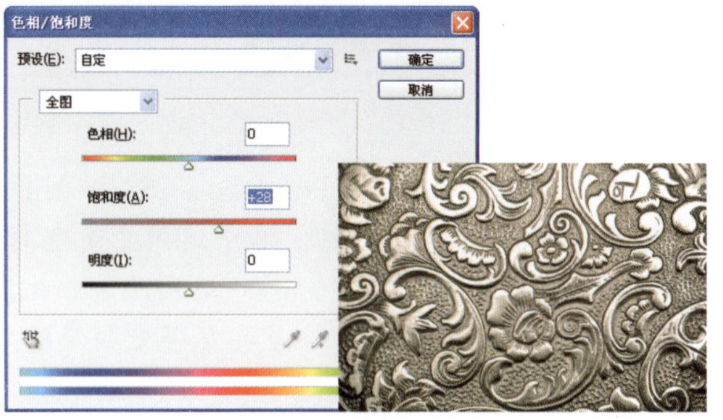

图11-9 调整色相/饱和度

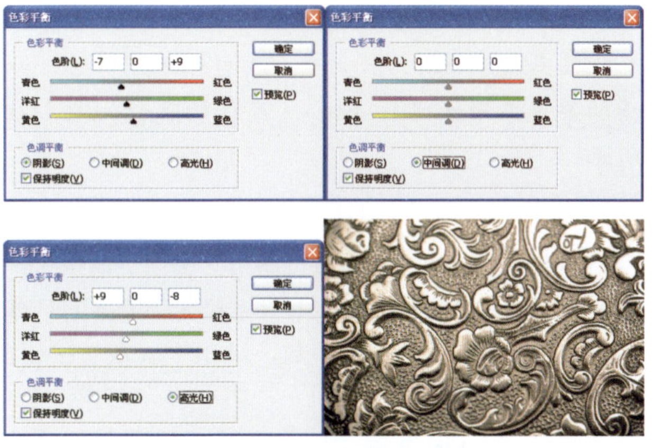

图11-10 调整色彩平衡

10 选择“编辑”|“定义图案”命令，在弹出的“图案名称”对话框中设置其名称为“底纹”，单击“确定”按钮，如图 11-11 所示。

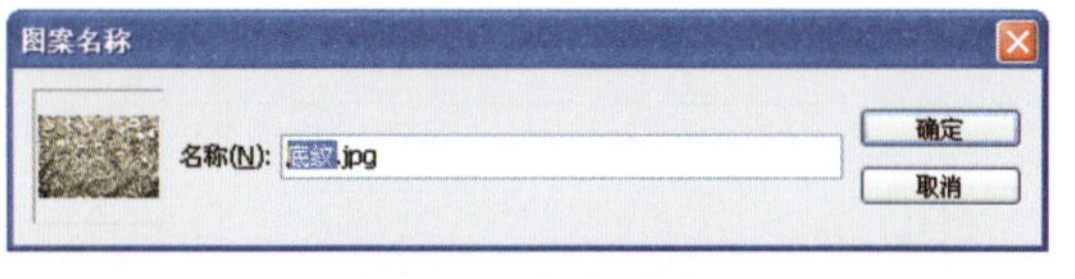

图11-11 定义图案

11 返回到“爱情的早晨浪漫婚纱照”文件窗口中，在“图层”面板中选择“图层 1”图层，单击“图层”面板底部的“添加图层样式”按钮 fx.，在弹出的下拉菜单中选择“图案叠加”命令，在弹出的对话框中设置各项参数，单击“确定”按钮，如图 11-12 所示。

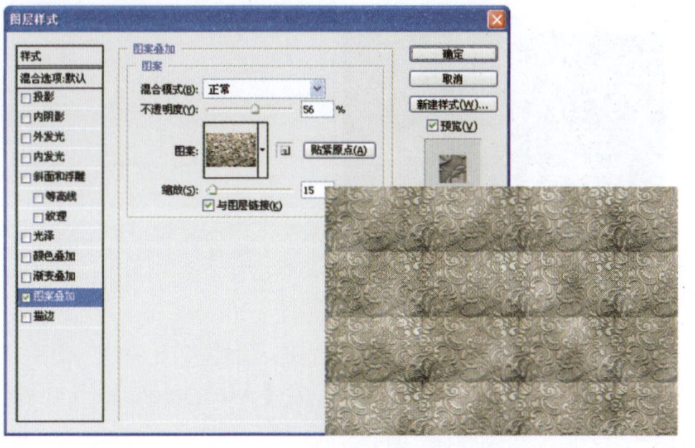

图11-12 添加图层样式

12 在“图层”面板中调整其“不透明度”为36%，如图11-13所示。

图11-13 调整不透明度

13 按【Ctrl+O】组合键，打开“光盘\素材与源文件\素材\第11章\11.1 爱情的早晨浪漫婚纱照\美女1.jpg”，如图11-14所示。

图11-14 打开素材文件

14 选择工具箱中的移动工具，拖动“美女1”图像到“爱情的早晨浪漫婚纱照”文件窗口中。按【Ctrl+T】组合键，调整图像的大小和位置，如图11-15所示。

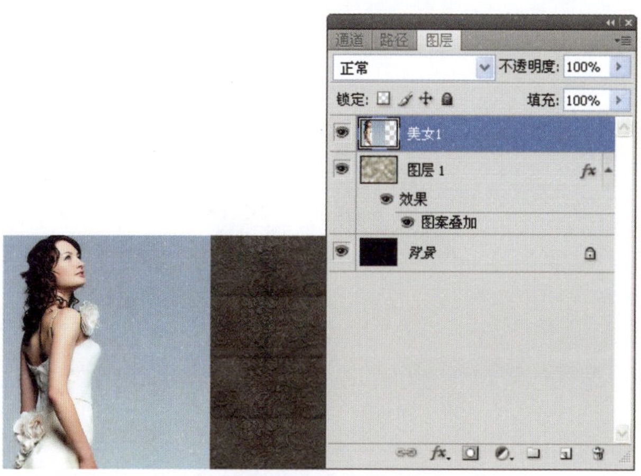

图11-15 导入素材图像并调整

15 单击“图层”面板底部的“添加图层蒙版”按钮，添加图层蒙版，如图11-16所示。

图11-16 添加图层蒙版

16 选择工具箱中的魔棒工具，选择浅蓝色区域，如图11-17所示。

图11-17 选择区域

17 在“图层”面板中选择“美女1”图层蒙版，设置前景色为黑色，按【Alt+Delete】组合键，用前景色在图层蒙版中填充，如图11-18所示。

图11-18 填充选区

18 选择工具箱中的画笔工具，设置前景色为黑色，选择适当的画笔大小和硬度，在图层蒙版上进行涂抹，均匀地涂抹图像生硬的部分，效果如图 11-19 所示。

图11-19 绘制蒙版

19 在“图层”面板中设置“美女 1”图层的图层混合模式为“柔光”，如图 11-20 所示。

图11-20 设置图层混合模式

20 按【Ctrl+J】组合键，复制“美女 1”图层，得到“美女 1 副本”图层，如图 11-21 所示。

图11-21 复制图层

21 在“图层”面板中设置“美女 1 副本”图层的图层混合模式为“正常”，如图 11-22 所示。

图11-22 设置图层混合模式

22 选择工具箱中的画笔工具，设置前景色为黑色，选择适当的画笔大小和硬度，在图层蒙版上进行涂抹，使美女和画面更加融合，如图 11-23 所示。

图11-23 绘制图层蒙版

23 选择“图像”|“调整”|“色阶”命令，在弹出的“色阶”对话框中单击“自动”按钮，单击“确定”按钮，如图 11-24 所示。

图11-24 调整色阶

24 在“图层”面板底部单击“创建新的填充或调整图层”按钮，在弹出的下拉菜单中选择“色相 / 饱和度”命令，在“调整”面板中单击按钮，设置各项参数，如图 11-25 所示。

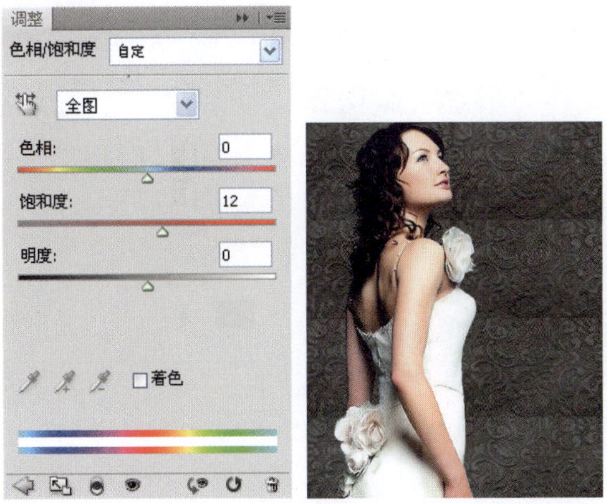

图11-25 调整色相/饱和度

25 在“图层”面板底部单击“创建新的填充或调整图层”按钮，在弹出的下拉菜单中选择“色彩平衡”命令，在“调整”面板中单击按钮，设置各项参数，如图 11-26 所示。

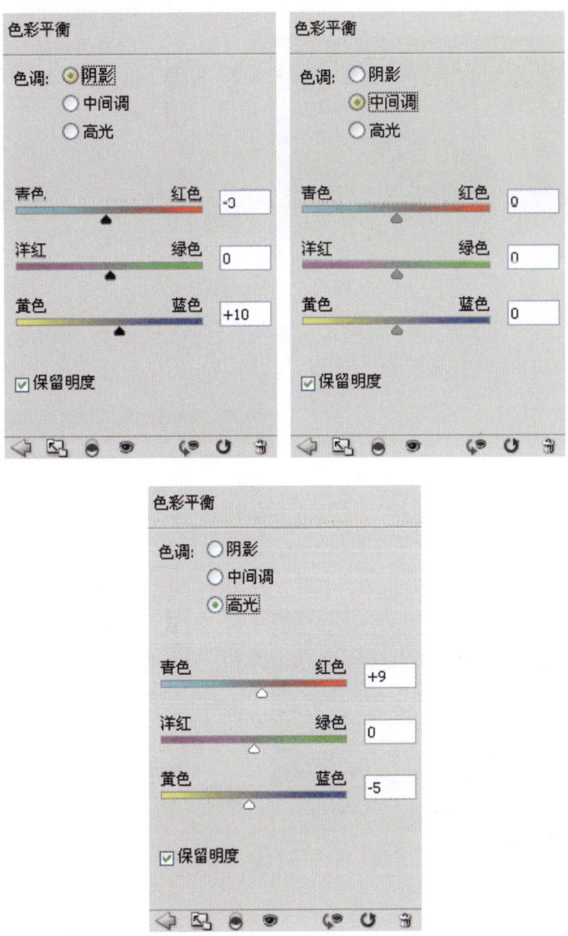

图11-26 调整色彩平衡

26 选择工具箱中的钢笔工具，绘制路径，然后按【Ctrl+ Enter】组合键将路径转换为选区，如图 11-27 所示。

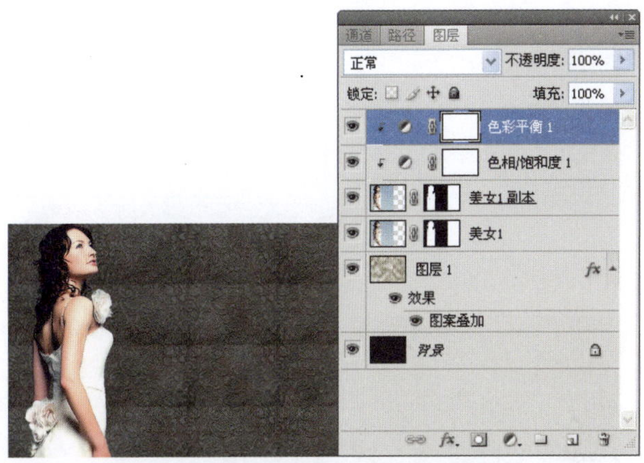

图11-27 绘制路径并转换为选区

27 按【Ctrl+Shift+N】组合键，新建“图层 2”图层。设置前景色为白色，按【Alt+Delete】组合键进行填充，如图 11-28 所示。

图11-28 填充选区

28 右击“图层”面板中的“图层 2”，在弹出的快捷菜单中选择“混合选项”命令，在弹出的“图层样式”对话框中设置各项参数。单击“确定”按钮，如图 11-29 所示。

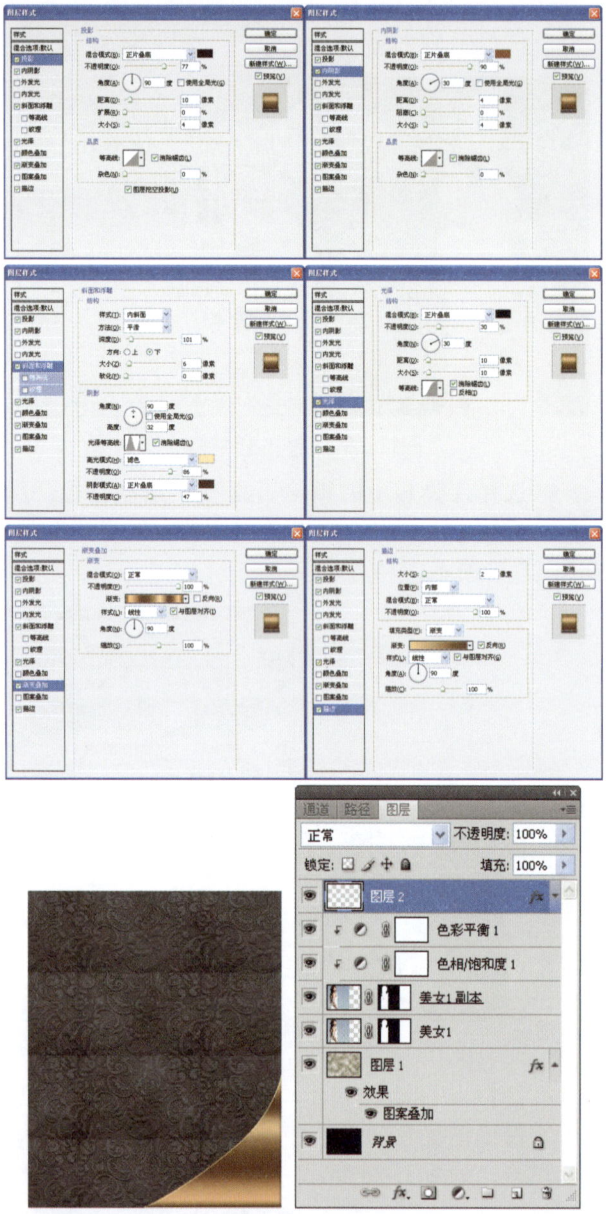

图11-29 设置图层样式

29 在“图层”面板中，设置“图层 2”的图层混合模式为“颜色加深”，如图 11-30 所示。

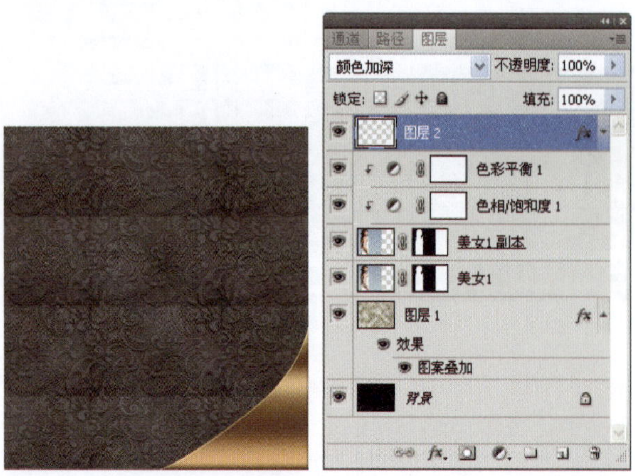

图11-30 设置图层混合模式

30 在“图层”面板中，设置“图层 2”图层的“不透明度”为 40%，如图 11-31 所示。

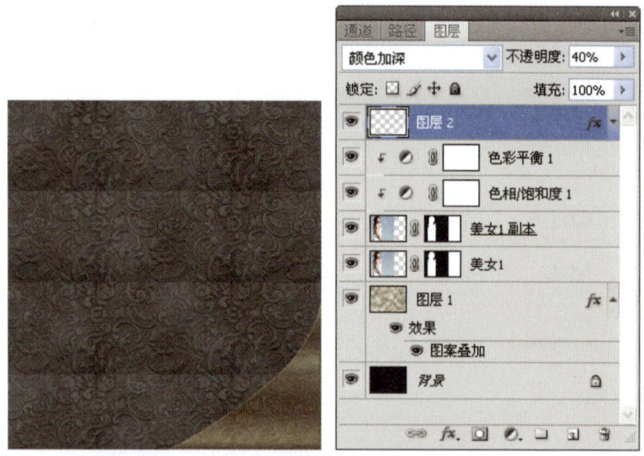

图11-31 设置不透明度

31 按照步骤 26-30 的方法继续制作图像，效果如图 11-32 所示。

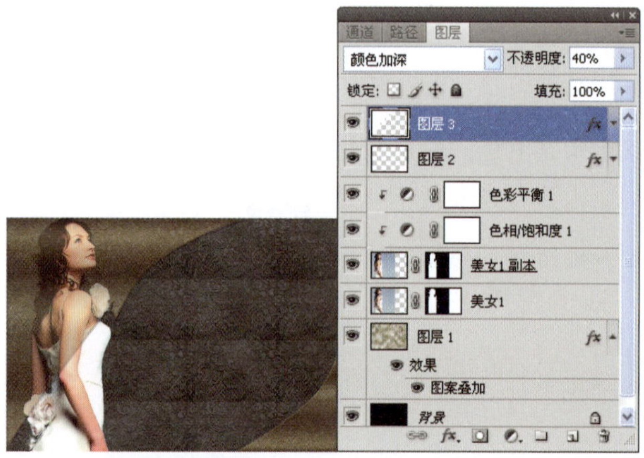

图11-32 制作图像

32 在“图层”面板中，将“图层 3”移动到“美女 1”图层的下方，如图 11-33 所示。

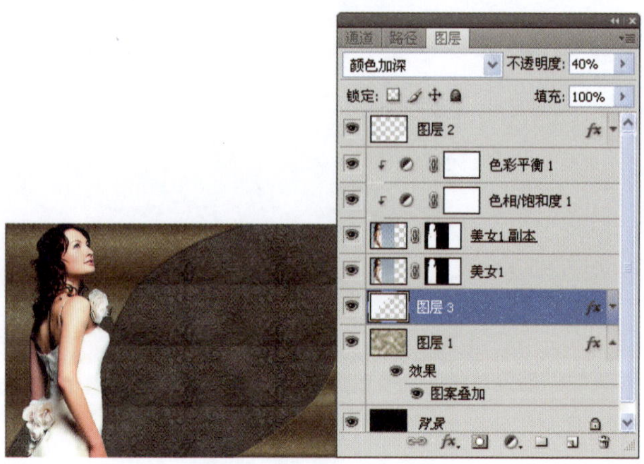

图11-33 移动图层位置

33 按【Ctrl+O】组合键，打开“光盘\素材与源文件\素材\第 11 章\11.1 爱情的早晨浪漫婚纱照\相框.jpg”，如图 11-34 所示。

图11-34 打开素材文件

34 选择工具箱的中移动工具，拖动“相框”图像到“爱情的早晨浪漫婚纱照”文件窗口中。按【Ctrl+T】组合键，调整图像的大小和位置，如图 11-35 所示。

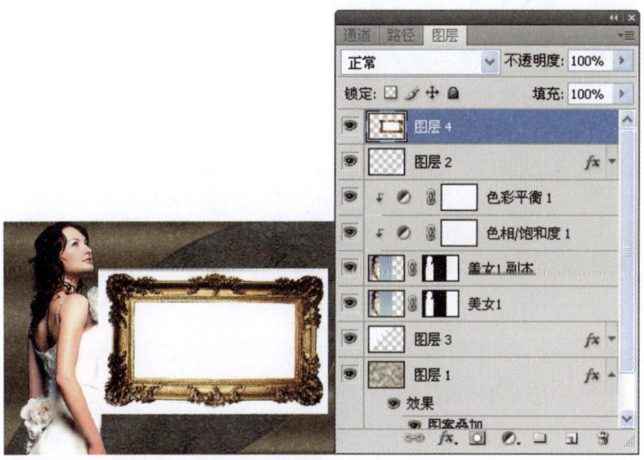

图11-35 导入素材图像并调整

35 选择工具箱中的魔棒工具，选择白色区域，如图 11-36 所示。

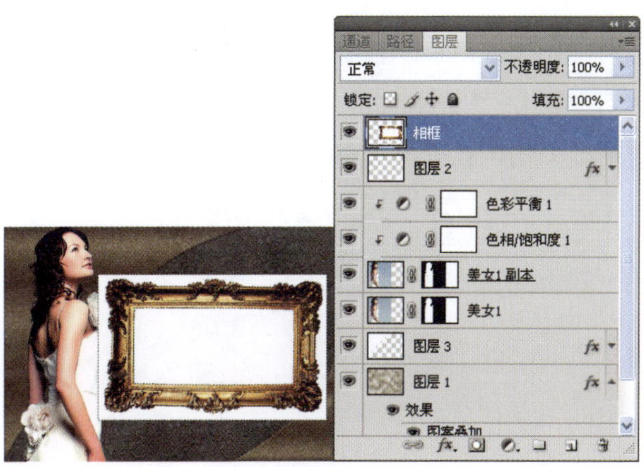

图11-36 选择选区

36 按【Delete】键，删除所选区域，如图 11-37 所示。

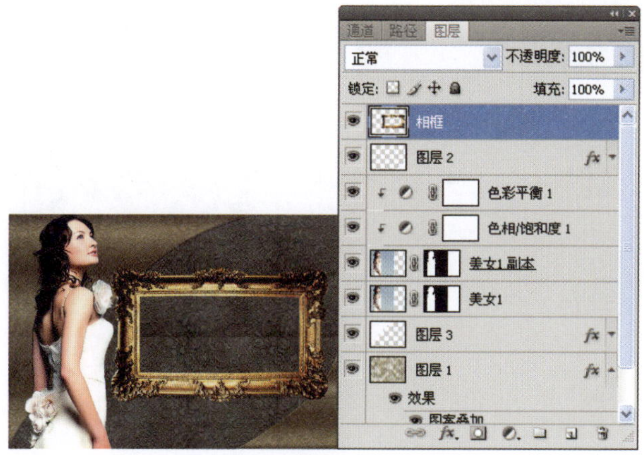

图11-37 删除选中区域

37 选择“图像”|“调整”|“色相 / 饱和度”命令，在弹出的“色相 / 饱和度”对话框中设置各项参数，单击“确定”按钮，如图 11-38 所示。

图11-38 调整色相/饱和度

38 选择“图像”|“调整”|“亮度 / 对比度”命令，在弹出的“亮度 / 对比度”对话框中设置各项参数，单击“确定”按钮，如图 11-39 所示。

图11-39 调整亮度/对比度

39 在“图层”面板中单击底部的“添加图层样式”按钮，在弹出的下拉菜单中选择“外发光”命令，在弹出的对话框中设置各项参数，单击“确定”按钮，如图 11-40 所示。

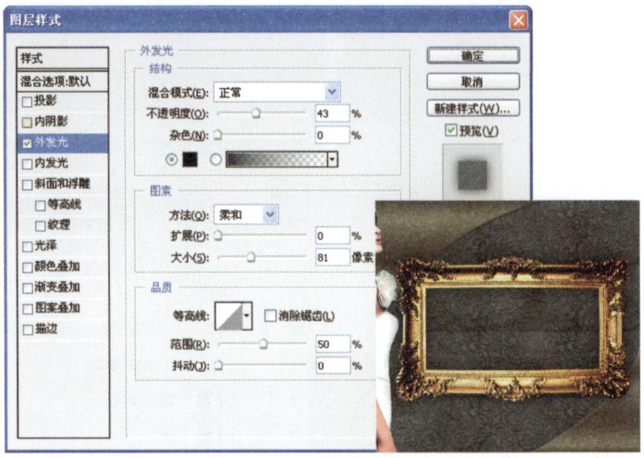

图11-40 设置外发光

40 按【Ctrl+O】组合键，打开“光盘\素材与源文件\素材\第 11 章\11.1 爱情的早晨浪漫婚纱照\美女 2.jpg”，如图 11-41 所示。

图11-41 打开素材文件

41 选择工具箱中的移动工具，拖动“相框”图像到“爱情的早晨浪漫婚纱照”窗口中。按【Ctrl+T】组合键，调整图像的大小和位置，如图 11-42 所示。

图11-42 导入素材图像并调整

42 在“图层”面板中，将“美女 2”图层移动到“相框”图层的下方，如图 11-43 所示。

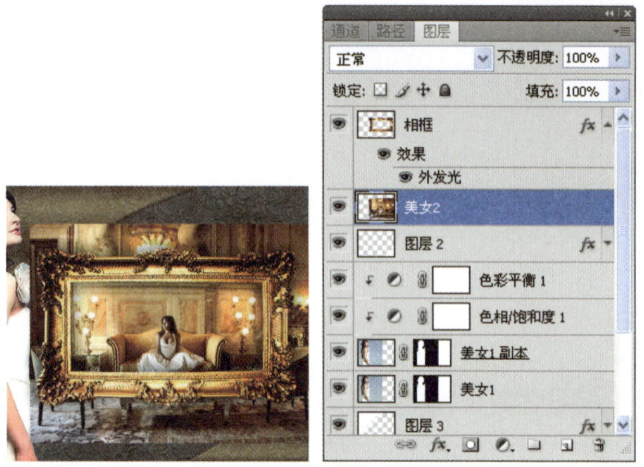

图11-43 调整图层位置

43 选择工具箱中的矩形选框工具，绘制选区，如图 11-44 所示。

图11-44 绘制选区

44 单击“图层”面板底部的“添加图层蒙版”按钮，添加图层蒙版，如图 11-45 所示。

图11-45 添加图层蒙版

45 选择“图像”|“调整”|“色相/饱和度”命令，在弹出的“色相/饱和度”对话框中设置各项参数，单击“确定”按钮，如图 11-46 所示。

图11-46 调整色相/饱和度

46 选择“图像”|“调整”|“色彩平衡”命令，在弹出的“色彩平衡”对话框中设置各项参数，单击“确定”按钮，如图11-47所示。

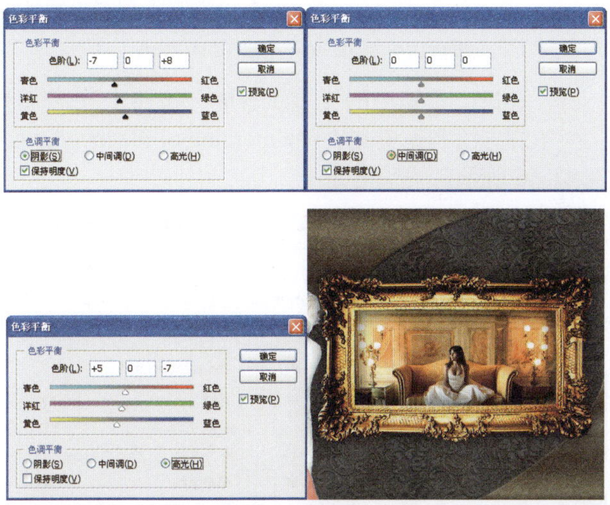

图11-47 调整色彩平衡

47 选择工具箱中的文字工具T，输入文字“爱情的早晨”，如图11-48所示。

图11-48 输入文字

48 右击“图层”面板中的“爱情”、“的”和“早晨”文字图层，在弹出的快捷菜单中选择“栅格化文字”命令，选择“合并”命令，得到“早晨”图层，如图11-49所示。

49 选择工具箱中的钢笔工具，绘制路径，然后按【Ctrl+Enter】组合键将路径转换为选区，如图11-50所示。

图11-49 栅格化文字并合并图层

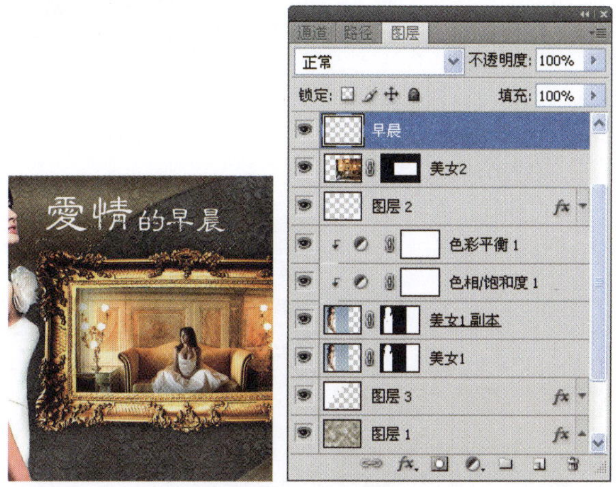

图11-50 绘制路径并转换为选区

50 在“早晨”图层中设置前景色为白色，按【Alt+Delete】组合键进行填充，如图11-51所示。

图11-51 填充选区

51 在“图层”面板中，单击底部的“添加图层样式”按钮fx，在弹出的下拉菜单中选择“混合选项”命令，在弹出的对话框中设置各项参数，其中外发光的颜色值为（R：196，G：69，B：0），渐变的颜色值为（R：236，G：171，B：45），（R：207，G：105，B：23）和（R：187，G：90，B：43），单击“确定”按钮，如图11-52所示。

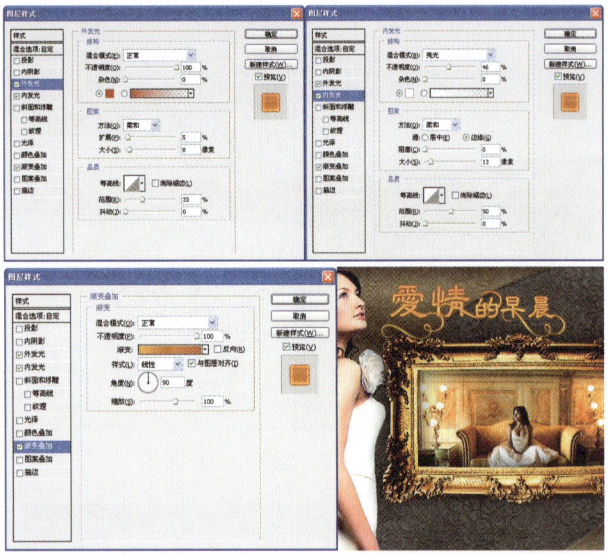

图11-52 添加图层样式

52 按【Ctrl+J】组合键，得到“早晨 副本”图层，如图 11-53 所示。

图11-53 复制图层

53 右击“图层”面板中的“早晨”图层，在弹出的快捷菜单中选择“清除图层样式”命令，如图 11-54 所示。

图11-54 清除图层样式

54 选择“滤镜”|“模糊”|“方框模糊”命令，在弹出的“方框模糊”对话框中设置各项参数，单击“确定”按钮，如图 11-55 所示。

图11-55 使用“方框模糊”滤镜

55 选择工具箱中的文字工具T，按照步骤 47~54 的方法制作英文“The morning of the love”，如图 11-56 所示。

图11-56 添加英文

56 选择工具箱中的文字工具T，再添加一些文字，即可得到图 11-57 所示的最终效果。

图11-57 最终效果

妙笔生花2：青春个性写真

难度级别

创意分析

本例将讲解如何在 Photoshop CS4 中制作“爱似繁花”青春个性写真。其中运用绿色、蓝色为主色调，衬托出人物的自然、唯美；运用鲜花、星星等元素让整个写真照片变得更加唯美，并紧扣“爱似繁花”的主题。

最终效果

本例讲解“爱似繁花”青春个性写真设计制作（光盘\素材与源文件\源文件\第 11 章\爱似繁花个性写真.psd），设计的流程如图 11-58 所示。

图11-58 设计流程图

制作步骤

01 选择“文件”|“新建”命令，弹出“新建”对话框，在“名称”文本框中输入“爱似繁花个性写真”，设置各项参数，单击“确定”按钮，如图 11-59 所示。

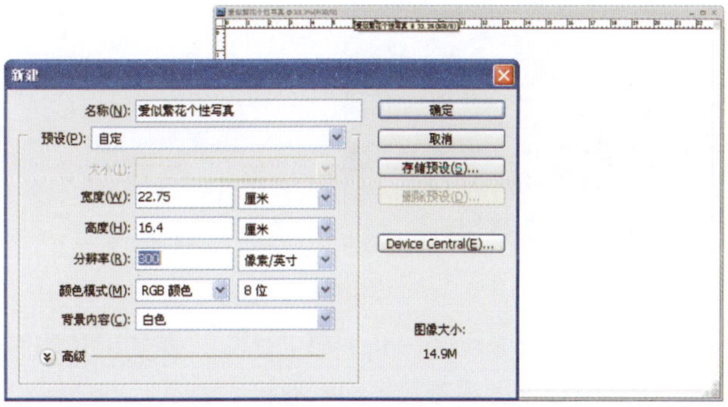

图11-59 新建文件

02 设置前景色为（R：3，G：80，B：96），按【Alt+Delete】组合键进行填充，如图 11-60 所示。

图11-60 填充图层

03 按【Ctrl+O】组合键，打开光盘中“素材\第 11 章\11.2 爱似繁花个性写真\花.psd”。如图 11-61 所示。

图11-61 打开素材文件

04 选择工具箱中的移动工具，拖动“花”图层到“爱似繁花个性写真”文件窗口中。按【Ctrl+T】组合键，调整图像的大小和位置，如图 11-62 所示。

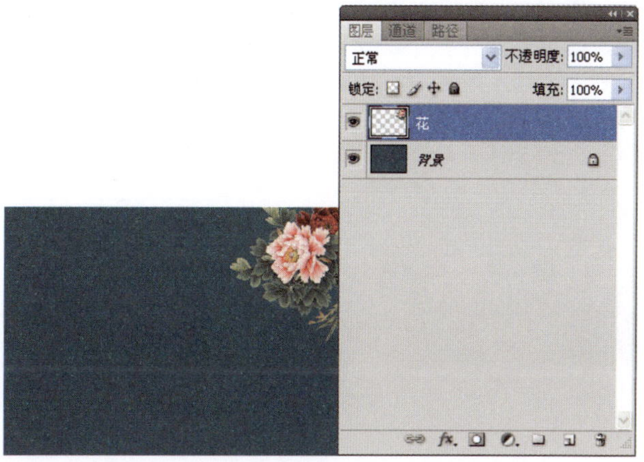

图11-62 导入素材图像并调整

05 按住【Alt】键的同时拖动“花”图层，得到“花副本”图层，如图 11-63 所示。

图11-63 复制图层

06 按照步骤 5 的操作方法复制多个图像，得到的效果如图 11-64 所示。

图11-64 复制多个图像

07 右击“图层”面板中的“花”图层及其副本，在弹出的快捷菜单中选择“合并图层”命令，得到“花副本 7”图层，如图 11-65 所示。

图11-65 合并图层

08 选择“图像”|“调整”|“去色”命令，去除图像的颜色，如图 11-66 所示。

图11-66 去除图像颜色

09 在“图层”面板中设置其图层“不透明度”为 20%，如图 11-67 所示。

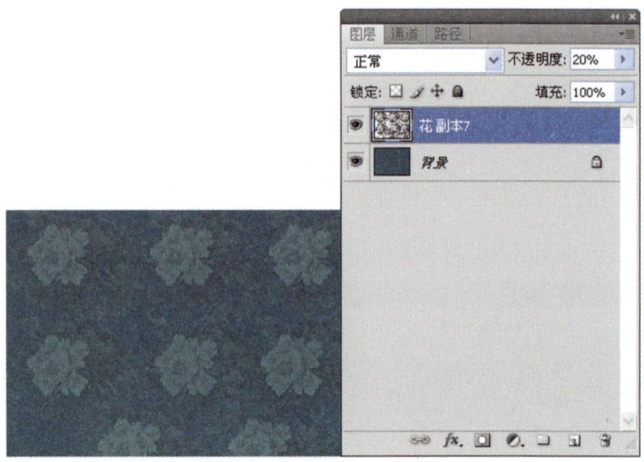

图11-67 调整不透明度

10 选择工具箱中的圆角矩形工具，在其工具属性栏中设置各项参数，绘制形状，如图 11-68 所示。

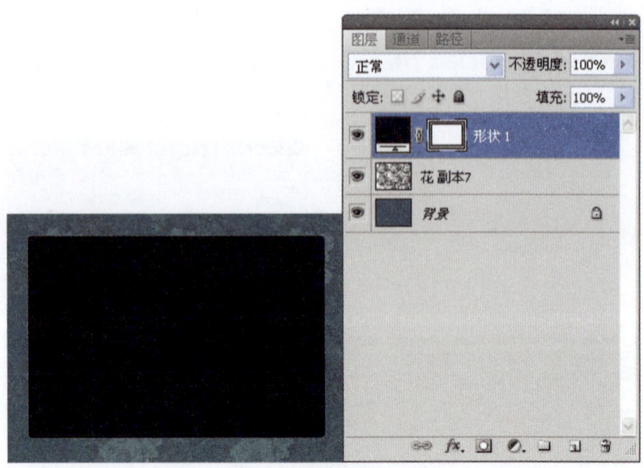

图11-68 绘制形状

11 在“图层”面板中选择“形状 1”图层，单击底部的“添加图层样式”按钮 fx.，在弹出的下拉菜单中选择“描边”命令，在弹出的对话框中设置各项参数，单击“确定”按钮，如图 11-69 所示。

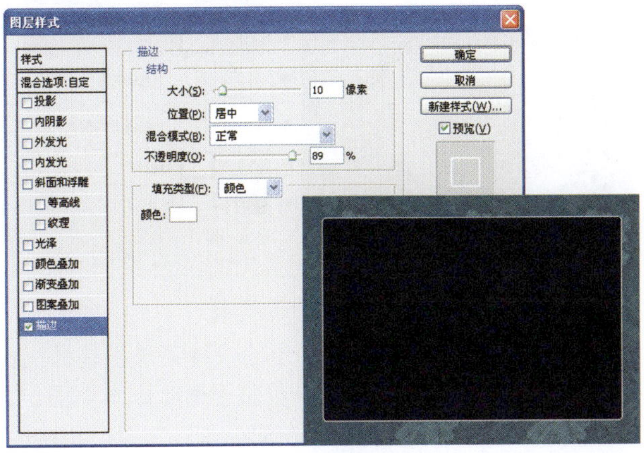

图11-69 添加描边

12 在“图层”面板中，设置“形状 1”图层的填充值为 0%，如图 11-70 所示。

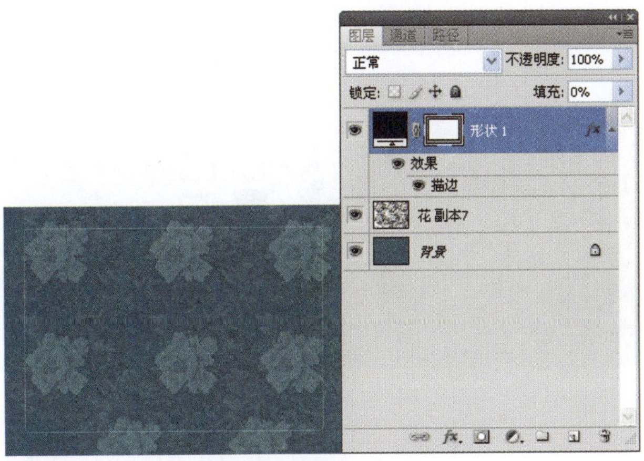

图11-70 调整填充值

13 按【Ctrl+O】组合键，打开“光盘\素材与源文件\素材\第 11 章\11.2 爱似繁花个性写真\绿叶.jpg”，如图 11-71 所示。

图11-71 打开素材文件

14 选择工具箱中的移动工具，拖动图像到“爱似繁花个性写真”文件窗口中。按【Ctrl+T】组合键，调整图像的大小和位置，如图 11-72 所示。

图11-72 导入素材图像并调整

15 在“图层”面板中选择“形状 1”图层的缩略图，载入其选区，如图 11-73 所示。

图11-73 载入选区

16 单击“图层”面板底部的“添加图层蒙版”按钮，添加图层蒙版，如图 11-74 所示。

图11-74 添加图层蒙版

17 在“图层”面板底部单击“创建新的填充或调整图层”按钮，在弹出的下拉菜单中选择“色相/饱和度”命令，在“调整”面板中单击按钮，设置各项参数，如图 11-75 所示。

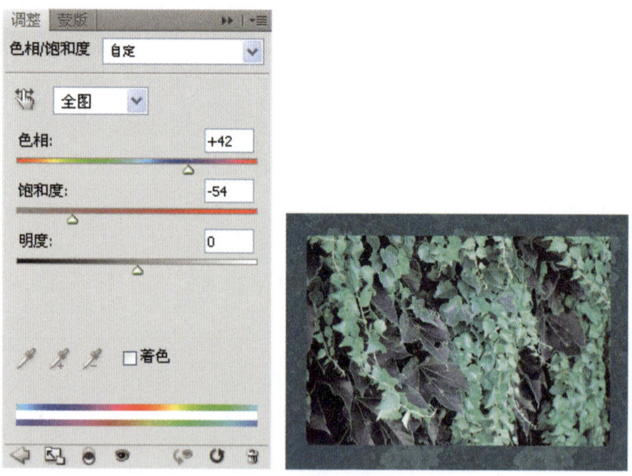

图11-75 调整色相/饱和度

18 在“图层”面板底部单击“创建新的填充或调整图层”按钮，在弹出的下拉菜单中选择“色彩平衡”命令，在“调整”面板中单击按钮，设置各项参数，如图 11-76 所示。

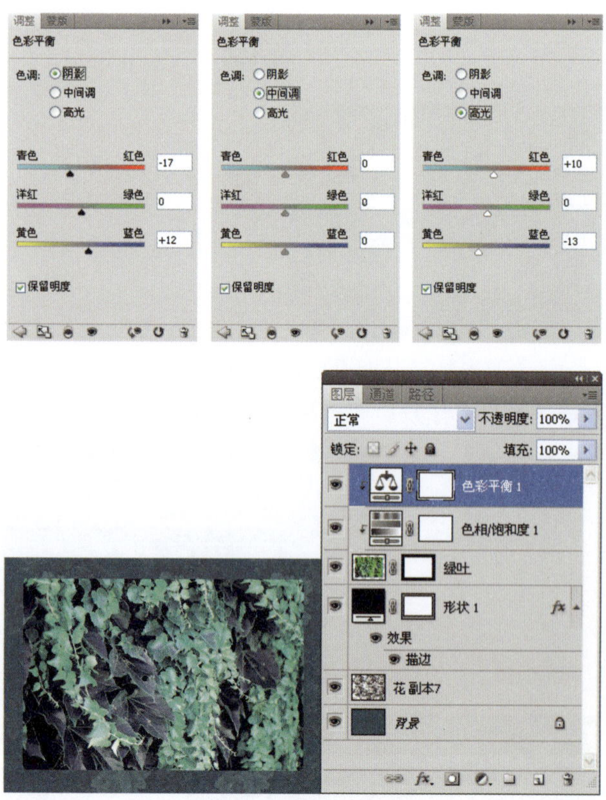

图11-76 调整色彩平衡

19 在“图层”面板中分别选择“绿叶副本”、“色相/饱和度 1”和“色彩平衡 1”图层，然后将其拖动到“创建新图层”按钮上，如图 11-77 所示。

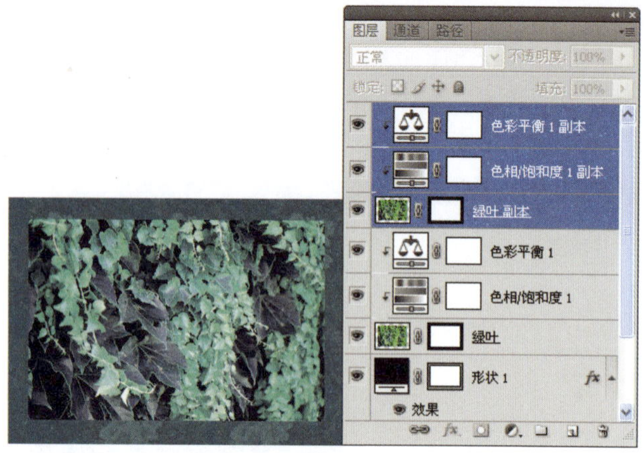

图11-77 创建新图层

20 右击“图层”面板，在弹出的快捷菜单中选择“合并图层”命令，得到“色彩平衡 1 副本”图层。按住【Alt】键，单击在与“色彩平衡 1”图层相接的位置，即可取消剪切蒙版，如图 11-78 所示。

图11-78 合并图层

21 选择“滤镜”|“模糊”|“高斯模糊”命令，在弹出的“高斯模糊”对话框中设置各项参数，然后单击“确定”按钮，如图 11-79 所示。

图11-79 使用“高斯模糊”滤镜

22 在“图层”面板中设置其图层“不透明度”为 50%，效果如图 11-80 所示。

图11-80 调整不透明度

23 按【Ctrl+Shift+N】组合键，新建“图层 1”图层。在“图层”面板中选择“色彩平衡 1 副本”的缩略图，载入其选区，如图 11-81 所示。

图11-81 载入选区

24 设置前景色为白色，按【Alt+Delete】组合键进行填充，如图 11-82 所示。

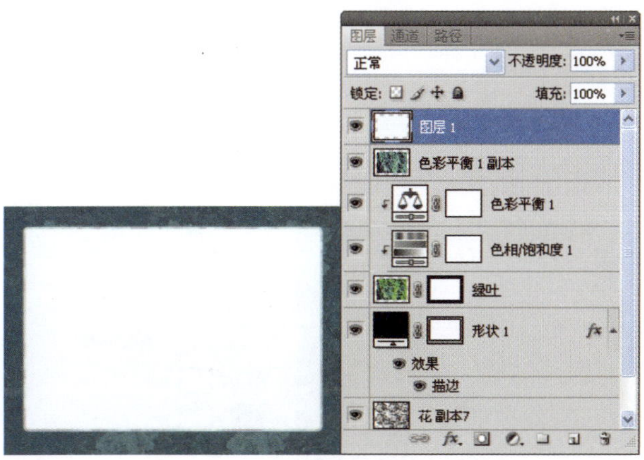

图11-82 填充选区

25 单击“图层”面板底部的“添加图层蒙版”按钮，选择工具箱中的画笔工具，设置前景色为黑色，选择适当的画笔大小和硬度，在图层蒙版上进行涂抹，绘制蒙版，如图 11-83 所示。

图11-83 绘制蒙版

26 按【Ctrl+Shift+N】组合键，新建“图层 2”图层，如图 11-84 所示。

图11-84 新建图层

27 设置前景色为（R：75，G：163，B：223），然后按【Alt+Delete】组合键填充图层，如图 11-85 所示。

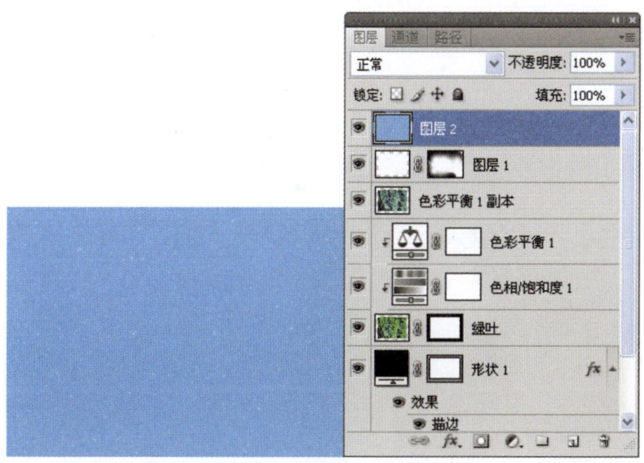

图11-85 填充图层

28 选择工具箱中的橡皮擦工具，选择适当的笔触大小和硬度，擦除图像，如图 11-86 所示。

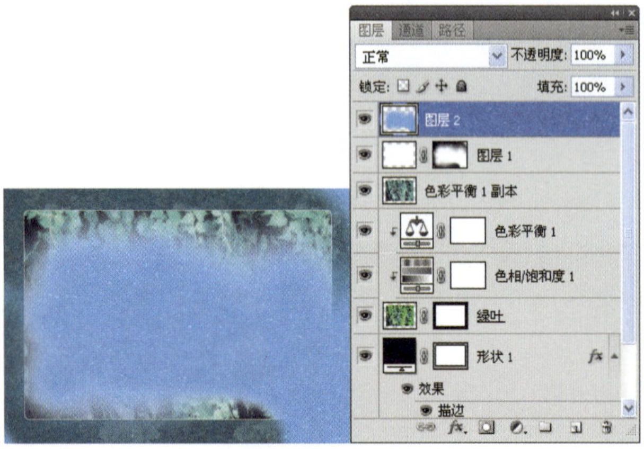

图11-86 擦除图像

29 在“图层”面板中设置其图层“不透明度”为 20%，如图 11-87 所示。

图11-87 调整不透明度

30 按【Ctrl+O】组合键，打开”光盘\素材与源文件\素材\第 11 章\11.2 爱似繁花个性写真\美女.jpg”，如图 11-88 所示。

图11-88 打开素材文件

31 选择工具箱中的移动工具，拖动图像到“爱似繁花个性写真”文件窗口中。按【Ctrl+T】组合键，调整图像的大小和位置，如图 11-89 所示。

图11-89 导入素材文件并调整

32 单击“图层”面板底部的“添加图层蒙版”按钮，选择工具箱中的画笔工具，设置前景色为黑色，选择适当的画笔大小和硬度，在图层蒙版上进行涂抹，绘制蒙版，如图 11-90 所示。

图11-90 绘制蒙版

33 在“图层”面板中，单击“绿叶”图层蒙版的缩略图，载入其选区，如图 11-91 所示。

图11-91 载入选区

34 右击工具箱中的椭圆选框工具，在弹出的快捷菜单中选择“选择反向”命令，如图 11-92 所示。

图11-92 选择反向

35 在“图层”面板中选择“美女”图层蒙版，选择工具箱的中画笔工具，设置前景色为黑色，选择适当的画笔大小和硬度，绘制蒙版，隐藏图像，如图 11-93 所示。

图11-93 绘制蒙版

36 在“图层”面板中设置“美女”图层的图层混合模式为“强光”，如图 11-94 所示。

图11-94 设置图层混合模式

37 按【Ctrl+J】组合键，得到“美女副本”图层。在“图层”面板中设置其图层混合模式为“正常”，如图 11-95 所示。

图11-95 复制图层并设置混合模式

38 在“图层”面板中选择“美女 副本”图层蒙版，选择工具箱中的画笔工具，设置前景色为黑色，选择适当的画笔大小和硬度，绘制蒙版，隐藏图像，如图 11-96 所示。

图11-96 绘制蒙版

39 选择“图像”|“调整”|“色相 / 饱和度”命令，在弹出的“色相 / 饱和度”对话框中设置各项参数，单击“确定”按钮，如图 11-97 所示。

图11-97 调整色相/饱和度

40 选择“图像”|“调整”|“色彩平衡”命令，在弹出的“色彩平衡”对话框中设置各项参数，单击“确定”按钮，如图 11-98 所示。

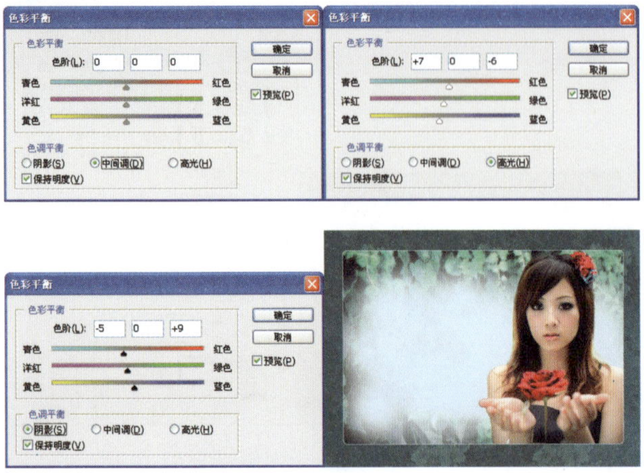

图11-98 调整色彩平衡

41 选择“图像”|“调整”|“色阶”命令，在弹出的“色阶”对话框中设置各项参数，单击“确定”按钮，如图 11-99 所示。

图11-99 调整色阶

42 按【Ctrl+J】组合键，得到“美女 副本 2”图层，如图 11-100 所示。

图11-100 复制图层

43 在“图层”面板中选择“美女 副本 2”图层蒙版，选择工具箱中的画笔工具，设置前景色为黑色，选择适当的画笔大小和硬度，绘制蒙版，隐藏图像，如图 11-101 所示。

图11-101 绘制蒙版

44 选择“图像”|“调整”|“色相/饱和度”命令，在弹出的“色相/饱和度”对话框中设置各项参数，单击“确定”按钮，如图 11-102 所示。

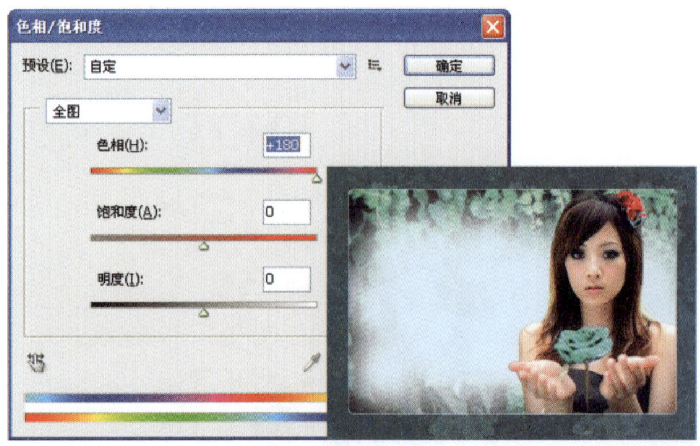

图11-102 调整色相/饱和度

45 按【Ctrl+J】组合键，得到“美女 副本 3”图层，在“图层”面板中将其移到所有图层的上方，如图 11-103 所示。

图11-103 复制图层并移动位置

46 在“图层”面板中选择“美女 副本 3”图层蒙版，选择工具箱中的画笔工具，设置前景色为黑色，选择适当的画笔大小和硬度，绘制蒙版，隐藏图像，如图 11-104 所示。

图11-104 绘制蒙版

47 选择“图像”|“调整”|“色相 / 饱和度”命令，在弹出的“色相 / 饱和度”对话框中设置各项参数，单击“确定”按钮，如图 11-105 所示。

图11-105 调整色相/饱和度

48 在“图层”面板中选择“美女”图层及其副本，按【Ctrl+G】组合键创建新组，并重命名组名为“美女”，如图 11-106 所示。

图11-106 创建新组

49 按【Ctrl+O】组合键，打开“光盘\素材与源文件\素材\第 11 章\11.2 爱似繁花个性写真\水墨.jpg”，如图 11-107 所示。

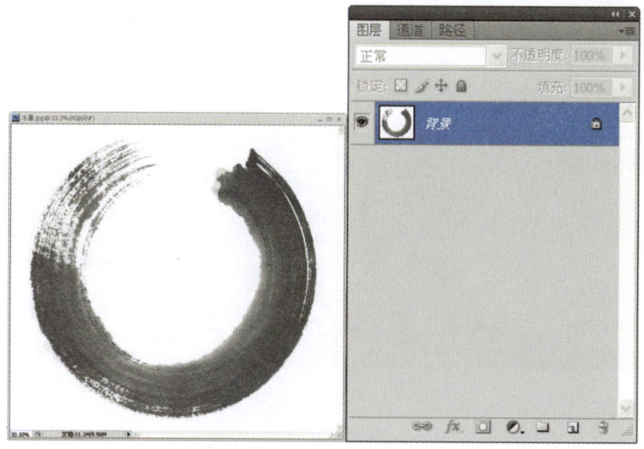

图11-107 打开素材文件

50 选择工具箱中的移动工具，拖动图像到“爱似繁花个性写真”文件窗口中。按【Ctrl+T】组合键，调整图像的大小和位置，如图 11-108 所示。

图11-108 导入素材图像并调整

51 按【Ctrl+T】组合键，旋转图像的角度，效果如图 11-109 所示。

图11-109 旋转图像角度

52 选择工具箱中的魔棒工具，选择白色区域，然后按【Delete】键将其删除，如图 11-110 所示。

图11-110 删除图像

53 在“图层”面板中设置“水墨”图层的图层混合模式为“亮光”，如图 11-111 所示。

图11-111 设置图层混合模式

54 单击“图层”面板下方的“添加图层蒙版”按钮，选择工具箱中的画笔工具，设置前景色为黑色，选择适当的画笔大小和硬度，在图层蒙版上进行涂抹，绘制蒙版，使其更好地和整个画面融合，如图 11-112 所示。

图11-112 绘制蒙版

55 按【Ctrl+O】组合键，打开“光盘\素材与源文件\素材\第 11 章\11.2 爱似繁花个性写真\玫瑰.jpg”，如图 11-113 所示。

图11-113 打开素材文件

56 选择工具箱中的移动工具，拖动图像到“爱似繁花个性写真”文件窗口中。按【Ctrl+T】组合键，调整图像的大小和位置，如图 11-114 所示。

图11-114 导入素材图像并调整

57 选择“图像”|“调整”|“色相/饱和度”命令，在弹出的“色相/饱和度”对话框中设置各项参数，单击“确定”按钮，如图 11-115 所示。

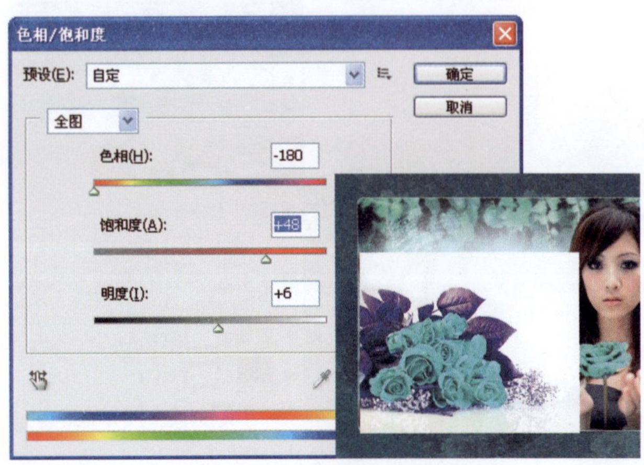

图11-115 调整色相/饱和度

58 在“图层”面板中设置“玫瑰”图层的图层混合模式为“变暗”，如图 11-116 所示。

图11-116 设置图层混合模式

59 按【Ctrl+J】组合键，复制“玫瑰”图层，得到“玫瑰 副本”图层，如图 11-117 所示。

图11-117 复制图层

60 选择“滤镜”|“模糊”|“高斯模糊”命令，在弹出的“高斯模糊”对话框中设置各项参数，然后单击“确定”按钮，如图 11-118 所示。

图11-118 使用“高斯模糊”滤镜

61 在“图层”面板中设置其图层“不透明度”为 60%，如图 11-119 所示。

图11-119 调整不透明度

62 按【Ctrl+J】组合键，复制“玫瑰”图层，得到“玫瑰 副本 2”图层，然后在“图层”面板中将其移到所有图层的上方，如图 11-120 所示。

图11-120 复制图层并调整位置

63 在“图层”面板中设置“玫瑰副本 2”图层的图层混合模式为“正常”，如图 11-121 所示。

图11-121 设置图层混合模式

64 单击“图层”面板底部的“添加图层蒙版”按钮，选择工具箱中的画笔工具，设置前景色为黑色，选择适当的画笔大小和硬度，在图层蒙版上进行涂抹，绘制蒙版，隐藏除玫瑰花以外的部分，如图11-122所示。

图11-122 添加并绘制蒙版

65 选择“图像”|“调整”|“色相/饱和度”命令，在弹出的“色相/饱和度”对话框中设置各项参数，单击“确定”按钮，如图11-123所示。

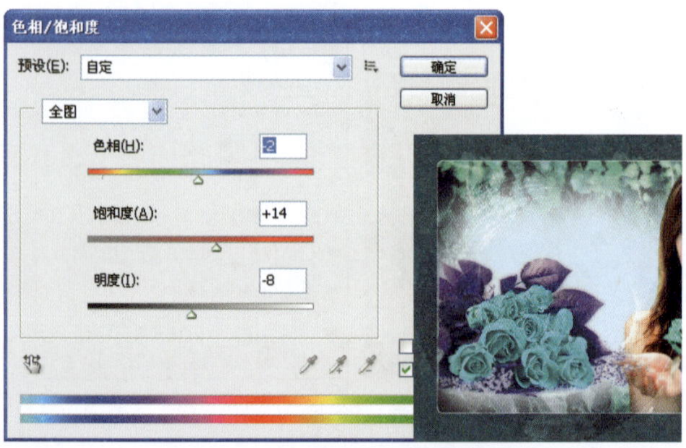

图11-123 调整色相/饱和度

66 选择“文件”|“新建”命令，弹出“新建”对话框，在“名称”文本框中输入“星星”，设置各项参数，单击“确定”按钮，如图11-124所示。

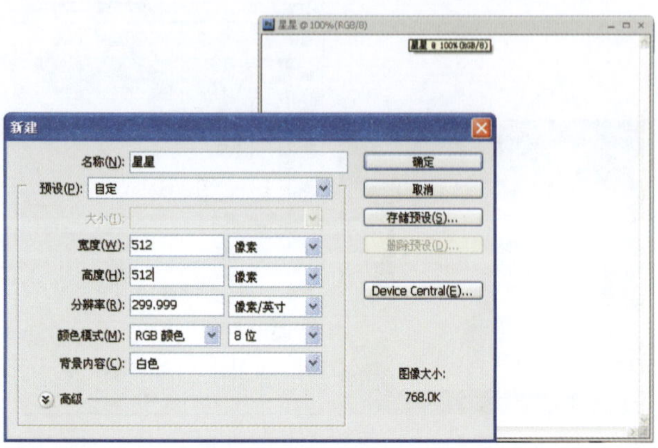

图11-124 新建文件

67 选择工具箱中的钢笔工具，绘制路径，然后按【Ctrl+ Enter】组合键将路径转换为选区，如图11-125所示。

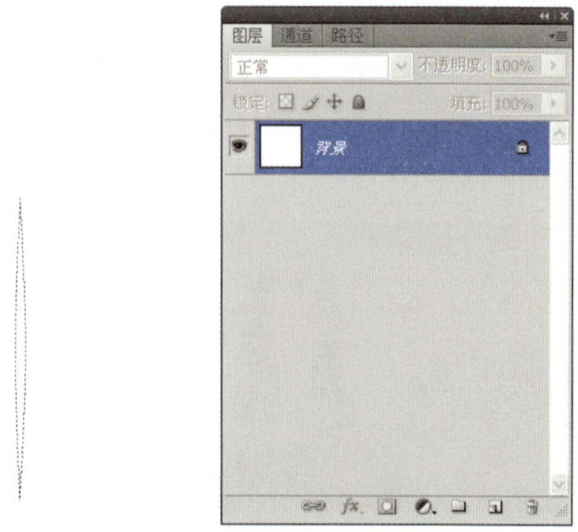

图11-125 绘制路径并转换为选区

68 按【Ctrl+Shift+N】组合键，新建“图层1”图层。设置前景色为黑色，然后按【Alt+Delete】组合键填充图层，如图11-126所示。

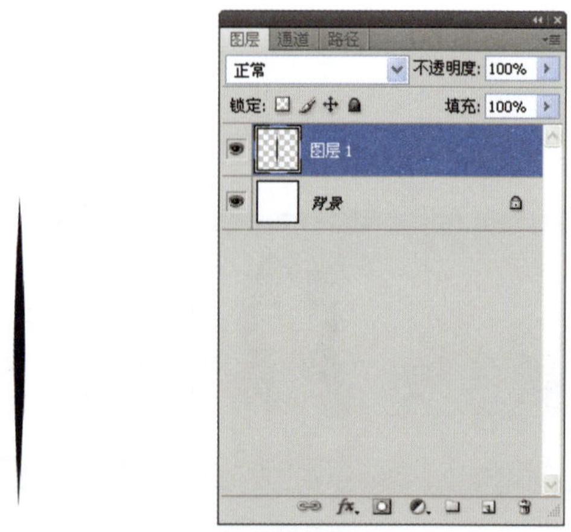

图11-126 填充选区

69 按【Ctrl+J】组合键，复制“图层1”，得到“图层1副本”，然后按【Ctrl+T】组合键旋转图像的角度，如图11-127所示。

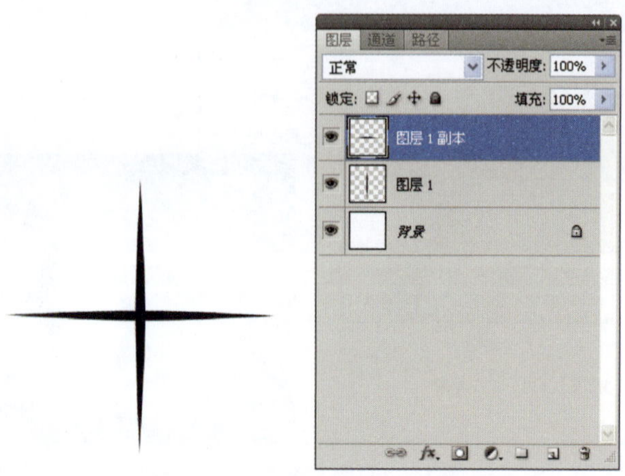

图11-127 复制并旋转图像

70 右击“图层”面板中的“图层 1 副本”，在弹出的快捷菜单中选择“向下合并”命令得到“图层 1 副本”图层，如图 11-128 所示。

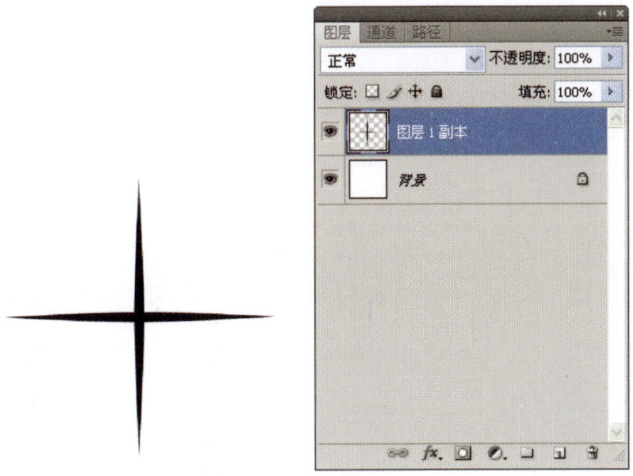

图11-128 合并图层

71 按【Ctrl+J】组合键，得到“图层 1 副本 2”，然后按【Ctrl+T】组合键旋转图像的角度，如图 11-129 所示。

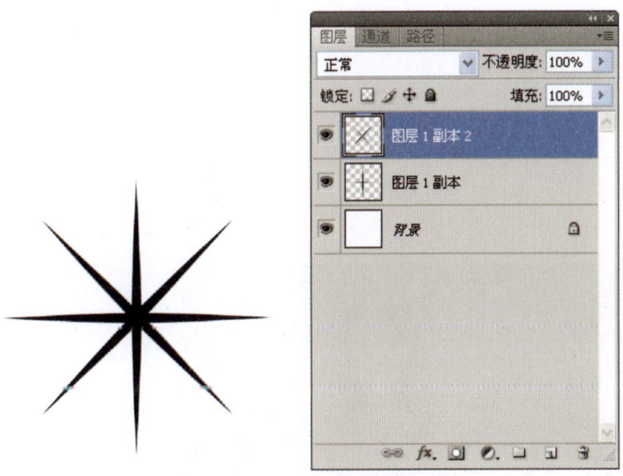

图11-129 复制并旋转图像

72 选择“编辑”|“定义画笔预设”命令，在弹出的“画笔名称”对话框中设置其名称为“星星”，单击“确定”按钮，如图 11-130 所示。

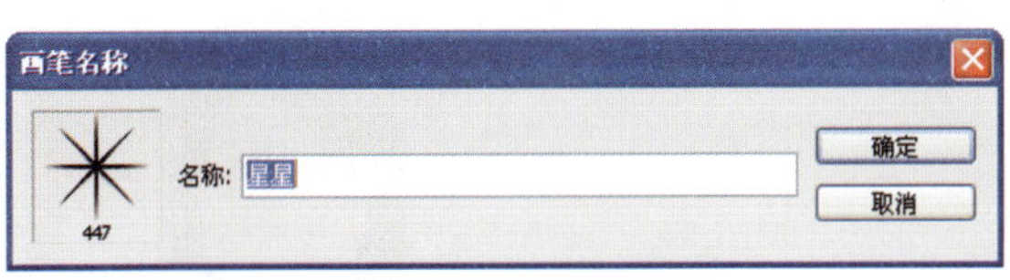

图11-130 定义画笔预设

73 返回到“爱似繁花个性写真”文件窗口，选择工具箱中的画笔工具，按【F5】键打开“画笔”编辑面板，设置各项参数，如图 11-131 所示。

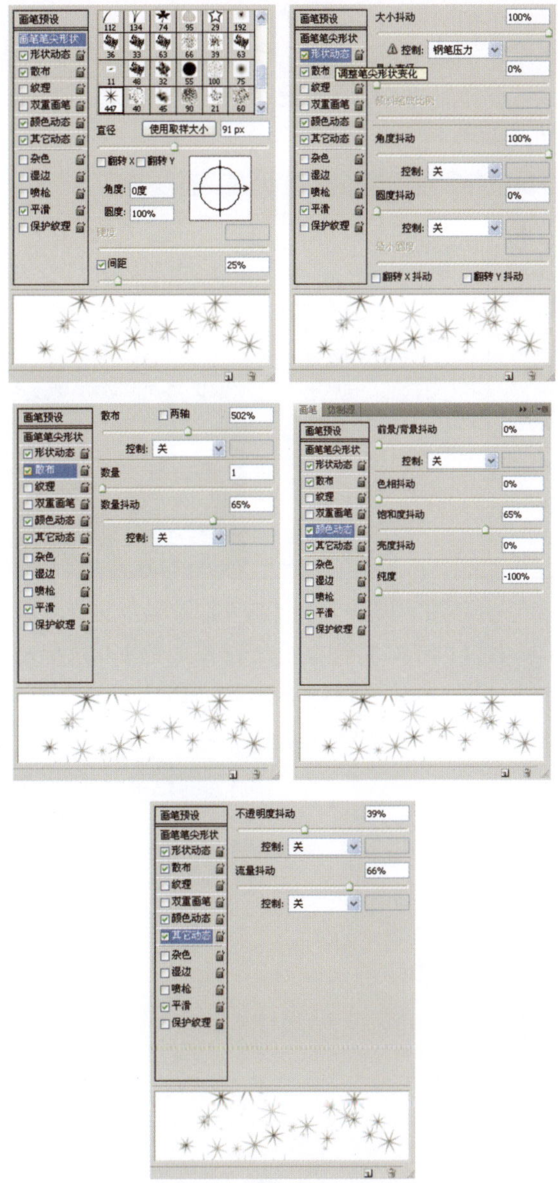

图11-131 设置画笔

74 按【Ctrl+Shift+N】组合键，新建“星星”图层。设置前景色为白色，绘制图像，如图 11-132 所示。

图11-132 新建图层并绘制图像

75 单击“图层”面板底部的“添加图层样式”按钮 fx.，在弹出的下拉菜单中选择“外发光”命令，在弹出的对话框中设置各项参数，单击“确定”按钮，如图 11-133 所示。

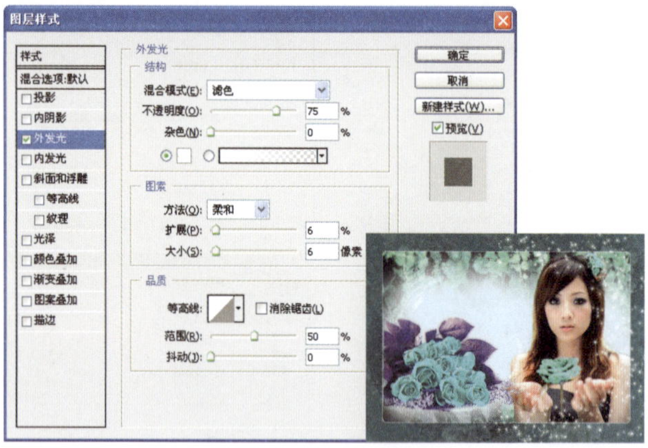

图11-133 添加外发光

76 按【Ctrl+O】组合键，打开“光盘\素材与源文件\素材\第 11 章\11.2 爱似繁花个性写真\文字 .psd”，如图 11-134 所示。

图11-134 打开素材文件

77 选择工具箱中的移动工具，拖动图像到“爱似繁花个性写真”文件窗口中。按【Ctrl+T】组合键，调整图像的大小和位置，如图 11-135 所示。

图11-135 导入素材图像并调整

78 单击“图层”面板底部的“添加图层样式”按钮 fx.，在弹出的下拉菜单中选择“投影”命令，在弹出的对话框中设置各项参数，其中投影的颜色为（R：36，G：98，B：12），单击“确定”按钮，效果如图 11-136 所示。

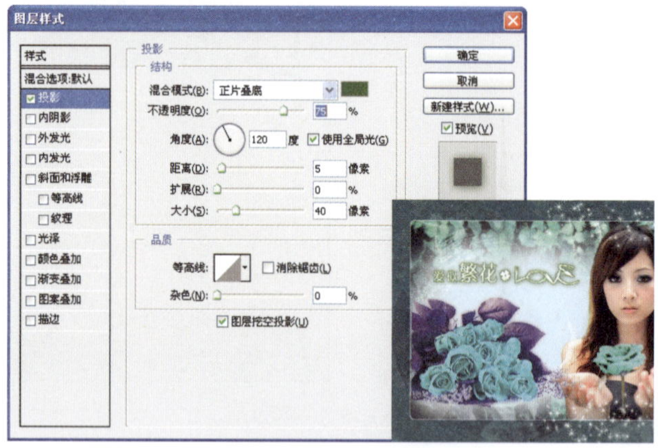

图11-136 添加投影

79 按照步骤 73~75 的操作方法制作星星图像，如图 11-137 所示。

图11-137 制作星星图像

80 在“图层”面板中设置“星星 2”图层的图层混合模式为“叠加”，即可得到图 11-138 所示的最终效果。

图11-138 最终效果

Chapter 12

特效合成设计

特效合成在平面设计领域里指的是通过各种方法的处理，以实现某种特殊视觉效果的表现方式。现在，特效合成的表现手法十分丰富，其在艺术的表现过程中起到了良好的作用，为作品增添了不少魅力，极大地提高了作品的特殊效果和表现强度。

本章知识索引

实例效果展示

妙笔生花1：特效字体设计

难度级别

创意分析

本例将讲解如何在 Photoshop CS4 中制作特效字体效果。其中运用绚丽的元素和鲜艳的色调表现文字特效，使文字晶莹剔透，带有很强的立体感；运用各种花纹、彩色斑点等元素让整个画面变得更加有层次，效果更加鲜明。

最终效果

本例讲解“Design 个性字体设计”设计制作（光盘 \ 素材与源文件 \ 源文件 \ 第 12 章 \ Design 个性字体设计 .psd），设计的流程如图 12-1 所示。

图12-1 设计流程图

制作步骤

01 选择“文件”|“新建”命令，弹出“新建”对话框，在“名称”文本框另输入“Design 个性字体设计”，设置各项参数，单击“确定”按钮，如图 12-2 所示。

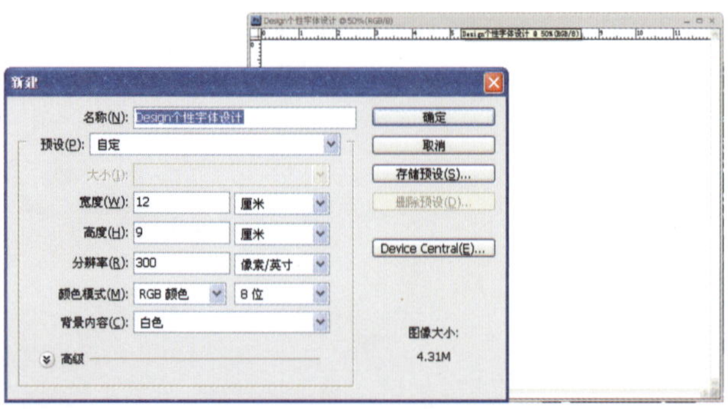

图12-2 新建文件

02 按【Ctrl+Shift+N】组合键，新建“图层 1”图层。选择工具箱中的渐变工具，单击属性栏中的“编辑渐变”按钮，弹出“渐变编辑器”窗口，设置各项参数，其中颜色值分别为（R：21，G：39，B：68）和黑色，单击“确定”按钮。单击属性栏中的“径向渐变”按钮，在窗口中拖动绘制渐变，如图 12-3 所示。

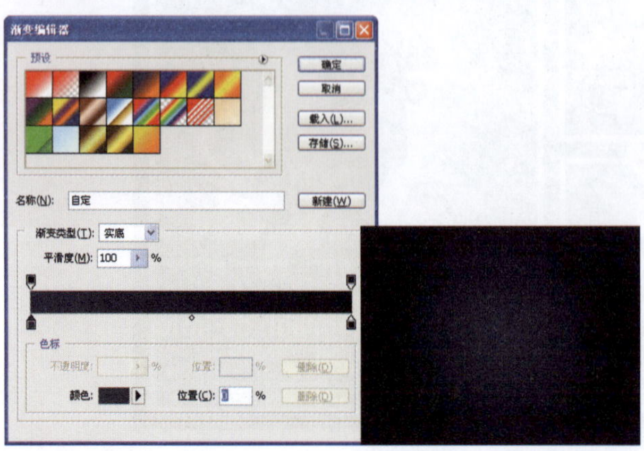

图12-3 调整径向渐变

03 按【Ctrl+O】组合键，打开“光盘 \ 素材与源文件 \ 素材 \ 第 12 章 \12.1 Design 个性字体设计 \ 花纹 .jpg”，如图 12-4 所示。

图12-4 打开素材文件

04 选择工具箱中的移动工具，拖动图像到“Design 个性字体设计”文件窗口中。按【Ctrl+T】组合键，调整图像的大小和位置，如图 12-5 所示。

图12-5 导入素材图像并调整

05 选择工具箱中的魔棒工具，选择白色区域的同时按【Delete】键删除所选区域，如图 12-6 所示。

图12-6 删除白色区域

06 按住【Alt】键的同时拖动并复制“花纹”图层，如图 12-7 所示。

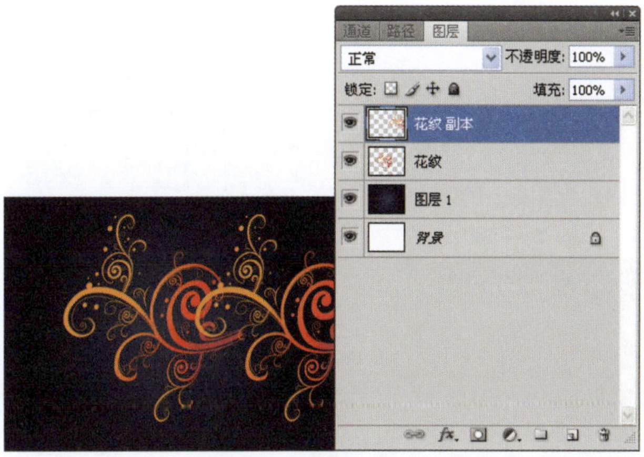

图12-7 复制图层

07 按【Ctrl+T】组合键，调整图形的大小、位置和角度，如图 12-8 所示。

图12-8 调整图形

08 选择“图像”|“调整”|“色相/饱和度”命令，在弹出的“色相/饱和度”对话框中设置各项参数，单击“确定”按钮，如图 12-9 所示。

图12-9 调整色相/饱和度

09 按住【Alt】键的同时拖动并复制“花纹 副本”图层，如图 12-10 所示。

图12-10 复制“花纹副本”图层

10 按【Ctrl+T】组合键，调整图形的大小、位置和角度，如图 12-11 所示。

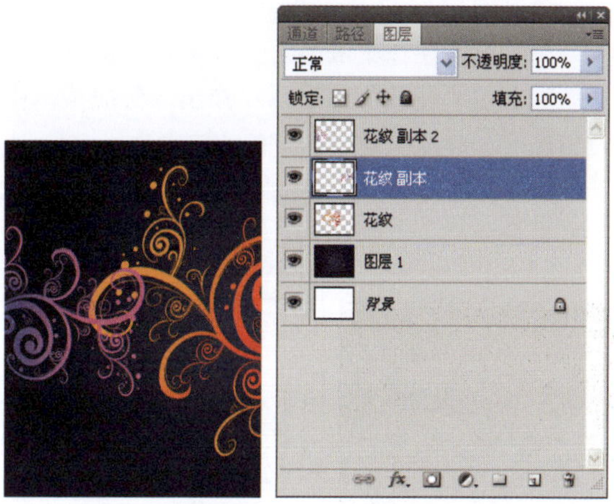

图12-11 调整“花纹副本”中的图形

11 选择“图像”|“调整”|“色相/饱和度”命令，在弹出的“色相/饱和度”对话框中设置各项参数，单击“确定”按钮，如图 12-12 所示。

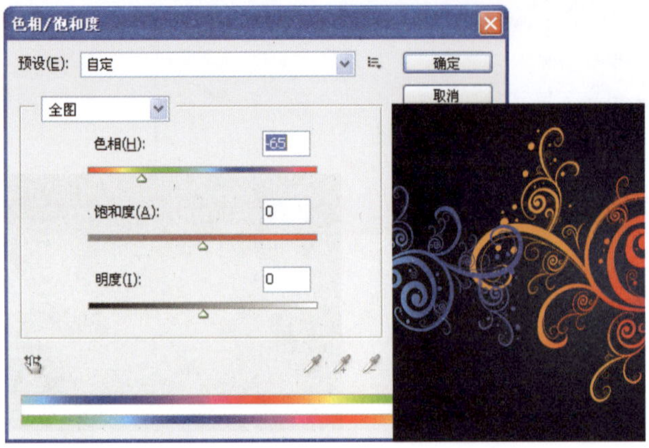

图12-12 调整“花纹副本”图层中的色相/饱和度

12 单击“面板”底部的“添加图层样式”按钮 fx.，在弹出的下拉菜单中选择“内阴影”命令，在弹出的对话框中设置各项参数，其中内阴影的颜色值为（R：184，G：1，B：180），单击“确定”按钮，如图 12-13 所示。

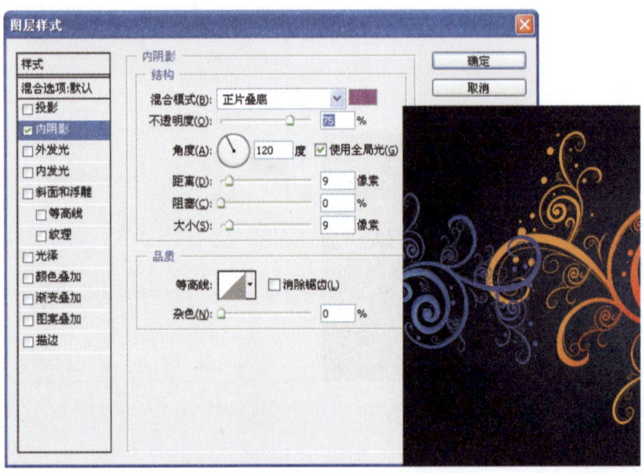

图12-13 添加内阴影

13 在“图层”面板中右击“花纹 副本 2”图层，在弹出的快捷菜单中选择“拷贝图层样式”命令，然后右击“花纹”图层，在弹出的快捷菜单中选择“粘贴图层样式”命令，如图 12-14 所示。

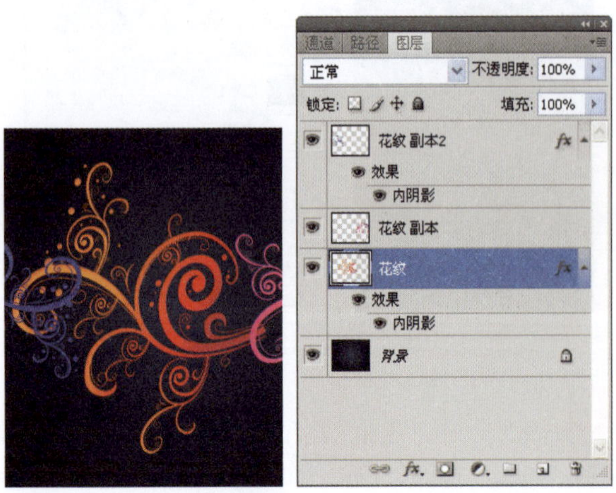

图12-14 复制与粘贴图层样式

14 按照步骤 13 的操作方法制作“花纹 副本”图层，如图 12-15 所示。

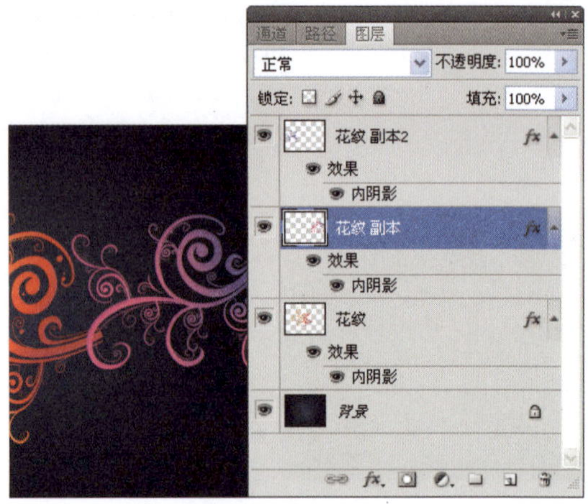

图12-15 制作图形

15 在“图层”面板中选择“花纹”图层及其副本，按【Ctrl+G】组合键新建组，并将其命名为“底纹”，如图 12-16 所示。

图12-16 新建组并命名

16 在“图层”面板中，设置“底纹”的图层混合模式为“明度”，如图 12-17 所示。

图12-17 设置图层混合模式

17 新建图层“D”，选择工具箱中的横排文字工具 T，输入英文字母 D，如图 12-18 所示。

图12-18 输入文字

18 右击“图层”面板中的 D 图层，在弹出的快捷菜单中选择“转换为形状”命令，如图 12-19 所示。

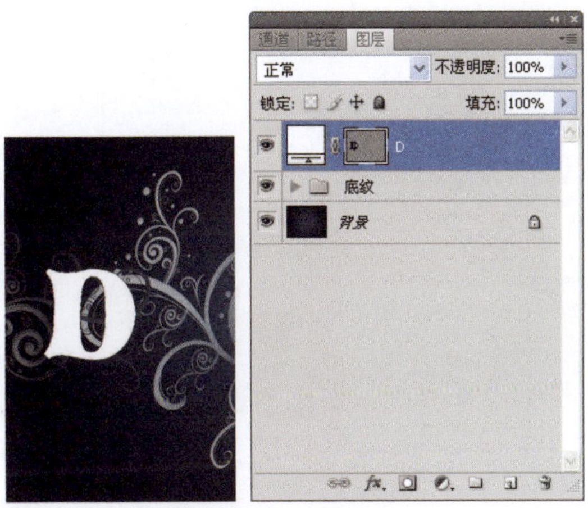

图12-19 转换为形状

19 选择工具箱中的直接选择工具，调整“D”图层的路径，如图 12-20 所示。

图12-20 调整图层路径

20 按【Ctrl+T】组合键，调整图形的角度，如图 12-21 所示。

图12-21 调整图形角度

21 右击“图层”面板的 D 图层，在弹出的快捷菜单中选择“栅格化图层”命令，如图 12-22 所示。

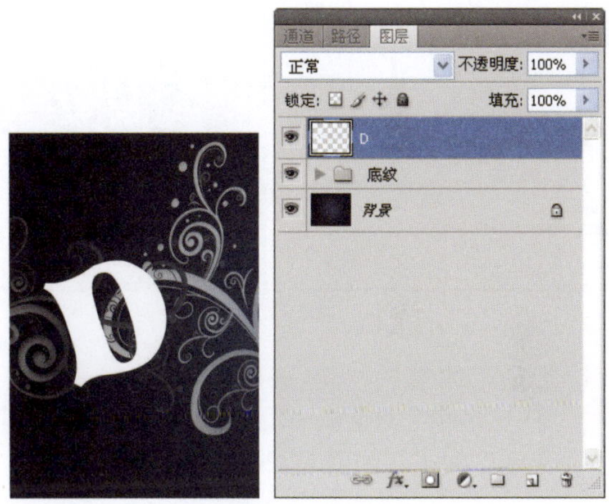

图12-22 栅格化图层

22 按【Ctrl+O】组合键，打开“光盘\素材与源文件\素材\第 12 章\12.1 Design 个性字体设计\纹理.jpg”，如图 12-23 所示。

图12-23 打开素材文件

23 选择“图像”|“调整”|“色相/饱和度”命令，在弹出的“色相/饱和度”对话框中设置各项参数，单击“确定”按钮，如图12-24所示。

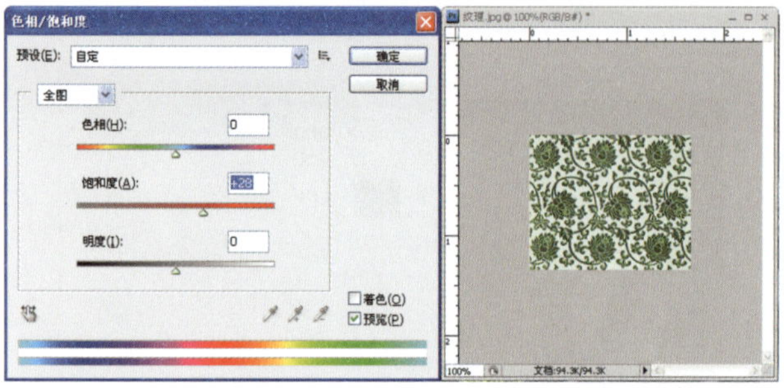

图12-24 调整色相/饱和度

24 选择“图像”|“调整”|“色阶”命令，在弹出的“色阶”对话框中设置各项参数，单击“确定”按钮，如图12-25所示。

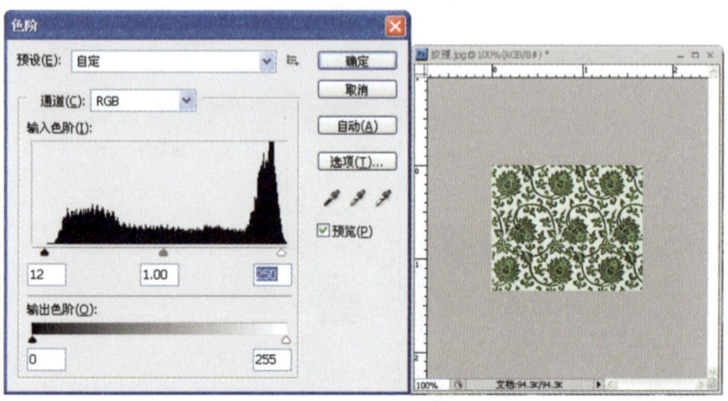

图12-25 调整色阶

25 选择“编辑”|“定义图案”命令，在弹出的“图案名称”对话框中设置图案名称为“纹理”，单击“确定”按钮，如图12-26所示。

图12-26 定义图案

26 返回“Design个性字体设计”文件窗口中，右击“图层”面板，在弹出的快捷菜单中选择“混合选项”命令，设置各项参数，其中外发光的颜色值为（R：84，G：190，B：70）单击“确定”按钮，如图12-27所示。

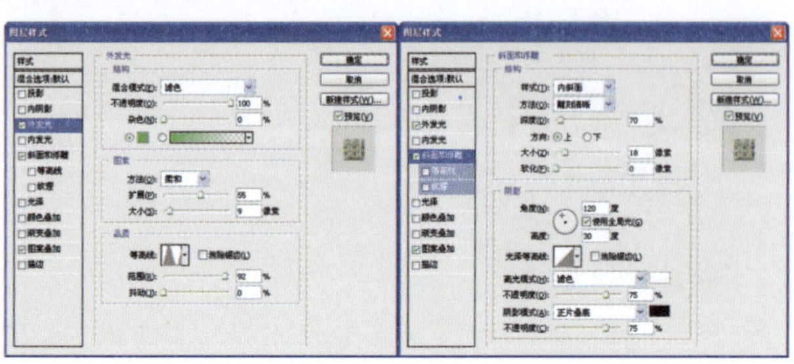

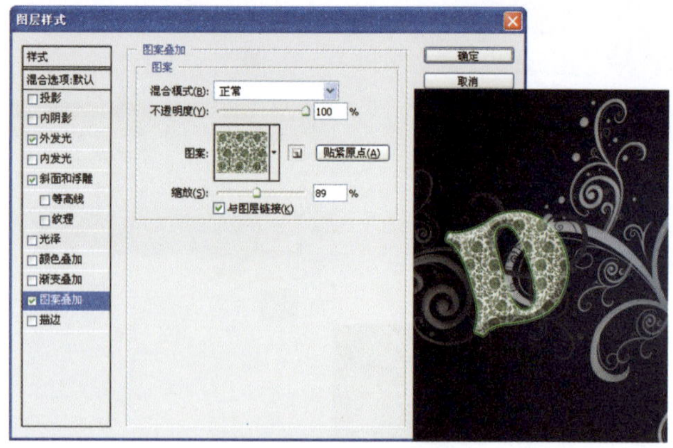

图12-27 设置图层样式

27 单击面板底部的“添加图层样式”按钮 fx，在弹出的下拉菜单中选择“渐变叠加”命令，在弹出的对话框中设置各项参数，其中渐变的颜色从左到右分别为白色，（R：255，G：255，B：153），（R：102，G：204，B：0）和（R：0，G：51，B：0），单击“确定”按钮，如图12-28所示。

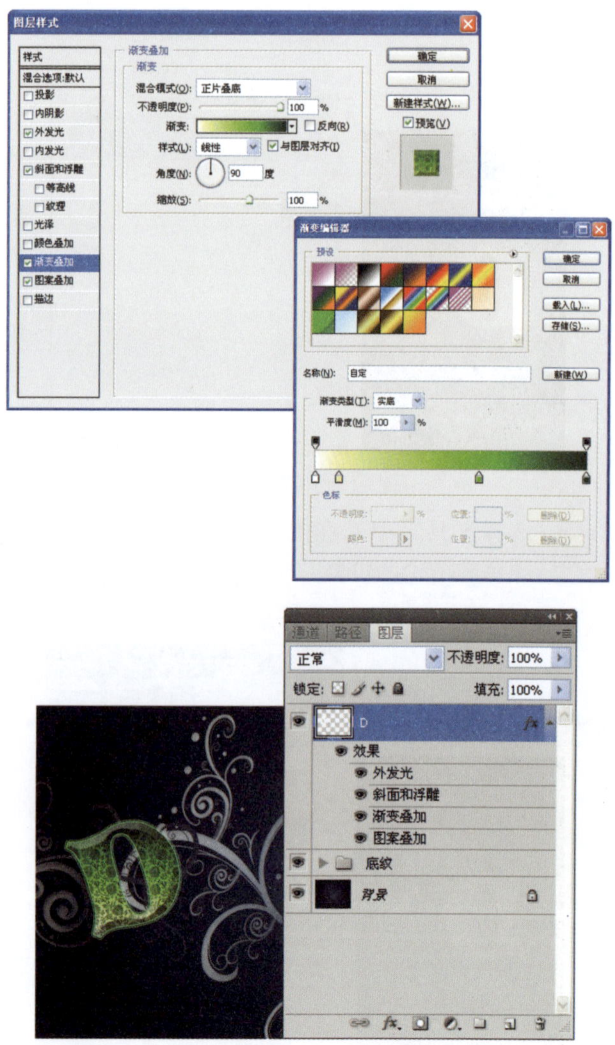

图12-28 设置渐变叠加效果

28 按照步骤 17~27 的操作方法制作其他字母图形，如图 12-29 所示。

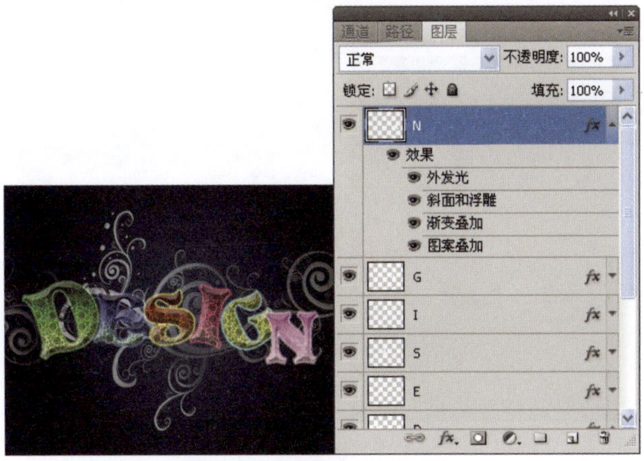

图12-29 制作其他字母图形

29 在“图层”面板中选择“底纹”组，单击“添加图层蒙版”按钮，选择工具箱中的画笔工具，设置前景色为黑色，选择适当的画笔大小和硬度，在蒙版上进行涂抹，隐藏文字下方的底纹，如图 12-30 所示。

图12-30 添加图层蒙版

30 按【Ctrl+O】组合键，打开“光盘\素材与源文件\素材\第 12 章\12.1 Design 个性字体设计\逗号.jpg”，如图 12-31 所示。

图12-31 打开素材文件

31 选择工具箱中的移动工具，拖动图像到“Design 个性字体设计”文件窗口中，如图 12-32 所示。

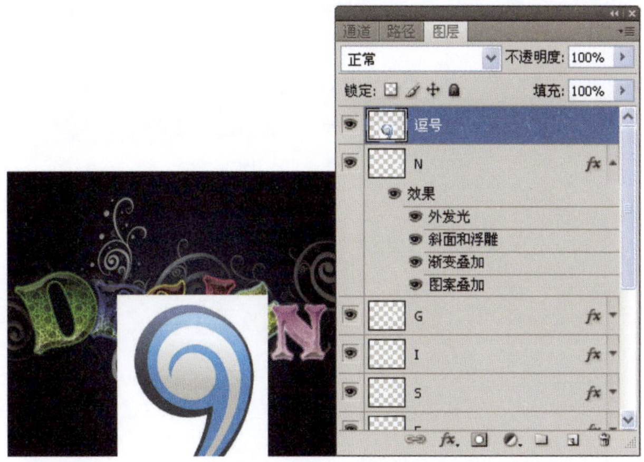

图12-32 导入素材文件

32 按【Ctrl+T】组合键，调整图形的大小、位置和角度，如图 12-33 所示。

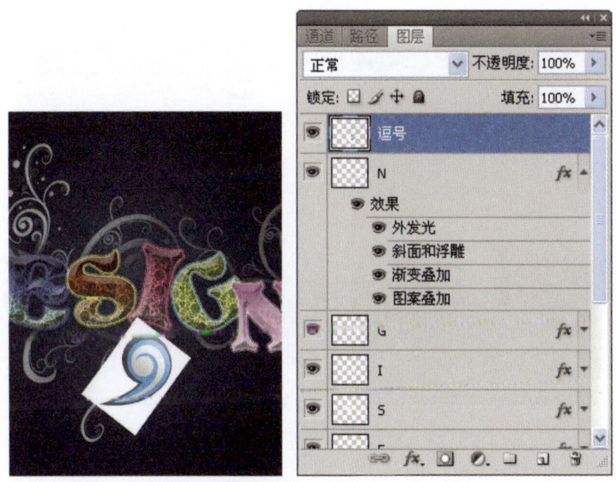

图12-33 调整图形

33 选择工具箱中的魔棒工具，选择白色区域的同时按【Delete】键将其删除，如图 12-34 所示。

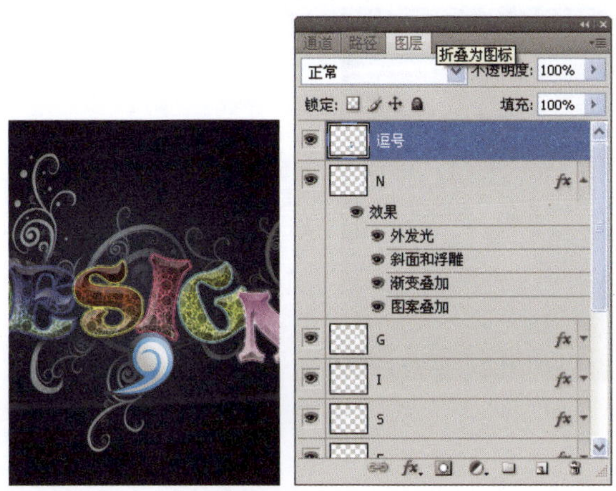

图12-34 删除白色区域

34 按住【Alt】键的同时拖动并复制“逗号”图层，得到“逗号 副本”图层，如图 12-35 所示。

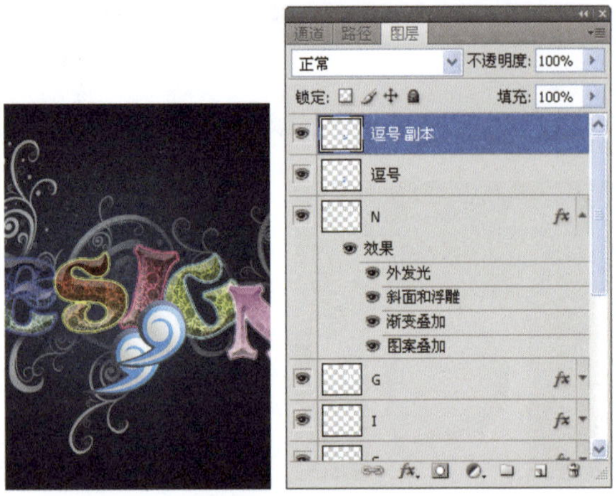

图12-35 复制图层

35 按【Ctrl+T】组合键，调整图形的大小、位置和角度，如图 12-36 所示。

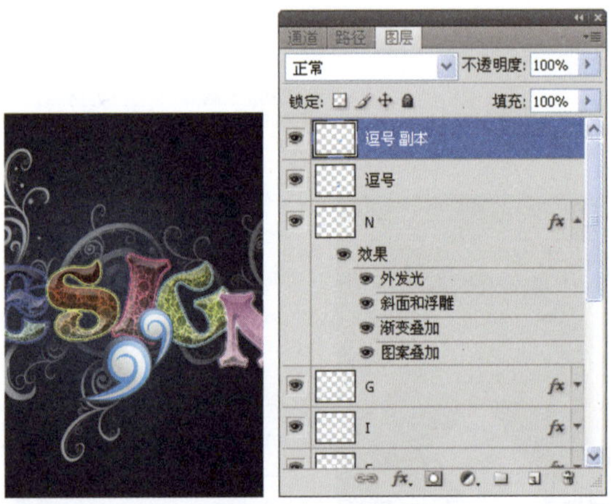

图12-36 调整图形

36 按照步骤 34~35 的操作方法制作其他逗号图像，如图 12-37 所示。

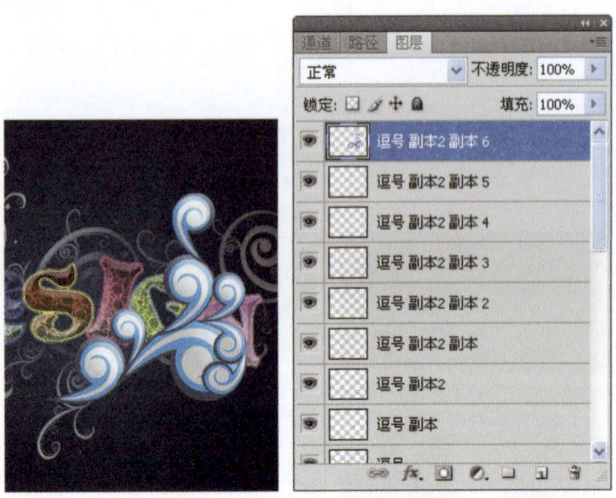

图12-37 制作其他逗号图像

37 在“图层”面板中右击“逗号”图层及其副本，在弹出的快捷菜单中选择“合并图层”命令，得到“逗号”图层，如图 12-38 所示。

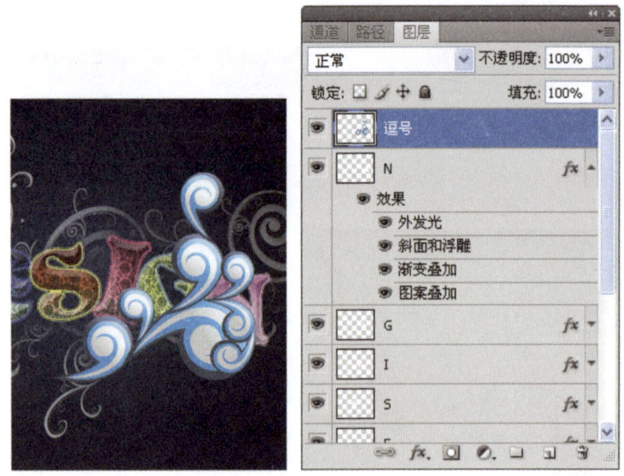

图12-38 合并图层

38 选择“图像”|“调整”|“色相/饱和度”命令，在弹出的“色相/饱和度”对话框中设置各项参数，单击“确定”按钮，如图 12-39 所示。

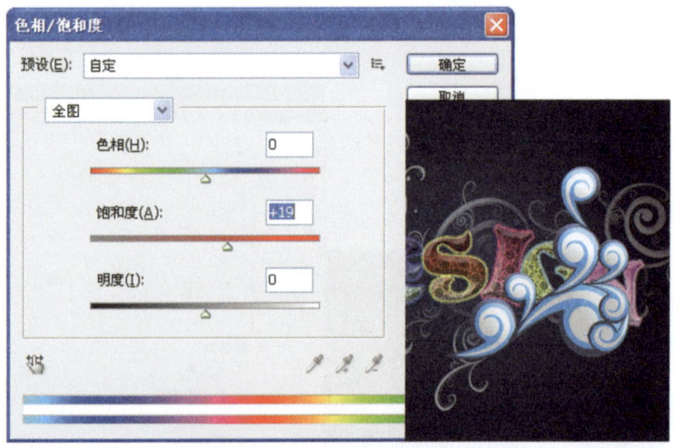

图12-39 调整色相/饱和度参数

39 在“图层”面板择选择“逗号”图层，单击“添加图层蒙版”按钮，在工具箱中选择画笔工具，设置前景色为黑色，选择适当的画笔大小和硬度，在蒙版上进行涂抹，隐藏文字后面的图像，如图 12-40 所示。

图12-40 添加图层蒙版

40 按【Ctrl+O】组合键，打开配套光盘中“素材\第12章\12.1 Design个性字体设计\花纹2.jpg”，如图12-41所示。

图12-41 打开素材文件

41 选择工具箱中的魔棒工具，右击白色区域，在弹出的快捷菜单中选择“选择反向”命令，如图12-42所示。

图12-42 反选选区

42 选择工具箱中的移动工具，拖动图形到“Design个性字体设计”文件窗口中。按【Ctrl+T】组合键，调整图形的大小和位置，如图12-43所示。

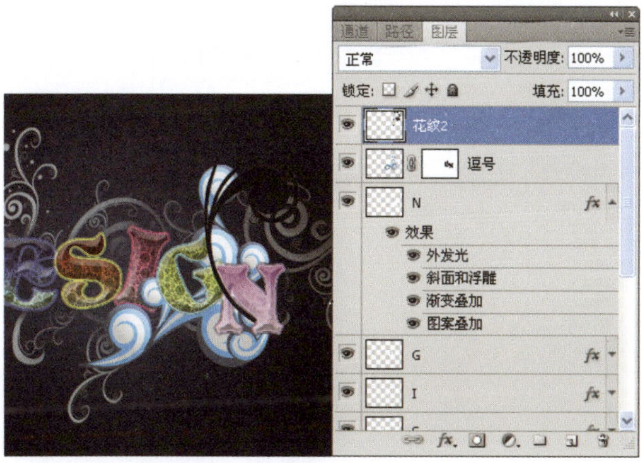

图12-43 导入素材文件并调整

43 在“图层”面板中“花纹2”图层上右击，在弹出的快捷菜单中选择“描边”选项，在弹出的对话框中设置各项参数，其中描边的颜色值为R158、G216、B246，单击“确定”按钮，如图12-44所示。

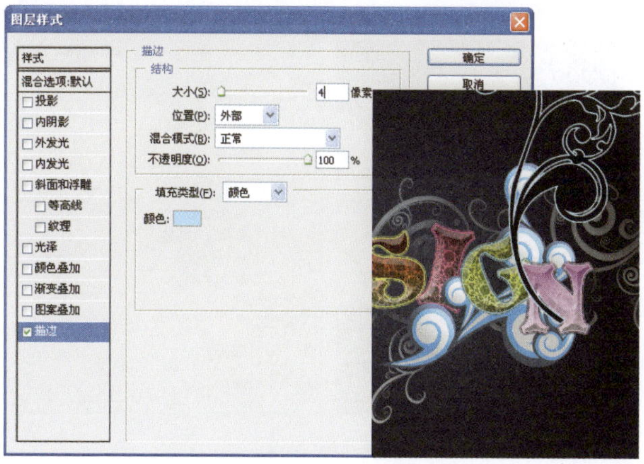

图12-44 添加描边

44 在“图层”面板中，将“花纹2”图层移动到G图层的下方，如图12-45所示。

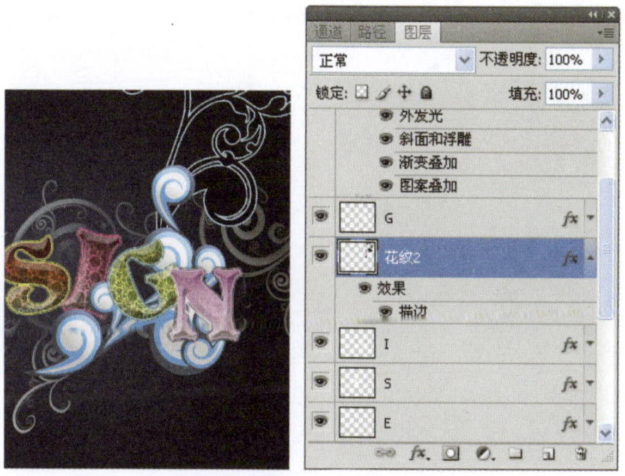

图12-45 移动图层位置

45 按【Ctrl+O】组合键，打开“光盘\素材与源文件\素材\第12章\12.1 Design个性字体设计\花.jpg”，如图12-46所示。

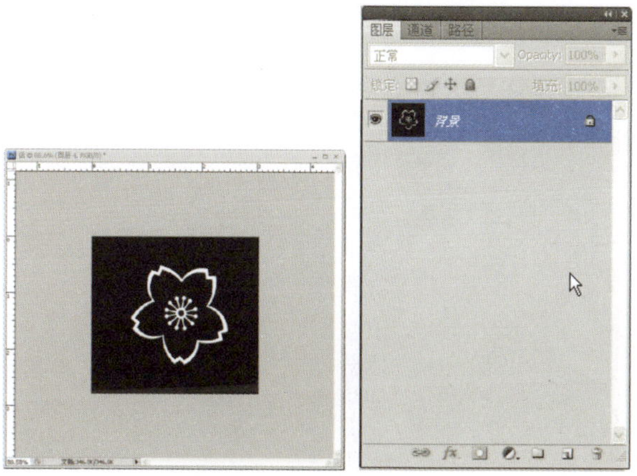

图12-46 打开素材文件

46 选择工具箱中的移动工具，拖动图形到“Design个性字体设计”文件窗口中。按【Ctrl+T】组合键，调整图形的大小和位置，如图12-47所示。

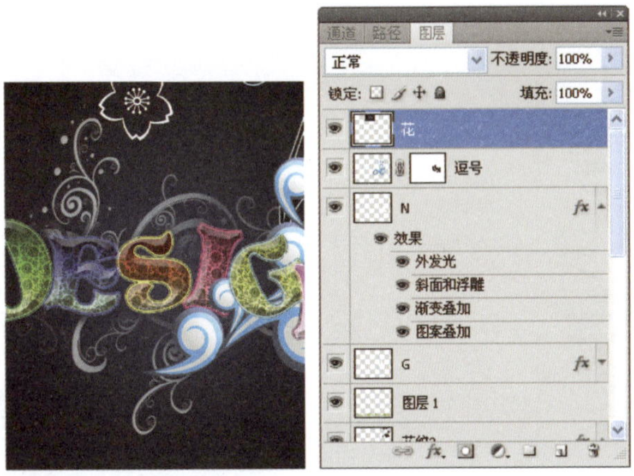

图12-47 导入素材文件并调整

47 在“图层”面板中，设置“花”图层的图层混合模式为“变亮”，如图12-48所示。

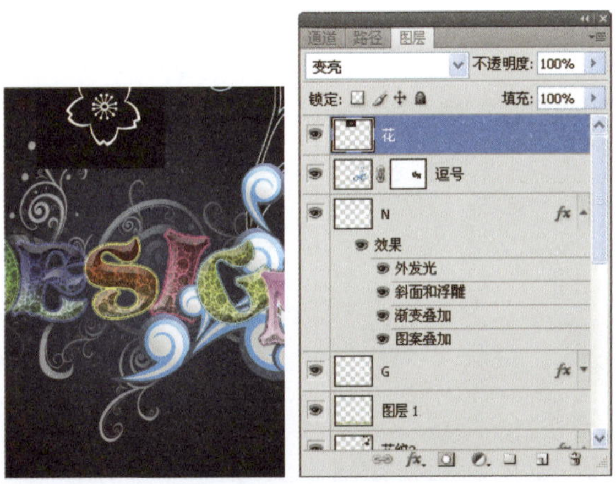

图12-48 设置图层混合模式

48 选择工具箱中的椭圆选框工具，绘制选区，如图12-49所示。

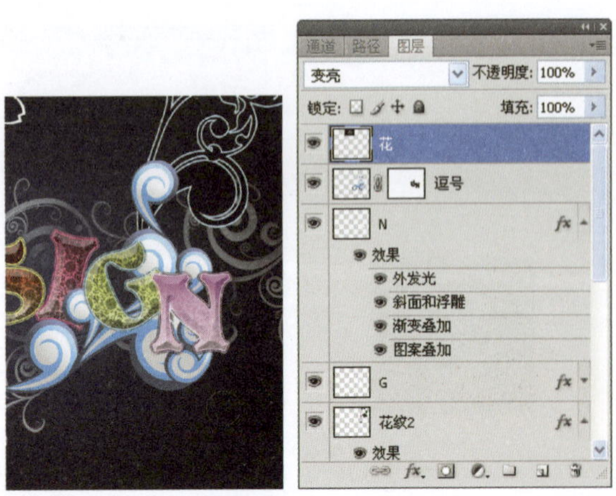

图12-49 绘制选区

49 按【Ctrl+Shift+N】组合键，新建“圆点”图层。设置前景色为（R：224，G：180，B：208），按【Alt+Delete】组合键进行填充，如图12-50所示。

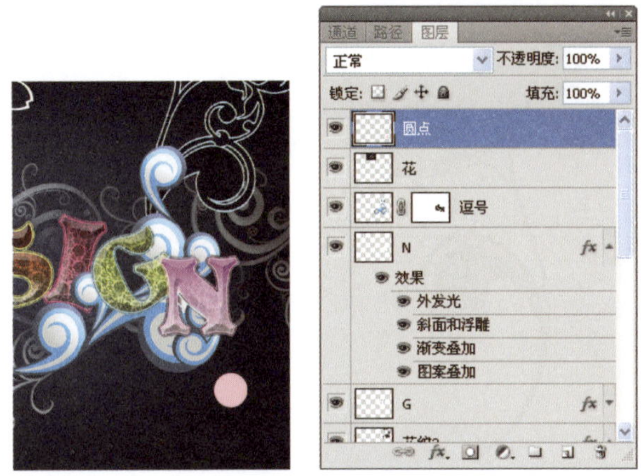

图12-50 新建图层并填充选区

50 按【Ctrl+J】组合键，复制“圆点”图层。按【Ctrl+T】组合键调整图形的大少和位置，按住【Alt+Shift】组合键向内拖动缩小图形，如图12-51所示。

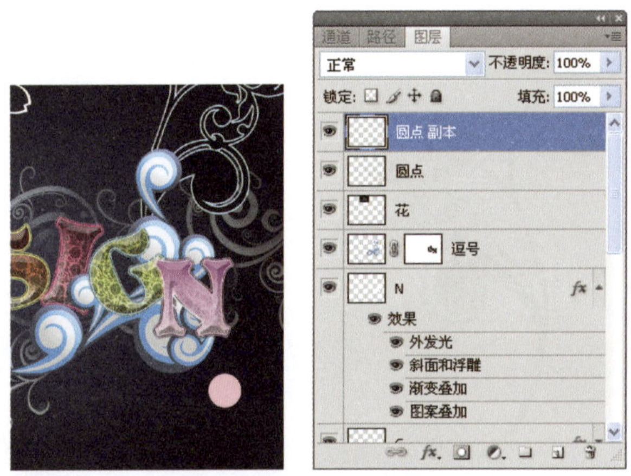

图12-51 复制并调整图形

51 右击“图层”面板中的“圆点 副本”图层，在弹出的快捷菜单中选择“描边”命令，在弹出的对话框中设置各项参数，其中描边颜色值为白色，单击“确定”按钮，如图12-52所示。

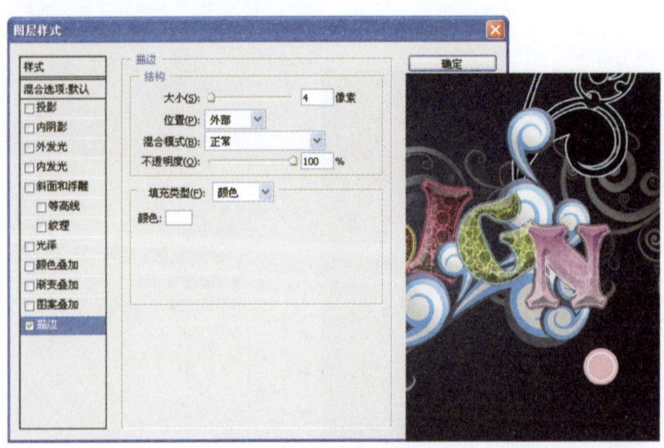

图12-52 添加描边

52 选择工具箱中的椭圆选框工具◯，绘制选区，如图 12-53 所示。

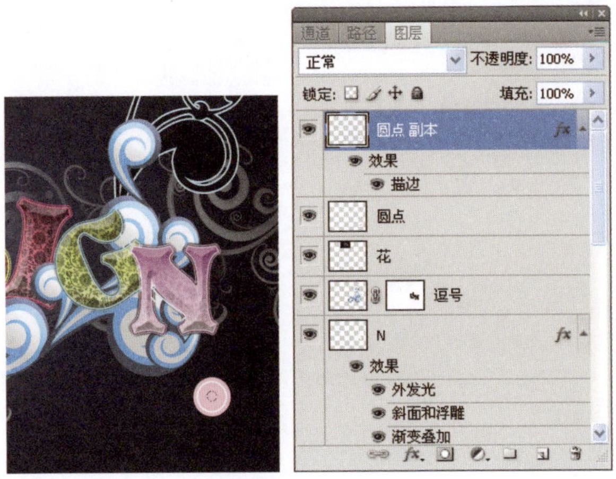

图12-53 绘制选区

53 按【Ctrl+Shift+N】组合键，新建“小圆点”图层。设置前景色为白色，按【Alt+Delete】组合键填充选区，如图 12-54 所示。

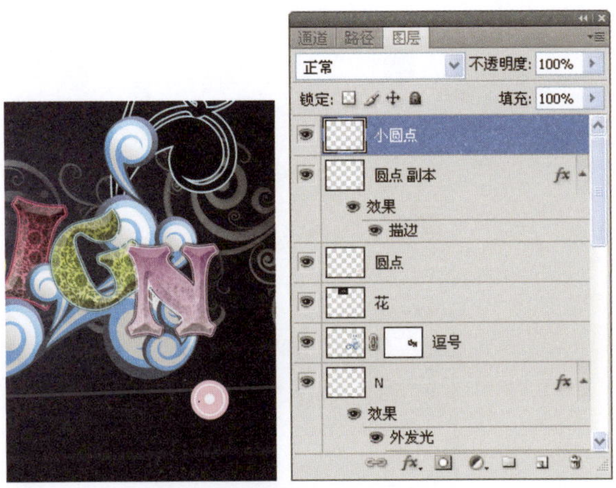

图12-54 新建图层并填充选区

54 右击“图层”面板中的“圆点”、“小圆点”和“圆点 副本”图层，在弹出的快捷菜单中选择“合并图层”命令，得到“小圆点”图层如图 12-55 所示。

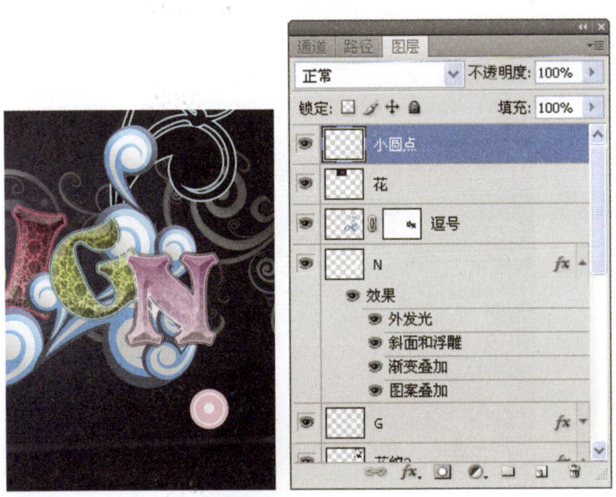

图12-55 合并图层

55 按住【Alt】键拖动复制图像，如图 12-56 所示。

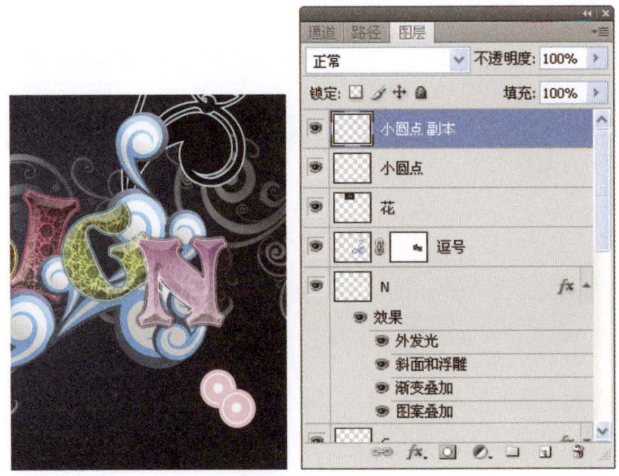

图12-56 复制图像

56 按【Ctrl+T】组合键调整图像的大小和位置，按住【Alt+Shift】组合键向内拖动缩小图像，如图 12-57 所示。

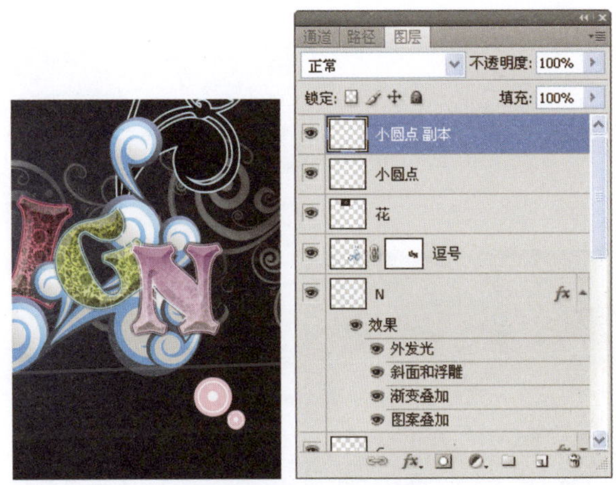

图12-57 缩小图像

57 按照步骤 56 的方法再次制作图像，如图 12-58 所示。

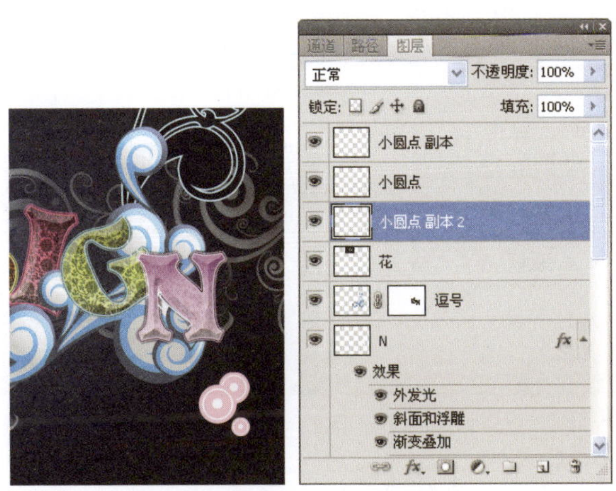

图12-58 制作图像

58 按【Ctrl+O】组合键，打开“光盘\素材\素材与源文件\素材\第 12 章\12.1 Design 个性字体设计\三叶草.png”，如图 12-59 所示。

图12-59 打开素材文件

59 选择工具箱中的移动工具，拖动图像到“Design 个性字体设计”文件窗口中。按【Ctrl+T】组合键，调整图像的大小和位置，如图 12-60 所示。

图12-60 导入素材文件并调整

60 选择“图像”|“调整”|“色相/饱和度”命令，在弹出的“色相/饱和度”对话框中设置各项参数，单击“确定”按钮，如图 12-61 所示。

图12-61 调整色相/饱和度

61 按【F5】键，打开“画笔”面板，设置各项参数，如图 12-62 所示。

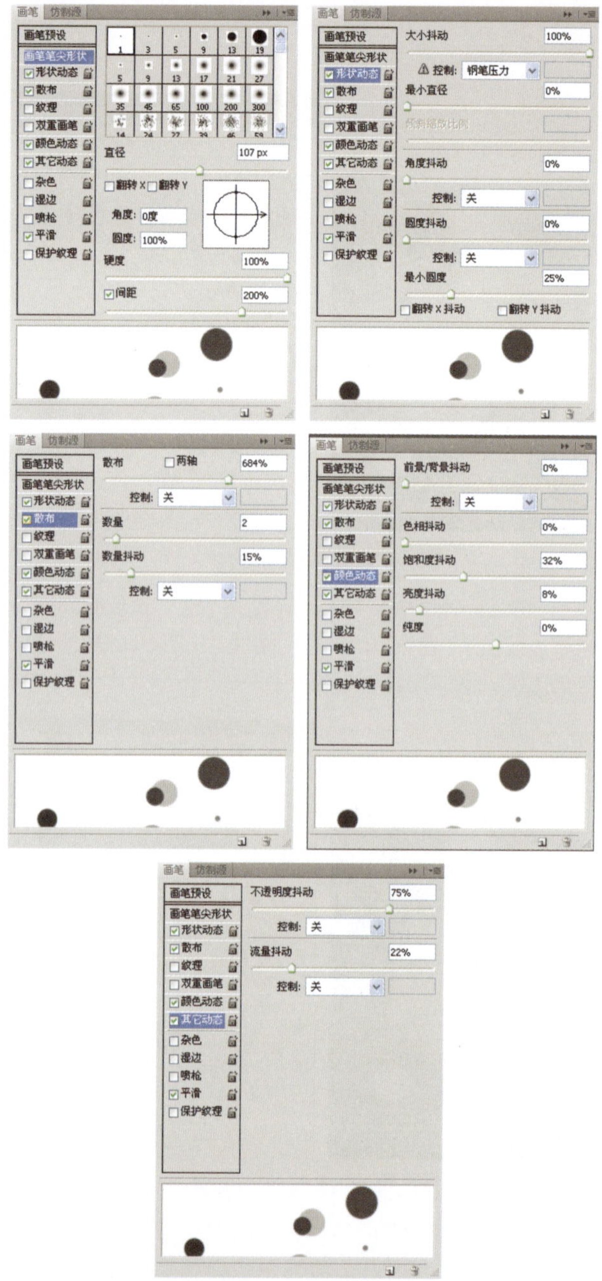

图12-62 设置画笔

62 按【Ctrl+Shift+N】组合键，新建“斑点”图层。设置前景色为白色，选择工具箱中的画笔工具绘制图像，得到最终效果如图 12-63 所示的。

图12-63 最终效果

妙笔生花2：个性创意合成

难度级别

创意分析

本例讲解如何在Photoshop CS4中制作“炫酷视点”个性创意合成。其中运用各种个性时尚装饰元素来象征青春时光的朝气蓬勃；运用街舞人物特效等让整个合成画面变得更加个性张扬，充满炫酷的青春气息。

最终效果

本例讲解“炫酷视点”个性创意合成设计制作（光盘\素材源文件\源文件\第12章\炫酷视点个性创意合成.psd），设计的流程如图12-64所示。

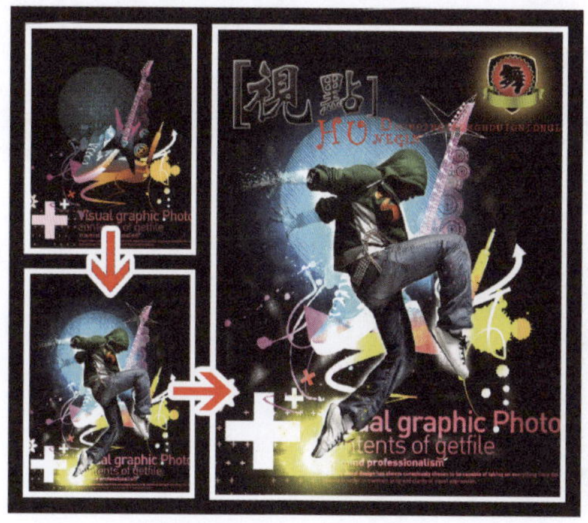

图12-64 设计流程图

制作步骤

01 选择“文件”|“新建”命令，弹出“新建”对话框，在“名称”文本框中输入“炫酷视点个性创意合成”，设置各项参数，单击“确定”按钮，如图12-65所示。

图12-65 新建文件

02 设置前景色为黑色，按【Alt+Delete】组合键进行填充，如图12-66所示。

图12-66 填充图层

03 选择工具箱中的矩形选框工具，绘制选区，如图12-67所示。

图12-67 绘制选区

04 按【Ctrl+Shift+N】组合键，新建“图层1”图层。设置前景色为（R：1，G：59，B：62），按【Alt+Delete】组合键填充选区，如图12-68所示。

图12-68 填充选区

05 按【Ctrl+J】组合键，复制“图层 1”图层，得到“图层 1 副本”，如图 12-69 所示。

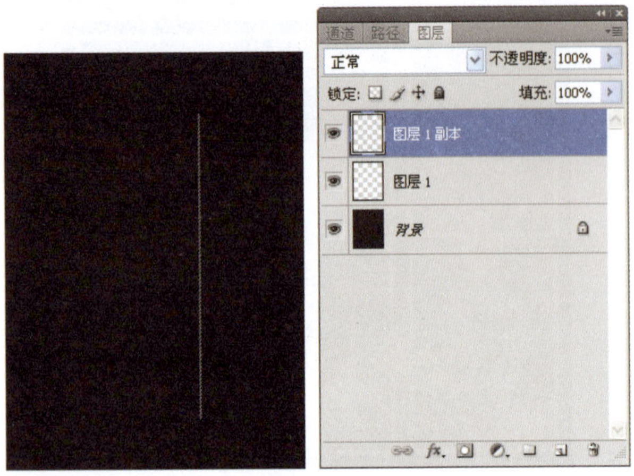

图12-69 复制图层

06 按【Ctrl+T】组合键，向左移动图像，如图 12-70 所示。

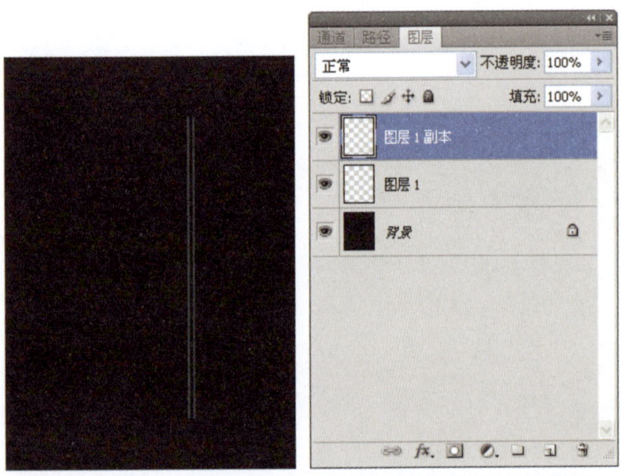

图12-70 移动图像

07 按【Ctrl+Alt+Shift+T】组合键，再次变换图像，如图 12-71 所示。

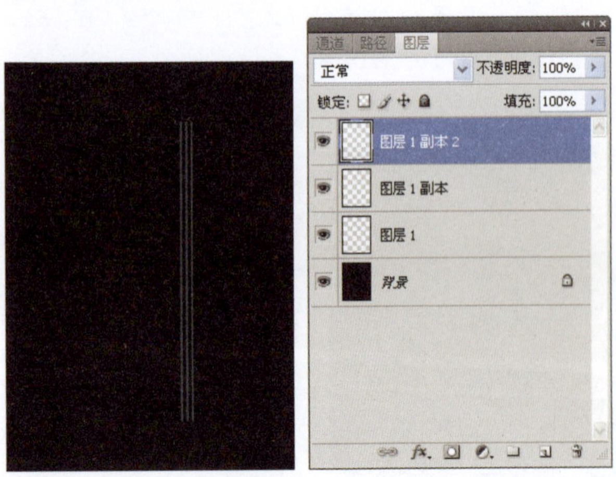

图12-71 再次变换图像

08 按照步骤 7 的方法复制多个图层，如图 12-72 所示。

图12-72 复制图层

09 在“图层”面板中选中“图层 1”图层及其副本并右击，在弹出的快捷菜单中选择“合并图层”命令，得到“圆”图层，如图 12-73 所示。

图12-73 合并图层并重命名

10 选择工具箱中的椭圆选框工具，绘制选区，如图 12-74 所示。

图12-74 绘制选区

11 右击选区，在弹出的快捷菜单中选择“选择反向”命令，然后按【Delete】键进行删除，如图 12-75 所示。

图12-75 反选选区

12 按【Ctrl+T】组合键，旋转图像的角度，如图 12-76 所示。

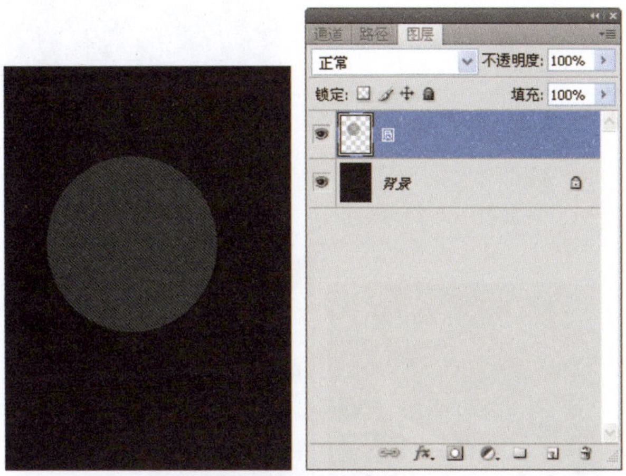

图12-76 旋转图像角度

13 选择工具箱中的椭圆选框工具◯，绘制选区，如图 12-77 所示。

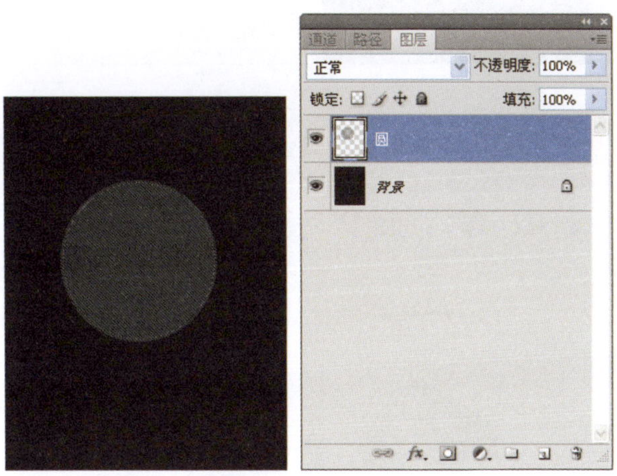

图12-77 绘制选区

14 按【Ctrl+Shift+N】组合键，新建“图层 1”图层。选择工具箱中的渐变工具▣，单击属性栏中的“编辑渐变”按钮▭，弹出“渐变编辑器”窗口，设置各项参数，其中颜色值分别为（R：1，G：59，B：62）和（R：0，G：145，B：175），然后单击“确定”按钮。单击属性栏中的“径向渐变”按钮▣，在窗口中拖动绘制渐变，如图 12-78 所示。

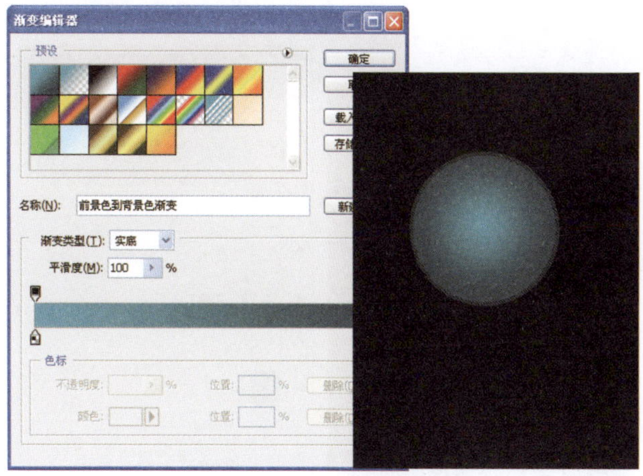

图12-78 绘制径向渐变

15 选择“图层”|“创建剪贴蒙版”命令，创建剪贴蒙版，如图 12-79 所示。

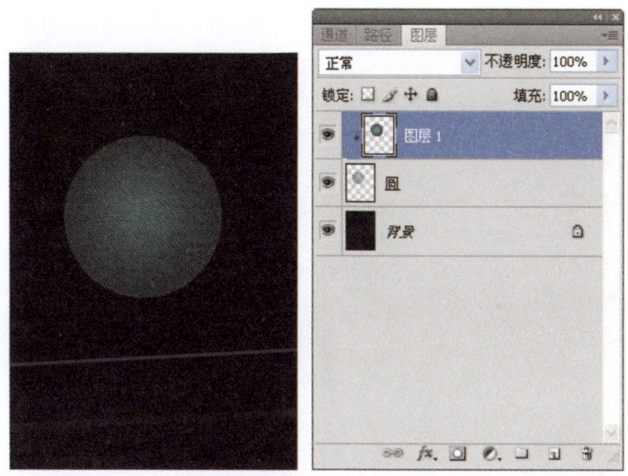

图12-79 创建剪贴蒙版

16 按【Ctrl+O】组合键，打开“光盘\素材与源文件\素材\第 12 章\12.2 炫酷视点个性创意合成\底纹素材.psd”，如图 12-80 所示。

图12-80 打开素材文件

17 选择工具箱中的移动工具，依次拖动“图层 1”、“图层 2”和“图层 3”图层到“炫酷视点个性创意合成”文件窗口中。按【Ctrl+T】组合键，调整图像的大小和位置，如图 12-81 所示。

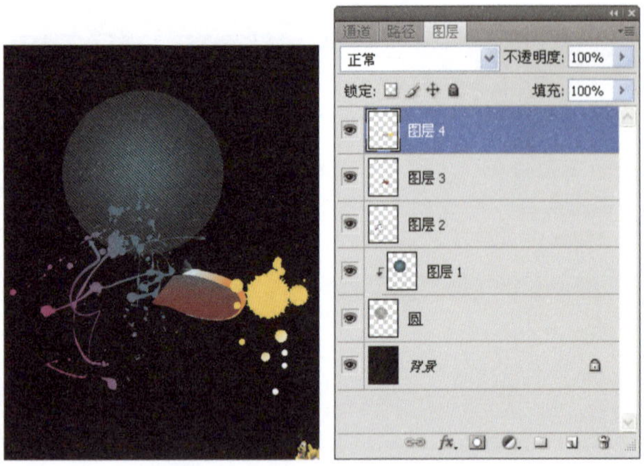

图12-81 导入素材文件并调整

18 在“图层”面板中选中“图层 2”、“图层 3”和“图层 4”图层并右击，在弹出的快捷菜单中选择“合并图层”命令，并命名为“底纹”图层，如图 12-82 所示。

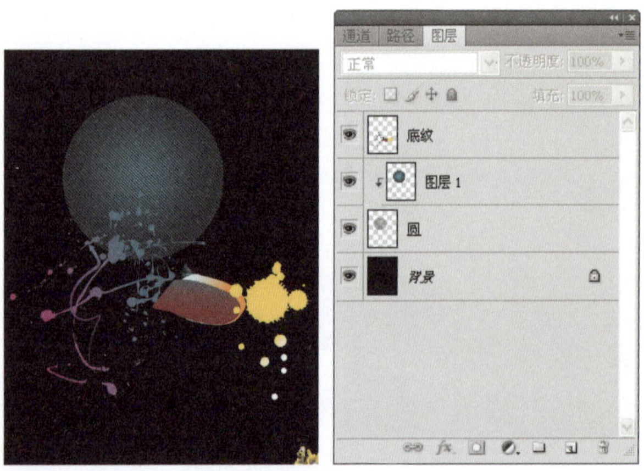

图12-82 合并图层并命名

19 选择工具箱中的钢笔工具，绘制路径，然后按【Ctrl+Enter】组合键将路径转换为选区，如图 12-83 所示。

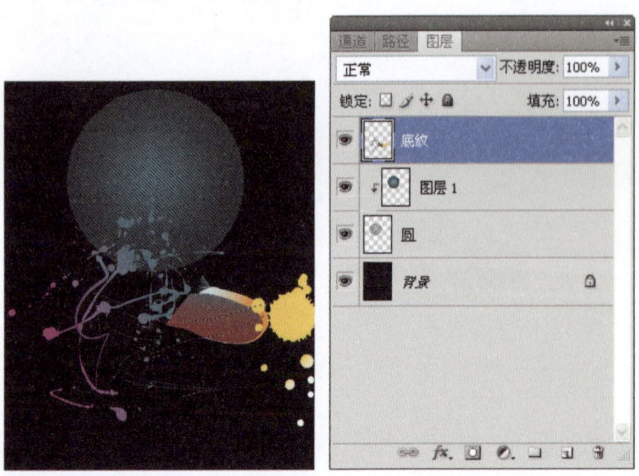

图12-83 绘制路径并转换为选区

20 按【Ctrl+Shift+N】组合键，新建“图层 2”图层。选择工具箱中的渐变工具，单击属性栏中的“编辑渐变”按钮，弹出“渐变编辑器”窗口，设置各项参数，单击“确定”按钮。再次单击属性栏中的“线性渐变”按钮，在窗口中拖动绘制渐变，如图 12-84 所示。

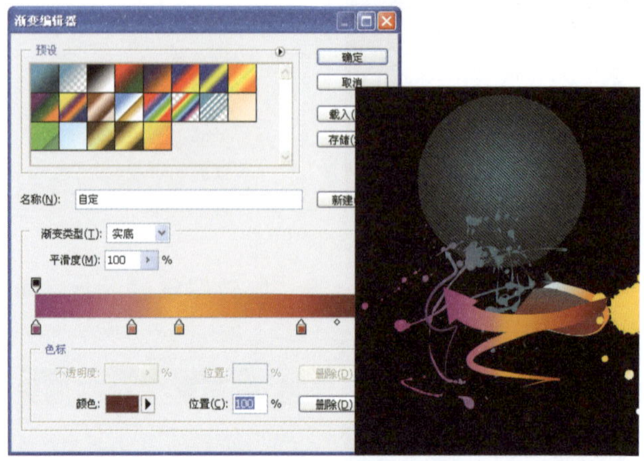

图12-84 绘制线性渐变

21 按照步骤 19~20 的操作方法继续制作图像，效果如图 12-85 所示。

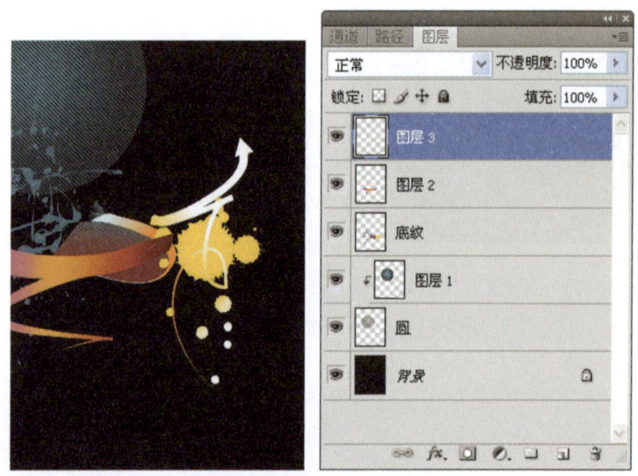

图12-85 继续制作图像

22 按【Ctrl+O】组合键，打开“光盘\素材与源文件\素材\第 12 章\12.2 炫酷视点个性创意合成\鞋.png”，如图 12-86 所示。

图12-86 打开素材文件

23 选择工具箱中的移动工具，拖动“鞋”图层到“炫酷视点个性创意合成”文件窗口中。按【Ctrl+T】组合键的同时调整图像的大小和位置，如图 12-87 所示。

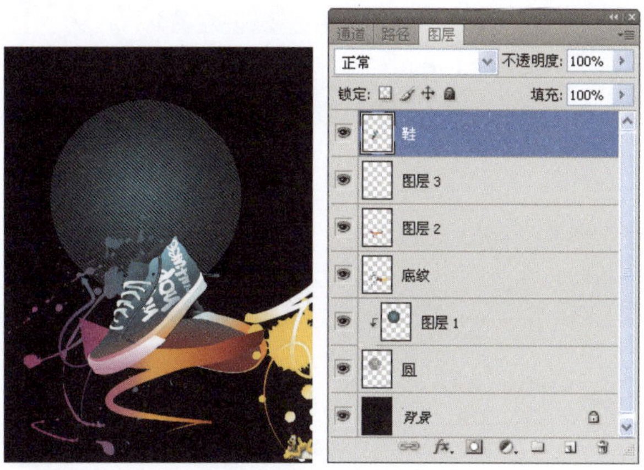

图12-87 导入素材文件并调整

24 选择“图像”|“调整”|“色相 / 饱和度”命令，在弹出的“色相 / 饱和度”对话框中设置各项参数，单击“确定”按钮，如图 12-88 所示。

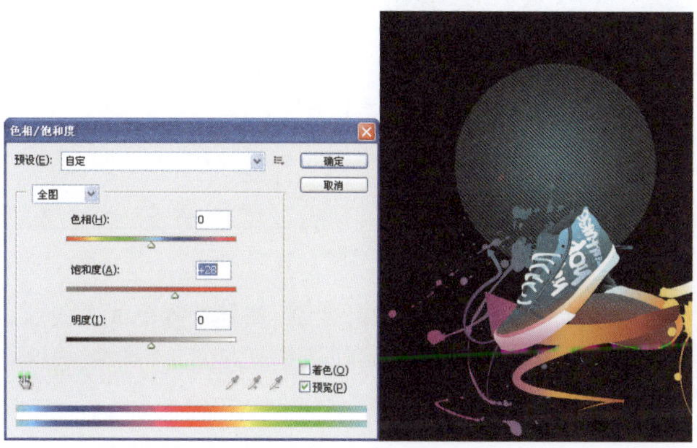

图12-88 调整色相/饱和度

25 按【Ctrl+O】组合键，打开“光盘 \ 素材与源文件 \ 素材 \ 第 12 章 \12.2 炫酷视点个性创意合成 \ 插头 .png”，如图 12-89 所示。

图12-89 打开素材文件

26 选择工具箱中的移动工具，拖动“插头”图层到“炫酷视点个性创意合成”文件窗口中。按【Ctrl+T】组合键，调整图像的大小和位置，如图 12-90 所示。

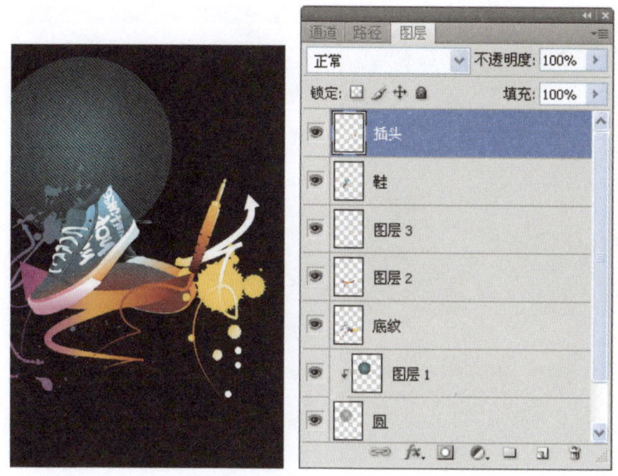

图12-90 导入素材文件并调整

27 按【Ctrl+O】组合键，打开“光盘 \ 素材与源文件 \ 素材 \ 第 12 章 \12.2 炫酷视点个性创意合成 \ 底纹素材 .psd”，如图 12-91 所示。

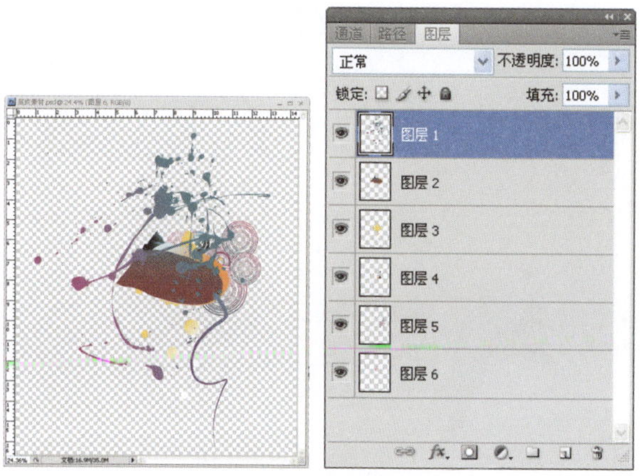

图12-91 打开素材文件

28 选择工具箱中的移动工具，依次拖动“图层 4”、“图层 5”和“图层 6”图层到“炫酷视点个性创意合成”文件窗口中。按【Ctrl+T】组合键，调整图像的大小和位置，如图 12-92 所示。

图12-92 导入素材图形并调整

29 在“图层”面板中选中“图层 4”、“图层 5”和“图层 6”图层并右击，在弹出的快捷菜单中选择“合并图层”命令，得到“底纹 2”图层，如图 12-93 所示。

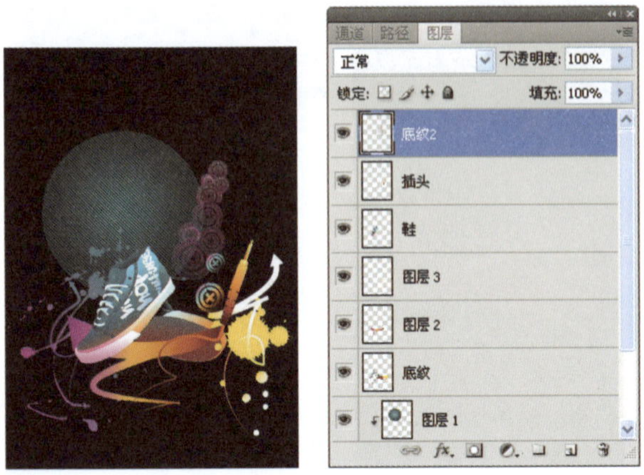

图12-93 合并图层并命名

30 按【Ctrl+O】组合键，打开“光盘 \ 素材与源文件 \ 素材 \ 第 12 章 \12.2 炫酷视点个性创意合成 \ 吉他 .png”，如图 12-94 所示。

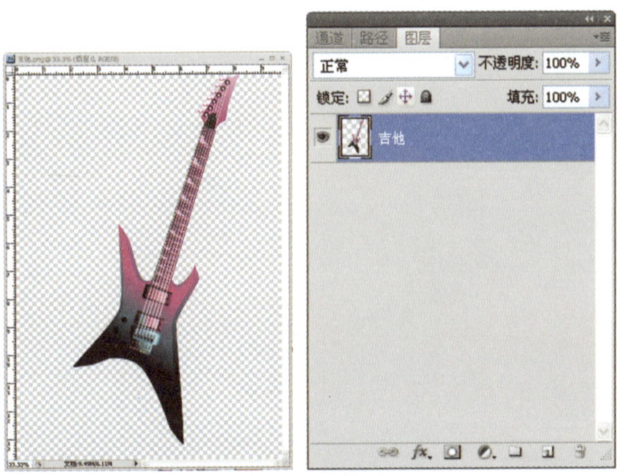

图12-94 打开素材文件

31 选择工具箱中的移动工具，依次拖动“吉他”图层到“炫酷视点个性创意合成”文件窗口中。按【Ctrl+T】组合键，调整图像的大小和位置，效果如图 12-95 所示。

图12-95 导入素材图像并调整

32 选择“图像”|“调整”|“色彩平衡”命令，在弹出的“色彩平衡”对话框中设置各项参数，单击“确定”按钮，如图 12-96 所示。

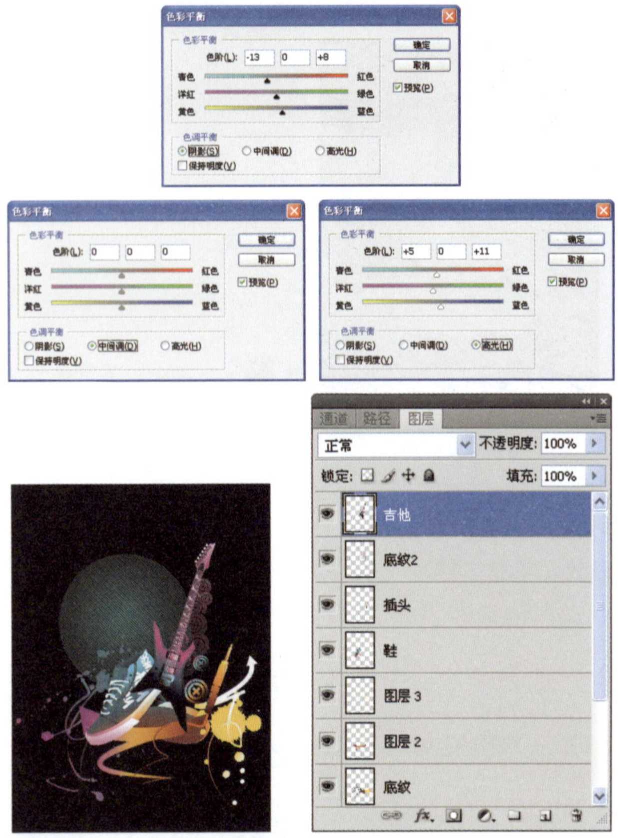

图12-96 调整色彩平衡

33 按【Ctrl+Shift+N】组合键，新建“蓝色光”图层。选择工具箱中的椭圆选框工具，绘制选区，如图 12-97 所示。

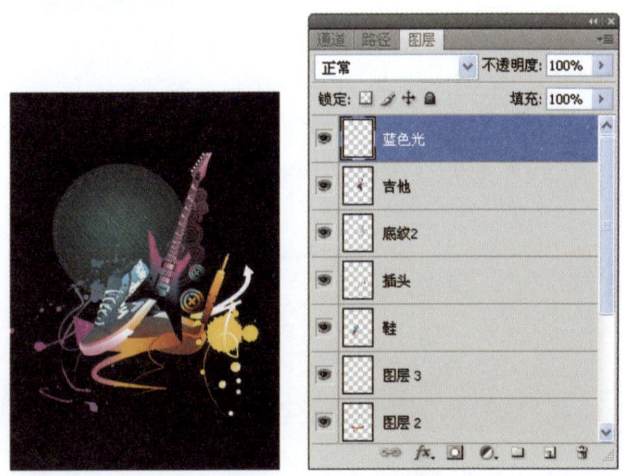

图12-97 新建图层并绘制选区

34 右击选区，在弹出的快捷菜单中选择“羽化”命令，在弹出的“羽化选区”对话框中设置“羽化半径”为 80 像素，单击“确定”按钮，如图 12-98 所示。

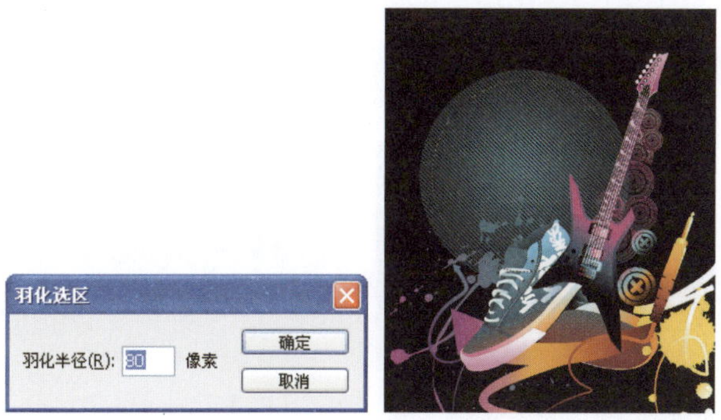

图12-98 设置羽化效果

35 在“蓝色光”图层中设置前景色为（R：0，G：132，B：188），按【Alt+Delete】组合键填充选区，如图 12-99 所示。

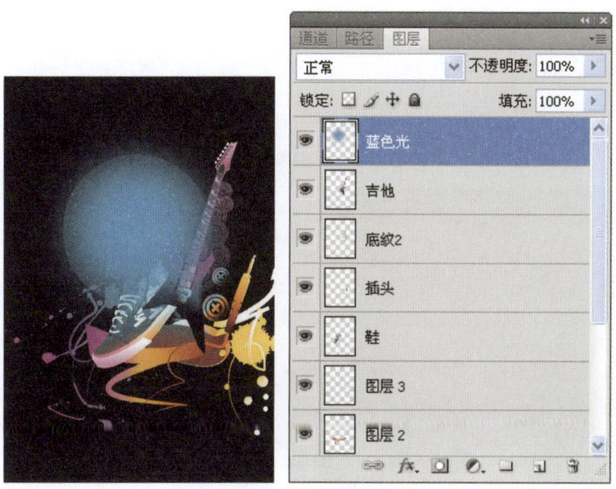

图12-99 填充选区

36 在“图层”面板中，设置其“图层混合模式”为“线性减淡（添加）”，如图 12-100 所示。

图12-100 设置图层混合模式

37 按【Ctrl+Shift+N】组合键，新建“星星”图层。选择工具箱中的多边形套索工具，绘制选区，如图 12-101 所示。

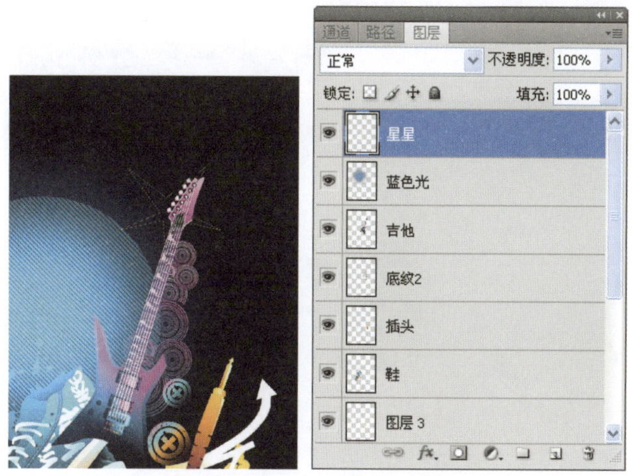

图12-101 新建图层并绘制选区

38 在“星星”图层中设置前景色为白色，按【Alt+Delete】组合键填充，如图 12-102 所示。

图12-102 填充选区

39 单击“图层”面板底部的“添加图层样式”按钮，在弹出的下拉菜单中选择“描边”命令，在弹出的对话框中设置各项参数，其中将描边的颜色设置为（R：24，G：182，B：209）。单击“确定”按钮，如图 12-103 所示。

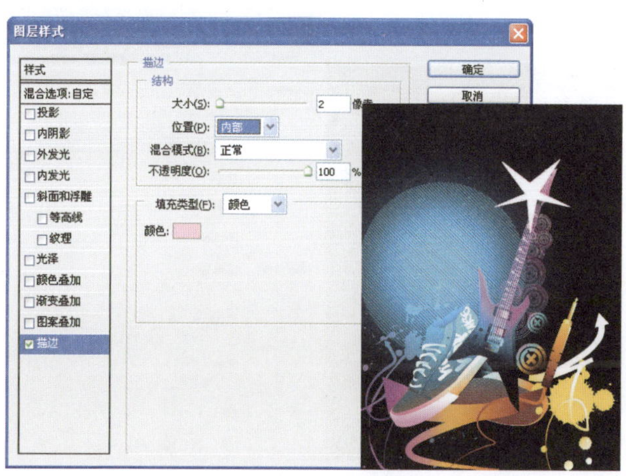

图12-103 添加描边

40 在“图层”面板中，设置其“填充”值为0%，如图12-104所示。

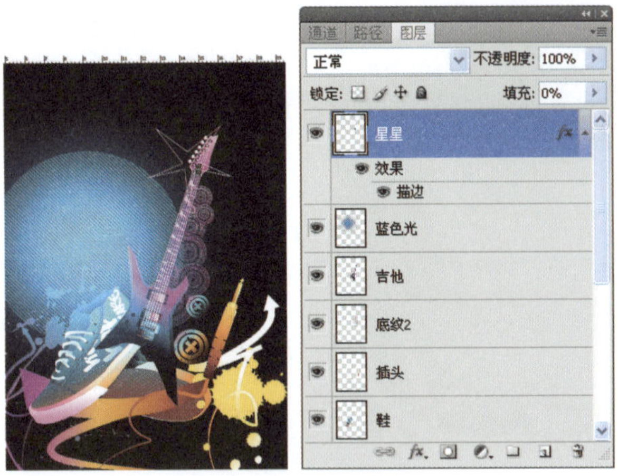

图12-104 设置填充

41 按【Ctrl+O】组合键，打开“光盘\素材与源文件\素材\第12章\12.2 炫酷视点个性创意合成人物.jpg”，如图12-105所示。

图12-105 打开素材文件

42 选择工具箱中的移动工具，依次拖动“人物”图层到“炫酷视点个性创意合成”文件窗口中。按【Ctrl+T】组合键，调整图像的大小和位置，如图12-106所示。

图12-106 导入素材图像并调整

43 单击“图层”面板底部的“添加图层蒙版”按钮添加蒙版，然后选择工具箱中的画笔工具，设置前景色为黑色，选择适当的画笔大小和硬度，在图层蒙版中进行涂抹，隐藏人物身体以外的部分，如图12-107所示。

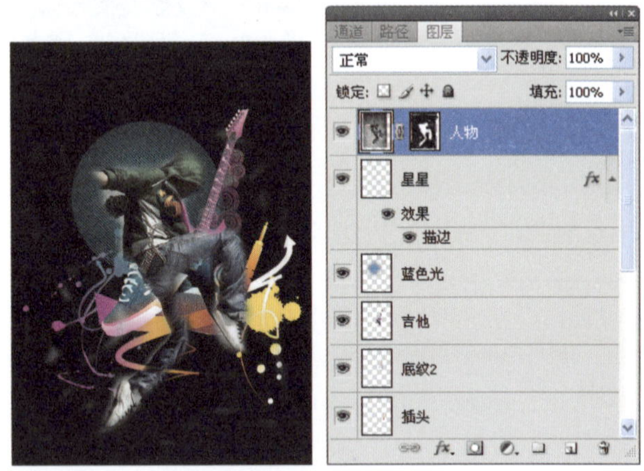

图12-107 添加图层蒙版

44 按【Ctrl+J】组合键，复制“人物”图层，得到“人物 副本”图层，如图12-108所示。

图12-108 复制图层

45 在“图层”面板中，删除“人物副本”图层的图层蒙版，设置其图层混合模式为“颜色减淡”，如图12-109所示。

图12-109 删除图层蒙版并设置混合模式

46 按【Ctrl+J】组合键，复制"人物"图层，得到"人物 副本 2"图层，如图 12-110 所示。

图12-110 复制图层

47 在"图层"面板中，设置"人物 副本 2"图层的"图层混合模式"为"正常"，如图 12-111 所示。

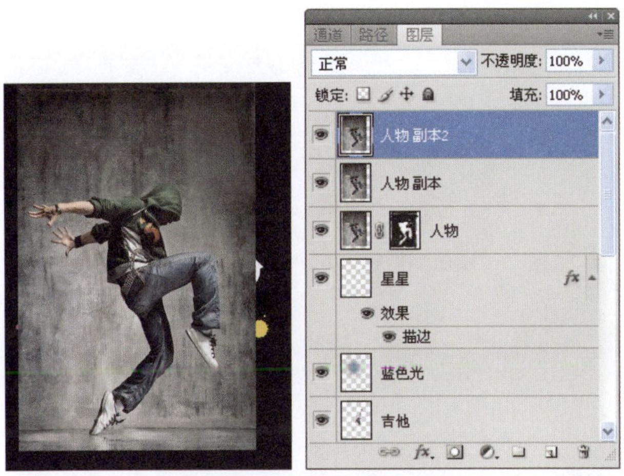

图12-111 设置图层混合模式

48 选择工具箱中的橡皮擦工具，选择适当的笔触大小和硬度，擦除除人物以外的部分图像，如图 12-112 所示。

图12-112 擦除部分图像

49 选择"图像"|"调整"|"色相/饱和度"命令，在弹出的"色相/饱和度"对话框中设置各项参数，单击"确定"按钮，如图 12-113 所示。

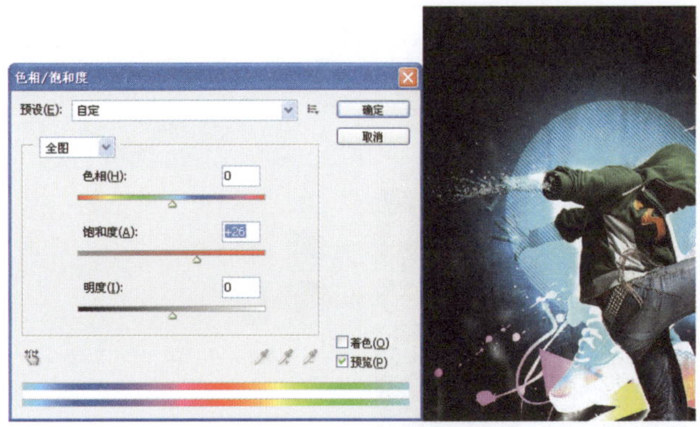

图12-113 调整色相/饱和度

50 选择"图像"|"调整"|"色阶"命令，在弹出的"色阶"对话框中设置各项参数，单击"确定"按钮，如图 12-114 所示。

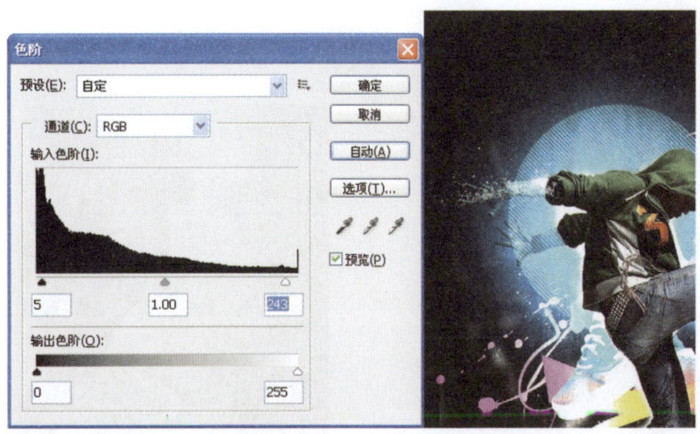

图12-114 调整色阶

51 选择"图像"|"调整"|"色彩平衡"命令，在弹出的"色彩平衡"对话框中设置各项参数，单击"确定"按钮，如图 12-115 所示。

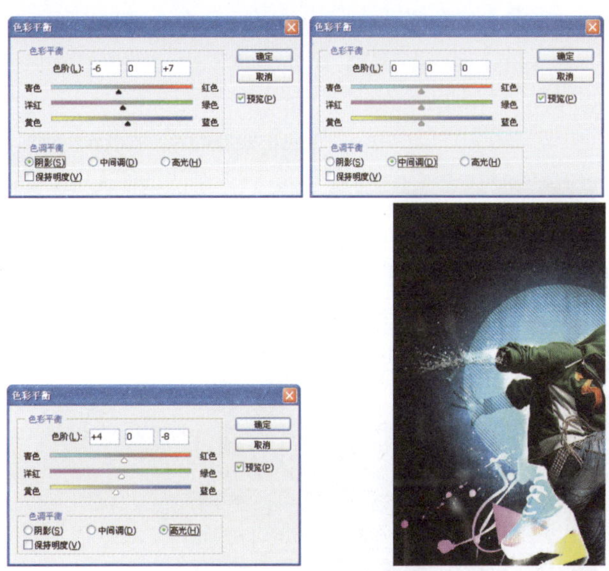

图12-115 调整色彩平衡

52 按【Ctrl+Shift+N】组合键，新建"黄色光"图层。选择工具箱中的椭圆选框工具，绘制选区，如图 12-116 所示。

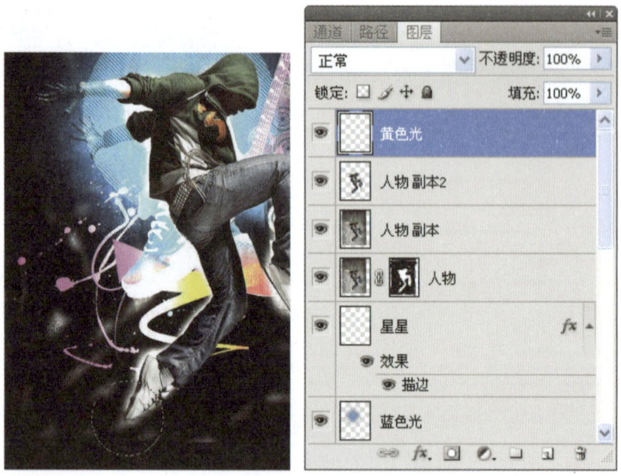

图12-116 新建图层并绘制选区

53 右击选区，在弹出的快捷菜单中选择"羽化"命令，设置"羽化半径"为 60 像素，单击"确定"按钮，如图 12-117 所示。

图12-117 设置羽化效果

54 在"黄色光"图层中设置前景色为（R:255, G:241, B:0），按【Alt+Delete】组合键填充选区，如图 12-118 所示。

图12-118 填充选区

55 按照步骤 49~51 的方法继续制作图像，如图 12-119 所示。

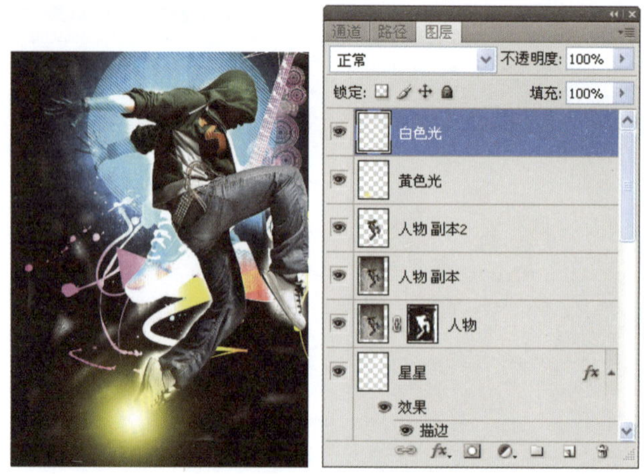

图12-119 继续制作图像

56 在"图层"面板中选中"白色光"和"黄色光"图层，将其移动到"人物"图层的下方，如图 12-120 所示。

图12-120 移动图层位置

57 按【F5】键打开"画笔"面板，设置各项参数，如图 12-121 所示。

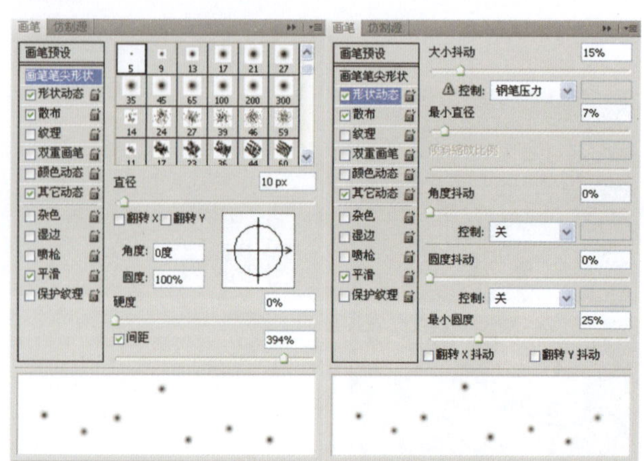

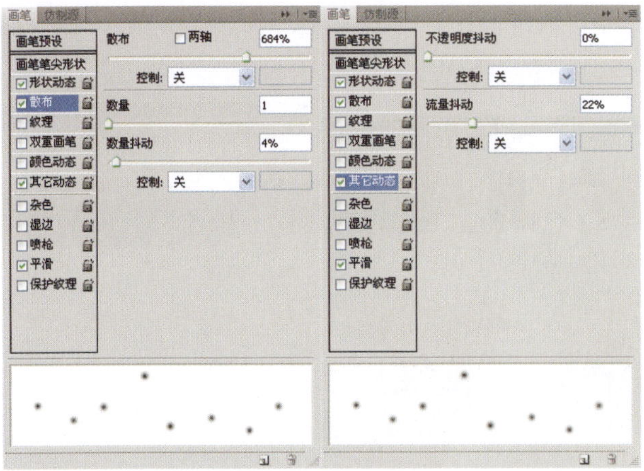

图12-121 设置画笔

58 按【Ctrl+Shift+N】组合键，新建“黄色斑点”图层。设置前景色为（R:255，G:241，B:0），选择工具箱中的画笔工具绘制图形，如图 12-122 所示。

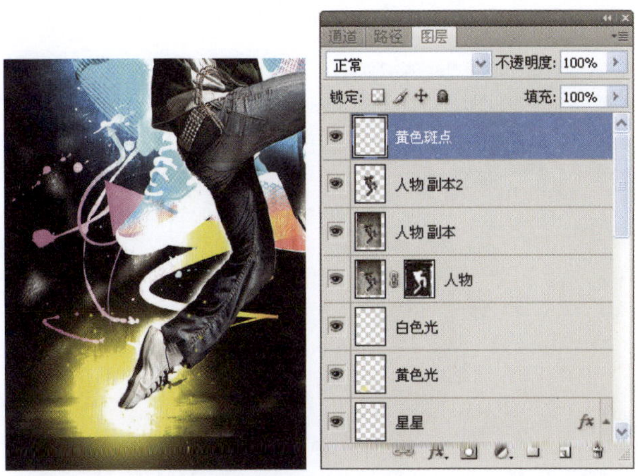

图12-122 新建图层并绘制图形

59 单击面板底部的“添加图层样式”按钮 fx，在弹出的下拉菜单中选择“外发光”命令，在弹出的对话框中设置各项参数，其中外发光的颜色值为（R：255，G：241，B：0），单击“确定”按钮，如图 12-123 所示。

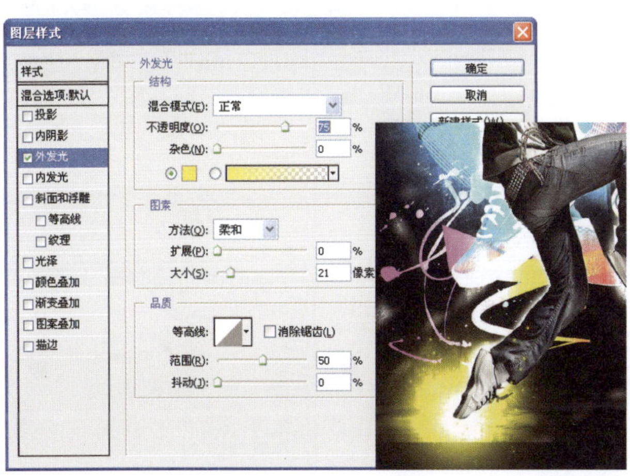

图12-123 设置外发光

60 按照步骤 57~59 的方法新建“紫色斑点”图层，其中颜色值为（R：173，G：65，B：144），如图 12-124 所示。

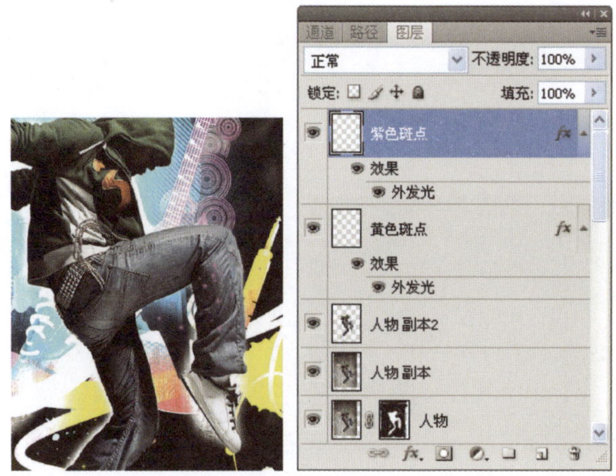

图12-124 绘制图形

61 按【Ctrl+Shift+N】组合键，新建“黑色块”图层。选择工具箱中的钢笔工具绘制路径，然后按【Ctrl+Enter】组合键将路径转换为选区，如图 12-125 所示。

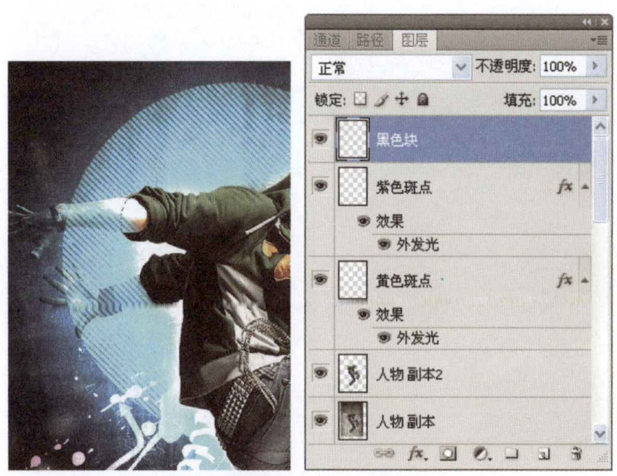

图12-125 绘制路径并转换为选区

62 在“黑色块”图层中设置前景色为黑色，按【Alt+Delete】组合键填充选区，如图 12-126 所示。

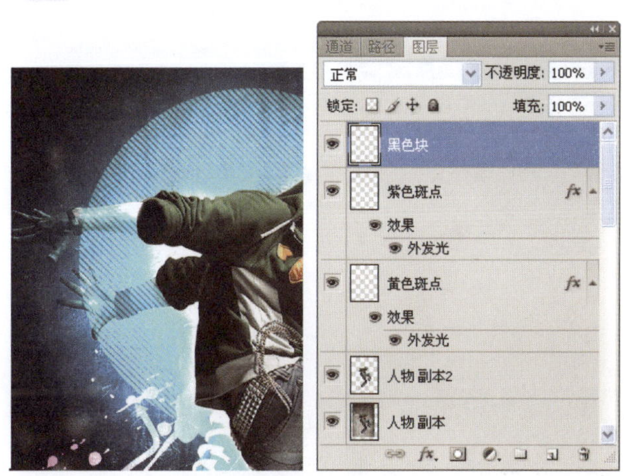

图12-126 填充选区

63 按【Ctrl+O】组合键，打开“光盘\素材与源文件\素材\第 12 章\12.2 炫酷视点个性创意合成\水花.psd”，如图 12-127 所示。

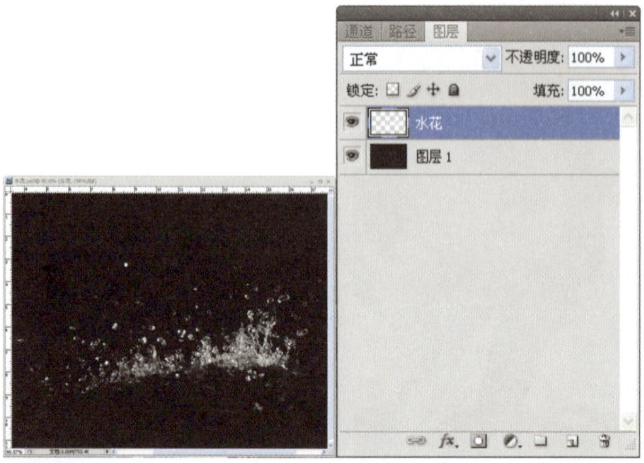

图12-127 打开素材文件

64 选择工具箱中的移动工具，拖动“水花”图层到“炫酷视点个性创意合成”文件窗口中。按【Ctrl+T】组合键，调整图像的大小和位置，如图 12-128 所示。

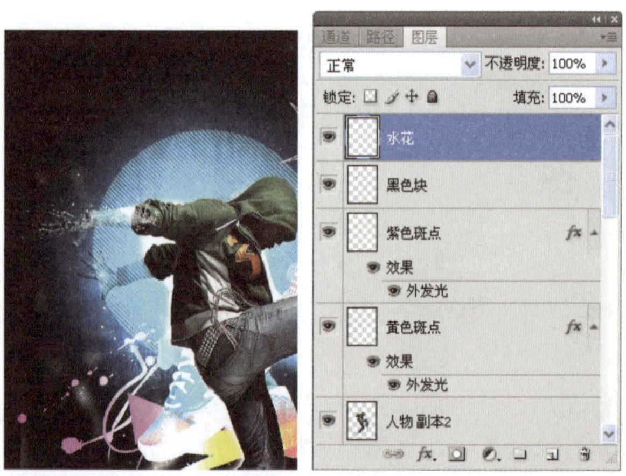

图12-128 导入素材文件并进行调整

65 选择工具箱中的橡皮擦工具，选择适当的笔触大小和硬度，擦除部分水花，修整图像，效果如图 12-129 所示。

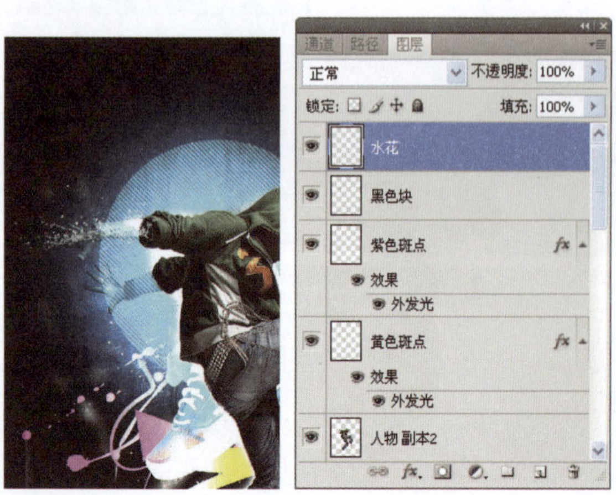

图12-129 擦除部分图像

66 选择工具箱中的横排文字工具，输入文字“视点”，如图 12-130 所示。

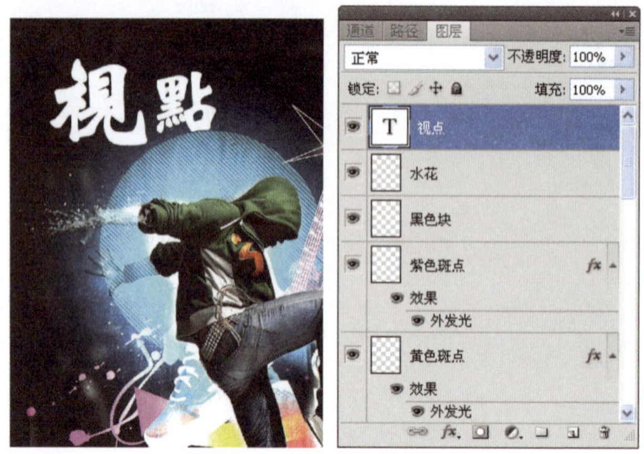

图12-130 输入文字

67 右击“图层”面板，在弹出的快捷菜单中选择“栅格化文字”命令，生成的效果如图 12-131 所示。

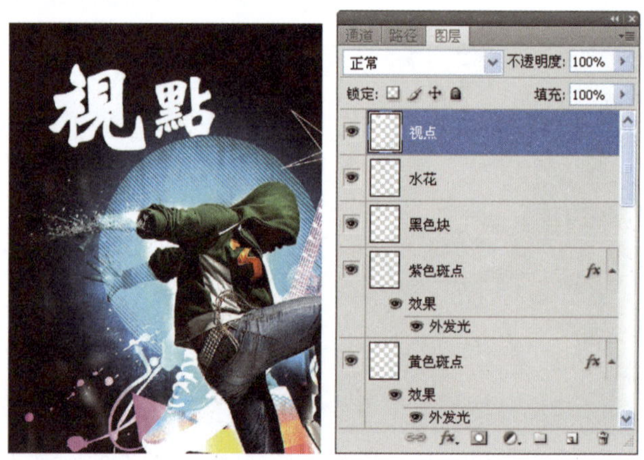

图12-131 栅格化文字

68 单击“图层”面板底部的“添加图层样式”按钮，在弹出的下拉菜单中选择“混合选项”命令，在弹出的对话框中设置各项参数，单击“确定”按钮，如图 12-132 所示。

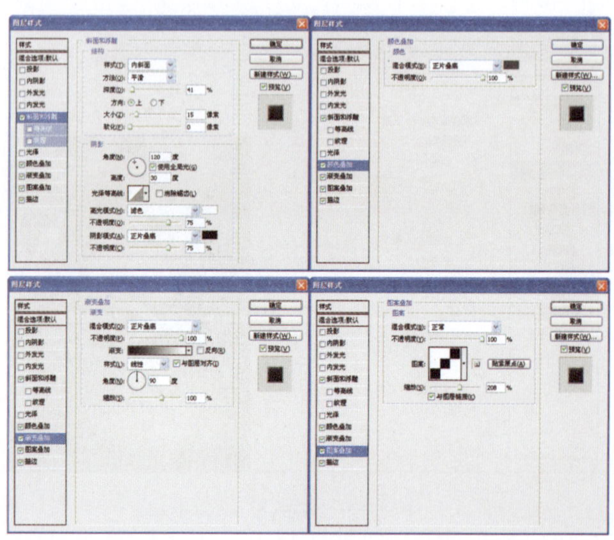

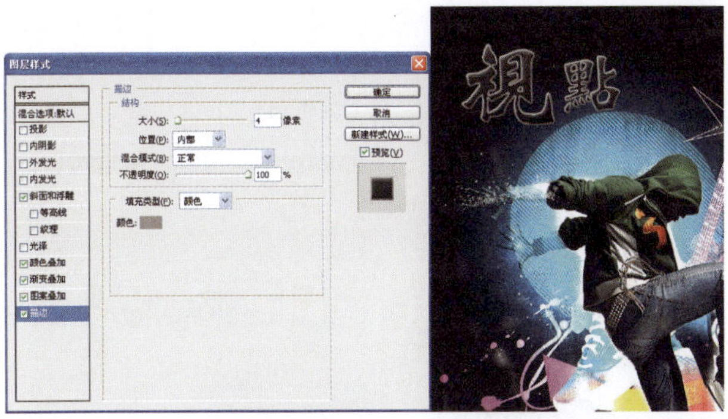

图12-132 添加图层样式

69 按【Ctrl+Shift+N】组合键，新建“方框”图层。选择工具箱中的矩形选框工具⬚绘制选区，如图 12-133 所示。

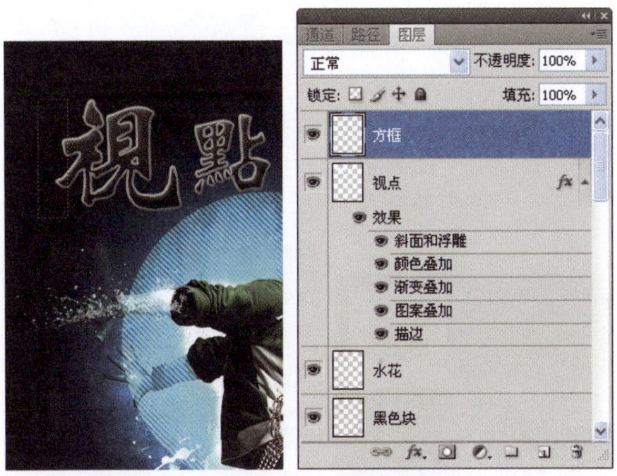

图12-133 新建图层并绘制选区

70 设置前景色为白色，按【Alt+Delete】组合键，用前景色进行填充，如图 12-134 所示。

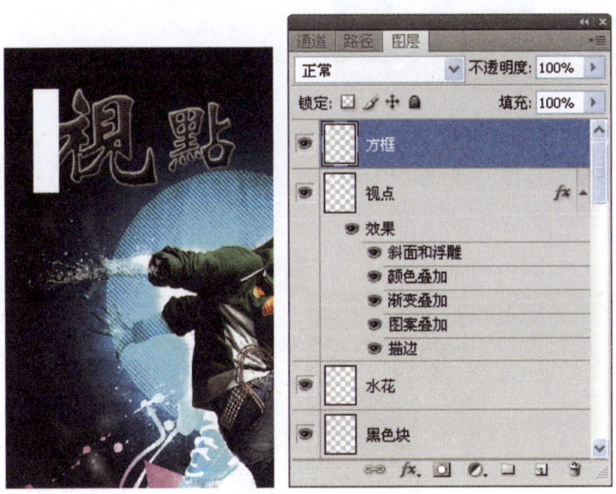

图12-134 填充图层

71 选择工具箱中的矩形选框工具⬚绘制选区，如图 12-135 所示。

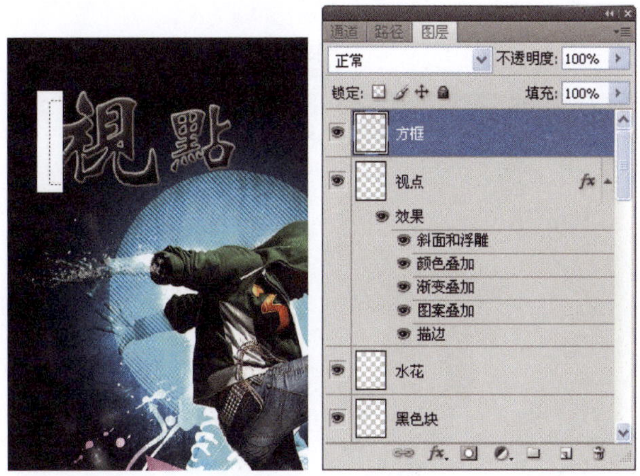

图12-135 绘制选区

72 按【Delete】键，删除所选区，如图 12-136 所示。

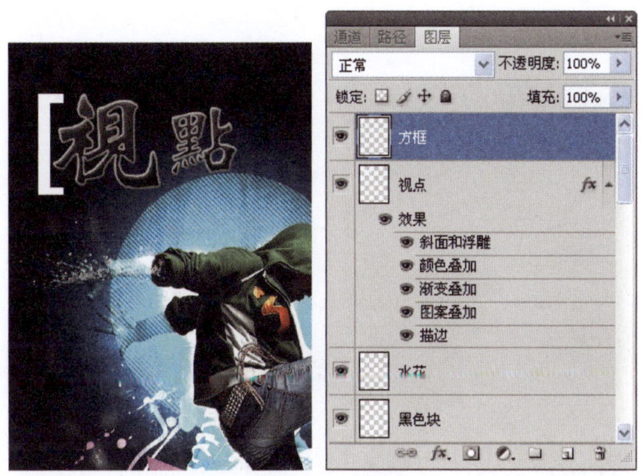

图12-136 删除选择区域

73 右击“图层”面板中的“视点”图层，在弹出的快捷菜单中选择“拷贝图层样式”命令，然后右击“方框”图层，在弹出的快捷菜单中选择“粘贴图层样式”命令，如图 12-137 所示。

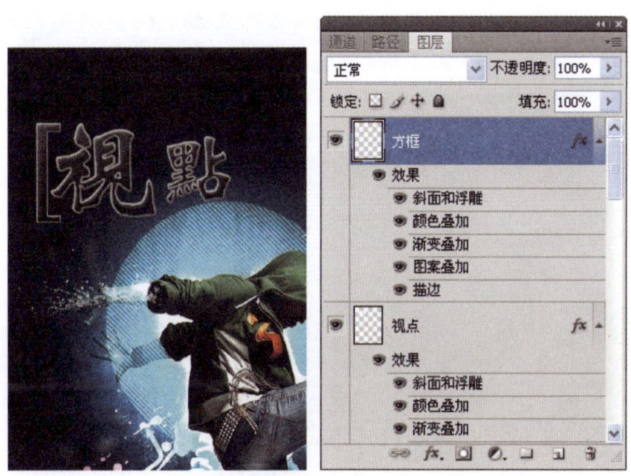

图12-137 复制与粘贴图层样式

74 按住【Alt】键的同时拖动并复制“方框”图层，然后按【Ctrl+T】组合键，缩小图像，如图12-138所示。

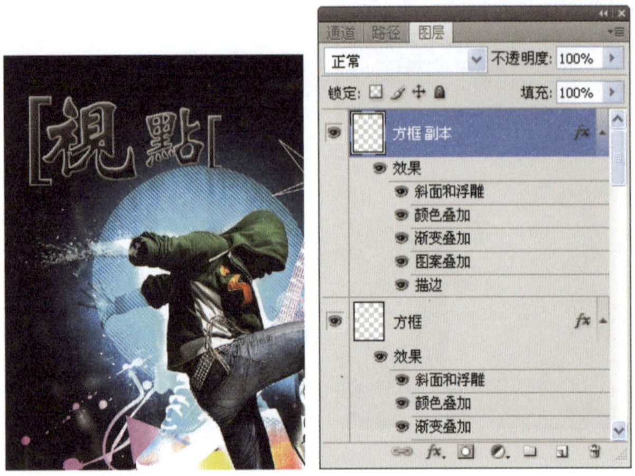

图12-138 复制并调整图像

75 选择“编辑”|“变换”|“水平翻转”命令，翻转图像，如图12-139所示。

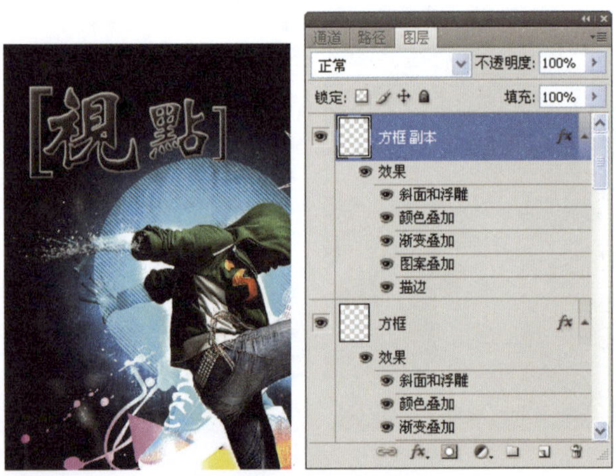

图12-139 翻转图像

76 选择工具箱中的横排文字工具，输入英文“DHUNDINGI DNKGHDUIGNIDNGLNUNG”和“HUNEGIN”，如图12-140所示。

图12-140 输入文字

77 按【Ctrl+O】组合键，打开“光盘\素材与源文件\素材\第12章\12.2 炫酷视点个性创意合成\盾牌.jpg”，如图12-141所示。

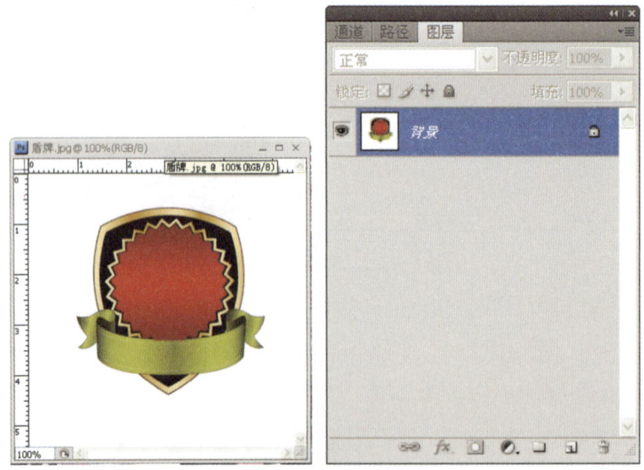

图12-141 打开素材文件

78 选择工具箱中的移动工具，拖动图像到“炫酷视点个性创意合成”文件窗口中。按【Ctrl+T】组合键，调整图像的大小和位置，如图12-142所示。

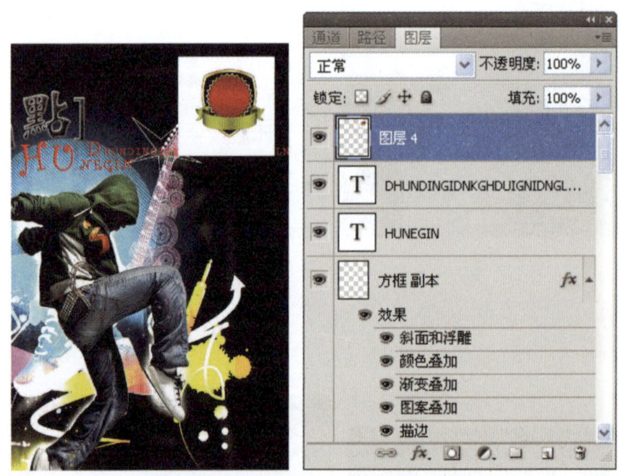

图12-142 导入素材图像并调整

79 选择工具箱中的魔棒工具，选择白色区域。按【Delete】键，删除选中区域，如图12-143所示。

图12-143 删除选中区域

80 单击“图层”面板底部的“添加图层样式”按钮 fx.，在弹出的下拉菜单中选择“外发光”命令，在弹出的对话框中设置各项参数，其中外发光的颜色为（R：173，G：65，B：144），单击“确定”按钮，如图 12-144 所示。

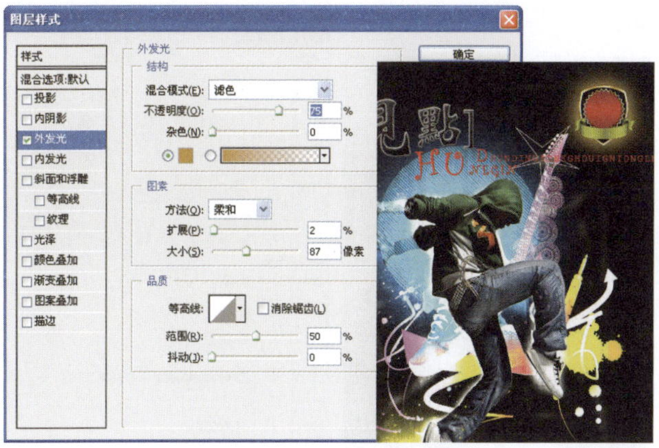

图12-144 添加外发光

81 选择工具箱中的横排文字工具 T，输入文字“舞”，如图 12-145 所示。

图12-145 输入文字

82 单击“图层”面板底部的“添加图层样式”按钮 fx.，在弹出的下拉菜单中选择“外发光”命令，在弹出的对话框中设置各项参数，其中外发光的颜色为（R：249，G：247，B：189）。单击“确定”按钮，如图 12-146 所示。

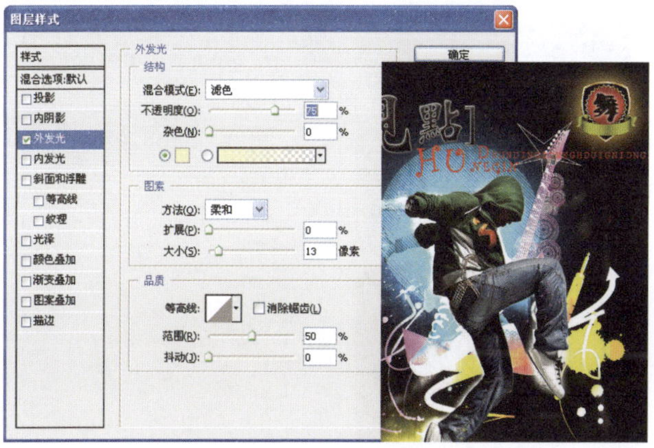

图12-146 再次添加外发光

83 设置前景色为（R：198，G：115，B：115），选择工具箱中的横排文字工具 T，输入符号“+”，如图 12-147 所示。

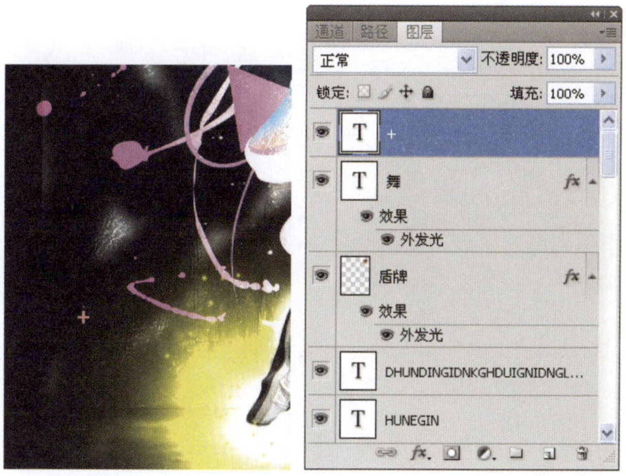

图12-147 输入符号

84 右击“图层”面板中的“+”图层，在弹出的快捷菜单中选择“栅格化文字”命令，如图 12-148 所示。

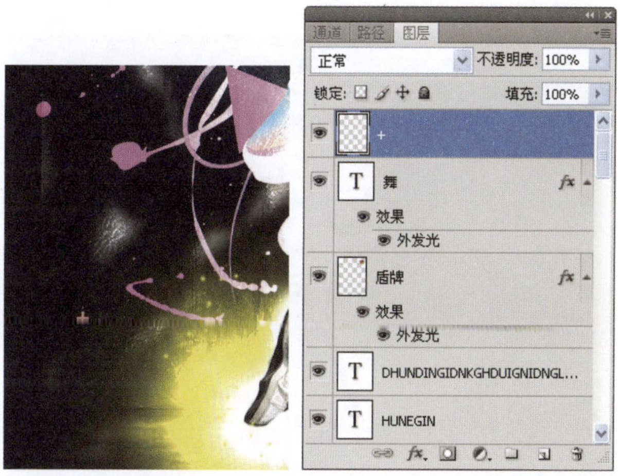

图12-148 栅格化文字

85 按【Ctrl+J】组合键，复制“+”图层，得到“+副本”图层，如图 12-149 所示。

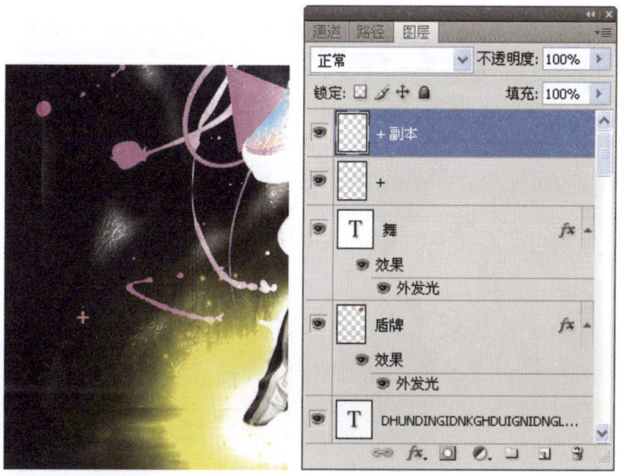

图12-149 复制图层

86 按【Ctrl+T】组合键，向左移动图像，如图 12-150 所示。

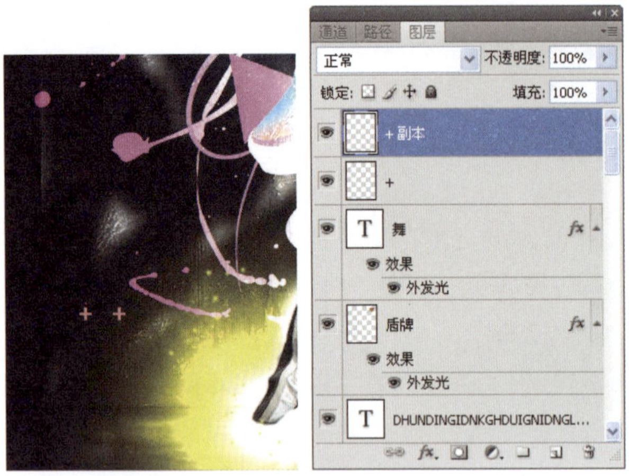

图12-150 移动图像

87 按【Ctrl+Alt+Shift+T】组合键，再次变换图像，如图 12-151 所示。

图12-151 再次变换图像

88 按照步骤 87 的操作方法复制多个图层，如图 12-152 所示。

图12-152 复制多个图层

89 在“图层”面板中选中“+”图层及其副本并右击，在弹出的快捷菜单中选择“合并图层”命令，合并图层，得到“+副本 10”图层然后再按步骤 85~88 的方法制作图像，如图 12-153 所示。

图12-153 合并图层并制作图像

90 按照同样的方法合并“+副本 10”～“+副本 15”图层（见图 12-154），重命名图层为“+”。

图12-154 合并图层并重命名

91 选择工具箱中的橡皮擦工具，擦除部分“+”图形，如图 12-155 所示。

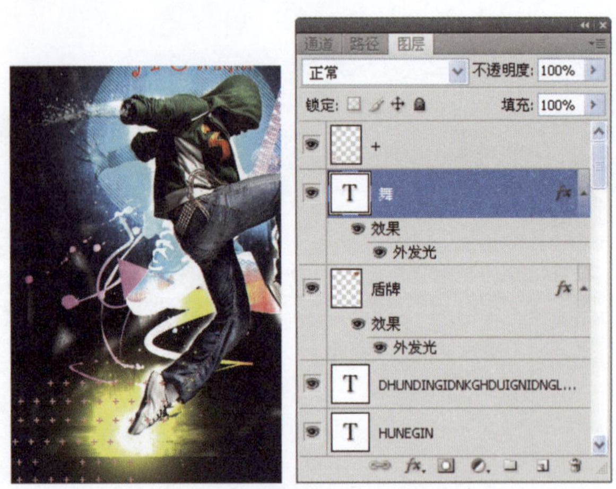

图12-155 擦除部分图形

92 设置前景色为（R：249，G：215，B：230），选择工具箱中的横排文字工具T，输入符号“+”，如图 12-156 所示。

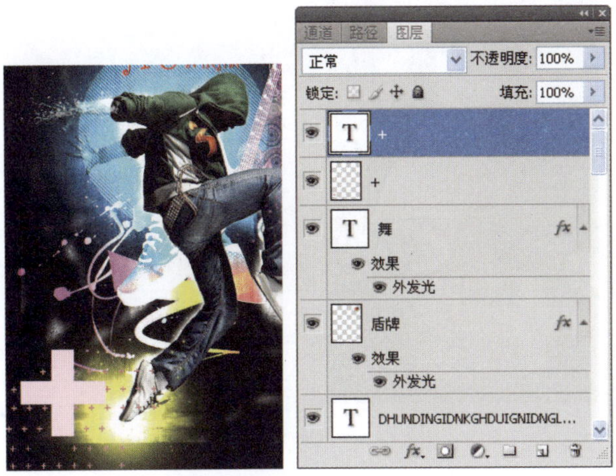

图12-156 输入符号

93 按照步骤 92 的操作方法制作白色“+”图像，如图 12-157 所示。

图12-157 制作白色“+”图像

94 按照步骤 92 的操作方法制作红色“+”图像，其中颜色值为（R：255，G：0，B：0），如图 12-158 所示。

图12-158 制作红色“+”图像

95 按【Ctrl+T】组合键旋转图像角度，如图 12-159 所示。

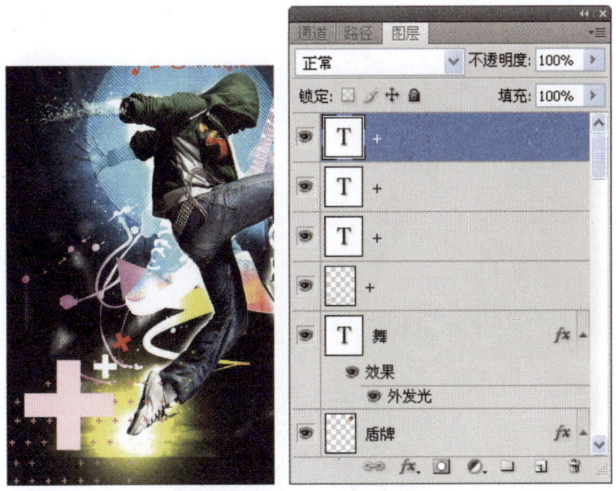

图12-159 旋转图像角度

96 按【Ctrl+Shift+N】组合键，新建“花”图层。选择工具箱中的钢笔工具绘制路径，然后按【Ctrl+Enter】组合键将路径转换为选区，如图 12-160 所示。

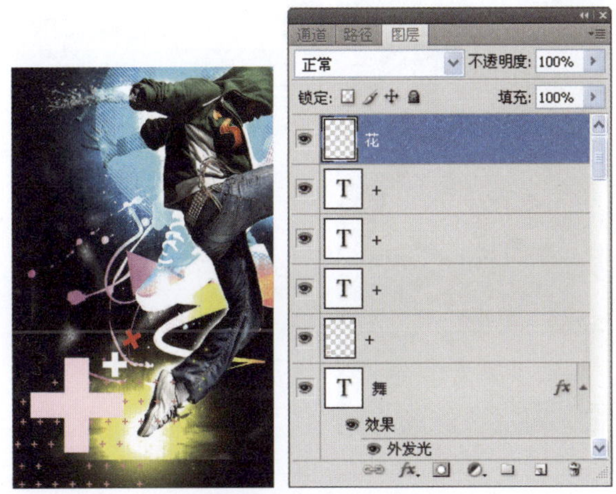

图12-160 绘制路径并转换为选区

97 设置前景色为（R：249，G：220，B：210），按【Alt+Delete】组合键，进行填充，如图 12-161 所示。

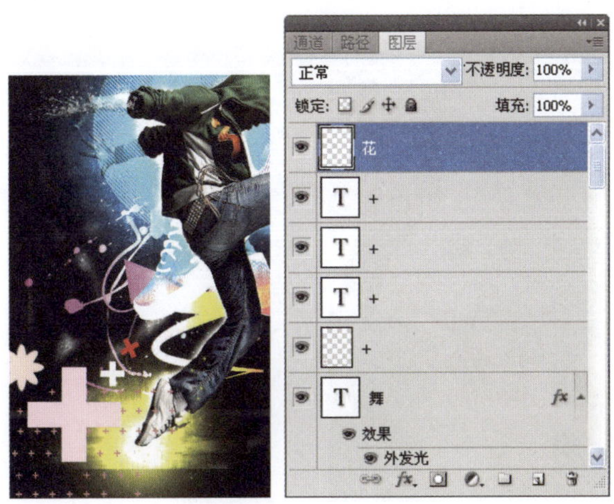

图12-161 填充前景色

98 按【Ctrl+Shift+N】组合键，新建“圆”图层。选择工具箱中的椭圆选框工具绘制选区，如图 12-162 所示。

图12-162 新建图层并绘制选区

99 设置前景色为白色，按【Alt+Delete】组合键，用前景色进行填充，如图 12-163 所示。

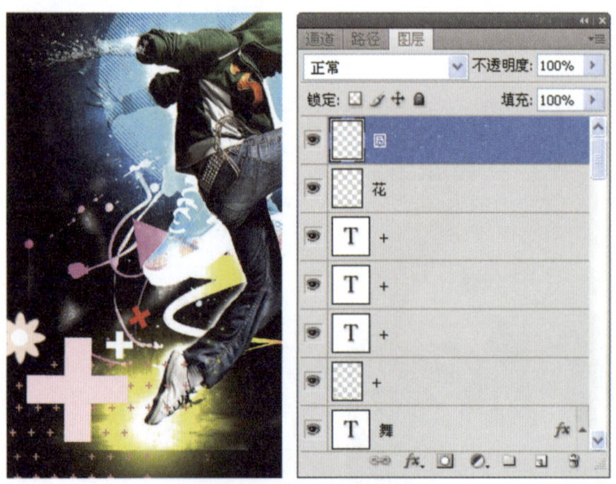

图12-163 填充前景色

100 单击“图层”面板底部的“添加图层样式”按钮，在弹出的下拉菜单中选择“描边”命令，在弹出的对话框中设置各项参数，单击“确定”按钮，如图 12-164 所示。

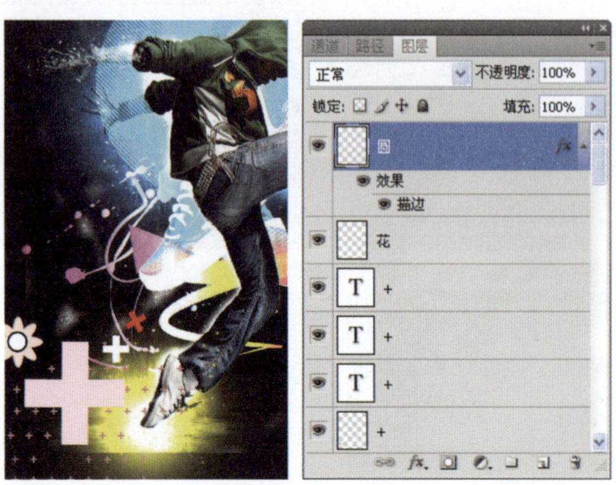

图12-164 添加描边

101 在“图层”面板中，设置“圆”图层的填充值为 0%，如图 12-165 所示。

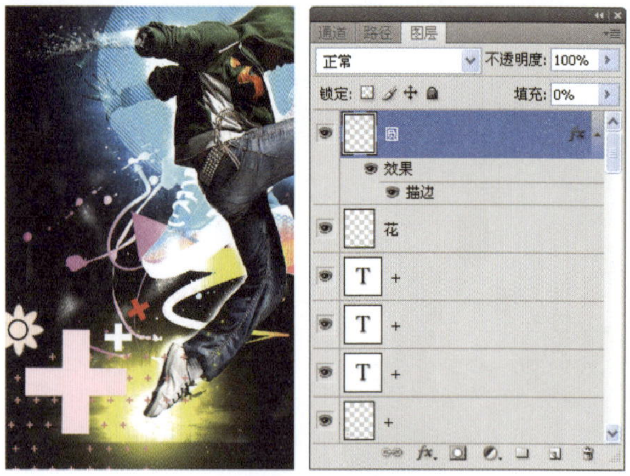

图12-165 设置填充值

102 按【Ctrl+O】组合键，打开“光盘\素材与源文件\素材\第 12 章\12.2 炫酷视点个性创意合成\文字 .psd”，如图 12-166 所示。

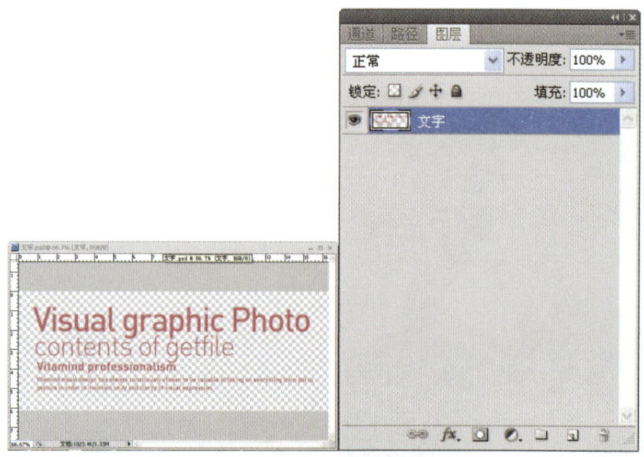

图12-166 打开素材文件

103 选择工具箱中的移动工具，拖动“文字”图层到“炫酷视点个性创意合成”文件窗口中。按【Ctrl+T】组合键，调整图像的大小和位置，如图 12-167 所示。

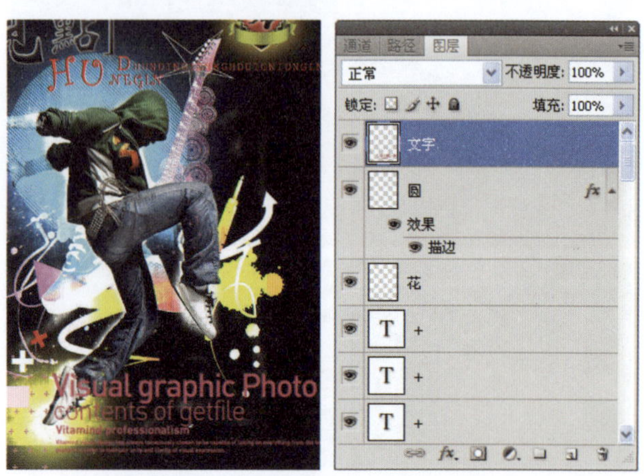

图12-167 导入素材图形并调整图像大小

104 在“图层”面板中选择“文字”、“圆”、“花”和四个“+”图层，按【Ctrl+G】组合键，新建组并命名为“文字”图层，如图 12-168 所示。

图12-168 新建组并命名

105 在“图层”面板中，将“文字”组拖动到“底纹”图层的下方，即可得到如图 12-169 所示的最终效果。

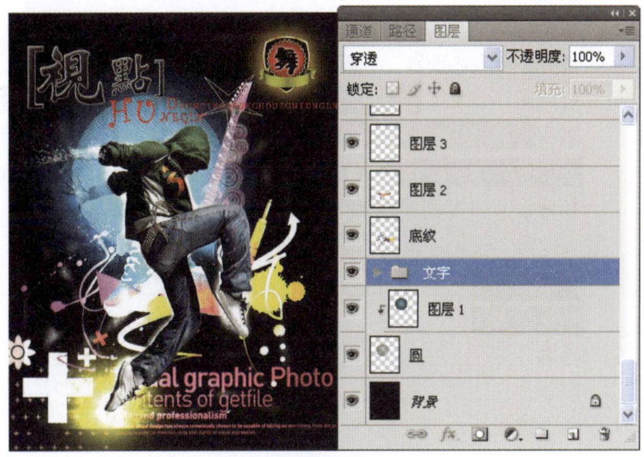

图12-169 最终效果

读者意见反馈表

亲爱的读者：

感谢您对中国铁道出版社的支持，您的建议是我们不断改进工作的信息来源，您的需求是我们不断开拓创新的基础。为了更好地服务读者，出版更多的精品图书，希望您能在百忙之中抽出时间填写这份意见反馈表发给我们。随书纸制表格请在填好后剪下寄到：北京市宣武区右安门西街8号中国铁道出版社计算机图书中心927室 苏茜 收（邮编：100054）。或者采用传真（010-63549458）方式发送。此外，读者也可以直接通过电子邮件把意见反馈给我们，E-mail地址是：suqian@tqbooks.net。我们将选出意见中肯的热心读者，赠送本社的其他图书作为奖励。同时，我们将充分考虑您的意见和建议，并尽可能地给您满意的答复。谢谢！

所购书名：________________

个人资料：

姓名：__________ 性别：______ 年龄：______ 文化程度：__________

职业：______________ 电话：__________ E-mail：__________

通信地址：______________________________ 邮编：__________

您是如何得知本书的：

□书店宣传 □网络宣传 □展会促销 □出版社图书目录 □老师指定 □杂志、报纸等的介绍 □别人推荐

□其他（请指明）__________

您从何处得到本书的：

□书店 □邮购 □商场、超市等卖场 □图书销售的网站 □培训学校 □其他

影响您购买本书的因素（可多选）：

□内容实用 □价格合理 □装帧设计精美 □带多媒体教学光盘 □优惠促销 □书评广告 □出版社知名度

□作者名气 □工作、生活和学习的需要 □其他

您对本书封面设计的满意程度：

□很满意 □比较满意 □一般 □不满意

您对本书的总体满意程度：

从文字的角度 □很满意 □比较满意 □一般 □不满意

从技术的角度 □很满意 □比较满意 □一般 □不满意

您希望书中图的比例是多少：

□少量的图片辅以大量的文字 □图文比例相当 □大量的图片辅以少量的文字

您希望本书的定价是多少：

本书最令您满意的是：

1.

2.

您在使用本书时遇到哪些困难：

1.

2.

您希望本书在哪些方面进行改进：

1.

2.

您需要购买哪些方面的图书？对我社现有图书有什么好的建议？

您更喜欢阅读哪些类型和层次的计算机书籍（可多选）？

□入门类 □精通类 □综合类 □问答类 □图解类 □查询手册类 □实例教程类

您在学习计算机的过程中有什么困难？

您的其他要求：